普通高校"十一五"规划教材

现代图像通信

刘荣科 编著

北京航空航天大学出版社

内容简介

本书是图像通信方面的一本教材,主要介绍图像通信中的基本概念、基本原理以及最新应用系统。全书共分9章,主要包括图像信号的表示、图像通信中的信息论基础、图像编码、图像抗差错传输以及典型的图像通信系统。图像编码部分在介绍常见的静止图像编码和运动图像编码之后,还较系统地介绍了先进的视频编码技术,包括可伸缩视频编码、多描述编码、分布式视频编码和多视点视频编解码。除了介绍常见的图像抗差错机制外,还重点介绍了信源信道联合技术在图像通信中的应用。通过对这些内容的介绍,使读者能更加深入地了解现代图像通信技术,并能应用到科学研究与技术开发中去,推动我国图像通信事业的蓬勃发展。

本书可以作为高等院校相关专业的本科生和研究生教材,也可供通信工程技术人员、科研人员学习和参考。

图书在版编目(CIP)数据

现代图像通信 / 刘荣科编著. --北京:北京航空航天大学出版社,2010.9
ISBN 978-7-5124-0192-1

Ⅰ. ①现… Ⅱ. ①刘… Ⅲ. ①图像通信—教材 Ⅳ. ①TN919.8

中国版本图书馆 CIP 数据核字(2010)第 161970 号

版权所有,侵权必究。

现代图像通信

刘荣科 编著

责任编辑 刘晓明

*

北京航空航天大学出版社出版发行

北京市海淀区学院路 37 号(邮编 100191) http://www.buaapress.com.cn
发行部电话:(010)82317024 传真:(010)82328026
读者信箱 bhpress@263.net 邮购电话:(010)82316936

北京市松源印刷有限公司印装 各地书店经销

*

开本:787×960 1/16 印张:21.25 字数:476 千字
2010 年 9 月第 1 版 2010 年 9 月第 1 次印刷 印数:2 000 册
ISBN 978-7-5124-0192-1 定价:45.00 元

前　言

图像通信是当今通信技术中发展非常迅速的一个分支。宽带通信技术、微电子技术、计算技术和多媒体技术等的飞速发展,都有力地推动了这门学科的发展,产生了愈来愈多的新型图像通信方式。图像通信的范围日益扩大,图像传输的有效性、可靠性和安全性不断得到改善。

在我国,图像通信市场呈现出多元化的发展趋势:一方面,视频会议市场正在快速增长;另一方面,图像通信开始不再局限于行业高端视频会议的应用,而是走向"寻常百姓家"。从国内视频通信市场来看,2008 年视频通信市场的增幅为 40％～50％,视频运营业务收入达到了 5 亿元人民币,我国视频通信整体市场规模达到了 34 亿元人民币。2009 年,是中国移动、中国联通及中国电信三大通信运营商已经或者正打算推出 3G 手机的元年,而手机电视、视频通话成为 3G 业务的重头戏。2010 年,视频内容流量的增长将会超越传统的 P2P 流量。据预测,2008—2013 年,全球网络 IP 流量可能会增加 66 倍,其中,64％的流量将是视频。到 2015 年,视频通信流量的增长将会超越传统内容流量。学科发展、市场需求将对图像通信方向的人才提出更多、更高的要求。

作者所在课题组自 1998 年开始从事图像通信相关的研究工作以来,陆续得到国防预研基金、航空科学基金、航天支撑基金、国家自然科学基金、国家 863 项目、国家 973 计划等的大力支持,特别是有幸参与了数字电视地面传输国家标准(GB 20600—2006)的制定和系统研制、×××无人机图像传输系统设计研制、×××高清视频压缩传输系统研制、网络立体电视系统研制等重大项目,对图像通信方向有较系统的理解和较丰富的工程经验。

为了培养图像通信方向的专业人才,作者总结了课题组近年来的研究成果并组织讲稿,于 2004 年在北京航空航天大学开设了"现代图像通信系统"的研究性课程,其间于 2006 年受到国家公派出国留学基金资助,到美国师从视频通信与处理国际大师 IEEE Fellow、SPIE Fellow、IEEE CSVT 主编 Chang Wen Chen 做访问学者一年,借鉴国外的教学经验和收集到的最新材料进一步完善了讲稿。

本书引入了作者收集整理的部分最新研究资料以及作者所在课题组的部分

最新研究成果，以期能适应我国高等教育发展的需求，同时尽可能反映出本学科的最新研究动态。

全书共9章。第1章介绍了图像的基本概念和图像信号的表示；第2章介绍了图像通信中的信息论基础，用信息论分析描述图像通信中的科学问题；第3章和第4章分别介绍了静止图像编码和运动图像编码；第5章在前面章节的基础上较系统地介绍了可伸缩视频编码、多描述编码、分布式视频编码和多视点视频编解码等先进视频编码技术；第6章介绍了图像通信中的抗差错机制；第7章从信源信道联合的角度介绍了当前基于信源信道联合的图像通信技术的研究成果；第8章和第9章以网络流媒体和数字电视为例，介绍了典型的图像通信系统。

借本书出版之际，向多年来一直关心我、培养我的国家教学名师张晓林教授致以衷心的感谢，他的指点和鼓励是我成长的力量源泉。感谢曾经在北京航空航天大学通信测控研究所图像通信组一起工作的张学武、姚远、廖小涛、聂振钢、王哲、房林堂、赵岭、孔亚萍、陈超、高小强、刁为民、李群迎、朱曼洁、孙新梅、高洁、卢小娜、薛志超、何杰、戚达平、张磊、赖大彧、蔡海涛、林鑫、于澎、李洋、王岩、岳志、刘庸民、王萧、王健蓉、高杨、周游、胡伟等同志，感谢参与本书文字整理和插图绘制工作的段瑞枫、李君烨、时琳等同志。感谢我年迈的母亲帮我精心照顾不足一岁的女儿，感谢我的妻子在繁忙的工作之余料理家务，帮我分忧，使我能全身心地投入本书的编写。

本书的出版列入了北京航空航天大学教材建设规划，编写过程中得到了北京航空航天大学电子信息工程学院王祖林院长和苏东林副院长等领导的大力支持和帮助，也得到了北京航空航天大学研究生院、教务处和出版社等单位领导的大力支持与帮助，作者在此对他们也表示衷心的感谢。

由于时间和作者学识水平的限制，书中难免存在不完善之处，敬请专家和读者不吝指正。

作　者
2009年11月
于北京航空航天大学

目　　录

第1章　图像信号分析 ··· 1
　1.1　图像信号及其分类 ·· 1
　1.2　颜色和颜色模型 ··· 2
　1.3　模拟视频信号 ··· 6
　1.4　数字视频信号 ··· 9
　　1.4.1　数字视频信号的采样与量化 ·· 9
　　1.4.2　视频信号的表示 ··· 10
　　1.4.3　视频信号的相关函数 ··· 13
　　1.4.4　数字视频格式 ··· 14
　1.5　立体视频 ··· 16
　1.6　小　结 ··· 18
　习题一 ··· 18
　参考文献 ··· 19

第2章　图像传输的信息论基础 ··· 20
　2.1　信息论概述 ··· 20
　　2.1.1　随机过程及信源模型 ··· 20
　　2.1.2　信息量和信息熵 ··· 22
　2.2　图像的统计特性 ··· 27
　　2.2.1　空间统计特性 ··· 28
　　2.2.2　时间统计特性 ··· 32
　　2.2.3　变换域统计特性 ··· 33
　2.3　图像的率失真特性 ··· 34
　　2.3.1　图像压缩的率失真函数及其性质 ··· 34
　　2.3.2　编码过程的率失真计算与比特平面编码的率失真分析 ············· 39
　2.4　图像压缩极限计算 ··· 43
　　2.4.1　基于条件熵的估计方法 ··· 43
　　2.4.2　基于成像噪声模型的估计方法 ··· 43
　　2.4.3　利用多尺度条件熵和记忆度量估计法 ··· 45
　2.5　图像变换编码的信息论基础 ··· 46

2.5.1　变换前后信息熵的变化规律 …………………………………………… 47
　　　2.5.2　变换的去相关率和能量集中率 ………………………………………… 47
　　　2.5.3　变换编码的增益 ………………………………………………………… 48
　2.6　相关信源编码的信息论基础 ……………………………………………………… 50
　　　2.6.1　相关信源独立编码 ……………………………………………………… 50
　　　2.6.2　相关信源协同编码 ……………………………………………………… 51
　2.7　信源信道联合编码的理论基础 …………………………………………………… 53
　　　2.7.1　信道编码简介 …………………………………………………………… 53
　　　2.7.2　信源信道联合编码的理论基础 ………………………………………… 54
　2.8　小　结 ……………………………………………………………………………… 56
　习题二 …………………………………………………………………………………… 56
　参考文献 ………………………………………………………………………………… 59

第3章　静止图像编码

　3.1　静止图像的无损编码 ……………………………………………………………… 60
　　　3.1.1　编码原理 ………………………………………………………………… 60
　　　3.1.2　编码标准 ………………………………………………………………… 74
　3.2　静止图像的有损编码 ……………………………………………………………… 77
　　　3.2.1　编码原理 ………………………………………………………………… 77
　　　3.2.2　常见的有损编码方法 …………………………………………………… 79
　　　3.2.3　编码标准 ………………………………………………………………… 94
　3.3　小　结 ……………………………………………………………………………… 100
　习题三 …………………………………………………………………………………… 100
　参考文献 ………………………………………………………………………………… 102

第4章　运动图像编码

　4.1　运动图像编解码原理 ……………………………………………………………… 103
　　　4.1.1　基于运动估计的编码原理 ……………………………………………… 104
　　　4.1.2　基于三维小波变换的编码原理 ………………………………………… 105
　4.2　运动估计与运动补偿 ……………………………………………………………… 105
　　　4.2.1　运动估计与运动补偿的基本概念 ……………………………………… 105
　　　4.2.2　基于像素的运动估计 …………………………………………………… 106
　　　4.2.3　基于块的运动估计 ……………………………………………………… 107
　　　4.2.4　基于网格的运动估计 …………………………………………………… 121
　　　4.2.5　基于区域的运动估计 …………………………………………………… 123
　　　4.2.6　运动估计与补偿在运动图像编码中的应用 …………………………… 123

4.3 码率控制 …………………………………………………………………… 125
    4.3.1 码率控制的原理 ………………………………………………… 126
    4.3.2 码率控制的典型方法 …………………………………………… 126
4.4 运动图像编码标准 ……………………………………………………… 132
    4.4.1 MPEG-1 …………………………………………………………… 133
    4.4.2 MPEG-2 …………………………………………………………… 133
    4.4.3 MPEG-4 …………………………………………………………… 134
    4.4.4 H.264 ……………………………………………………………… 135
    4.4.5 AVS ………………………………………………………………… 137
    4.4.6 VC-1 ……………………………………………………………… 139
4.5 运动图像编码系统设计与实现 ………………………………………… 139
    4.5.1 基于DSP的运动图像编码系统的设计与实现 ………………… 140
    4.5.2 基于FPGA的运动图像编码系统的设计与实现 ……………… 146
4.6 小 结 …………………………………………………………………… 153
习题四 …………………………………………………………………………… 153
参考文献 ………………………………………………………………………… 154

第5章 新型视频编码 …………………………………………………………… 155
5.1 可伸缩视频编码 ………………………………………………………… 155
    5.1.1 可伸缩视频编码简介 …………………………………………… 155
    5.1.2 基本精细粒度可伸缩编码 ……………………………………… 156
    5.1.3 渐进精细粒度可伸缩视频编码 ………………………………… 159
    5.1.4 基于宏块的渐进精细可伸缩视频编码 ………………………… 163
5.2 多描述编码 ……………………………………………………………… 164
    5.2.1 多描述编码简介 ………………………………………………… 164
    5.2.2 多描述量化编码 ………………………………………………… 166
    5.2.3 多描述变换编码 ………………………………………………… 167
    5.2.4 基于FEC的多描述编码 ………………………………………… 170
    5.2.5 基于框架扩展的多描述编码 …………………………………… 170
    5.2.6 多描述分级编码 ………………………………………………… 171
5.3 分布式视频编码 ………………………………………………………… 171
    5.3.1 分布式编码的基本原理 ………………………………………… 172
    5.3.2 分布式视频编码系统 …………………………………………… 175
    5.3.3 分布式视频编码的研究展望 …………………………………… 177
5.4 多视点视频编码 ………………………………………………………… 178

5.4.1　多视点视频简介 ……………………………………………………… 178
　　　5.4.2　多视点视频编码的原理 ……………………………………………… 179
　　　5.4.3　基于传统框架的多视点视频编码 …………………………………… 181
　　　5.4.4　基于DVC的多视点视频编码 ………………………………………… 184
　5.5　小　结 ……………………………………………………………………… 185
　习题五 ……………………………………………………………………………… 185
　参考文献 …………………………………………………………………………… 185

第6章　图像通信质量分析与抗差错传输 ……………………………………… 187
　6.1　图像通信质量评估 ………………………………………………………… 187
　　　6.1.1　图像压缩质量评估 …………………………………………………… 187
　　　6.1.2　图像传输质量评估 …………………………………………………… 189
　　　6.1.3　端到端的质量评估 …………………………………………………… 190
　6.2　图像传输信道的特点 ……………………………………………………… 190
　　　6.2.1　图像传输对网络的要求 ……………………………………………… 190
　　　6.2.2　图像通信的互联网信道 ……………………………………………… 191
　　　6.2.3　图像通信的无线信道 ………………………………………………… 193
　6.3　误码对运动图像解码码流的影响 ………………………………………… 194
　　　6.3.1　错误传播 ……………………………………………………………… 195
　　　6.3.2　不同编码字段的误码影响 …………………………………………… 196
　6.4　错误控制和错误隐藏技术 ………………………………………………… 197
　　　6.4.1　编码端错误控制技术 ………………………………………………… 198
　　　6.4.2　解码端错误隐藏 ……………………………………………………… 202
　　　6.4.3　编码端和解码端交互式差错控制 …………………………………… 207
　6.5　运动图像编码标准中的抗误码策略 ……………………………………… 209
　　　6.5.1　MPEG-4的抗误码策略 ……………………………………………… 209
　　　6.5.2　H.264的抗误码策略 ………………………………………………… 210
　6.6　小　结 ……………………………………………………………………… 214
　习题六 ……………………………………………………………………………… 214
　参考文献 …………………………………………………………………………… 215

第7章　信源信道联合编码在图像通信中的应用 ……………………………… 216
　7.1　信源信道联合编译码基础 ………………………………………………… 216
　　　7.1.1　信源信道分离编码 …………………………………………………… 216
　　　7.1.2　信源信道联合编码 …………………………………………………… 217
　7.2　信源信道联合编码技术 …………………………………………………… 220

7.2.1 数字系统的信源信道联合编码技术 220
7.2.2 混合数字-模拟系统(HDA)的信源信道联合编码技术 223
7.2.3 近似模拟系统的信源信道联合编码技术 224
7.3 信源信道联合译码技术 226
7.3.1 信源信道联合译码基础 226
7.3.2 融合隐马尔科夫模型的信源信道联合译码 227
7.3.3 基于信源反馈信息的信源信道联合编译码 229
7.4 信源信道联合编码的新发展 234
7.4.1 网络跨层优化设计基本原理 234
7.4.2 基于跨层优化设计的信源信道联合编码 236
7.5 小结 237
习题七 237
参考文献 238

第8章 网络流媒体 240

8.1 网络流媒体概述 240
8.2 流式传输的基本原理和实现方式 242
8.2.1 流式传输的基本原理 242
8.2.2 流媒体传输的实现方式 243
8.3 网络流媒体的系统组成 244
8.4 流式传输协议 246
8.4.1 实时传输协议(RTP) 246
8.4.2 实时传输控制协议(RTCP) 248
8.4.3 实时流协议(RTSP) 249
8.4.4 资源预留协议(RSVP) 250
8.5 流媒体的网络播放技术 253
8.6 流媒体的服务方式 255
8.6.1 C/S模式概述 255
8.6.2 P2P模式概述 255
8.6.3 P2P模式与C/S模式的比较 256
8.7 P2P流媒体网络电视 257
8.7.1 PPlive协议 258
8.7.2 PPstream协议 259
8.7.3 QQlive协议 260
8.7.4 P2P流媒体协议框架 260

8.8　流媒体的应用 …………………………………………………………… 262
　　8.9　小　结 …………………………………………………………………… 265
　习题八 ………………………………………………………………………… 266
　参考文献 ……………………………………………………………………… 266
第9章　数字电视 …………………………………………………………………… 268
　　9.1　数字电视概述 …………………………………………………………… 268
　　9.2　数字电视传输标准 ……………………………………………………… 269
　　　　9.2.1　ATSC标准 ……………………………………………………… 269
　　　　9.2.2　DVB标准概述 …………………………………………………… 276
　　　　9.2.3　ISDB-T标准 …………………………………………………… 288
　　　　9.2.4　中国数字电视地面传输标准 …………………………………… 293
　　9.3　移动电视 ………………………………………………………………… 301
　　　　9.3.1　移动电视系统简介 ……………………………………………… 301
　　　　9.3.2　移动电视标准 …………………………………………………… 305
　　　　9.3.3　移动电视的网络内容及广播网络的安全性 …………………… 315
　　9.4　小　结 …………………………………………………………………… 318
　习题九 ………………………………………………………………………… 318
参考文献 ………………………………………………………………………… 320
缩略语表 ………………………………………………………………………… 321

第 1 章 图像信号分析

这是个人的一小步,却是人类的一大步。

——阿姆斯特朗

人类通过视觉获取的信息量是非常巨大的。统计表明,视觉信息约占人类感觉所获取总信息的 60%,而且图像信号比其他形式的信号更易被大脑理解和记忆。日常接触到的照片、图画、电视画面等都属于图像范畴。可见,研究图像信号具有非常重要的意义。

1.1 图像信号及其分类

图像是光辐射能量经过物体的反射,或由物体本身发出的光能量在人的视觉器官中的反映。另外,为了形象地表示一些本身并不可见的信息,常常对其进行可视化处理(通过传感器和显示设备),使其转变为可以被视觉直接接受的形式,例如红外图像、遥感图像、超声图像等,如图 1.1 所示。

自然图像　　　　　　　红外图像

遥感图像　　　　　　　超声图像

图 1.1 几幅图像实例

图像信息较语音、文字等其他形式的信息具有以下特点：
① 图像直观性强，不需要思维转换，可以直接理解；
② 图像的信息量大；
③ 图像信息的理解具有主观性，不同的观察者对同一幅图像会有不同的理解和感受；
④ 不同种类的图像在复杂度和统计特性上有较大的差异，处理方法也有较大的差异。

图像的分类方式很多，常见的有以下几种：
① 根据图像所表现的空间维数，可以分为二维图像和三维图像。二维图像就是目前最为常见的平面图像（如照片等）。三维图像是能够给人立体视觉感受的空间分布的图像，通常由两个或多个图像采集设备成像得到。
② 根据图像的光谱特性，可以分为单色（灰度）图像和彩色图像。二维的数字灰度图像可以用一个由灰度值构成的二维数组表示，即单分量表示；而彩色图像则由多个彩色分量组成，每个分量都是一个二维数组，如显示器显示出的 RGB 三基色彩色图像。
③ 根据图像中每个分量像素值的幅度，可以分为二值图像和多值图像。二值图像的分量只有两种幅度等级（如黑白图像）；而多值图像的分量可以有多个幅度。通常情况下，多值数字图像每个分量的电平幅度有 2^P 种，P 称做比特深度，通常取 $P=8$。
④ 根据图像是否随时间变化，可以分为静止图像和运动图像。静止图像在时间维度上内容保持不变；而运动图像是在某一时间段内按时间顺序排列的一组图像序列。

1.2 颜色和颜色模型

通常说的"光"是指人眼能够感觉到的部分电磁波，即可见光。一般可见光指波长在380～780 nm 范围内的电磁波。可见光的光谱成分，即波长组成决定了人眼对其的彩色感觉。人类视觉能够接收到两种类型的颜色：自身发光物体（照明光源）的颜色和被照射物体（反射光源）的颜色。自身发光物体的颜色取决于其所发射能量的波长范围，遵循相加原则：几个混合照明光源的彩色感觉取决于所有光源光谱的总和。被照射物体的颜色由入射光的光谱成分和被吸收的波长范围决定，遵循相减原则：几个混合反射光源的彩色感觉取决于剩余的未被吸收的波长。

人类的彩色感觉具有亮度和色度两个属性。亮度指被感知的光的明亮程度，它与可视频带中的总能量成正比。色度指被感知的光的颜色和深浅，由光的波长成分决定。色度又包含两个属性特征：色调和饱和度。色调指彩色的颜色，由光的峰值波长决定。饱和度是指颜色的纯度，由光谱的范围或带宽决定。

灰度图像仅仅包含采样点的亮度信息，只需要一个数值就可以表示。而彩色图像的表示则较为复杂。根据人眼的生理结构，人们构造了不同的颜色模型或颜色空间来表示图像的颜色，任何一种颜色都可以分解为颜色空间中的一个或多个变量。主要的彩色模型有 RGB 模型、CMYK 模型、YUV 模型、YC_bC_r 模型、HSI 模型等。

1. RGB 加色混合颜色模型

RGB 模型中的各种颜色都是由红(R)、绿(G)、蓝(B)三基色以不同的比例相加混合而成的,即 $W=aR+bG+cB$,其中,W 为任意彩色光,a、b、c 为三基色 R、G、B 的权值。RGB 模型是记录和显示彩色图像时最常见的一种模型,在彩色阴极射线管显示器(CRT)和液晶显示屏(LCD)中采取的都是 RGB 方案。实际应用中常将 R、G、B 的亮度限定在一定的范围内,如 0~1。每种颜色都可以用三维空间中的一个点来表示,如图 1.2 所示。在该颜色空间的原点,三基色达到最低亮度,即为黑色,坐标为(0,0,0);当三基色都达到最高亮度时,即为白色,坐标为(1,1,1)。彩色立方体的剩余六个角分别对应于 R、G、B 三基色和青色(C)、深红色(M)和黄色(Y)。青色、深红色和黄色分别是由红、绿、蓝三色中的两种混合得到的,如图 1.3 所示。一幅彩色图像分解为 R、G、B 三个分量后的结果如图 1.4(a)所示(分解后的各颜色分量以灰度图像表示)。

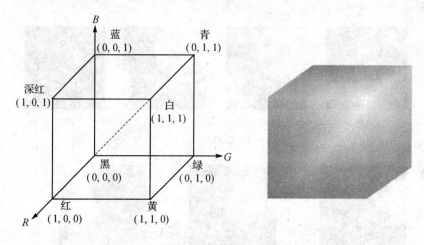

图 1.2 RGB 立方体

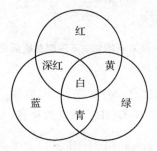

图 1.3 RGB 三色叠加效果

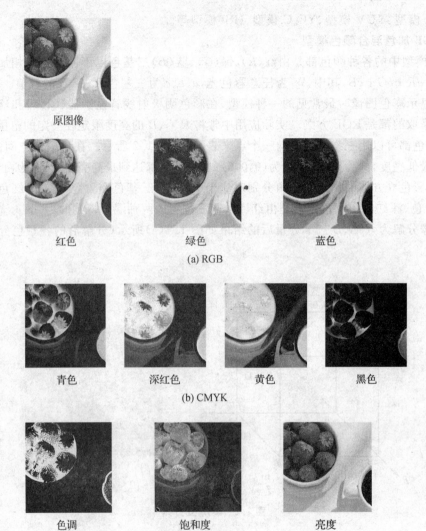

图 1.4 一幅彩色图像在不同颜色空间分解的实例

2. CMYK 减色混合颜色模型

CMYK 模型利用青色(C)、深红色(M)和黄色(Y)按照一定比例组成其他颜色。图 1.5 是 CMY 三色的叠加效果。C、M、Y 是 R、G、B 三基色的补色,与 R、G、B 存在如下关系:

$$\begin{bmatrix} C \\ M \\ Y \end{bmatrix} = \begin{bmatrix} 1 \\ 1 \\ 1 \end{bmatrix} - \begin{bmatrix} R \\ G \\ B \end{bmatrix} \qquad (1.2.1)$$

CMYK 颜色模型主要应用于彩色印刷领域,K 表示黑色。图 1.4(b)是一个彩色图像按照 CMYK 模型分解的实例(分解后的各颜色分量以灰度图像表示)。

3. YUV 模型和 YC_bC_r 模型

为了减少带宽并与单色电视系统兼容,国际照明协会(CIE)于 1931 年规定了 XYZ 颜色模型。在 XYZ 模型中实现了亮度和色度信息的分离:Y 表示亮度,X、Z 两分量共同表示色度和饱和度。XYZ 坐标系与 RGB 坐标系的关系如下:

$$\begin{bmatrix} X \\ Y \\ Z \end{bmatrix} = \begin{bmatrix} 2.7689 & 1.7517 & 1.1302 \\ 1.0000 & 4.5907 & 0.0601 \\ 0 & 0.0565 & 5.5943 \end{bmatrix} \begin{bmatrix} R \\ G \\ B \end{bmatrix} \quad (1.2.2)$$

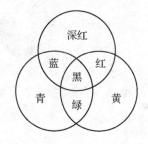

图 1.5 CMY 三色叠加效果

XYZ 模型主要用于定义其他基色和彩色的数字说明,彩色电视信号的传输实际上主要应用 YUV 模型。YUV 模型的亮度信号 Y 和色差信号 U、V 是分离的,解决了彩色电视与黑白电视兼容的问题。YUV 颜色空间与 RGB 颜色空间的转换关系如下:

$$\begin{bmatrix} Y \\ U \\ V \end{bmatrix} = \begin{bmatrix} 0.299 & 0.587 & 0.114 \\ -0.147 & -0.289 & 0.436 \\ 0.615 & -0.515 & -0.100 \end{bmatrix} \begin{bmatrix} R \\ G \\ B \end{bmatrix} \quad (1.2.3)$$

YC_bC_r 颜色空间是由 YUV 颜色空间派生出来的,主要用于数字电视系统以及图像、视频压缩标准中。Y、C_b、C_r 三个颜色分量在 0~255 的范围内取值,是 Y、U、V 分量的伸缩和移位形式。在 RGB 到 YC_bC_r 的转换中,输入、输出都是 8 位二进制格式。YC_bC_r 颜色空间与 RGB 颜色空间的关系如下:

$$\begin{bmatrix} Y \\ C_b \\ C_r \end{bmatrix} = \begin{bmatrix} 0.299 & 0.587 & 0.114 \\ -0.1687 & -0.3313 & 0.500 \\ 0.500 & -0.4187 & -0.0813 \end{bmatrix} \begin{bmatrix} R \\ G \\ B \end{bmatrix} + \begin{bmatrix} 0 \\ 128 \\ 128 \end{bmatrix} \quad (1.2.4)$$

4. HSI 模型

HSI 颜色模型与人的彩色感觉的三个属性——色调(Hue)、饱和度(Saturation)、亮度(Intensity)相匹配。

HSI 颜色模型如图 1.6 所示。色调 H 和饱和度 S 都可表示在图中的色度圆上。色调 H 由角度表示,0°表示红色,120°表示绿色,240°表示蓝色。0°~360°覆盖了所有可见光谱的颜色。饱和度 S 是色度圆圆心到所表示彩色点的半径的长度。色度圆的最外围饱和度 $S=1$,是纯色,圆心处是灰色,即饱和度 $S=0$。亮度是经过色度圆圆心的垂线,底部表示黑,顶部表示白。从 RGB 颜色空间到 HSI 颜色空间的转换关系如下:

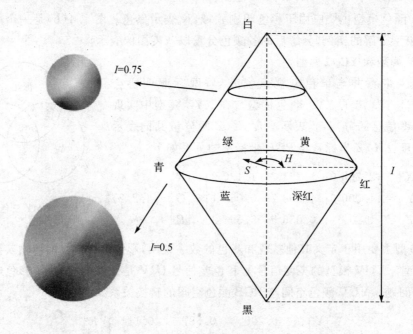

图 1.6 HSI 颜色模型

$$H = \begin{cases} \theta, & B \leqslant G \\ 360° - \theta, & B > G \end{cases} \tag{1.2.5}$$

$$S = 1 - \frac{3}{R+G+B}[\min(R,G,B)] \tag{1.2.6}$$

$$I = \frac{1}{3}(R+G+B) \tag{1.2.7}$$

其中,$\theta = \arccos\left\{\dfrac{\frac{1}{2}[(R-G)+(R-B)]}{[(R-G)^2+(R-B)(G-B)]^{\frac{1}{2}}}\right\}$。

图 1.4(c)是彩色图像在 HSI 颜色空间分解后得到的各颜色分量(分解后的各颜色分量以灰度图像表示)。

1.3 模拟视频信号

视频实质上是在时间坐标上排列的一组图像序列。由于人眼不能区别场景的快速变化,即视觉暂留特性,所以以一定的速率显示的一系列内容逐渐变化的图像(其中每一幅图像称做一帧),在观看者看来是连续运动的。

视频处理源于模拟方式,时至今日,世界上的绝大部分国家仍然采用着模拟电视系统。模拟电视系统采用光栅扫描方式进行视频的获取和显示。视频采集设备(通常是摄像机)扫描图像的水平行得到图像的亮度和色度。一系列的水平扫描行就构成了一个完整的图像。完成一组图像的扫描之后就生成了视频序列。如图1.7所示,扫描方式通常分为两种:逐行扫描和隔行扫描。

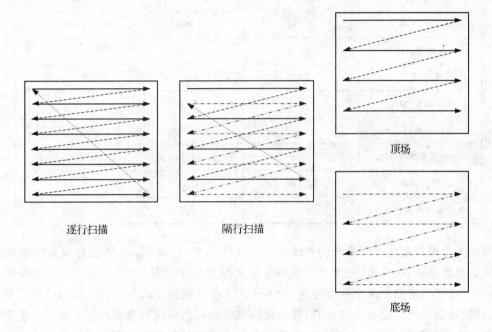

图 1.7 逐行扫描和隔行扫描

在逐行扫描方式中,扫描从每帧图像的左上角开始,水平移动到图像的最右端,完成一个扫描行,然后快速返回至下一行的最左端继续扫描,这样依次完成整帧图像的扫描。逐行扫描清晰度高,利于视频格式的转换,但数据量较大,传输占用带宽也大。在隔行扫描方式中,每帧图像被分割成两个视频扫描场:顶场包含所有的奇数行,底场包含所有的偶数行。顶场和底场分别进行扫描。隔行扫描依赖视觉和显示器显像管的暂留,使顶场和底场在人眼看来能够组合成整帧图像。隔行扫描只需要原数据量的一半就可以实现较高的帧率。

目前国际上有三种模拟电视制式:
- NTSC制,被北美和包括日本在内的部分亚洲国家及地区采用;
- PAL制,被大多数西欧国家和包括中国以及部分中东的亚洲国家采用;
- SECAM制,被前苏联、东欧、法国和一些中东国家采用。

这三种制式都采用隔行扫描方式,具体参数见表1.1。

表 1.1 模拟彩色电视制式参数

参数	NTSC	PAL	SECAM
场率/(场·秒$^{-1}$)	59.54	50	50
行数/帧	525	625	625
行率/(行·秒$^{-1}$)	15 750	15 625	15 625
图像宽高比	4∶3	4∶3	4∶3
彩色坐标	YIQ	YUV	YD_bD_r
亮度带宽/MHz	4.2	5.0,5.5	6.0
色度带宽/MHz	1.5(I),0.5(Q)	1.3(U,V)	1.0(U,V)
彩色副载波/MHz	3.58	4.43	4.25(D_b),4.41(D_r)
彩色调制	QAM	QAM	FM
复合信号带宽/MHz	6.0	8.0,8.5	8.0

图 1.8 为模拟彩色电视系统的整体架构。NTSC、PAL 和 SECAM 三种模拟电视制式都采用复合视频格式,把亮度、色度以及音频分量复用为一个信号。NTSC 和 PAL 制使用正交幅度调制(QAM)来调制两个色度分量,而 SECAM 制使用频率调制。当亮度和色度分量复用时,两种信号会出现一定程度的重叠,导致接收端出现彩色串扰和亮度串扰。彩色串扰是指由于高频亮度信号接近彩色副载波而产生假彩色。亮度串扰是指由已调色度信息导致的图案高频边缘出现错误。通常在接收端采用梳状滤波或者运动自适应滤波等技术消除上述干扰。

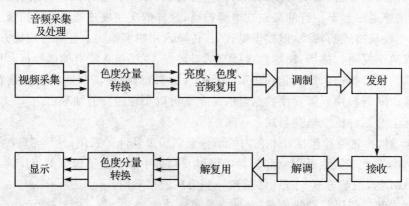

图 1.8 模拟彩色电视系统

1.4 数字视频信号

1.4.1 数字视频信号的采样与量化

自然场景的模拟视频信号在横、纵、时间坐标上和幅度值上都是连续的,为了获得数字视频,需要在坐标和幅度上分别采样。数字化坐标值的操作称为采样,包括空间和时间采样。数字化幅度值的操作称为量化。

空间采样以固定尺寸大小的正方形区域为单位,使用一个固定值表示一个区域内的亮度或色度,该区域表示成一个像素。图像质量受到采样单元尺寸的影响:采样单元的尺寸越小,图像的分辨率越高,质量也越好。一个自然场景在时间轴上同样是连续的,当在时间轴上以固定的间隔采样时,就生成了不同的帧。时间采样频率越高,视频就越平滑,但会增加数字视频的数据量。实际上,当图像序列帧采样率达到 25 帧/秒或更高时,人眼就可以看到连续不间断的运动效果了。

对模拟视频信号采样后就得到了空间上和时间上离散的视频信号;为了得到完全数字化的视频,还需要进一步将每一帧图像的幅值都转化为能使用有限位表示的数值,即量化。量化就是以一定的规则对连续采样值作近似表示,输出幅值能够用有限个比特表示。量化总是将一个范围内的输入值量化为同一个输出值,导致信息损失,而且是不可逆的。

人眼对色度信号的分辨能力较亮度信号低。因此,为了保证主观质量,一般对色度信号采用低采样率以降低图像数据量。通常使用 YUV 颜色模型中的 3 个分量 Y、U、V 来表示采样比例。实际应用中存在多种采样格式,包括 4∶4∶4、4∶2∶2、4∶2∶0 和 4∶1∶1 等。其中第一个数字表示亮度信号的采样数目,后两个数字表示色度信号的采样数目。图 1.9 为不同采样格式中亮度、色度分量采样点位置的示例。

图 1.9(a) 为 4∶4∶4 采样格式,其中亮度分量和色度分量具有相同的采样率,每个亮度信号(Y)采样的位置同样进行色度信号(U,V)的采样,且 Y 样本的位置就是像素点所在位置。图 1.9(b) 是 4∶2∶2 采样格式,每 4 个 Y 采样点与 2 个 U 采样点和 2 个 V 采样点为一组,色度信号在水平方向上的采样频率是亮度信号的 1/2,在垂直方向上的采样频率与亮度信号一样。在图 1.9(c) 的 4∶2∶0 采样格式中,每 4 个亮度信号 Y 对应于 1 个 U 色度信号和 1 个 V 色度信号,色度信号在水平方向和垂直方向上的采样频率均是亮度信号的 1/2。4∶2∶0 采样格式还有如图 1.9(d) 所示的另一种形式。4∶1∶1 采样格式如图 1.9(e) 所示,一行上每 4 个 Y 采样点对应 1 个 U 采样点和 1 个 V 采样点,这相当于对 4∶4∶4 采样格式的色度分量在水平方向上每 4 个像素点进行下采样。

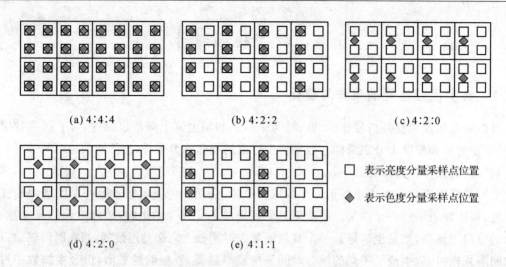

图 1.9 亮度分量和色度分量的采样格式

1.4.2 视频信号的表示

人们直观感觉到的视频信号都是在时域上的表示；视频信号也可在变换域上表示，而且变换域表示更能反映出视频的某些特性。

1. 时域表示

数字视频可以表示为三维信号 $f(x,y,t)$，x 和 y 表示像素所在的行和列，二者联合表示像素的空间位置；t 表示某帧图像所处的时刻。当 t 一定时，以 $f(x,y)(x=0,1,\cdots,M-1, y=0,1,\cdots,N-1)$ 表示一帧图像（采样、量化后的数字图像包括 M 行 N 列），整个图像可以用一个由灰度值作为元素的二维矩阵表示，即

$$\begin{bmatrix} f(0,0) & f(0,1) & \cdots & f(0,N-1) \\ f(1,0) & f(1,1) & \cdots & f(1,N-1) \\ \vdots & \vdots & \ddots & \vdots \\ f(M-1,0) & f(M-1,1) & \cdots & f(M-1,N-1) \end{bmatrix}$$

当每个像素有 2^P 个灰度级时，储存一帧未经压缩的灰度图像需 $M\times N\times P$ bit。对于彩色图像，则根据需要采用不同颜色空间的多个分量来表示。

2. 常见变换域表示

（1）傅里叶变换域

傅里叶变换是分析信号性质的一种非常有效的工具，借助傅里叶变换可以更好地研究视频信号的特性。

首先简要回顾傅里叶变换的定义。K 维连续信号 $f(x)$ 的傅里叶变换及其逆变换的定义为

$$F_c(\boldsymbol{f}) = \int_{R^K} f(\boldsymbol{x})\exp(-2\pi j\boldsymbol{f}\boldsymbol{x}^T)d\boldsymbol{x}$$
$$f(\boldsymbol{x}) = \int_{R^K} F_c(\boldsymbol{f})\exp(2\pi j\boldsymbol{f}\boldsymbol{x}^T)d\boldsymbol{f}$$
(1.4.1)

其中,$\boldsymbol{f}=[f_1,f_2,\cdots,f_K]\in R^K$,$\boldsymbol{x}=[x_1,x_2,\cdots,x_K]\in R^K$。

K 维离散信号的傅里叶变换及其逆变换为

$$F_d(\boldsymbol{u}) = \sum_{\boldsymbol{n}\in Z^K} f(\boldsymbol{n})\exp(-2\pi j\boldsymbol{u}\boldsymbol{x}^T)$$
$$f(\boldsymbol{n}) = \sum_{\boldsymbol{u}\in Z^K} F_d(\boldsymbol{u})\exp(2\pi j\boldsymbol{u}\boldsymbol{x}^T)$$
(1.4.2)

其中,$\boldsymbol{u}=[u_1,u_2,\cdots,u_K]\in Z^K$,$\boldsymbol{n}=[n_1,n_2,\cdots,n_K]\in Z^K$。

视频信号是三维信号(水平、垂直两个空间维和一个时间维),以(x,y,t)描述该三维信号域中的点。利用三维傅里叶变换研究视频信号的频率特性,就以(f_x,f_y,f_t)表示(x,y,t)对应的频率。

1) 空间频率

空间频率表示了在二维平面某一方向上图像亮度或色度变化的快慢,可通过测量在特定方向上单位长度的亮度或色度变化周期得到。二维图像的空间变化可以由两个相互垂直方向上的频率来表示,其他任何方向上的频率都可以投影到这两个方向上,于是可以用(f_x,f_y)表示一帧图像的空间频率。例如,一帧图像以 $f(x,y)=\sin 8\pi x$ 表示,那么其空间频率是$(4,0)$,而以 $f(x,y)=\sin(8\pi x+12\pi y)$ 表示的一帧图像,其空间频率就是$(4,6)$,如图 1.10 所示。

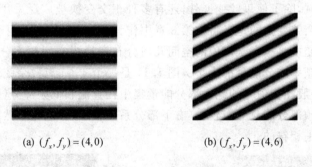

(a) $(f_x,f_y)=(4,0)$　　　　(b) $(f_x,f_y)=(4,6)$

图 1.10　两个空间频率示例

2) 时间频率

时间频率表示了固定位置图像亮度或色度每秒变化的周期数。成像区域内所有位置的时间频率中的最大值称为视频信号的最大时间频率。视频信号的时间频率取决于图像中景物的变化速率,通常是图像采集设备运动、物体运动或二者共同运动的结果。实际场景中物体的运动比较复杂,为了便于分析,可以将图像分成若干个进行匀速运动的小区域,这样只需要分析匀速运动物体(或由图像采集设备匀速平移引起的整体运动)的时间频率即可。

假设所考虑的景物处于各向均匀的光照条件下,即景物上的每个点的图像亮度不随时间而改变。如果用 $f_0(x,y)$ 表示 0 时刻物体图像,那么 t 时刻物体图像可以表示为 $f(x,y,t)=f_0(x-v_x t, y-v_y t)$,其中 v_x 和 v_y 表示水平和垂直方向上的速度。对这个信号进行傅里叶变换可以得到

$$F(f_x, f_y, f_t) = \iiint f(x,y,t) \exp[-j2\pi(f_x x + f_y y + f_t t)]dxdydt =$$

$$F_0(f_x, f_y) \int \exp[-j2\pi(f_x v_x + f_y v_y + f_t)t]dt =$$

$$F_0(f_x, f_y) \delta(f_x v_x + f_y v_y + f_t) \tag{1.4.3}$$

其中,$F_0(f_x, f_y)$ 为 $f_0(x,y)$ 的二维傅里叶变换。由式(1.4.3)可以看出,只有满足 $f_x v_x + f_y v_y + f_t = 0$ 时,$F(f_x, f_y, f_t)$ 才是非零的。进一步得到

$$f_t = -f_x v_x - f_y v_y \tag{1.4.4}$$

由式(1.4.4)可以看出,时间频率是速度向量 $\boldsymbol{v}=(v_x, v_y)$ 在空间频率向量 $\boldsymbol{f}=(f_x, f_y)$ 上的投影,由空间频率和速度共同决定。当 $f_x=f_y=0$ 时,不论 v_x、v_y 为何值,都有时间频率 $f_t=0$,这说明具有均匀亮度和色度的图形在时间维无论做多么快的运动,也不会被观测到在时间上发生的变化。若运动速度向量与空间频率向量是正交的,那么时间频率 $f_t=0$,这说明物体在其图像不变的方向上运动,不会被观察到任何时间上的变化。而当物体运动方向与空间频率方向平行时,时间上的变化速率即时间频率最高。以上得出的结论都是与事实经验相符的。

(2) 离散余弦变换域

在信号处理领域,除了傅里叶变换外,还有多种正交变换被广泛采用,离散余弦变换就是其中的一种。离散余弦变换的定义将在第 3 章中作详细介绍,其主要用于研究图像的空间频率特性。二维离散变换将像素灰度值的空间几何分布变换为空间频率分布,变换后的结果反映了图像信号中各频率成分能量的大小。图 1.11 是一个 4×4 离散余弦变换的示例。从这个例子中可以看出,一般图像信号的绝大部分能量集中在直流和低频部分(变换后图像块左上部分系数较大),而高频部分能量分布较少(右下部分系数较小)。这与自然图像中具有大部分均匀平坦区域的特点是相符的。

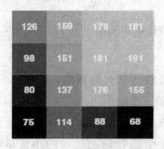
(a) 原4×4图像块

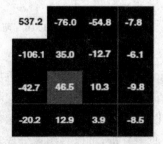
(b) 离散余弦变换后的图像块

图 1.11 离散余弦变换示例

1.4.3 视频信号的相关函数

观察视频时不难发现,视频序列中每一帧图像邻近像素点的亮度或色度值经常是相近甚至是相等的。相邻的两帧图像间同一位置像素的亮度和色度也有同样的性质,这是视频信号相关性的反映。将视频信号看做广义平稳过程,其相关性可以通过自相关函数表示。

一维离散随机过程 $f(x_i)$ 的自相关函数定义为

$$R(\Delta x) = \frac{1}{M} \sum_{i=1}^{M} f(x_i) f(x_i + \Delta x) \tag{1.4.5}$$

其中,Δx 为 X 方向上的间隔距离。

二维离散随机过程 $f(x_i, y_j)$ 的自相关函数定义为

$$R(\Delta x, \Delta y) = \frac{1}{MN} \sum_{i=1}^{M} \sum_{j=1}^{N} f(x_i, y_j) f(x_i + \Delta x, y_j + \Delta y) \tag{1.4.6}$$

其中,Δx 和 Δy 分别为 X 和 Y 方向上的间隔距离。

视频信号经逐行扫描后可以表示为一维信号。由于视频信号相邻行之间具有较强的相关性,所以逐行扫描后,信号的自相关函数具有明显的行周期性。以电视信号为例,该自相关函数可以近似表示为

$$R(|\Delta x|) = e^{-k|\Delta x|} = \rho^{|\Delta x|} \tag{1.4.7}$$

其中,$\rho = e^{-k}$,ρ 一般取值在 $0.95 \sim 0.99$ 之间。

图像信号的二维自相关函数类似于一维的情况,可以近似表示为

$$\left. \begin{array}{l} R(|\Delta x|, |\Delta y|) = \exp[-k(|\Delta x|^2 + |\Delta y|^2)^{1/2}] = \rho^{-k\Delta r} \\ \Delta r = (|\Delta x|^2 + |\Delta y|^2)^{1/2} \end{array} \right\} \tag{1.4.8}$$

或

$$\left. \begin{array}{l} R(|\Delta x|, |\Delta y|) = \exp[-k(|\Delta x| + |\Delta y|)] = \rho^{-k\Delta r} \\ \Delta r = |\Delta x| + |\Delta y| \end{array} \right\} \tag{1.4.9}$$

以上两种自相关函数的等相关轮廓线分别如图 1.12(a)、(b)所示。

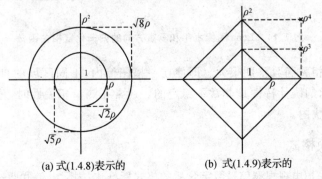

(a) 式(1.4.8)表示的　　　　(b) 式(1.4.9)表示的

图 1.12　式(1.4.8)和式(1.4.9)所表示的自相关函数的等相关值轮廓线

图 1.13 是 Lena 图像。图 1.14 是该图像水平和垂直方向的自相关函数,其中纵坐标表示归一化自相关函数,横坐标表示取样间隔。可以看到,自相关函数值随着像素间距离的增大而迅速减小。

图 1.13 Lena 图像

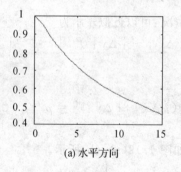

(a) 水平方向

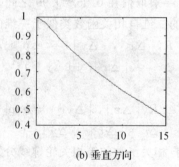

(b) 垂直方向

图 1.14 Lena 图像水平和垂直方向的归一化自相关函数

不同图像的自相关函数差别很大。即使在一幅图像内,不同区域的自相关函数也往往是不同的,这说明图像的统计特性是非常不稳定的。通常在测量相关性时,总是将范围限定在统计特性平稳的图像块内。

1.4.4 数字视频格式

为了将不同的模拟电视视频信号数字化后的格式标准化,国际电信联盟-无线电部(ITU-R)

提出了 BT.601 建议,规定了宽高比为 4∶3 和 16∶9 的数字视频格式。这里仅介绍宽高比为 4∶3 的格式,如图 1.15 所示。NTSC 制式中每行有 858 个像素,每帧 525 行,其中有效行有 480 行,每行有效像素为 720 个。剩下的是在水平和垂直回扫中得到的样点,落入无效区。PAL 和 SECAM 制式中每行的像素数为 864 个,每帧 625 行,其中有效行为 576 行,每行的有效像素数也为 720 个。表 1.2、表 1.3 概括了不同的数字视频格式。表 1.4 给出了这几种格式相应的应用范围。

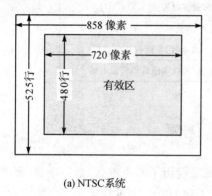
(a) NTSC系统

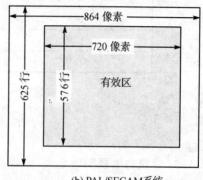
(b) PAL/SECAM系统

图 1.15 BT.601 视频格式

表 1.2 数字视频格式一

视频格式	SMPTE 296M	SMPTE 295M	BT.601		
分辨率	1 280×720	1 920×1 080	720×480/576		
彩色采样	4∶2∶0	4∶2∶0	4∶4∶4	4∶2∶2	4∶2∶0
帧率	24P/30P/60P	24P/30P/60I	60I/50I		
原码率/(Mbit·s^{-1})	265/332/664	597/746/746	249	166	124

表 1.3 数字视频格式二

视频格式	SIF	CIF	QCIF
分辨率	352×240/288	352×288	176×144
彩色采样	4∶2∶0	4∶2∶0	4∶2∶0
帧率	30P/25P	30P	30P
原码率/(Mbit·s^{-1})	30	37	9.1

表 1.4 数字视频格式的不同应用

视频格式	应 用
SMPTE 296M	地面、有线及卫星 HDTV
SMPTE 295M	
BT.601(4:4:4,4:2:2)	视频制作
BT.601(4:2:0)	高质量视频发布(DVD,SDTV)
SIF	中质量视频发布(VCD)
CIF	ISDN/因特网视频会议
QCIF	有线/无线调制解调可视电话

1.5 立体视频

自从 1927 年黑白电视问世至今,电视技术的发展经历了彩色电视、数字电视、高清晰度电视等重要发展阶段。可以预见,立体电视将是电视工业的下一个里程碑。

立体视频的获取和采集借鉴了视觉系统感觉深度的机理。人脑可以通过视觉信息中的多种线索得到物体的深度信息,如物体的相对大小等,但其中最重要的是通过左右眼视图的微小差距而得到的深度感觉。人眼通过内部肌肉的运动,使物体所成的像落在视网膜的中央凹处,以实现聚焦。左右眼视网膜上所成的图像几乎是相同的,视觉神经系统将两个图像融合成一幅图像,并产生立体感觉。

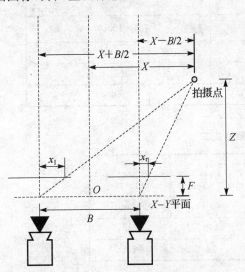

图 1.16 平行摄像机配置

最典型的立体视频获取系统采用两台位置不同的视频采集设备记录三维场景,而后将两个分离的图像分别呈现给双眼,以模拟人类本身的立体感觉。平行配置是立体成像中最流行的摄像机配置方式,如图 1.16 所示。顾名思义,这种方式中两台摄像机的成像平面是平行的,位于同一个 $X-Y$ 坐标平面且水平放置,它们之间的距离称为基线距离 B。为了模拟人眼的立体成像,基线距离与双眼之间的距离大致相同。假设坐标原点位于两台摄像机的中点,并且两台摄像机的焦距 F 相同。那么左右摄像机所成图像重叠后对应图像点间的距离——视差 D 为

$$D = x_l - x_r = \frac{FB}{Z} \quad (1.5.1)$$

其中,x_l 和 x_r 分别是拍摄点在左右摄像机上成像的水平偏移量。由于两摄像机水平放置,故成像的垂直偏移量 y_l 和 y_r 相等。可以看出,物体点距离摄像机越近,视差就越大;基线距离越大,视差也越大。

摄像机的另一种配置方式是会聚配置,如图 1.17 所示。这种配置方式中,两台摄像机焦线的交点会聚于一点,该点与两摄像机的距离相等。两焦线的夹角称为会聚角 2θ。可以得到拍摄点在两摄像机上成像的水平和垂直偏移量分别为

$$\left.\begin{array}{l} x_l = \dfrac{[(X+B/2)\cos\theta - Z\sin\theta]F}{(X+B/2)\sin\theta + Z\cos\theta} \\ x_r = \dfrac{[(X-B/2)\cos\theta + Z\sin\theta]F}{-(X-B/2)\sin\theta + Z\cos\theta} \end{array}\right\} \quad (1.5.2)$$

$$\left.\begin{array}{l} y_l = \dfrac{YF}{(X+B/2)\sin\theta + Z\cos\theta} \\ y_r = \dfrac{YF}{-(X-B/2)\sin\theta + Z\cos\theta} \end{array}\right\} \quad (1.5.3)$$

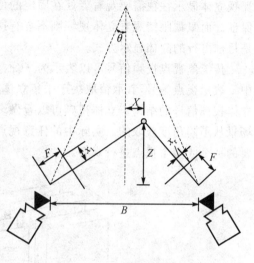

图 1.17 会聚摄像机配置

可以进一步得到水平视差 $D_x = x_l - x_r$ 和垂直视差 $D_y = y_l - y_r$。

会聚配置对于接近摄像机的物体的成像效果比平行配置好。但由于图像是以会聚方式采集,在平行投影显示时会产生深度失真,需要在显示时进行一定的校正。

为了满足一些特殊场合的需要,可以将多台摄像机组成阵列进行图像采集。摄像机阵列同样也包括平行与会聚配置两种方式,如图 1.18 所示。

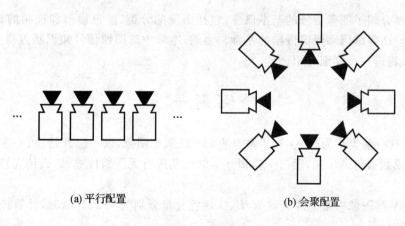

(a) 平行配置　　　　　　　　　　　(b) 会聚配置

图 1.18 摄像机阵列

除了通过摄像机等视频采集设备外,还可以通过传统平面视频的转换、立体素材库人工合成等方式获得立体视频。

视差立体显示是目前最为可行的立体显示方式。观看者可以选择裸视或佩戴眼镜观看。裸视立体显示往往需要观看者处在固定的位置观看,一旦位置发生变化,图像质量将无法得到保证。而佩戴眼镜观看立体视频则不会有这样的限制。另外,体立体显示和全息立体显示也是目前可行的立体显示方式。

传统单视点视频信号可以表示为 $f(x,y,t)$;立体视频则表示为四维信号 $f(x,y,v,t)$,其中 v 表示视点编号,其取值取决于采集立体视频所用的设备数。图 1.19 是以 3 视点为例说明立体视频信号的结构。立体视频可以看做多个单视点视频的组合,这些单视点视频是对同一场景从不同角度获取的。实际中的任意视点视频所实现的功能就是观众从多个视点中选择需要的一个或多个视点进行观看。

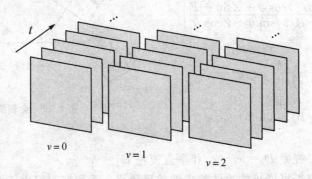

图 1.19　3 视点立体视频信号的结构

1.6　小　结

本章主要介绍了图像信号的基本概念,包括图像的分类、颜色模型和视频的相关概念,这些内容是讨论图像编码和图像传输的基础。当然,本章中对图像信号知识涵盖得并不全面,在后续章节中,将进一步详细介绍。

习题一

1. 假设有一幅大小为 512×512 像素的 256 级灰度图像,以一位开始位、一字节信息和一位停止位组成数据包的形式,通过 750 kbit/s 的线路进行无压缩传输,那么传完该幅图像需要多长时间?

2. 假设某幅图像中某个像素的 R、B、G 颜色分量分别为 112、56、234,计算该像素在 HSI 颜色模型中的分量。

3. 在 HSI 颜色空间中分解"RGB 三色叠加效果图"得到的图像如题图 1.1 所示(各颜色分量以灰度表示),计算图中各区域的灰度值。

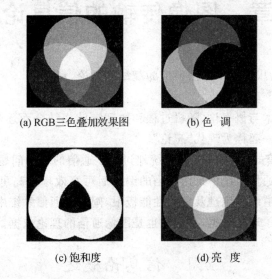

(a) RGB三色叠加效果图　　(b) 色　调

(c) 饱和度　　(d) 亮　度

题图 1.1　习题 3 用图

4. 假设一个模拟彩色电视系统采用隔行扫描,场率为 60 场/秒,每帧图像包括 600 行,计算每秒扫描的行数。

5. 某图像信号的时域表示为 $f(x,y)=\sin(6\pi x+16\pi y)$,求该图像信号的空间频率。

6. 假设某一数字视频格式的分辨率为 800×600,采样格式为 4∶2∶0,比特深度为 8,若帧率为 30 帧/秒,计算原始视频数据的码率。

7. 试推导式(1.5.1)、式(1.5.2)和式(1.5.3)。某立体视频采集系统采用会聚式配置的两台焦距为 1 m 的摄像机,基线距离为10 cm,会聚角为 10°。求 15 m 外一拍摄点在左右摄像机成像平面中的视差。

参考文献

[1] Gonzalez R C,Woods R E. 数字图像处理. 2 版. (英文版). 北京:电子工业出版社,2003.

[2] Wang Y,Ostermann J,Zhang Y Q. 视频处理与通信. 侯正信,杨喜,王文全,等译. 北京:电子工业出版社,2003.

[3] 何小海,等. 图像通信. 西安:西安电子科技大学出版社,2005.

[4] 张春田,苏育挺,张静,等. 数字图像压缩编码. 北京:清华大学出版社,2006.

[5] 周新伦,柳键,刘华志. 数字图像处理. 北京:国防工业出版社,1986.

[6] Kunt M,Ikonomopoulos A,Kocher M. Second generation image coding techniques. Proceedings of IEEE,1985,v73(4):549-574.

第 2 章 图像传输的信息论基础

科学就是整理事实,以便从中得出普遍的规律和结论。

——达尔文

信息论是由通信技术与概率论、随机过程和数理统计相结合而逐步发展起来的一门新兴科学,与系统论、控制论一起称为现代"三论"。

1948 年香农在《通信的数学理论》中系统地讨论了通信的基本问题,奠定了现代信息论的基础。香农理论揭示了通信系统中采用适当的编码后可高效率和高可靠性地传输信息,并给出了信源编码定理和信道编码定理及编码性能极限,阐明了通信系统中各因素的相互关系,为寻找最佳通信系统提供了理论依据,它自然也是图像通信的理论依据。

2.1 信息论概述

2.1.1 随机过程及信源模型

图像信号是一种典型的随机信号。本小节先讲述随机过程的一些基本概念,然后在此基础上建立图像信号模型。

1. 随机过程

随机过程是随时间变化的一族随机变量。

随机变量 X:给定一个随机试验 E,它的结果 ω 是样本空间 Ω 的元素,(Ω, ζ, P) 是相应的概率空间,其中 ζ 是可观察事件的博雷尔事件体,P 为概率函数。如果对每个 ω 有一个实数 $X(\omega)$ 与之对应,就得到定义在 Ω 上的实值点 $X(\omega)$。若对于任意 x,集 $\{\omega:X(\omega)<x\}$ 是 ζ 中的事件,即

$$\{\omega:X(\omega)<x\} \in \zeta \tag{2.1.1}$$

则称 $X(\omega)$ 为随机变量。

如果时间参数 t 的集合以 T 表示,$T \subset \mathbf{R}$,$\mathbf{R}$ 为实数集,随机参数 ω 的集合以 Ω 表示,则随机过程可用 t 和 ω 的函数 $\{X(t;\omega), t \in T, \omega \in \Omega\}$ 来表示。

随机过程:从 T 中选择某一时刻 t_1 时,随机过程在那一时刻的数值 $X(t_1;\omega)$ 必定是一个随机变量。当选择了任意的 n 和任意时刻 $t_1, t_2, \cdots, t_n \in T$ 以及任意值 $X_1, X_2, \cdots, X_n$ 时,可由随机变量组 $X(\omega) = \{X(t_1;\omega), X(t_2;\omega), \cdots, X(t_n;\omega)\}$ 的概率(联合分布函数)$P\{\omega; X(t_1;\omega) \leqslant X_1, X(t_2;\omega) \leqslant X_2, \cdots, X(t_n;\omega) \leqslant X_n\}$ 来表征随机过程;也可用概率密度 $P_{t_1 t_2 \cdots t_n}(X_1 X_2 \cdots X_n)$ 代

替联合分布函数来表征随机过程。

随机(变量)序列：在时间参数 $t=\cdots,-2,-1,0,1,2,\cdots$ 等离散值的场合，用 $X_k(\omega)$ 代替 $X(t;\omega)$，其中 $k\geq 1$，即 $T=\{-\infty,\cdots,-2,-1,0,1,2\cdots\}$ 为可数集时，它与正整数 k 有对应关系，此时可得到

$$\{X(t;\omega),t\in T,\omega\in\Omega\}=\{X_k(\omega),k\geq 1,\omega\in\Omega\} \tag{2.1.2}$$

$X_k(\omega)$ 被称为随机(变量)序列。

随机向量：n 个随机变量 $X_1(\omega),X_2(\omega),\cdots,X_n(\omega)$ 集中起来，用向量 $\boldsymbol{X}(\omega)=(X_1(\omega),X_2(\omega),\cdots,X_n(\omega))$ 表示，n 为有限集，叫做随机向量。

$$\{\boldsymbol{X}(t;\omega),t\in T,\omega\in\Omega\}=(X_1(\omega),X_2(\omega),\cdots,X_n(\omega)) \tag{2.1.3}$$

称为 n 维随机向量。

所以，随机向量是随机过程在一定条件下的若干状态，随机序列是随机过程在一定条件下的若干状态序列。而随机过程是随机向量和随机序列的推广和普遍化，在时间或空间上连续的随机过程十分复杂，实际常见的随机过程是限时过程与限频过程。在一定条件下，随机过程可以转换为随机序列或随机向量。

2. 信源模型

通信系统中收信者在未收到消息之前，信源发出什么消息是不确定的，是随机的，因此可用随机变量或随机过程来描述信源发出的消息；或者说，可用概率空间来描述信源。

信源的数学模型可用概率场来描述，即

$$\begin{bmatrix}X\\P\end{bmatrix}=\begin{bmatrix}x_1 & x_2 & \cdots & x_q\\p(x_1) & p(x_2) & \cdots & p(x_q)\end{bmatrix} \tag{2.1.4}$$

其中，$p(x_i)\geq 0(i=1,2,\cdots,q)$，且 $\sum_{i=1}^{q}p(x_i)=1$。

式(2.1.4)表示的信源输出为随机变量 X，信源可能取的消息符号只有 q 个，其可能取值为 $x_i,i=1,2,\cdots,q$。X 取 x_i 的概率为 $p(x_i)$。此时，信源的取值是离散的，故称为离散信源。

对于连续信源(例如人发出的语音)，可用连续随机变量 X 来描述信源的输出消息。简单的连续信源可用一维连续随机变量 X 来描述。其数学模型为连续型的概率空间

$$\begin{bmatrix}X\\P\end{bmatrix}=\begin{bmatrix}(a,b)\\p(x)\end{bmatrix} \tag{2.1.5}$$

其中，$p(x)$ 为连续随机变量 X 的概率密度函数，(a,b) 为 X 的存在域，且 $p(x)\geq 0,\int_a^b p(x)\mathrm{d}x=1$。

上述信源，不管是离散信源还是连续信源，都是最简单的情况，即单个消息符号的信源。
在某些简单的情况下，信源先后发出的一个个消息符号彼此是统计独立的，并且它们具有相同的概率分布，则 N 维随机向量的联合概率分布为

$$p(X)=\prod_{k=1}^{N}p(X_k=a_{i_k})=\prod_{k=1}^{N}p_{i_k}, \quad i=1,2,\cdots,q, \quad k=1,2,\cdots,N \tag{2.1.6}$$

输出具有这种概率分布的信源,被称为离散无记忆信源。同样,若在 N 维随机向量 X 中,每个随机变量 X_k 是连续随机变量,且相互独立,则 N 维随机向量 X 的联合概率密度函数为 $p(X)=\prod_{k=1}^{N}p_k$。输出具有这种概率密度函数的信源,称之为连续无记忆信源。

通常情况下,信源先后发出的消息符号之间是彼此依存、互不独立的。具有这种特征的信源称为有记忆信源。实际问题中的信源往往是有记忆的,可以用联合概率分布或者条件概率来描述这种相互关联性。表达有记忆信源要比表达无记忆信源困难得多。实际中信源发出的消息符号往往只与前若干个符号的依存关系较强,而与更前面发出的符号的依存关系较弱。为此,可以限制随机序列的记忆长度,称这种信源为有限记忆信源;否则,称为无限记忆信源。实际中常用有限记忆信源近似表示实际信源。

有限记忆信源可用有限状态马尔科夫链来描述。当信源记忆长度为 $m+1$ 时,也就是信源每次发出的符号仅与前 m 个符号有关,与更前面的符号无关。这样的信源称为 m 阶马尔科夫信源。此时可用条件概率分布描述信源的统计特性,即

$$p(x_i\mid x_{i-1},x_{i-2},\cdots,x_{i-m},\cdots)=p(x_i\mid x_{i-1},x_{i-2},\cdots,x_{i-m}) \quad (2.1.7)$$

其中,m 为记忆阶数。当 $m=1$ 时,可用简单马尔科夫链描述。此时,条件概率就转化为状态转移概率

$$p_{ji}=p(x_i=a_i\mid x_{i-1}=a_j) \quad (2.1.8)$$

能用马尔科夫链描述的信源称做马尔科夫信源。如果转移概率 p_{ji} 与时间起点 j 无关,即信源输出的符号序列可以看成为时齐马尔科夫链,则此信源称为时齐马尔科夫信源。如果马尔科夫链同时满足遍历性,即当转移步数足够大时,转移概率与起始状态无关,达到平稳分布,则称这种信源为时齐遍历马尔科夫信源。

如果每个符号(如图像像素的亮度)可能取值为 $A\in(X_1,X_2,\cdots,X_L)$,将 n 个符号序列构成一个随机向量

$$X=(X_1,X_2,\cdots,X_n) \quad (2.1.9)$$

则 n 个符号的随机向量取值于 n 维空间 A^n,共有 L^n 个可能的取值。这就可把有记忆的 n 个符号信源转化为单个符号(一个 n 维向量)的问题来处理。

2.1.2 信息量和信息熵

当信源不同时,计算信息量和信息熵的方法存在一定差异。若信源是单个符号,只需计算其自信息量和熵值;若信源包含多个符号,则需要考虑多个符号间的条件熵和联合熵;对于图像信息,则要根据其随机分布特性,计算相应的信息量。

1. 单符号信源的信息量和熵

单符号信源可用一个随机变量描述。$X\in A=(a_1,a_2,\cdots,a_n)$,概率场

$$\begin{bmatrix} A \\ P_i \end{bmatrix} = \begin{Bmatrix} a_1, a_2, \cdots, a_n \\ p_1, p_2, \cdots, p_n \end{Bmatrix} \tag{2.1.10}$$

且 $\sum_{i=1}^{n} p_i = 1$。由于各个符号的信息量与其发生的概率成反比,从两个独立的符号所发出的信息是从各个符号所发信息之和(即信息可加性),复合事件的概率是两个独立事件的概率之积,所以信息量的定义为 $I(a_i) = \log(1/p_i)$,称为 a_i 的自信息,它不考虑与接收者的关系。显然,$I(a_1, a_2) = \log(1/p_1 p_2) = I(a_1) + I(a_2)$。这一等式可利用信息可加性得到。

当接收到符号 a_i 时,得到的信息量为 $I(a_i)$,而得到 $I(a_i)$ 的概率为 p_i。所以从符号 a_i 得到的信息量即收到的每个符号信息是

$$p_i I(a_i) = p_i \log(1/p_i) \tag{2.1.11}$$

对于所有的符号 $a_i(i=1,2,\cdots,n,\cdots,L)$,所得的平均信息量为

$$\sum_{i=1}^{n} p_i \log(1/p_i) = E[I(a_i)] = H(X) \tag{2.1.12}$$

其中,$H(X)$ 叫做信源的信息熵,简称为熵。对数的底没有规定,不同的底得到不同单位。通常取底为 2,得到熵的单位是 bit。

信息量与信息熵都表征了信源的信息随机特性。不同之处在于信息量是解除不确定度所需信息的度量,获得 $I(a_i)$ 这样大的信息量后,信源符号 a_i 的不确定度就被解除;而信息熵代表了信源的平均不确定度。

对于一个信源,不管它是否输出符号,只要这些符号具有某些概率特性,必存在信源的熵值,它是总体意义上平均的概念。而信息量只有当信源输出符号并被接收者收到后才有意义,它是给予信宿的信息的度量。

2. 多符号信源的联合熵和互信息量

设有两个随机变量 X 和 Y,它们分别取值于离散集合 A 和 B,即

$$X \in A = \{a_i\}, \quad i = 1, 2, \cdots, n$$

$$Y \in B = \{b_j\}, \quad j = 1, 2, \cdots, n$$

$$X = \begin{Bmatrix} a_i \\ p_i \end{Bmatrix}, \quad i = 1, 2, \cdots, n$$

$$Y = \begin{Bmatrix} b_j \\ p_j \end{Bmatrix}, \quad j = 1, 2, \cdots, n$$

联合概率:

$$r_{ij} = p(X = a_i, Y = b_j), \quad i = 1, 2, \cdots, n, \quad j = 1, 2, \cdots, m$$

无条件概率:

$$p_i = p(X = a_i) = \sum_{j=1}^{m} r_{ij}, \text{其中 } p_i \geqslant 0, \text{且} \sum_{i} p_i = 1;$$

$$q_j = p(Y=b_j) = \sum_{j=1}^{n} r_{ij}, \text{其中 } q_j \geqslant 0, \text{且} \sum_j q_j = 1。$$

条件概率:

$$p_{ji} = p(Y=b_j \mid X=a_i) = \frac{p(X=a_i, Y=b_j)}{p(X=a_i)} = r_{ij}/p_i, \text{其中对所有的 } i \text{ 有} p_{ji} \geqslant 0, \text{且}$$

$$\sum_{j=1}^{m} p_{ji} = 1。$$

$$q_{ij} = p(X=a_i \mid Y=b_j) = \frac{p(X=a_i, Y=b_j)}{p(Y=b_j)} = r_{ij}/q_j, \text{其中对所有的 } j \text{ 有} q_{ij} \geqslant 0, \text{且} \sum_{j=1}^{n} q_{ji} = 1。$$

当事件 a_i 发生时,即存在 $p(b_1 \mid a_i), p(b_2 \mid a_i), \cdots, p(b_m \mid a_i)$ 的条件下,可确定随机变量 Y 的熵。

$$H(Y \mid a_i) = -\sum_{j=1}^{m} p_{ji} \log p_{ji}$$

对所有符号 a_i 求 $H(Y \mid a_i)$ 的平均值即可得到条件熵:

$$H(Y \mid X) = \sum_{i=1}^{n} p_i H(Y \mid a_i) = -\sum_i p_i \sum_j p_{ji} \log p_{ji} \qquad (2.1.13)$$

同理可得以下关系:

$$H(X \mid Y) = \sum_{j=1}^{m} q_j H(X \mid b_j) = -\sum_j q_j \sum_i q_{ij} \log q_{ij} \qquad (2.1.14)$$

各种熵及它们之间的关系如表 2.1 所列。

表 2.1　各种熵及它们之间的关系

名　称	符　号	关　系	等效的集合运算
无条件熵	$H(X)$	$H(X) \geqslant H(X\mid Y)$ $H(X) = H(X\mid Y) + I(X;Y)$	
	$H(Y)$	$H(Y) \geqslant H(Y\mid X)$ $H(Y) = H(Y\mid X) + I(X;Y)$	
条件熵	$H(X\mid Y)$	$H(X\mid Y) = H(X) - I(X;Y)$	
	$H(Y\mid X)$	$H(Y\mid X) = H(Y) - I(X;Y)$	
联合熵	$H(XY) = H(YX)$	$H(XY) = H(X) + H(Y\mid X) =$ $H(Y) + H(X\mid Y) =$ $H(X) + H(Y) - I(X;Y)$	
互信息	$I(X;Y) = I(Y;X)$	$I(X;Y) = H(X) - H(X\mid Y) =$ $H(Y) - H(Y\mid X) =$ $H(XY) - H(Y\mid X) - H(X\mid Y)$	

等效的集合运算可用表 2.1 中右侧的文氏图(Venn diagram)表示。从该文氏图可得到如下结论:

① 文氏图所表示的诸关系中,两个圆分别代表无条件熵 $H(X)$ 与 $H(Y)$;两个圆交叠部分代表平均互信息量即 $I(X;Y)$;除去交叠部分的两个月牙形,分别代表条件信息熵 $H(X|Y)$ 与 $H(Y|X)$;X 与 Y 的联合熵 $H(X,Y)$(或 $H(Y,X)$)是图中全部∞字形部分,由 $H(X,Y)=H(X)+H(Y|X)=H(Y)+H(X|Y)$ 可表示出来。

② 当两个圆相互离开时,条件熵增大,这是因为相关性减弱。

③ 当两个圆完全脱离时,表达式 $H(X)\geqslant H(X|Y)$ 和表达式 $H(Y)\geqslant H(Y|X)$ 中的等式成立,即 Y(或 X)出现后,对 X(或 Y)的不确定性丝毫没有消除。这说明两者相互独立,互不相关。此时平均互信息量 $I(X;Y)=0$。

④ 当两个圆完全叠合时,条件熵为零。联合熵就等于单个信源的熵。这表明两个随机变量(符合集合)完全相关。

⑤ 两个信源的联合熵与无条件熵、互信息量的关系为 $I(X;Y)=H(X)+H(Y)-H(X,Y)$。$I(X;Y)$ 就是联合信源含有的冗余度。两信源之间相关性愈大,文氏图中两个圆交叠愈多,冗余度愈大。所以,联合信源的冗余度存在于信源间的相关性之中。去除它们的相关性,使其变为不相关信源或几乎不相关信源,是数据压缩的理论基础和基本依据之一。

上述概念和相互关系可用信息传输实例说明(见图 2.1)。

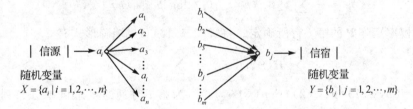

图 2.1 信息传输实例

信源发出 $a_1,a_2,\cdots,a_n$,到达信宿的路途中可能产生失真和误码。符号 a_i 不仅可对应于 b_j,而且还可能用相应的概率去对应 $b_1,b_2,\cdots,b_m$ 中的任一个。

$H(X)$:信源的无条件熵,信源发出符号的平均信息量。

$H(Y)$:信宿的无条件熵,收到发出符号的平均信息量。

$I(X;Y)$:整个收发系统的交互熵;发端的符号是 X,收端的符号是 Y,收端不能直接观察到符号 X,只能从接收到的 Y 中得到关于 X 的信息。

$H(X|Y)$:已知所收为 Y 时信源信息量的量度。

$H(Y|X)$:已知所发为 X 时接收信息量的量度。

$H(XY)$ 或 $H(YX)$:联合熵是信源发出的平均信息量与信宿收到信息量之和。

有记忆信源通常可用马尔科夫模型来描述。由给定 m 阶马尔科夫信源 N 次扩展源,可以得到符号熵。

一个 m 阶马尔科夫信源的 m 长符号序列与信源状态是一一对应的关系，做映射$(x_{1+i}\cdots x_{m+i}) \to s_{m+1+i}(j), i=0,\cdots,N-m$，其中 i 为时间标号，j 为状态序号。这样一个 m 阶马尔科夫信源变成一个一阶马尔科夫信源 S。根据离散熵的性质可知，这种映射后熵不变，即有 $H(X_1X_2\cdots X_N)=H(S_{m+1}S_{m+2}\cdots S_{N+1})$，其中，$S_i=X_{i-m}X_{i-m+1}\cdots X_{i-1}$。利用熵的可加性，将上式展开，并利用马尔科夫信源的特性，得

$$H(X_1X_2\cdots X_N) = H(S_{m+1}) + H(S_{m+2} \mid S_{m+1}) + \cdots + H(S_{N+1} \mid S_{m+1}S_{m+2}\cdots S_N) =$$
$$H(S_{m+1}) + H(S_{m+2} \mid S_{m+1}) + \cdots + H(S_{N+1} \mid S_N) =$$
$$H(S_{m+1}) + \sum_{i=m+1}^{N} H(S_{i+1} \mid S_i) \quad (2.1.15)$$

在式(2.1.15)中，有

$$\sum_{i=m+1}^{N} H(S_{i+1} \mid S_i) = -\sum_{i=m+1}^{N}\sum_{j=1}^{n^m} p[s_i(j)]\sum_{k=1}^{n^m} p[s_{i+1}(k) \mid s_i(j)]\log p[s_{i+1}(k) \mid s_i(j)] =$$
$$-\sum_{i=m+1}^{N}\sum_{j=1}^{n^m} p[s_i(j)]h_j \quad (2.1.16)$$

在式(2.1.16)中

$$h_j = -\sum_{k=1}^{n^m} p[s_{i+1}(k) \mid s_i(j)]\log p[s_{i+1}(k) \mid s_i(j)] \quad (2.1.17)$$

由状态转移概率矩阵 $\boldsymbol{P}$ 的第 j 行所确定。将式(2.1.16)写成矩阵形式有

$$\sum_{i=m+1}^{N} H(S_{i+1} \mid S_i) = \sum_{i=m+1}^{N} [\boldsymbol{p}(s_i)]^T \boldsymbol{h}$$

其中，$\boldsymbol{p}(s_i) = (p(s_i(1))\ p(s_i(2))\cdots p(s_i(n^m)))^T$，为第 i 时刻的状态概率分布列向量。$\boldsymbol{h}=(h_1 h_2\cdots h_{n^m})^T$，为列向量，它的每个元素由式(2.1.17)($\boldsymbol{P}$ 的每一行)所确定。根据概率转移关系$(\boldsymbol{p}^{(k)})^T = (\boldsymbol{p}^{(0)})^T \boldsymbol{P}^k = (\boldsymbol{p}^{(m)})^T \boldsymbol{P}^{k-m}$，得

$$H(X_1X_2\cdots X_N) = H(S_{m+1}) + (\boldsymbol{p}(s_{m+1}))^T \sum_{i=0}^{N-m-1} \boldsymbol{P}^i \boldsymbol{h} \quad (2.1.18)$$

如果起始状态概率为平稳分布 $\boldsymbol{\pi}$，则式(2.1.18)就变成如下形式：

$$H(X_1X_2\cdots X_N) = H(\boldsymbol{\pi}) + (N-m)\boldsymbol{\pi}^T \boldsymbol{h} \quad (2.1.19)$$

其中，$H(\boldsymbol{\pi})$ 表示利用状态平稳分布计算的熵。所以，N 次扩展源的平均符号熵为

$$H_N(X) = \frac{1}{N}H(X_1X_2\cdots X_N) = \frac{1}{N}[H(\boldsymbol{\pi}) + (N-m)\boldsymbol{\pi}^T \boldsymbol{h}] \quad (2.1.20)$$

3. 图像的信息熵

对图像编码时，必须保持信源的内容或保证误差影响较小，这涉及信息熵及率失真分析问题。当图像亮度服从的概率分布不同时，图像的信息熵也不同。

例如,当图像亮度服从 Γ 分布时,根据信息熵的定义,计算其图像的信息熵为

$$H(x) = \ln(\Gamma(\alpha)\beta) + \alpha + (\alpha-1)\gamma - \sum_{j=1}^{N-1} \frac{\alpha-1}{j} \quad (2.1.21)$$

其中,γ 为欧拉常数。特别地,当 $\alpha=1,\beta=\theta$ 时即为单边指数分布,此时图像信息熵为

$$H(x) = \text{lb } e\theta \quad (2.1.22)$$

当 $\alpha=N,\beta=2$ 时,即为 χ^2 分布,此时图像信息熵为

$$H(x) = \ln(2\Gamma(N)) + N + (N-1)\gamma - \sum_{j=1}^{N-1} \frac{N-1}{j} \quad (2.1.23)$$

常见图像的概率分布及其对应的连续熵在 2.3 节中介绍。对于幅度受限的信源,当其服从均匀分布时具有最大的输出熵;对于平均功率受限的信源,当其服从高斯分布时具有最大输出熵。

熵与方差之间存在一定的对应关系。对于服从不同的概率分布的随机变量,熵与方差存在如下对应关系:

$$H(x) = 0.5\ln(A\sigma^2) \quad (2.1.24)$$

其中,A 为常数。对零均值的各种不同分布的随机变量,若具有相同的方差,则熵取决于常数 A,正态分布的 $A=2\pi e=17.157$,其熵最大,其他分布的熵均比它小。

因此,对给定图像有:

① 在方差一定的情况下,服从高斯分布的图像的熵比瑞利分布的大,瑞利分布的比指数分布的大;因此当图像经过线性预测,由高斯分布变为指数分布时,零阶熵减少,即去除了部分熵冗余。

② 对给定的概率分布,图像方差越大,零阶熵越大;图像的冗余度越小,压缩难度越大。

2.2 图像的统计特性

实际图像的种类繁多,内容千变万化,其统计特性比较复杂。以一幅 352×288 像素,每像素 8 bit 的二维静止图像为例,总共可能构成的图像有 $(2^8)^{352\times 288}$ 幅,这是一个庞大的天文数字。然而,有实际意义的图像,多半是由景物或文字图案构成的,即使这样,图像的种类仍是一个巨大的数目,因此讨论图像信息的统计特性,往往只取若干幅典型图像作为样本。

虽然图像的构成十分复杂,但是了解图像的统计特性及其参数的分布特性,对于图像处理、识别及压缩编码具有重要意义。图像的统计特性是采用各类压缩编码方法的基本依据。

图像的统计特性,包括图像亮度和色度的振幅分布、图像空间记忆特性、图像序列时间相关性、图像信号的变换域特性以及各种数字特征参量。振幅分布直接决定了图像系统的线性范围(例如量化设计的依据);帧内相邻像素和帧间对应像素之间的相关特性,表示图像的时间或空间相关程度,这是冗余度压缩的理论基础;图像信号经过变换后,去除了一定的相关性,更

有利于实现高效码率压缩;图像信息量给出了传输或存储所需容量的理论极限。所有这些都是决定图像通信系统带宽和质量不可或缺的参量。

运动图像是以平面坐标(x,y)和时间参数t为变量的三维信号$f(x,y,t)$,在实际传送和处理这种信号时,往往将画面看做静止图像$f(x,y)$所组成的序列,或者在3个变量中任一方向上采样,变成低维信号进行处理。

2.2.1 空间统计特性

图像信号的空间统计特性主要包括以下两个方面的内容:① 图像中所有像素的亮度和色度的振幅分布特性,即图像灰度直方图及各分量的幅值统计特性;② 同一幅图像内相邻像素间的相关性,即图像空间记忆特性。

1. 图像亮度和色度的振幅分布

图像亮(色)度振幅的统计特性是一项易于测试的统计参量,通常是作出图像信号离散采样值的直方图。图2.2给出了三幅典型图像及其对应的直方图,其中横坐标是像素灰度值,纵坐标是与灰度值对应的像素个数。三幅图的亮度值概率分布差异较大,直方图具有多峰性。还需指出,一般情况下图像亮度的概率分布在很大程度上取决于摄像环境和条件。

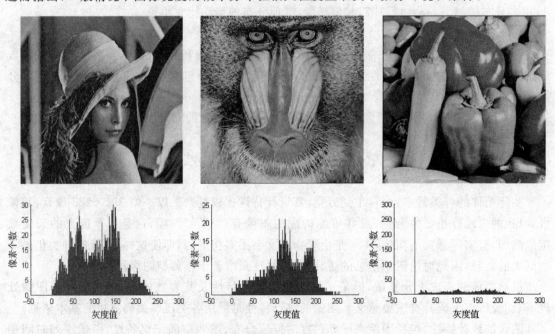

图 2.2 三幅典型图像及其对应的直方图

图 2.3 是 Lena 图像的色度、亮度和色差分量的灰度值表示图。其中,Lena 图像参数是 512×512 像素,8 bit/像素。

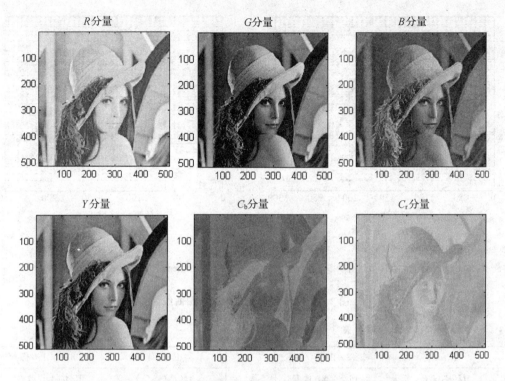

图 2.3　Lena 图像的色度、亮度和色差分量的灰度值表示

图 2.4(a)是色度分量 R、G、B 的概率分布曲线,图 2.4(b)是亮度分量 Y 及两个色差分量 C_b、C_r 的概率分布曲线。

从图 2.4(b)可看出亮度分量 Y 接近于均匀分布,C_b、C_r 分量接近于高斯分布。

根据信息论基础可知,当随机变量 $X_i(i=0,1,2,\cdots,m-1)$ 之间存在一定相关性时,其联合熵必定小于各个分量熵的和,即

$$H(X_0,X_1,X_2,\cdots,X_{m-1}) \leqslant H(X_0)+H(X_1)+H(X_2)+\cdots+H(X_{m-1}) \quad (2.2.1)$$

只有当 X_i 之间统计独立时,等式成立。所以在实际传输图像时,利用图像信号之间的相关性,可降低比特率。

表 2.2 是 Lena 图像 R、G、B 分量联合熵及分量熵统计结果,表 2.3 是 Lena 图像亮度分量和两个色差分量联合熵及分量熵统计结果。

从表 2.2 中可得知

$$H(R,G,B) \leqslant H(R)+H(G)+H(B) \quad (2.2.2)$$

从表 2.3 中可得知

$$H(Y,C_b,C_r) \leqslant H(Y)+H(C_b)+H(C_r) \quad (2.2.3)$$

因为 R、G、B 分量中的 ΔH 更大,所以可知 Lena 图像中 R、G、B 分量的统计相关性更强。

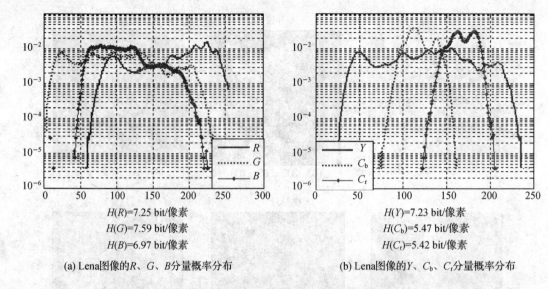

(a) Lena图像的 R、G、B 分量概率分布　　　(b) Lena图像的 Y、C_b、C_r 分量概率分布

图 2.4　Lena 图像分量概率分布曲线

表 2.2　R、G、B 分量

R fixed	3×8＝24 bit/像素
H(R,G,B)	16.84 bit/像素
H(R)＋H(G)＋H(B)	21.82 bit/像素
ΔH	4.98 bit/像素

表 2.3　Y、C_b、C_r 分量

R fixed	3×8＝24 bit/像素
H(Y,C_b,C_r)	15.01 bit/像素
H(Y)＋H(C_b)＋H(C_r)	18.12 bit/像素
ΔH	3.11 bit/像素

2. 图像空间记忆特性

虽然图像亮度信号的概率分布特性是多种多样的,但是邻近像素列差信号和行差信号的分布却有一种共同的固定的倾向:差信号的概率分布虽然随差信号的获取方法和图像种类等不同而有差异,但大体表现为高斯分布(双边指数分布)。

像素的位置关系如图 2.5 所示。

定义水平方向相邻像素差值信号:
$$d_H(i,j) = f(i,j) - f(i,j-1) \tag{2.2.4}$$

定义垂直方向相邻像素差值信号:
$$d_V(i,j) = f(i,j) - f(i-1,j) \tag{2.2.5}$$

图 2.5　相邻像素位置

图 2.6 是 Lena 图像相邻像素差值概率分布图,其中图 2.6(a)、(b)的横坐标分别是水平、垂直相邻像素灰度的差值,纵坐标是相应灰度差值的个数。从图中可看出,行差信号和列差信号的概率分布都为接近于零均值的高斯

分布。

相邻像素差值信号也可用拉普拉斯分布描述,即

$$p(d) = (1/\sqrt{2}\sigma_e)\exp(-\sqrt{2}|d|/\sigma_e) \tag{2.2.6}$$

它也是差值信号一种较好的数学模型。

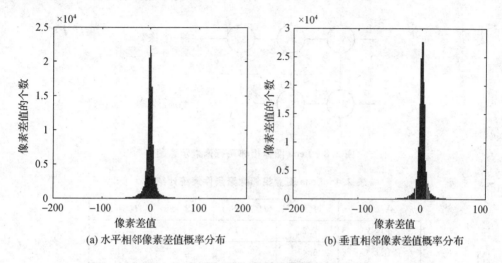

(a) 水平相邻像素差值概率分布 (b) 垂直相邻像素差值概率分布

图 2.6 Lena 图像相邻像素差值概率分布

图 2.7 是 Lena 图像在水平方向上两个相邻像素的亮度值联合概率分布图。

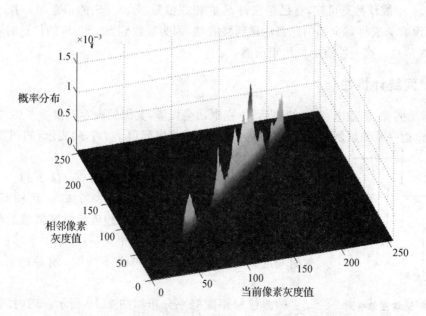

图 2.7 Lena 图像水平方向上两个相邻像素的联合概率分布

从图 2.7 中可看出,亮度信号的峰值绝大多数出现在对角线上,即当前像素和相邻像素亮度值相同的概率很大,相邻像素间存在很强的相关性;编码时,利用这一性质,可达到压缩的目的。此外,研究建立在相邻像素相关性基础之上的条件熵性质,也能对压缩起到指导作用。图 2.8 是 Lena 图像相邻两行像素示意图。表 2.4 是 Lena 图像相邻像素条件熵的统计结果。

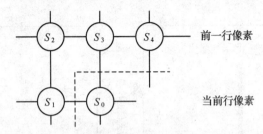

图 2.8　Lena 图像相邻两行像素示意图

表 2.4　Lena 图像相邻像素条件熵统计结果

分　量	$H(S_0)$	$H(S_0|S_1)$	$H(S_0|S_3)$	$H(S_0|S_2)$
亮度 Y	7.23	4.67	4.32	4.86
蓝色差 C_b	5.47	3.80	3.58	3.85
红色差 C_r	5.42	3.69	3.55	3.82

从表 2.4 中统计数据可知,在已经获得 S_0 的相邻像素 S_1、S_2、S_3 的信息时,对于即将传送的 S_0 像素,没有必要将其全部信息都传送到接收端,因为在收到 S_1、S_2、S_3 的信息时,可获得部分 S_0 像素的信息。这一性质也可用于压缩。

2.2.2　时间统计特性

对于运动图像,例如电视、可视电话、电视电话会议等,其图像内容不仅要考虑二维静止画面,还应考虑由一系列帧所组成的图像序列。运动图像序列用 $f(i,j,k)$ 表示,如图 2.9 所示。

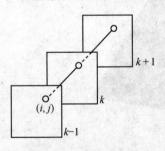

图 2.9　运动图像序列

帧间对应像素的差值信号为

$$d(i,j,k) = f(i,j,k) - f(i,j,k-1) \quad (2.2.7)$$

运动图像的问题应从两个方面来考虑,一是帧间差值信号(帧差信号)的概率分布,二是帧间差值超过某阈值的像素数目。帧差信号幅度的分布,由于帧间相关,一般集中于零值附近。随着时间的推移,帧序列变化快慢不同时,帧差的分布状况也不同。

帧差信号幅度概率分布如图 2.10 所示。随时间变化快慢

的图像,分布有差别,但均满足指数分布

$$P(d) = A\mathrm{e}^{\alpha|d|} \tag{2.2.8}$$

其中,α 为负数,当景物随时间变化激烈时,帧差信号幅度较大,且帧差超过某阈值的像素数目较多,此时 $|\alpha|$ 较小;反之,当景物随时间变化缓慢时,帧差信号幅度较小,且帧差超过某阈值的像素数目较少,此时 $|\alpha|$ 较大。d 为帧差信号幅度值。

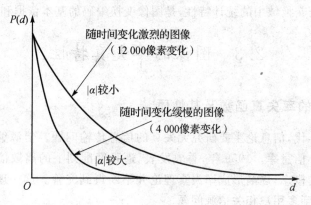

图 2.10　帧差信号幅度概率分布

2.2.3　变换域统计特性

图像信号经过不同的变换(如沃尔什变换、离散余弦变换等)后,其统计特性相似,主要结论有:

① 变换域的原点(位于中心或左上方)具有变换系数的最大值,它等于空间域像素的亮度平均值,称为变换系数的直流分量。

$f(x,y)$ 代表空间域图像信号,$F(u,v)$ 为相应的变换系数,则

$$F(0,0) = (1/MN)\sum_{x=0}^{M-1}\sum_{y=0}^{N-1} f(x,y) \tag{2.2.9}$$

② 直流分量及其附近的低频率系数,集中了频谱能量的绝大部分,即变换域中,能量集中于原点附近。而高频成分的能量只占极少部分。

③ 一般来说,低频率变换系数的数值较大,高频率变换系数的数值较小,许多高频系数的值为零。

通常,亮度不变或变化缓慢的区域,相应变换域高频率系数大多为零或很小,而图像的细节较多,亮度变化剧烈时,高频率系数具有一定大小的数值;而当图像具有某种周期性结构,例如纹理结构时,高频率系数具有较大的数值。

④ 变换域中变换系数的分布具有共轭对称性。大多数近似于高斯分布。

⑤ 变换域中,相邻子像块对应的变换域各边界上的变换系数一般不连续,形成了变换过

程中的方块效应。

⑥ 变换域中的能量等于空间域中的能量,即有能量守恒关系:

$$\frac{1}{MN}\sum_{u=0}^{M-1}\sum_{v=0}^{N-1}[f(x,y)]^2 = \sum_{u=0}^{M-1}\sum_{v=0}^{N-1}[F(u,v)]^2 \quad (2.2.10)$$

⑦ 变换系数 $F(u,v)$ 的熵等于 $f(x,y)$ 的熵。

图像信号在二维变换域中的统计特性,是图像变换编码的基本依据和出发点。

2.3 图像的率失真特性

2.3.1 图像压缩的率失真函数及其性质

在20世纪50年代,信息论主要研究无失真的信息传输问题。信源编码着眼于无失真地恢复信源符号的最小信息率。1959年,香农发表《逼真度准则下的离散信源编码定理》一文,提出了率失真函数的概念,逐渐形成率失真理论并不断得到完善。这一理论能解决许多类型的信源问题,并扩大到多用户相关信源问题。

在实际中,信号有一定的失真是可以容忍的。但是当失真大于某一个限度时,信息就会有严重损伤。要规定失真限度必须有一个定量的失真测度,为此可以引入失真函数。

失真函数:设有一个图像传输系统,输入样值为 x_i, $x_i \in \{a_1, a_2, \cdots, a_n\}$,输出信号为 y_j,$y_j \in \{b_1, b_2, \cdots, b_m\}$。对每一对 (x_i, y_j) 定义非负函数 $d(x_i, y_j)$ 为失真函数。

$$d(x_i, y_j) = \begin{cases} 0, & x_i = y_j \\ \alpha(\alpha > 0), & x_i \neq y_j \end{cases} \quad (2.3.1)$$

将所有的 $d(x_i, y_j)$ 排列起来,用矩阵表示:

$$\boldsymbol{d} = \begin{bmatrix} d(a_1, b_1), d(a_1, b_2), \cdots, d(a_1, b_m) \\ d(a_2, b_1), d(a_2, b_2), \cdots, d(a_2, b_m) \\ \vdots \\ d(a_n, b_1), d(a_n, b_2), \cdots, d(a_n, b_m) \end{bmatrix} \quad (2.3.2)$$

通常情况下,失真函数 $d(x_i, y_j)$ 都是人为设定的。常用的失真函数有

均方失真:$d(x_i, y_j) = (x_i - y_j)^2$;

绝对失真:$d(x_i, y_j) = |x_i - y_j|$;

相对失真:$d(x_i, y_j) = |x_i - y_j|/|x_i|$;

误码失真:$d(x_i, y_j) = \delta(x_i, y_j) = \begin{cases} 0, & x_i = y_j \\ 1, & x_i \neq y_j \end{cases}$。

平均失真:定义失真的数学期望为平均失真,即

第2章 图像传输的信息论基础

$$\overline{D} = \mathrm{E}[d(x_i, y_j)] = \sum_{i=1}^{n}\sum_{j=1}^{m} p(a_i, b_j) d(a_i, b_j) = \sum_{i=1}^{n}\sum_{j=1}^{m} p(a_i) p(b_j \mid a_i) d(a_i, b_j)$$

(2.3.3)

其中，$p(a_i, b_j)$ 是联合分布概率。平均失真是对信源编码器产生失真的总体度量。对于长度为 L 的序列编码情况，平均失真为 $\overline{D} = \dfrac{1}{L}\sum_{l=1}^{L}\mathrm{E}[d(x_i, y_j)] = \dfrac{1}{L}\sum_{l=1}^{L}\overline{D_l}$。

信息率失真函数 $R(D)$：信源 X 经过有失真的信源编码器输出 Y，将这样的编码器看做是存在干扰的假想信道，Y 作为接收端信号。信源编码器的目的是使所需的信息传输率 R 尽量小，但 R 越小，引起的平均失真就越大。给定一个失真的限制值 D，在满足平均失真的条件下，选择一种编码使 $\overline{D} \leqslant D$ 时，信息传输率 R 尽可能小。这里信息传输率 R 就是所需输出的信源 X 的信息量，也就是互信息 $I(X,Y)$。

当信源的分布概率已知时，互信息 I 是关于转移概率 $p(y_j \mid x_i)$ 的 $\cup$ 形凸函数，存在极小值。因此定义率失真函数 $R(D)$ 为

$$R(D) = \min I(X, Y) \tag{2.3.4}$$

对于离散无记忆信源，则

$$R(D) = \min \sum_{i=1}^{n}\sum_{j=1}^{m} p(a_i, b_j) \log \frac{p(b_j \mid a_i)}{p(b_j)} = \min \sum_{i=1}^{n}\sum_{j=1}^{m} p(a_i) p(b_j \mid a_i) \log \frac{p(b_j \mid a_i)}{p(b_j)}$$

(2.3.5)

信道容量是为了解决通信的可靠性问题，是信息传输的理论基础，通过信道编码增加信息的冗余度来实现；信息率失真函数是为了解决通信的有效性问题，是信源压缩的理论基础，通过信源编码减少信息的冗余度来实现。表2.5给出了常见信源分布及率失真函数。

表 2.5 常见分布及其率失真函数

分布	概率密度函数	零阶熵	率失真函数 $d(x,y)=(x-y)^2$	率失真函数 $d(x,y)=\lvert x-y \rvert$
指数	$p(x) = \dfrac{1}{\theta} e^{-\frac{x}{\theta}}, x>0$	$H(x) = \mathrm{lb}\, e\theta$	$R(D) = \dfrac{1}{2}\ln\dfrac{\theta^2 e}{2\pi D}$	$R(D) = \ln\dfrac{\theta}{2D}$
瑞利	$p(x) = \dfrac{x}{\sigma^2} \exp\left(\dfrac{-x^2}{2\sigma^2}\right)$, $x>0$	$H(x) = 1 + \dfrac{\gamma}{2} + \dfrac{1}{2}\ln(\sigma^2/2)$	$R_L(D) = H(x) - \dfrac{1}{2}\ln(2e\pi D)$	$R_L(D) = H(x) - \ln 2eD$
高斯	$p(x) = \dfrac{1}{\sqrt{2\pi\sigma^2}} \exp\left(\dfrac{-x^2}{2\sigma^2}\right)$	$H(x) = \ln(\sqrt{2\pi e}\sigma)$	$R(D) = \mathrm{lb}\,\dfrac{\sigma}{\sqrt{D}}$	$R_L(D) = \dfrac{1}{2}\ln\dfrac{\pi\sigma^2}{2D^2 e}$

续表 2.5

分布	概率密度函数	零阶熵	失真函数 $d(x,y)=(x-y)^2$	失真函数 $d(x,y)=\|x-y\|$
双边指数	$p(x)=\dfrac{\alpha}{2}e^{-\alpha\|x\|}$	$H(x)=\ln(2e/\alpha)$	$R_L(D)=\ln\sqrt{\dfrac{2e}{\pi D\alpha^2}}$	$R_L(D)=R(D)=-\ln(\sigma D)$
双边几何	$p(x)=C(\theta,s)\theta^{\|x-\mu\|}$ $\theta\in(0,1), s\in[0,1)$ $\mu=R-s, C=\dfrac{1-\theta}{\theta^{1-s}+\theta^s}$	$H(x)=-2c\dfrac{\ln c-1}{\ln\theta}$	$R_L(D)=-2c\dfrac{\ln c-1}{\ln\theta}-\dfrac{1}{2}\ln 2e\pi D$	$R_L(D)=-2c\dfrac{\ln c-1}{\ln\theta}-\ln 2eD$
Γ分布	$f(x)=\dfrac{1}{\beta^\alpha\Gamma(\alpha)}x^{\alpha-1}e^{-x/\beta}$ $x>0, \alpha>0, \beta>0$	$H(x)=\ln(\Gamma(\alpha)\beta)+$ $\alpha+(\alpha-1)\gamma-\sum\limits_{j=1}^{\infty}\dfrac{\alpha-1}{j}$	$R_L(D)=H(x)-\dfrac{1}{2}\ln(2e\pi D)$	$R_L(D)=H(x)-\ln 2eD$

率失真函数具有如下性质:

① 定义 $D_{\min}=0$ 对应无失真的情况,相当于无噪声信道,此时 $R(D_{\min})=R(0)=H(X)$。

② 定义 $D_{\max}=\min\limits_{R(D)=0} D$,即 $R(D_{\max})=0$。

③ 由①和②可知,$R(D)$ 的定义域为 $[0,D_{\max}]$。$R(D)=0$ 的情况就是 $I(X,Y)=0$,此时信道的输入和输出相互独立,所以条件概率 p_{ij} 与 x_i 无关,即 $p_{ij}=p(y_j|x_i)=p(y_j)=p_j$。此时,平均失真为 $D=\sum\limits_{i=1}^{n}\sum\limits_{j=1}^{m}p_ip_jd_{ij}$,且 $\sum\limits_{j=1}^{m}p_j=1$;$D_{\max}=\min\sum\limits_{j=1}^{m}p_j\sum\limits_{i=1}^{n}p_id_{ij}$。当某项 $\sum p_id_{ij}$ 最小,且该 j 所对应的 $p_j=1$ 时,$D_{\max}$ 达到最小。这时上式又可以简化为 $D_{\max}=\min\limits_{j=1,2,\cdots,m}\sum\limits_{i=1}^{n}p_id_{ij}$。

④ $R(D)$ 的重要性质:下凸性、连续性、单调递减性。

根据 $R(D)$ 函数的性质,可得离散信源的率失真函数曲线如图 2.11 所示。

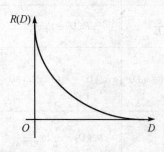

图 2.11 率失真 $R(D)$-D 曲线

压缩编码问题的实质是给定信源,在满足保真度准则的情况下,使信息率尽可能地小;或者是在信息码率一定的情况下,使得图像失真度尽可能地小。香农信息论对此已给出了相关的结论,见以下定理。

定理 2.3.1(限失真信源编码定理) 只要信源符号序列长度 N 足够大,当每个符号的信息率大于 $R(D)$ 时,必存在一种编码方法,其平均失真可无限逼近 D;反之,若信息率小于 $R(D)$,则任何编码的平均失真必大于 D。

定理 2.3.1 表明,在满足保真度准则的前提下,信息率失

真函数 $R(D)$ 是信息率允许的最小值。只要信息率大于这个界限,译码失真就可限制在给定的范围内,即通信的过程中虽然有失真,但仍能满足要求,否则就不能满足要求。对给定的图像,限定失真度时,不可能实现任意压缩率。

定理 2.3.2 设无记忆、幅值连续的信源的概率密度为 $p(x)$,失真度量为差值函数 $d(z)$,$z=x-y$,则满足失真度要求的编码输出 y 的概率密度函数 $q(y)$ 的特征函数为

$$\Phi_q(t) = \frac{\Phi_p(t)}{\Phi_g(t)} \tag{2.3.6}$$

其中,$\Phi_p(t)$ 为 $p(x)$ 的特征函数,$\Phi_g(t)$ 为只与失真度量 $d(z)$ 有关的概率密度函数 $g_s(z)$ 的特征函数,其中

$$g_s(z) = \frac{e^{sd(z)}}{\int e^{sd(z)} dz} \tag{2.3.7}$$

对于绝对误差测量 $d(z)=|z|$,将 $d(z)$ 代入,即可得到

$$g_s(z) = \frac{e^{sd(z)}}{\int e^{sd(z)} dz} = \frac{|s|}{2} e^{s|z|} \tag{2.3.8}$$

$$D = \frac{1}{|s|} \tag{2.3.9}$$

$$\Phi_g(t) = \frac{s^2}{s^2 + t^2} \tag{2.3.10}$$

$$\Phi_q(t) = \Phi_p(t) + \frac{t^2}{s^2}\Phi_p(t) \tag{2.3.11}$$

$$q(y) = p(y) - D^2 p''(y) \tag{2.3.12}$$

此时香农下界为

$$R_L(D) = H(p) - \ln(2eD) \tag{2.3.13}$$

同理,对于平方误差测量 $d(z)=z^2$,有

$$g_s(z) = \frac{e^{sd(z)}}{\int e^{sd(z)} dz} = \sqrt{\frac{|s|}{\pi}} e^{sz^2} \tag{2.3.14}$$

$$D = \frac{1}{2|s|} \tag{2.3.15}$$

$$\Phi_q(t) = e^{\frac{1}{2}Dt^2} \Phi_p(t) \tag{2.3.16}$$

$$R_L(D) = H(p) - \frac{1}{2}\ln(2e\pi D) \tag{2.3.17}$$

特殊地,对双边指数分布 $p(x)=\frac{\alpha}{2}e^{-\alpha|x|}$ 的信源,用绝对误差准则时:

$$q(y) = \alpha^2 D^2 \delta(y) + \frac{\alpha}{2}(1 - \alpha^2 D^2) e^{-\alpha|y|} \tag{2.3.18}$$

$$D_{\max} = \frac{1}{\alpha} \tag{2.3.19}$$

$$H(p) = \ln(2e/\alpha) \tag{2.3.20}$$

$$R_L(D) = R(D) = -\ln(\alpha D), \qquad 0 \leqslant D \leqslant 1/\alpha \tag{2.3.21}$$

对高斯信源,用平方误差准则时:

$$q(y) = \frac{1}{\sqrt{2\pi(\sigma^2 - D)}} \exp\left[\frac{-(y-\mu)^2}{2(\sigma^2 - D)}\right] \tag{2.3.22}$$

$$D_{\max} = \sigma^2 \tag{2.3.23}$$

$$R(D) = \frac{1}{2}\max\left(0, \ln\frac{\sigma^2}{D}\right), \qquad D > 0 \tag{2.3.24}$$

对其他的信源,求解平方误差意义上的 $R(D)$ 非常困难,但幸运的是,有以下定理。

定理 2.3.3 对于任何均值为 0、方差为 σ^2 的无记忆信源,率失真函数满足

$$R(D) \leqslant \frac{1}{2}\ln\frac{\sigma^2}{D}, \qquad 0 \leqslant D \leqslant \sigma^2 \tag{2.3.25}$$

以上讨论都是基于无记忆条件下的简单情况,但实际信源并不是无记忆的。大多数图像编码就是基于图像像素之间的相关性,那么分析相关信源的率失真性能就必须研究有记忆信源的 $R(D)$ 函数。

目前,处理记忆信源的数学模型主要有两种:① 用联合概率空间描述,信源输出为高维的随机向量,然后得到联合概率分布;② 用条件概率分布来描述,即用有限状态马尔科夫链来处理。

高斯信源是最常见的类型,其 $R(D)$ 函数可由以下定理给出。

定理 2.3.4 对于离散平稳高斯信源 $\{X_t = 0, \pm 1, \pm 2, \cdots\}$,功率谱密度函数 $\phi_x(\omega) = \sum_{k=-\infty}^{\infty} \varphi_k e^{-jk\omega}$,则在平方误差失真意义上,有

$$D_\theta = \frac{1}{2\pi}\int_{-\pi}^{\pi} \min(\theta, \phi_x(\omega)) d\omega \tag{2.3.26}$$

$$R_\theta = \frac{1}{4\pi}\int_{-\pi}^{\pi} \max\{0, \ln[\phi_x(\omega)/\theta]\} d\omega \tag{2.3.27}$$

其中,D_θ 表示失真度,R_θ 表示信息率。具体物理意义可用图 2.12 来表示,图中 θ 是白噪声的功率谱密度值。式(2.3.26)表明,信源功率谱密度值小于噪声功率谱密度值的那些功率点只对失真度计算有贡献,即斜线部分只与失真度计算有关。式(2.3.27)表明,只有信源功率谱密度值大于噪声功率谱密度值的那些功率点对信息率计算有贡献,即只有黑色部分与信息率的计算相关。

在实际应用中,应尽可能保留信号的功率,降低误差的功率,即在保留图 2.12 中黑色部分的前提下,最大可能地减少斜线部分。所以对于小于预定门限(θ)的功率点,应尽量丢弃,而对

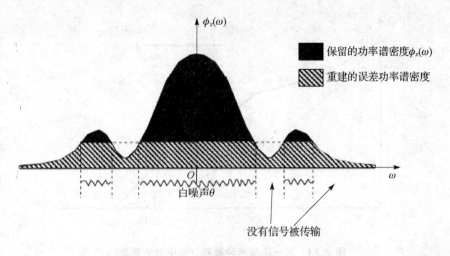

图 2.12　离散平稳高斯信源的 $R(D)$ 图解

功率大于预定门限的信号应尽可能保留,意味着如果能设计一个适当的滤波器按照上述规则滤波,那么一定可实现最优失真,因此设计的滤波器组应该有若干的通带和阻带。这正是基于小波变换压缩编码的信息论依据。

2.3.2　编码过程的率失真计算与比特平面编码的率失真分析

虽然率失真理论已经提出了很久,但对于如何应用率失真理论指导实际图像编码过程,却一直没有很有效的办法。

比特平面编码是近年来应用比较广泛的技术,应用率失真理论可以对其进行详细分析并指导提出改进方法。本节先讲述实际编码过程中率失真的计算方法,然后以比特平面编码中的重要性判断和细化处理为例来说明率失真分析的过程。

1. 实际编码过程中的率失真计算

定义率失真变化的斜率为

$$\lambda = \frac{\mathrm{E}[\Delta D]}{\mathrm{E}[\Delta R]} \tag{2.3.28}$$

图 2.13 是对同一种信源的两种编码方法对应的率失真曲线,曲线 A 中的率失真斜率不是单调变化,而曲线 B 只是对 A 中的编码过程作简单的调整,保证 B 中 $\lambda_i (i=a,b,c,d,e)$ 按照单调顺序排列。但从编码的角度可发现,B 比 A 的率失真性能更优,即在同样的编码率时,B 比 A 的失真小;同样失真度时,B 比 A 的码率小。

由此启示,对编码过程中作适当的优化调整,也可获得编码性能的改善。在实际编码过程中,如何计算率失真斜率,是决定能否实现率失真优化的前提。下面结合图 2.14,给出计算率失真斜率的方法。

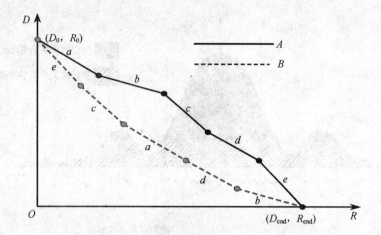

图 2.13 同一图像两种编码过程中率失真曲线

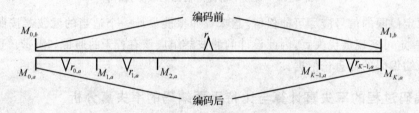

图 2.14 率失真计算示意图

如果不编码,则对 S 的重建值为

$$r_b = \frac{M_{0,b} + M_{1,b}}{2} \tag{2.3.29}$$

编码后,对 S 的重建值为

$$r_{k,a} = \frac{M_{k,a} + M_{k+1,a}}{2}, \qquad k = 0,1,\cdots,K-1 \tag{2.3.30}$$

由此计算编码前后失真率减少的平均值为

$$\mathrm{E}[\Delta D] = \sum_{k=0}^{K-1} \int_{M_{k,a}}^{M_{k+1,a}} [(x-r_b)^2 - (x-r_{k,a})^2] p(x) \mathrm{d}x \tag{2.3.31}$$

编码前后码率增加的平均值为

$$\mathrm{E}[\Delta R] = \sum_{k=0}^{K-1} n_k \mathrm{lb}\, n_k$$

其中,$n_k = \int_{M_{k,a}}^{M_{k+1,a}} p(x) \mathrm{d}x$,并假设先验概率 $p(x)$ 满足 $\int_{M_{0,b}}^{M_{1,b}} p(x) \mathrm{d}x = 1$。

(1) 重要性判断编码的率失真计算

设已知符号 S 满足 $-2T_n \leqslant S \leqslant 2T_n$,量化门限为 T_n。重要性判断准则为:如果满足 $|S| >$

T_n,则判为重要;否则判为不重要。

符号重要概率为

$$p = \int_{-2T_n}^{-T_n} p(x)\mathrm{d}x + \int_{T_n}^{2T_n} p(x)\mathrm{d}x \tag{2.3.32}$$

假设在重要区间,符号均匀分布:

$$p(x) = \frac{1}{2T_n} \tag{2.3.33}$$

则

$$\lambda_{\text{sig}} = \frac{2.25}{1 + H(p)/p} T_n^2 \tag{2.3.34}$$

其中

$$H(p) = -p\mathrm{lb}\,p - (1-p)\mathrm{lb}(1-p) \tag{2.3.35}$$

式(2.3.34)表明,λ_{sig} 是概率 p 的增函数,因此为了达到率失真最优,应该对重要的符号优先编码。

(2) 细化过程的率失真计算

当已知符号 S 满足 $0 \leqslant S \leqslant 2T_n$ 时,如果不作细化处理,则重建值为 T_n;如果作细化编码,并以 T_n 为量化门限,则重建值为 $0.5T_n$,或者为 $1.5T_n$。假设均匀分布,容易得到

$$\lambda_{\text{ref}} = 0.25 T_n^2 \tag{2.3.36}$$

2. 比特平面编码的率失真分析

对每一个系数 x,按二进制由高位到低位表示为 $b_0 b_1 b_2 b_3 b_4 \cdots$,其中符号位为 s。通常对一组系数的编码顺序如图 2.15 所示,即逐系数逐比特编码。根据率失真意义,在输出相同比特层时,系数 W_{i+k} 中的高比特层 b_h 比系数 W_i 中的低比特层 b_{h-j} 的失真更小。因此,提出比特嵌入式平面编码,如图 2.16 所示。按照比特层由高到低,依次输出各比特层,能够提高率失真性能。

	b_0	b_1	b_2	b_3	b_4	b_5	b_6		s
W_0	0	1	0	1	1	0	1	⋯	+
W_1	1	0	0	1	0	1	0	⋯	−
W_2	0	0	1	0	1	0	1	⋯	+
W_3	0	0	0	1	1	1	0	⋯	+
W_4	0	0	0	0	1	0	0	⋯	−
W_5	0	0	1	0	0	1	0	⋯	−
W_6	0	0	0	0	1	0	1	⋯	+
W_7	0	0	0	0	0	0	1	⋯	−

图 2.15 常规编码

在每个系数中,各比特的重要性分为三类:从最高比特层到第一个非零比特值之间的比特层称为主要位,包含系数大小的最重要信息;主要位右边的所有位,表示系数大小更精细的信息,称为细化位;符号位 s 表示系数的正负。根据前面的分析,当概率均匀分布且重要性概率大于 0.01 时,重要性判断的率失真斜率小于细化判断的率失真斜率。显然,这个条件比较容易满足,通常认为三种位数据的重要性依次为:主要位＞符号位＞次要位。但对每个系数,其主要位和细化位的位置是不同的,因此有必要逐系数逐比特地判断重要性,以提高率失真性能。

	b_0	b_1	b_2	b_3	b_4	b_5	b_6		s
W_0	0	1	0	1	1	0	1	...	+
W_1	1	0	0	1	0	1	0	...	−
W_2	0	0	1	0	1	0	1	...	+
W_3	0	0	0	1	1	1	0	...	+
W_4	0	0	0	0	1	0	0	...	−
W_5	0	0	0	0	0	0	0	...	
W_6	0	0	0	0	1	0	0	...	+
W_7	0	0	0	0	0	0	1	...	−

图 2.16 比特平面编码

对每个比特层作三类扫描:重要性扫描(SS)、细化扫描(RS)和清除扫描(CS)。当一个系数的邻域出现重要标记且自己在前几个比特层没有被扫描时,作 SS。当一个系数在前几个比特层中已成为重要标记时,作 RS。当一个比特层的所有系数都未作 SS 或 RS 时,作 CS。从最高比特层 b_0 开始,当 $W_0 \sim W_7$ 中的 b_0 比特层没有被扫描时,只能作 CS,其中 $W_1 b_0$ 经判断呈现重要性,需要输出符号位;然后对 b_1 比特层,由于 $W_0 b_1$、$W_2 b_1$ 的邻居 $W_1 b_0$ 上次已成为重要标记,因此必须对 $W_0 b_1$、$W_2 b_1$ 作重要性判断,其中 $W_0 b_1$ 呈现重要性,需要输出符号位;接着由于 $W_1 b_0$ 已在 b_0 成为重要标记,需要细化;其他系数由于没有被扫描,所以全部作 CS。同理,依次对其他各比特层扫描,见图 2.17。

	b_0	b_1	b_2	b_3	b_4	b_5	b_6		S
W_0	0	1	0	1	1	0	1	...	+
W_1	1	0	0	1	0	1	0	...	−
W_2	0	0	1	0	1	0	1	...	+
W_3	0	0	0	1	1	1	0	...	+
W_4	0	0	0	0	1	0	0	...	−
W_5	0	0	0	0	0	0	0	...	
W_6	0	0	0	0	1	0	0	...	+
W_7	0	0	0	0	0	0	1	...	−

图 2.17 率失真编码

2.4 图像压缩极限计算

对给定图像无损编码,到底能压缩到什么程度?这是每个从事图像编码的研究者最关心的问题,也是一个虽经长期努力但仍悬而未决的问题。目前已有的方法有基于条件熵的估计法、基于成像噪声的估计法、利用多尺度条件熵和记忆度量估计法,但在实际应用中各自仍存在局限性和不足。

2.4.1 基于条件熵的估计方法

给定图像大小为 $W \times H \times N$(宽、高、比特),每个像素取值范围为 $\{0,1,\cdots,2^N-1\}$。对图像压缩时,各像素形成序列,送入编码器,所需最短码长为

$$L_{\min} = -[\mathrm{lb}\, p(x_1) + \mathrm{lb}\, p(x_2 \mid x_1) + \mathrm{lb}\, p(x_3 \mid x_1, x_2) + \cdots + \mathrm{lb}\, p(x_{W \times H} \mid x_1, x_2, \cdots, x_{W \times H - 1})] \tag{2.4.1}$$

用 K 阶马尔科夫模型 $(X \mid \boldsymbol{S}_K)$ 近似,设条件概率分布为 $p(X \mid \boldsymbol{S}_K)$,其中 $\boldsymbol{S}_K = \{s_1, s_2, \cdots, s_K\}$ 是当前像素之前的 K 个像素组成的向量。根据条件熵的定义:

$$H_K(X \mid \boldsymbol{S}_K) = -\sum_{X, \boldsymbol{S}_K} p(x, s) \mathrm{lb}\, p(x \mid s) \tag{2.4.2}$$

$H_K(X \mid \boldsymbol{S}_K)$ 表示统计平均意义上,对该信源所有可能输出序列利用先前已知的 K 个像素提供的先验知识编码,使其码长达到最短。因此,压缩后每个像素平均比特数即无损压缩的极限可近似为

$$C_{\min} = \frac{L_{\min}}{W \times H} \approx H_K(X \mid S) \tag{2.4.3}$$

利用条件熵估计压缩极限时,马尔科夫模型的阶次必须与图像的真实统计特性匹配。通常,为了保证所选择的先前像素能充分体现所有先前像素对当前像素提供的先验知识,模型阶次必须足够大。而高阶条件概率分布涉及的状态数对模型阶次呈指数递增。当阶次较大时,无法获得足够的观察数据,以对各条件概率准确地估计。因此,尽管从理论的角度可利用条件熵给出无损压缩极限,但是由于计算高阶熵时涉及 N-P 问题,极限值是无法准确计算的。

2.4.2 基于成像噪声模型的估计方法

对图像无损压缩必需的码长绝不会低于单纯表示成像噪声所需的码长。如果知道噪声分布,就可以获得无损压缩比上限。例如给定图像中的噪声服从 $2N$ 个自由度的 χ^2 分布,就可初步估计图像无损压缩的上限。

图 2.18 显示了常见的图像的噪声熵随着噪声方差变化的情况,图 2.19 显示了当原始图像为 8 bit 时的无损压缩率随噪声方差变化的情况,从两幅图中可得到:

① 当方差一定时,高斯分布的熵比瑞利分布的熵大 0.078 3,比指数分布的熵大 0.604 4;
② 当方差大于 1 时,高斯分布的无损压缩比已经低于 4;
③ 当方差大于 15 时,高斯分布的无损压缩比已经低于 2。

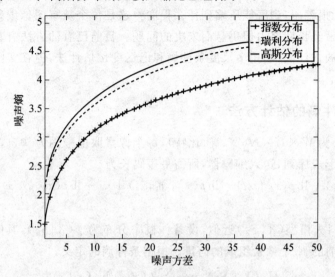

图 2.18 噪声熵

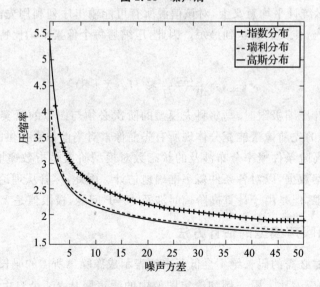

图 2.19 图像无损压缩比估计

基于成像噪声模型的估计方法指出了成像噪声对图像无损压缩的制约,但对噪声方差变化比较敏感,因此对特征参数方差的估计精度有较高的要求。另外,该方法只考虑了噪声熵,没有考虑图像本身的信息量,而且也没有证据表明噪声熵远大于信息熵,因此这种估计结果比实际上限要明显偏高。

2.4.3 利用多尺度条件熵和记忆度量估计法

针对条件熵估计中的上下文稀疏现象,张宁提出了利用多尺度条件熵和记忆性度量估计无损压缩极限的方法。

主要步骤如下:

① 对像素值在灰度空间取不同的观测尺度。在 j 尺度下取像素值的前 j 个比特位面,即对当前像素值,取

$$x^j = \left(\frac{x}{2^{N-j}}\right), \quad j = 1, 2, \cdots, N \tag{2.4.4}$$

相应地,条件向量 $\boldsymbol{S}_K = \{s_1, s_2, \cdots, s_K\}$,取 $\boldsymbol{S}_K^j = \{s_1^j, s_2^j, \cdots, s_K^j\}$,其中

$$s_i^j = \left(\frac{s_i}{2^{N-j}}\right), \quad i = 1, 2, \cdots, K \tag{2.4.5}$$

定义 j 尺度下的零阶熵为

$$H_0^j(X) = -\sum_x p(x^j) \operatorname{lb} p(x^j) \tag{2.4.6}$$

定义 j 尺度下的 K 阶条件熵为

$$H_K^j(X \mid S) = -\sum_{x, s_K} p(x^j, s^j) \operatorname{lb} p(x^j \mid s^j) \tag{2.4.7}$$

如果设定状态向量:

$$\boldsymbol{S}_1 = \{w\}, \quad \boldsymbol{S}_2 = \{w, n\}, \quad \boldsymbol{S}_3 = \{w, n, ne\}, \quad \boldsymbol{S}_4 = \{w, n, ne, nw\}$$
$$\boldsymbol{S}_5 = \{w, n, ne, nw, ww\}, \quad \boldsymbol{S}_6 = \{w, n, ne, nw, ww, nn\}$$

则图像当前像素与相邻像素的位置关系可由图 2.20 表示。

			nnnn	nnnne	nnnnee	nnnneee
	nnnww	nnnww	nnn	nnne	nnnee	nnneee
	nnww	nnww	nn	nne	nnee	nneee
nwww	nww	nw	n	ne	nee	
www	ww	w	x			

图 2.20 当前像素与相邻像素的位置关系

对于 $H_K^j(X|S)$,S 的可能状态数为 $(2^j)^K$,每个状态下 X 的可能状态数为 2^j,那么用满足 $\frac{w \times h}{(2^j)^K} > 2^j$ 的 j, K 计算出的 $H_K^j(X|S)$ 就不会出现上下文稀疏现象。

② 用记忆性度量概念对多尺度条件熵序列分析。定义 j 尺度下记忆性为零阶熵 $H_0^j(X)$ 与条件熵 $H_K^j(X|S)$ 的比值:

$$M_K^j = \frac{H_0^j(X)}{H_K^j(X \mid S)}, \quad j = 1, 2, \cdots, N \tag{2.4.8}$$

相应地,对无损压缩极限的估计变形为

$$C_{\min} \approx H_K(X \mid S) = \frac{H_0^N(X)}{M_K^N} \tag{2.4.9}$$

③ 用记忆性度量序列对无损压缩极限进行估计。对不同阶次,记忆性随引入位面数目变化的基本规律一致。当阶次大于 3 时,记忆性曲线呈渐近趋势。因此可根据记忆性曲线的变化趋势估计无损压缩极限。图 2.21 为 Lena 图像的记忆性曲线。

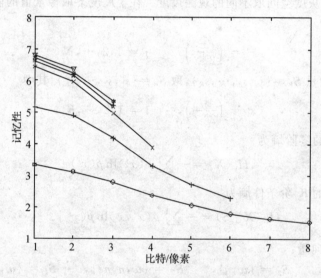

图 2.21　Lena 图像的记忆性曲线

2.5　图像变换编码的信息论基础

根据信息论,如果输入图像像素之间统计独立,则图像的信息熵是各样点值的熵之和;但实际中图像像素之间存在着一定的相关性,更不会统计独立,这也是图像之所以能够压缩的根本原因。为了简单有效地得到图像的熵,有必要找到一种变换,使变换后的系数之间线性无关,甚至统计独立。变换编码正是通过变换来消除图像中存在的高度相关性。线性变换编码的模型如图 2.22 所示。

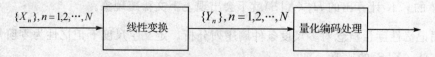

图 2.22　线性变换编码的模型

本节以线性变换为例,简要阐述变换编码的信息论原理。

2.5.1 变换前后信息熵的变化规律

变换编码可看做是随机序列$\{X_n\}, n=1,2,\cdots,N$通过线性系统后输出随机序列$\{Y_n\}, n=1,2,\cdots,N$,根据随机过程理论和信息论,输入与输出服从以下定理。

定理 2.5.1 如果平稳随机序列$\{X_n\}, n=1,2,\cdots,N$由随机过程$X(t,\omega)$的采样值构成,其分布密度为$p(x_1,x_2,\cdots,x_N)$,则联合熵为

$$H(X) = H(x_1, x_2, \cdots, x_N) = -\mathrm{E}\{\ln p(x_1, x_2, \cdots, x_N)\} \tag{2.5.1}$$

如果$\{Y_n\}, n=1,2,\cdots,N$是$\{X_n\}, n=1,2,\cdots,N$的线性变换,即有$N \times N$维非奇异矩阵$\boldsymbol{T}$,使

$$\begin{bmatrix} Y_1 \\ Y_2 \\ \vdots \\ Y_N \end{bmatrix} = \boldsymbol{T} \begin{bmatrix} X_1 \\ X_2 \\ \vdots \\ X_N \end{bmatrix}$$

,则$\{Y_n\}, n=1,2,\cdots,N$与$\{X_n\}, n=1,2,\cdots,N$之间具有如下关系:

$$p(y_1, y_2, \cdots, y_N) = \frac{1}{\|\boldsymbol{T}\|} p(x_1, x_2, \cdots, x_N) \tag{2.5.2}$$

$$H(y_1, y_2, \cdots, y_N) = H(x_1, x_2, \cdots, x_N) + \ln \|\boldsymbol{T}\| \tag{2.5.3}$$

$$\|\boldsymbol{Y}\|^2 = \boldsymbol{Y}^\mathrm{T} \boldsymbol{Y} = \boldsymbol{X}^\mathrm{T} \boldsymbol{T}^\mathrm{T} \boldsymbol{T} \boldsymbol{X} = \|\boldsymbol{X}\|^2 \|\boldsymbol{T}\|^2 \tag{2.5.4}$$

根据定理2.5.1,当实施归一化正交变换即$\|\boldsymbol{T}\|=1$时,则变换前后的联合分布概率不变,联合熵不变,能量守恒。

2.5.2 变换的去相关率和能量集中率

定义随机序列$\{X_n\}, n=1,2,\cdots,N$和$\{Y_n\}, n=1,2,\cdots,N$的协方差矩阵:

$$\mathrm{cov}(\boldsymbol{X}) = \mathrm{E}[(\boldsymbol{X}-\overline{\boldsymbol{X}})(\boldsymbol{X}-\overline{\boldsymbol{X}})^\mathrm{T}] = \{C_X(i,j)\} \tag{2.5.5}$$

$$\mathrm{cov}(\boldsymbol{Y}) = \mathrm{E}[(\boldsymbol{Y}-\overline{\boldsymbol{Y}})(\boldsymbol{Y}-\overline{\boldsymbol{Y}})^\mathrm{T}] = \boldsymbol{T}\mathrm{cov}(\boldsymbol{X})\boldsymbol{T}^\mathrm{T} = \{C_Y(i,j)\} \tag{2.5.6}$$

定义正交变换的去相关率为

$$\eta_c = 1 - \frac{\sum\limits_{\substack{i,j=1 \\ i \neq j}}^{N} |C_Y(i,j)|}{\sum\limits_{\substack{i,j=1 \\ i \neq j}}^{N} |C_x(i,j)|} \tag{2.5.7}$$

定义线性变换的能量集中度为

$$\eta_e = \frac{\sum\limits_{\substack{i,j=1 \\ i=j}}^{M} |C_Y(i,j)|}{\sum\limits_{\substack{i,j=1 \\ i=j}}^{N} |C_Y(i,j)|}, \quad M < N \tag{2.5.8}$$

式(2.5.8)中,能量集中度是用 N 个线性变换系数中初始的 M 个系数所包含的能量定义的,它等于初始的 M 个变换系数的能量总和与全部 N 个变换系数的能量总和之比。

当给定正交变换 T 后,总可由输入序列的协方差阵得到输出序列的协方差阵并求得相应的去相关率和能量集中度。实际结果表明,正如期望的那样,一个随机序列通过适当的正交变换后,总能去除原来序列一定的相关性,并实现能量的集中。

正交变换编码之所以能够压缩数据,不是通常所讲的信息量减少,而是去相关和能量集中。由于去相关,高阶相关的图像变为低阶相关,甚至独立,其去相关的程度由正交变换矩阵决定。同理,采用不同的正交变换后,能量集中度也不同。图 2.23 显示了不同正交变换后,能量集中度对比的情况。图中曲线是在 $N=32$ 时计算得到的。

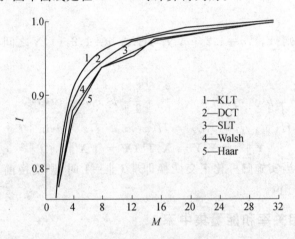

图 2.23 不同正交变换后能量集中度的对比

由图 2.23 可知, KLT(Karhunen – Loéve Transform)的能量集中度最高, DCT(Discrete Cosine Transform)性能略低于 KLT。经过正交变换后,能量总向少量系数集中。

2.5.3 变换编码的增益

设图像样值的失真函数为

$$d(R) \cong \varepsilon^2 \sigma_X^2 2^{-2R} \tag{2.5.9}$$

其中, ε 是一个常数,其值与量化器输入样值的概率密度函数和输入样值个数有关; σ_X^2 是图像样值的方差, R 是为输入样值分配的总比特数。经正交变换后,变换系数的失真函数为

$$d^{\text{XFORM}}(R) \cong \frac{1}{N} \sum_{n=0}^{N-1} \varepsilon^2 \sigma_{Y_n}^2 2^{-2R_n} \tag{2.5.10}$$

其中, N 是输入样值的总个数,也等于正交变换后的系数个数。 R_n 是为第 n 个变换系数分配的比特数,且有 $R = \sum_{n=0}^{N-1} R_n$。定义变换编码增益为

$$G_{\mathrm{T}} = \frac{d(R)}{d^{\mathrm{XFORM}}(R)} \quad (2.5.11)$$

为使 G_{T} 达到最大,应令 $d^{\mathrm{XFORM}}(R)$ 最小。

采用拉格朗日乘数法:

$$J = d^{\mathrm{XFORM}}(R) + \lambda R = \frac{1}{N}\sum_{n=0}^{N-1}\varepsilon^2 \sigma_{Y_n}^2 2^{-2R_n} + \lambda \sum_{n=0}^{N-1} R_n \xrightarrow{R_0, R_1, \cdots, R_{N-1}} \min \quad (2.5.12)$$

令 $\dfrac{\partial J}{\partial R_n}=0$,根据帕累托条件(Pareto condition):

$$\frac{\partial d_i}{\partial R_i} = \frac{\partial d_j}{\partial R_j}$$

其中,$d_i = d_i(R_i)$ 是第 i 个变换系数的失真,可得

$$d_n(R_n) = d^{\mathrm{XFORM}}(R) \quad (2.5.13)$$

再由式(2.5.10)和式(2.5.13)可推知:

$$R_n = \frac{1}{2}\mathrm{lb}\,\frac{\varepsilon^2 \sigma_{Y_n}^2}{d^{\mathrm{XFORM}}} \quad (2.5.14)$$

对所有的 $n=0,1,\cdots,N-1$ 均成立。此时计算出的 R_n 为最佳比特分配。将式(2.5.14)代入式(2.5.11),得

$$G_{\mathrm{T}} = \frac{d(R)}{d^{\mathrm{XFORM}}(R)} = \frac{\sigma_X^2}{\sqrt[N]{\prod_{n=0}^{N-1} \sigma_{Y_n}^2}} = \frac{\frac{1}{N}\sum_{n=0}^{N-1}\sigma_{Y_n}^2}{\sqrt[N]{\prod_{n=0}^{N-1} \sigma_{Y_n}^2}} \quad (2.5.15)$$

图 2.24 显示了对四幅图像分别进行不同的正交变换后所得的编码增益。从图中可知,KLT 变换可得到最大编码增益。DCT 性能略低于 KLT。

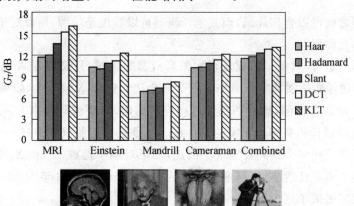

图 2.24　不同正交变换下的编码增益

2.6 相关信源编码的信息论基础

假设信源 X_1 和信源 X_2 分别输出 N 长序列 x_1 和 x_2,由编码器分别映射到整数集 $M_1 = \{1, 2, \cdots, 2^{NR_1}\}$ 和 $M_2 = \{1, 2, \cdots, 2^{NR_2}\}$,其中,$R_1$ 和 R_2 分别表示信源 X_1 和 X_2 的编码速率。编码器输出的任意一个整数对 (i, j),$i \in M_1$,$j \in M_2$,经过同一个译码器重建后的信源序列为 $\hat{x}_1$ 和 $\hat{x}_2$,如果存在一种压缩方法使得平均译码错误概率任意小,则称速率对 (R_1, R_2) 为可达速率对,所有可达速率对集合的闭包称为可达速率域。

在实际通信过程中,常常存在多个信源向信宿发送消息的情况。如果信源是分布信源,而且是相互独立的,那么多信源编码问题可以分解成单信源编码问题。如果信源是相关的,而且信源之间无通信联系,则可以独立编码;如果信源之间有通信联系,则可以协同编码。本节以两个离散无记忆信源和两个信宿为例,讨论相关信源的独立编码和协同编码问题。

2.6.1 相关信源独立编码

分析两个相关信源的独立编码问题时,通常采用 Slepian – Wolf – Cover 模型,如图 2.25 所示。

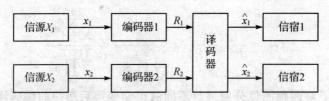

图 2.25　Slepian – Wolf – Cover 编码模型

由于译码器之间可以合作译码,而其他译码器可以看做是信源,所以对于信源编码来说只有一个译码器单元即可。

根据香农第一定理,对单一信源进行无失真信源编码时,只要信源 X 输出满足编码速率 $R > H(X)$,就能使译码错误概率任意小。对于两个独立信源 X_1 和 X_2,如果将它们视为联合熵是 $H(X_1, X_2)$ 的联合信源,即对两信源进行统一编码,只要编码速率 $R > H(X_1, X_2)$,就能保证当 $N \to \infty$ 时错误译码概率趋于零的码存在。但是联合信源只能通过一个编码器实现,而相关信源独立编码使用多个编码器实现。因此,如果对两个信源 X_1 和 X_2 分别进行编码,那么为实现译码错误概率任意小,编码速率应满足一定的条件。1973 年 Slepian 和 Wolf 提出的相关信源编码定理解决了这个问题。

定理 2.6.1(相关信源独立编码定理)　对于任意离散无记忆信源 X_1 和 X_2,其可达速率对 (R_1, R_2) 满足

$$R_1 > H(X_1 \mid X_2)$$
$$R_2 > H(X_2 \mid X_1)$$
$$R_1 + R_2 > H(X_1, X_2)$$
(2.6.1)

由相关信源独立编码定理可知,两个统计相关的信源独立编码时,如果译码器译码时相互配合提供有关两个信源的信息,那么两个编码器独立编码时不必要求编码速率分别达到信源熵,完全可以利用信源之间的边信息实现信源压缩编码。也就是说,对两相关信源独立编码时,不必要求编码速率分别满足 $R_1 > H(X_1)$,$R_2 > H(X_2)$,即总速率 $R = R_1 + R_2 > H(X_1) + H(X_2)$,只需满足 $R > H(X_1, X_2)$ 即能可靠地传输信息。

R_1、R_2 和 R 与 $H(X_1)$、$H(X_2)$、$H(X_1 \mid X_2)$、$H(X_2 \mid X_1)$ 和 $H(X_1, X_2)$ 的关系如图 2.26 所示,其中阴影部分为可达速率域,它满足
$$R = \{(R_1, R_2) \mid R_1 > H(X_1 \mid X_2), R_2 > H(X_2 \mid X_1), R_1 + R_2 > H(X_1, X_2)\}$$
(2.6.2)

由于 $H(X_1 \mid X_2) = H(X_1) - I(X_1; X_2)$,而 $I(X_1; X_2)$ 是非负的,故 $H(X_1 \mid X_2) \leqslant H(X_1)$,即 R_1 的下限要比 $H(X_1)$ 小。$H(X_2 \mid X_1)$ 亦然。

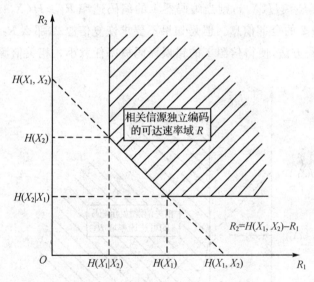

图 2.26 相关信源独立编码可达速率域

相关信源独立编码定理的逆定理也成立,即对任意离散无记忆信源对,不满足式(2.6.1)的速率对是不可达的。

2.6.2 相关信源协同编码

相关信源协同编码与独立编码不同,系统的编码器不是独立工作的,它们之间有通信联

系。在实际的通信系统中,相关信源协同编码的性能比独立编码更优,因此其应用范围也更广泛。

1975年Wyner和Korener提出了相关信源协同编码模型,如图2.27所示。实际情况往往只关心一个信源的恢复,为了分析方便,只考虑单向协同编码。

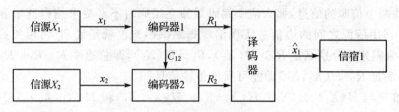

图2.27 相关信源协同编码模型

在图2.27的模型中,如果$C_{12}=0$,则为相关信源的独立编码。当$C_{12}>0$时,如果编码器2的编码速率$R_2 \geqslant H(X_2)$,则译码器可以获得全部信源2的信息,此时编码器1只需以$H(X_1|X_2)$的编码速率,就可以使得信源1错误译码概率任意小。如果编码器2的编码速率R_2满足$H(X_2|X_1) \leqslant R_2 \leqslant H(X_2)$,则当编码器1的编码速率$R_1 \geqslant H(X_1|X_2)$时,译码器就可以输出信源1和信源2的全部信息。但是如果不要求恢复信源2,那么$R_2 < H(X_2|X_1)$时,存在$R_1 < H(X_1)$的编码方法,使得信源1的错误译码概率任意小。相关信源协同编码的可达速率域如图2.28所示。

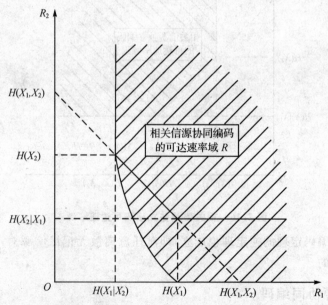

图2.28 相关信源协同编码可达速率域

从图 2.28 可以看出,相关信源协同编码的可达速率域包含了相关信源独立编码的可达速率域,也说明相关信源的协同编码的性能优于相关信源独立编码。

定理 2.6.2(边信息信源编码定理)　图 2.27 所示系统的可达速率域为 $R=\{(R_1,R_2)|$ 存在一个离散信源 X_2,使 $X_1 \to X_2 \to X_0$ 且 $R_1 \geqslant H(X_1|X_0), R_2 \geqslant I(X_2;X_0)\}$。

定理 2.6.2 说明当且仅当满足不等式 $R_1 \geqslant H(X_1|X_0)$ 和 $R_2 \geqslant I(X_2;X_0)$ 时,信源 X_1 能以任意小的错误概率被译码恢复。

2.7　信源信道联合编码的理论基础

信息论中的编码主要包括信源编码和信道编码。信源编码的主要目的是提高有效性,通过压缩每个信源符号的平均比特数或降低信源的码率来提高编码效率;信道编码的主要目标是提高信息传输的可靠性,在信息传输率不超过信道容量的前提下,尽可能增加信源冗余度以减小错误译码概率。研究编码问题是为了设计出使通信系统优化的编译码设备。一般通信系统的性能指标主要是有效性、可靠性和经济性。优化就是使这些指标达到最佳。

图像信息经过压缩后,对误码变得相当敏感,即使压缩后码流中很低的误码率也会导致解码后图像严重失真,有时还会引起误码扩散。信道编码则是通过在压缩码流中增加较少比特的监督码元,达到减少错误译码的效果。因此,信道编码在图像通信中的应用十分普遍。

本节先简要介绍信道编码的概念,然后在此基础上讲述信源信道联合编码的理论基础。

2.7.1　信道编码简介

信道容量定义为

$$C = \max_{P(x)}[H(X) - H(X|Y)] \quad (2.7.1)$$

其中,$H(X)$ 为信源的熵;$H(X|Y)$ 为接收符号 Y 已知后,发送符号 X 的平均信息量。

对于带宽有限、平均功率有限的高斯白噪声连续信道,可以证明,其信道容量为

$$C = B\text{lb}\left(1 + \frac{S}{N}\right) \quad (2.7.2)$$

定理 2.7.1(信道编码定理 1)　信道容量为 C,信源的信息速率为 R,若 $C \geqslant R$,则总可以找到一种信道编码方式实现无误传输;否则,无误传输不可能实现。

从原理上看,构造信道码的基本思路是根据一定的规律在待发送的信息码元中人为地加入一定的监督码元,以引入最小的冗余度为代价来换取最好的抗干扰性能。

通常信道编码是将输入信息序列 $\boldsymbol{X}=\begin{bmatrix}x_1 & x_2 & x_3 & \cdots & x_k\end{bmatrix}$ 与一个生成矩阵 $\boldsymbol{G}=\begin{bmatrix}g_{11} & g_{12} & g_{13} & \cdots & g_{1n}\\ g_{21} & g_{22} & g_{23} & \cdots & g_{2n}\\ \vdots & \vdots & \vdots & & \vdots\\ g_{k1} & g_{k2} & g_{k3} & \cdots & g_{kn}\end{bmatrix}$ 相乘,得到输出信息序列 $\boldsymbol{Y}=\begin{bmatrix}y_1 & y_2 & y_3 & \cdots & y_n\end{bmatrix}$,即 $\boldsymbol{Y}=\boldsymbol{X}\times\boldsymbol{G}$,

其中 $k<n$。

由于实际信道存在噪声和干扰,故使发送的码字与经信道传输后所接收到的码字之间存在差异。在一般情况下,信道中噪声或干扰越大,码字产生差错的概率也就越大。

在无记忆信道中,噪声独立、随机地影响着每个码元的传输,因此,在接收到的码元序列中,错误也是独立、随机地出现的。这类信道称为独立差错信道。白噪声信道属于此类信道。

在有记忆信道中,噪声或干扰的影响是前后相关的,错误一般会成串地出现。这类信道称为突发差错信道。衰落信道、码间干扰信道以及脉冲干扰信道属于此类信道。

实际中有些信道既有独立随机差错,也有突发性成串的差错,这种信道称为混合差错信道,移动信道属于此类信道。

针对不同的信道,需要设计不同类型的信道编码,才能收到较好的效果。按照信道特性划分,信道编码可分为以纠独立随机差错为主的信道编码、以纠突发差错为主的信道编码以及纠混合差错的信道编码。

从功能上看,信道编码可分为检错(可以发现错误)码与纠错(不仅能发现而且能自动纠正)码两类,纠错码一定能检错,检错码不一定能纠错。通常所说的纠错码是两者的统称。

根据信息码元与监督码元之间的关系,纠错码可分为线性码和非线性码。

按照对信息码元处理方法的不同,纠错码分为分组码和卷积码。

2.7.2 信源信道联合编码的理论基础

对于任意离散无记忆信源的分组码信源编码系统,设信源编码器将信源输出序列 $u=\{u_1,u_2,\cdots,u_N\}$ 以 N 长单位变换成 k 长的码字 $x=\{x_1,x_2,\cdots,x_k\}$。令码集为 $E=\{0,1,2,\cdots,q-1\}$,则 k 长码字数为 $M_1=q^k$。此时信宿端需有 M_1 个 N 长序列 $B_s=\{v_1,v_2,\cdots,v_{M_1}\}$,信源编码率 $R_s=\dfrac{k}{N}$。

定理 2.7.2(信源编码定理) 对任意给定的失真度 D,必存在一分组码 B_s,使得信源编码系统的平均失真满足

$$d(B_s) \leqslant D + d_0 e^{-NE_s(R_s D)} \qquad (2.7.3)$$

且当 $R_s>R(D)$(信源率失真函数)时,$E_s(R_s,D)>0$。$E_s(R_s,D)$ 为可靠性函数。

对于信道容量为 C 的离散无记忆信道,信道编码采用 (n,k) 分组码,信道编码率为 $R_c=\dfrac{k}{n}$。

定理 2.7.3(信道编码定理 2) 采用最大似然译码时,必存在 (n,k) 分组码 B_c,使信道编码系统的错误概率满足

$$p_e \leqslant e^{-nE_c R_c} \qquad (2.7.4)$$

且当 $R_c<C$ 时,$E_c(R_c)>0$。其中 $E_c(R_c)$ 为可靠性函数。

若将信源编码系统和信道编码系统按图 2.29 级联,并定义系统总编码率为 $R = \dfrac{n}{N}$,则系统平均失真满足

$$d(B_s,B_c) \leqslant d(B_s)(1-P_e) + d_0 P_e \leqslant D + d_0 \mathrm{e}^{-NE_s(R_s,D)} + d_0 \mathrm{e}^{-nE_c(R_c)} \qquad (2.7.5)$$

当 $R_c > R(D)$ 时,总能找到一对 (B_s,B_c) 使 $E_s(R_s,D) > 0$ 和 $E_c(R_c) > 0$。此时固定 R,增大 N,分离系统的平均失真将逐渐收敛到理论上的最佳限——信道容量意义上的失真率限 $D(RC)$,即 $d(B_s,B_c) \leqslant D(RC) + \varepsilon$。当 $N \to \infty$ 时,$\varepsilon \to 0$。

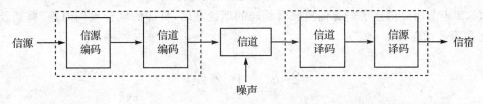

图 2.29 分离系统原理框图

由信源编码实现系统有效性,信道编码保证系统可靠性。分离编码关心的问题是在系统带宽受限的情况下,实现信源编码与信道编码之间的最佳比特分配,但信道总存在大量的噪声、干扰、多径等现象,编码时要将各种复杂的因素完全考虑进去是不可能的。另外,分离系统存在着矛盾,图像数据相关性既是图像源压缩的基础,又是实现抗差错传输的基础,信源编码器利用相关性压缩输入序列,尽量去除序列中的相关性;而信道编码器却尽可能地扩展已压缩的信号,使其具有一定的相关性(冗余)以达到可靠传输。因此分离编码系统是有缺陷的。

用某种"特定"方式级联起来的最优信源编码器和信道编码器,并不一定能构成最优通信系统。香农将信源编码、信道编码以及译码结合在一起考虑并已论证这种方法是可行的:"不管怎样,信源中的每一个冗余对于接收端来说是有帮助的,可以利用的。特别是信源中已有冗余位,在信道中没有刻意地被删除,这些冗余位将帮助抑制噪声。"如果将图 2.29 中虚线内的部分看成一个整体,只考虑系统总的可靠性指标,在接收端利用冗余控制译码,保证系统的可靠传输,则即可实现联合编译码(见图 2.30)。

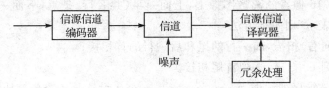

图 2.30 信源信道联合编码原理图

设信源输出序列 $u = \{u_1, u_2, \cdots, u_N\}$ 直接映射到信道传输码 $y = \{y_1, y_2, \cdots, y_n\}$,则编码率 $R = \dfrac{n}{N}$。

定理 2.7.4(联合编码定理) 对于任何离散无记忆信源及容量为 C 的离散无记忆信道,在采用最小代价函数编码准则的情况下,必然存在一个码长为 N、速率为 R 的联合分组码 B,使系统的平均失真满足

$$d(B) \leqslant D(RC) + \varepsilon \qquad (2.7.6)$$

当 $N \rightarrow \infty$ 时,$\varepsilon \rightarrow 0$。

定理 2.7.4 表明,对于任意一种给定的有界失真测度,必然存在一种联合编码方式,随着编码长度的增加,系统的平均失真将收敛到理论上的最佳极限。

2.7.2 小节简要讲述了信源信道联合编码的理论基础,具体的联合编码原理、框架及实现方法将在第 7 章作详细介绍。

2.8 小 结

图像通信是以信息论为理论基础的。因此在学习图像通信之前,必须要掌握一定的信息论基础知识。本章从信息论中的基本概念——随机过程及信源的熵开始,介绍了图像的信息量和信息熵的计算,讲述了图像信息的空间、时间及变换域统计特性,并分析了图像的率失真特性,然后给出了实际编码中图像压缩极限的计算方法。2.5 节中讲了变换编码的理论基础,对比了几种常用线性变换在去相关性和能量集中度方面的差异,阐明了在对图像进行量化编码前作变换的有利性和必要性。2.6 节中讨论了对相关信源进行独立编码和联合编码时所需码率的下限,从理论的角度说明如果利用信源之间的相关性降低传输码率,特别是通过采用相关信源的联合编码,能够得到更低的码率下限。2.7 节在信道编码的基础上,讲述了信源信道联合编码的理论基础。随着信息论的不断深入和完善,它对图像通信的指导意义也会越来越大。

习题二

1. 在一幅 16×16 像素的离散图像上,上面一半(共 8 行)是黑,下面一半是白,现在把这幅图用一维序列来表示(用两种方法):
① 逐行(由左向右)扫描,前一行的尾和后一行的首相接;
② 逐列(由上到下)扫描,逐列首尾相接。
把这样得到的一维序列记做 $x_1, x_2, \cdots, x_{n-1}, x_n \cdots$。设这是一个各态历经的随机过程:
(1) 求它的一阶熵 $H(x_n)$。
(2) 分①、②两种情况求二阶熵 $H(x_n, x_{n-1})$,假定 x_0 为黑色。
(3) 求条件熵 $H(x_n | x_{n-1})$。
(4) 假定白像素的灰度为 1,黑像素的灰度为 0,求图像的平均值、方差和自协方差 $\sigma^2_{x_n x_{n-1}}$

(分①、②两种情况讨论),并求两种情况下方差的比值。

2. 一阶马尔科夫信源模型如题图 2.1 所示,若当前状态为 0,假设下一状态为 1 的转移概率为 α,下一状态仍为 0 的概率为 $1-\alpha$;若当前状态为 1,假设下一状态为 0 的转移概率为 β,下一状态仍为 1 的概率为 $1-\beta$。

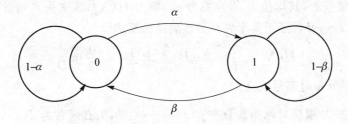

题图 2.1 习题 2 用图

(1) 考虑信源达到平稳状态,确定随机变量 X 的熵 $H(X)$;

(2) 随机过程的熵率定义为 $H(\{X_n\}) = \lim\limits_{m \to \infty} \dfrac{1}{m} H(X_0, X_1, \cdots, X_{m-1})$,确定该马尔科夫信源的熵率;

(3) 考虑特殊情况 $\alpha = \beta$,且 $\alpha + \beta = 1$,此时信源具有怎样的特性。

3. 黑白气象传真图的消息元只有黑色和白色两种,即信源 $X = \{黑,白\}$。一般气象图上,黑色的出现概率 $p(黑) = 0.3$,白色的出现概率 $p(白) = 0.7$。

(1) 假设图上黑白消息出现前后无关,求信源熵 $H(X)$,并画出该信源的香农线图。

(2) 实际上各个像素之间有关联,其转移概率为 $p(白|白) = 0.9143$,$p(黑|白) = 0.0857$,$p(白|黑) = 0.2$,$p(黑|黑) = 0.8$,求这个一阶马尔科夫信源的信息熵,并画出该信源的香农线图。

(3) 比较两种信源熵的大小,并说明原因。

4. 利用搜索引擎工具,先下载一幅标准测试图 Lena 图像,然后利用 MATLAB 工具,提取其红色分量 R、绿色分量 G 和蓝色分量 B 矩阵,再按照 RGB-YC_bC_r 的转换矩阵(参看式(1.2.4)),计算出亮度 Y、蓝色差 C_b 和红色差 C_r 矩阵。若想进一步计算 $H(Y)$、$H(C_b)$ 和 $H(C_r)$,你有几种方法?试利用其中一种方法计算出结果并与本章图 2.4 中数据作比较。

5. 已知对称二进制信道,输入符号的概率为 $P(X=0) = 1/4$,$P(X=1) = 3/4$,信道转移概率矩阵为

$$\begin{bmatrix} P_{00} & P_{01} \\ P_{10} & P_{11} \end{bmatrix} = \begin{bmatrix} \dfrac{2}{3} & \dfrac{1}{3} \\ \dfrac{1}{3} & \dfrac{2}{3} \end{bmatrix}$$

求:

(1) 输出符号集的平均信息量 $H(Y)$；
(2) 条件熵 $H(X|Y)$ 与 $H(Y|X)$；
(3) 平均互信息量 $I(X,Y)$；
(4) 求该信道的容量及其达到信道容量的输入概率分布。

6. 设有一连续信源，其均值为 0，方差为 σ_X^2，熵为 $H(X)$，定义失真函数为"平方误差"失真，即 $d(x,y)=(x-y)^2$。证明其率失真函数满足关系式

$$H(X)-\frac{1}{2}\ln(2\pi eD) \leqslant R(D) \leqslant \frac{1}{2}\ln\frac{\sigma_X^2}{D}$$

当输入信源为高斯分布时等号成立。

7. 设连续信源 X 服从对称指数分布 $p(x)=\dfrac{a}{2}\mathrm{e}^{-a|x|}$，失真函数为 $d(x,y)=|x-y|$，求信源的 $R(D)$。

8. 设输入符号表示为 $X=\{0,1\}$，输出符号表示为 $Y=\{0,1\}$。输入信号的概率分布为 $P=(1/2,1/2)$，失真函数为 $d(0,0)=d(1,1)=0, d(0,1)=2, d(1,0)=1$。试求 $D_{\min}$、$D_{\max}$、$R(D_{\min})$、$R(D_{\max})$ 以及相应的编码器转移概率矩阵。

9. 一幅二值灰度图像，其像素灰度值取值集合为 $X=\{x_0,x_1\}$，灰度值发生的概率为 $p(x_0)=p, p(x_1)=1-p, 0<p\leqslant 1/2$。Z 信道如题图 2.2 所示，经信道传输后，接收到符号集 $Y=\{y_0,y_1\}$，转移概率为 $q(y_0|x_0)=1, q(y_1|x_1)=1-q$。发出符号与接收符号的失真：$d(x_0,y_0)=d(x_1,y_1)=0, d(x_1,y_0)=d(x_0,y_1)=1$。

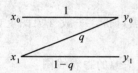

题图 2.2 习题 9 用图

(1) 计算平均失真 $\overline{D}$；
(2) 率失真函数 $R(D)$ 的最大值是什么？当 q 为什么值时可以达到最大值？此时平均失真 D 是多大？
(3) 率失真函数 $R(D)$ 的最小值是什么？当 q 为什么值时可以达到最小值？此时平均失真 D 是多大？
(4) 画出 $R(D)$-D 的曲线并说明其物理意义。试问为什么 $R(D)$ 是非负的且非增的？

10. 已知二元信源的概率分布函数为

$$P(X_1,X_2)=\begin{bmatrix} 1/3, & X_1=0, & X_2=0 \\ 0, & X_1=1, & X_2=0 \\ 1/3, & X_1=0, & X_2=1 \\ 1/3, & X_1=1, & X_2=1 \end{bmatrix}$$

求：
(1) $H(X_1), H(X_2)$；
(2) $H(X_1|X_2), H(X_2|X_1), H(X_1|X_2)$；

(3) $I(X_1|X_2)$;

(4) 若对 X_1、X_2 进行独立编码,画出可达速率域示意图;

(5) 若对 X_1、X_2 进行协同编码,画出可达速率域示意图。

11. 设 S_1 是离散无记忆二元信源,Z 也是离散无记忆二元信源,S_1 和 Z 相互统计独立。再令 $S_2 = S_1 \oplus Z$(模二和),又设 S_1 的传输速率为 R_1,S_2 的传输速率为 R_2。问由 S_1 和 S_2 构成的可达速率域是什么?若 S_1 和 Z 都是等概率分布,那么 R_1 和 R_2 的可达速率域是什么?

12. 将图 2.27 中信源推广到有 m 个相关信源的情形,试给出其可达速率域的信息论描述。

参考文献

[1] 周荫清. 信息理论基础. 3 版. 北京:北京航空航天大学出版社,2006.

[2] 肖自美. 图像信息理论与压缩编码技术. 广州:中山大学出版社,2000.

[3] 沈连丰,叶芝慧. 信息论与编码. 北京:科学出版社,2004.

[4] 刘立柱. 无失真信源编码纠错译码理论与技术. 北京:国防工业出版社,2008.

[5] 姜丹,钱玉美. 信息论与编码. 合肥:中国科学技术大学出版社,2001.

[6] 曹雪虹,张宗橙. 信息论与编码. 北京:清华大学出版社,2009.

[7] 樊平毅. 网络信息论. 北京:清华大学出版社,2009.

[8] 傅祖芸. 信息论——基础理论与应用. 北京:电子工业出版社,2002.

[9] 张宁. 无损和 L^∞ 约束准无损图像压缩研究. 北京:清华大学,1999.

[10] 冯桂,林其伟,陈东华. 信息论与编码技术. 北京:清华大学出版社,2007.

[11] 刘荣科. 无人机载合成孔径雷达图像实时传输技术研究. 北京:北京航空航天大学,2002.

[12] Slepian D, Wolf J K. Noiseless coding of correlated information sources. IEEE Trans. Information Theory, 1973,19(4):471 - 480.

第3章 静止图像编码

解决问题不难，难的是发现问题。

——格罗弗·克利夫兰

图像是二维或二维以上的信号，内容复杂，信息量大，为了有效地存储和传输，需要对其压缩编码。图像压缩的依据是图像信息中存在冗余，即熵冗余和生理心理视觉冗余。

出现熵冗余的原因是信源本身的相关性以及信息码元在信息流中出现的概率不均匀。以灰度图像为例，每个像素的比特深度为 n，那么该图像信源的符号集就由 2^n 个有物理意义的灰度值组成；当这 2^n 个可能像素值等概率出现时，图像没有进一步压缩的可能性。而实际的图像总能表现出一定的场景和内容，其中各像素点上的灰度值并不是等概率出现的。图像信号的相关性表现在空间和时间（对于运动图像）上。一般图像中，大部分区域是相近甚至相同的，空间频率成分以低频为主。通过削弱图像中的熵冗余可以实现压缩。

人眼对图像的空间分辨率、时间分辨率和灰度分辨率是有限的，往往不能感知到图像中的全部信息。例如运动物体的细节信息常常被人眼忽视；图像细节的灰度变化往往不易被观察到等。图像中的这些不能被视觉感知的信息就称做生理心理视觉冗余。图像编码中通过削弱这种冗余来实现高倍率的压缩。

编码的目的是在保证图像内容不变或允许内容差别在一定范围内的情况下，尽量降低图像的数据量。其中，前者称为无失真或无损编码，后者称为有限失真或有损编码。无损编码仅仅从熵冗余的角度出发，而有损编码可以利用多种冗余信息，因此有损编码效率要高于无损编码，在压缩比较高时还有较好的主观质量。不同的编码方式应用于不同的领域。对于医学诊断、航天探测、文物保存等领域，要求图像质量较高，常常需要无损编码；而对于一般应用，则可采用有损编码。

本章主要介绍静止图像编码方法，下一章具体介绍运动图像编码方法。

3.1 静止图像的无损编码

3.1.1 编码原理

实际的图像中，各像素点的灰度值是存在相关性的，有很多部分具有相似的灰度值，在无损编码中常常通过一定的数学处理，将图像信源转换成为拥有另一组符号集的信源，尽量减少信源内部符号的相关性，使其特性接近于独立信源。这个变换过程称为建模。恰当的建模可以更有效地削弱相关性,更好地满足熵编码的要求,编码效率也更高。如果建模过程是可逆的,并且后续处理过程中不包括量化,那么图像信息在解码后不会丢失,整个编码过程就是无损的。无损编解码过程如图 3.1 所示。无损编码中的建模一般采取预测模型或变换模型来实现。变换编码将在后面介绍,本节主要介绍预测模型。

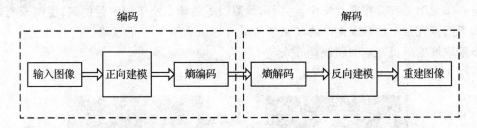

图 3.1　无损编解码过程

1. 预测模型

预测的前提是图像中邻近像素间具有相关性。预测模型实现的功能是求出实际像素值与其预测值之间的差值(预测误差),并将预测误差作为新的信源符号。预测值由已经编码的邻近像素作为参考得到,所以预测误差携带的信息是前面编码过的像素所没有的新信息,其信息量小于原像素值携带的信息。由像素值到预测误差的变换可以降低相关性带来的结构冗余。通过预测模型实现无损编解码的系统如图 3.2 所示。其中 S 为当前像素值,P 为其预测值,预测误差 $e=S-P$。在解码端,重建像素值 $S=P+e$。

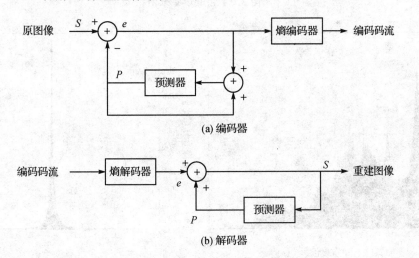

图 3.2　基于预测模型的无损编解码系统

由于图像的相关性,像素值和预测值是非常接近的,因此,虽然预测误差的动态范围比原始像素值的大(以 8 bit 图像为例,原始像素的动态范围是[0,255],而预测误差的动态范围是

[-255,255]),但其值主要集中在 0 附近,方差很小。图 3.3 是一个对 Lena 图像进行预测的例子,各像素都以其上方像素的灰度值作为预测值。为了便于观察,将预测误差值加上 128 进行显示。图 3.4 为原图像及预测误差的直方图,可以看到预测误差绝对值都很小,且分布集中。原图像及其预测误差的标准差和熵见表 3.1。预测误差的标准差较原图像小很多,从数据上进一步说明了其分布非常集中。另外,预测误差的熵也小于原图像的熵,说明预测过程确实削弱了图像冗余。预测误差 e 的概率分布常可近似表示为一个零均值的拉普拉斯分布,并进一步采取熵编码很好地削弱统计冗余。

(a) 原图像　　　　　　　　(b) 预测误差图像
　　　　　　　　　　　　　（预测误差偏移128）

图 3.3　预测误差示例

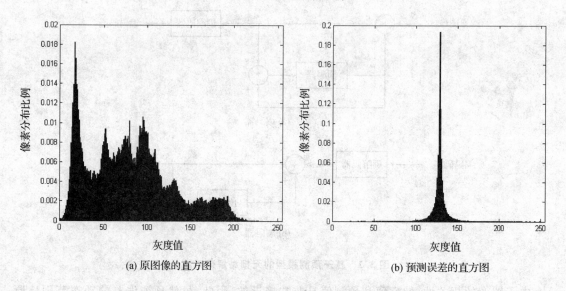

(a) 原图像的直方图　　　　　　　　(b) 预测误差的直方图

图 3.4　原图像及预测误差的直方图

表 3.1 原图像像素值与预测误差的标准差及熵

项　目	标准差	熵/(比特·符号$^{-1}$)
原图像像素值	48.45	7.38
预测误差	9.37	4.53

预测器使用相邻像素的重建灰度值对当前位置的灰度值进行自适应的预测,根据不同的条件选择不同方法进行预测,预测结果也不同。自适应预测器可以分为两类。

第一类:预测值由待预测像素周围灰度值线性组合而成的线性预测器。这种预测器产生的预测值为几个参考像素灰度值的线性加权和。为了便于分析,设当前像素的灰度值为 x_n,其预测值为 $\hat{x}_n$,在该像素之前进行预测编码的像素的重建值为 $x_{n-1}, x_{n-2}, \cdots, x_{n-m}$,那么有

$$\hat{x}_n = \sum_{k=1}^{m} a_k x_{n-k} \tag{3.1.1}$$

其中,$\{a_k, k=1,2,\cdots,m\}$ 称为预测系数,可以自适应地调整;m 为预测阶数。预测误差 e_n 可以表示为

$$e_n = x_n - \hat{x}_n = x_n - \sum_{k=1}^{m} a_k x_{n-k} \tag{3.1.2}$$

为了使预测误差的分布尽量集中,总是希望选取适当的预测系数 a_k 以使预测误差的均方误差 MSE(Mean Square Error)最小。设 x_n 为广义平稳的随机过程且 $E\{x_n\}=0$,于是 e_n 的均方误差最小等价于其方差 $\sigma_{e_n}^2$ 最小。$\sigma_{e_n}^2$ 可以表示为

$$\sigma_{e_n}^2 = E\{e_n^2\} = E\left\{\left[x_n - \sum_{k=1}^{m} a_k x_{n-k}\right]^2\right\} \tag{3.1.3}$$

欲使 $\sigma_{e_n}^2$ 最小,需要满足

$$\frac{\partial \sigma_{e_n}^2}{\partial a_i} = 0, \quad i=1,2,\cdots,m \tag{3.1.4}$$

由式(3.1.4)可进一步得到

$$R(i) - \sum_{k=1}^{m} a_k R(|k-i|) = 0 \tag{3.1.5}$$

求解得到满足上式的预测系数 a_k,就得到了均方误差最小意义下的最优线性预测器。另外,随着预测阶数 m 的增大,$\sigma_{e_n}^2$ 会不断变小。但当 m 增大到一定程度时,$\sigma_{e_n}^2$ 的变化将非常不明显。通常,若 x_n 为平稳的 r 阶马尔科夫过程,那么取 $m=r$ 即可。

由式(3.1.3)和式(3.1.5)还可以得到下面的关系:

$$\sigma_{e_n}^2 = R(0) - \sum_{k=1}^{m} a_k R(k) \tag{3.1.6}$$

可以看出预测误差的方差 $\sigma_{e_n}^2$ 小于 $R(0)$。因为 $E\{x_n\}=0$,所以 x_n 的方差等于 $R(0)$,即预

测误差的方差小于原灰度值的方差,这又一次说明了预测误差较原灰度值更易压缩。如果选用在当前待预测像素同一行左边的像素作为参考像素进行预测,则称为一维预测;如果除本行外还使用了上方扫描行的像素作为参考像素,则称为二维预测;在运动图像编码中还会用到先前帧的像素做参考像素进行预测,这时称为三维预测。

第二类:由几种简单的子预测器组合而成的非线性预测器。MED(Median Edge Detection)预测器、GAP(Gradient - Adjusted Predictors)预测器和APC(Adaptive Predictor Combination)预测器都属于这一类。

(1) MED 预测器

MED 预测器复杂度很低但性能很好,被 JPEG - LS 标准采用。待编码像素 x 的估计值 P_x 由图 3.5 中 a、b、c 位置的像素灰度重建值 R_a、R_b、R_c 决定。式(3.1.7)表示了其处理算法。

$$P_x = \begin{cases} \min(R_c, R_b), & R_c \geqslant \max(R_a, R_b) \\ \max(R_a, R_b), & R_c \leqslant \max(R_a, R_b) \\ R_a + R_b - R_c, & 其他 \end{cases} \quad (3.1.7)$$

MED 预测器采用了最为简单的边界检测技术,只需判断 R_a、R_b、R_c 三者的大小关系,即可对垂直边界、水平边界和无边界三种情况作出预测:在当前像素 x 左侧出现垂直边界时,选择 R_b 作为预测值;当 x 上方出现水平边界时,选择 R_a 作为预测值;如果没有发现明显的水平和垂直边界,则选择 $R_a+R_b-R_c$ 作为预测值。从另外一个角度考虑,MED 预测器实际上是选择三个线性预测器 $P_x=R_a$、$P_x=R_b$、$P_x=R_a+R_b-R_c$ 的中值作为最终的预测结果,即

$$P_x = \text{Median}(R_a, R_b, R_a + R_b - R_c) \quad (3.1.8)$$

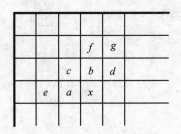

图 3.5 像素点的相邻关系

(2) GAP 预测器

与 MED 预测器中使用的简单的边界检测技术不同,GAP 预测器对边界进行了详细的分类,因此取得了较理想的预测效果。以 CALIC(Context - based Adaptive Lossless Image Coding)中的应用为例,GAP 预测器根据图像的局部水平梯度 d_h 和局部垂直梯度 d_v 自适应地改变预测器的预测结果,有效地克服了固定系数性预测器在图像边界处性能不稳定的缺点。式(3.1.9)表示了 GAP 预测器的预测方法。

$$P_x = \begin{cases} R_a, & d_v - d_n > 80 \\ (T+R_a)/2, & 80 \geqslant d_v - d_n > 32 \\ (3T+R_a)/4, & 32 \geqslant d_v - d_h > 8 \\ T, & 8 \geqslant d_v - d_h \geqslant -8 \\ (3T+R_b)/4, & -8 > d_v - d_h \geqslant -32 \\ (T+R_b)/2, & -32 > d_v - d_h \geqslant -80 \\ R_b, & -80 > d_v - d_h \end{cases} \quad (3.1.9)$$

其中，
$$T = (R_a + R_b)/2 + (R_c + R_d)/4$$
$$d_h = |R_a - R_e| + |R_b - R_e| + |R_d - r_b|$$
$$d_v = |R_a - R_c| + |R_b - R_f| + |R_d - R_g|$$

R_a、R_b、R_c、R_d、R_e、R_f、R_g 分别是图 3.5 中相应位置的像素灰度重建值。

(3) APC 预测器

APC 中的各子预测器并不唯一，可以根据具体情况改变。例如选择一组预测器：

$$\begin{cases} p_1 = R_a \\ p_2 = R_b \\ p_3 = R_a + R_b - R_c \\ p_4 = R_d \\ p_5 = (R_a + R_b)/2 \\ \vdots \end{cases}$$

当前像素点的预测器由下式给出，即

$$p(n) = \frac{1}{D} \sum_{j=1}^{M} \frac{p_j(n)}{G_j} \quad (3.1.10)$$

其中，$D = \sum_{j=1}^{M} \frac{1}{G_j}$，$G_j = \sum_{k=1}^{N} |x(n-k) - p_j(n-k)|$。

M 表示使用的预测器的个数。$x(n-k)(k=1,2,\cdots,N)$ 表示当前像素 $x(n)$ 周围的 N 个相关像素点，$p_j(n-k)(j=1,2,\cdots,M)$ 表示使用第 j 个子预测器对 $x(n-k)$ 的预测值。当前像素点和周围像素点的关系如图 3.6 所示。

从上述的判定规则很容易看出，联合系数判定的实质就是：假设当前像素点和周围像素点存在较强的相关性，根据对周围像素点使用不同的子预测器的误差绝对值和的大小不同，对误差绝对值和大的子预测器，也即预测效果不好的预测器，赋以较小的权重；对误差绝对值和小的子预测器，也即预测效果好的预测器，赋以较大的权重。实际应用中为了解决除数不能为 0 的问题，当某个子预测器的预测误差和为 0 时，即满足条件 $G_j = 0$ 时，可以使用一个任意小的数 ε 来代替。

线性预测器总是假设图像的灰度值是平稳随机过程，并没有考虑图像的起伏和个别变化。

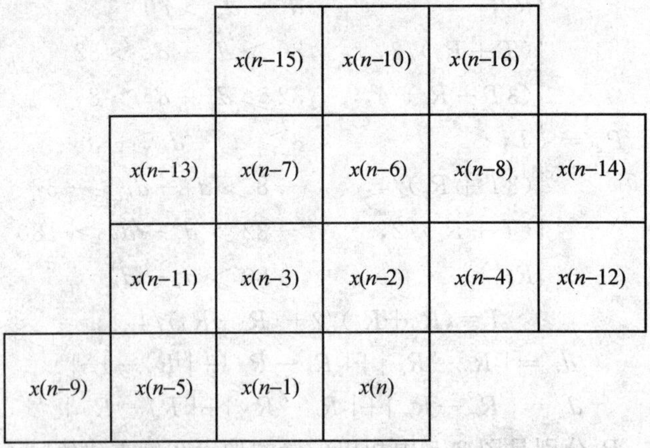

```
              | x(n-15) | x(n-10) | x(n-16) |
    | x(n-13) | x(n-7)  | x(n-6)  | x(n-8)  | x(n-14) |
    | x(n-11) | x(n-3)  | x(n-2)  | x(n-4)  | x(n-12) |
| x(n-9) | x(n-5) | x(n-1) | x(n) |
```

图 3.6 当前像素点和周围像素点的关系

非线性预测器更加充分地考虑了图像的统计特性,其预测系数能够更好地与图像中的局部特性相匹配,能够获得更高的压缩比。设像素值 x_n 为 m 阶马尔科夫过程,非线性预测器在最小均方误差意义下的最佳预测值为 x_n 依概率密度 $p(x_n|x_{n-1},x_{n-2},\cdots,x_{n-m})$ 的平均值,即

$$\hat{x}_n = \int x_n p(x_n \mid x_{n-1}, x_{n-2}, \cdots, x_{n-m}) \mathrm{d}x_n \tag{3.1.11}$$

实际应用中衡量预测器的性能需要一定的评价准则,除了预测误差的均方误差,目前常用的评价准则还有预测误差的零阶熵。既然预测的目的是去除像素之间的相关性,就可以用预测误差的零阶熵衡量预测器去相关的能力。预测误差的零阶熵越小,预测器去相关性的能力就越强。前面已经介绍过,预测误差的概率分布可以近似表示为拉普拉斯分布。为了后续熵编码的效果更好,总是希望预测误差分布非常陡峭,即出现小概率预测误差的可能性非常大,这就需要预测误差的均方误差尽量地小。表 3.2 是 512×512 像素的 8 bit 灰度 Lena 图像以这两种评价准则得到的最佳线性预测器比较,预测值 $P_x = a_1 R_a + a_2 R_b + a_3 R_c$,当前像素点和周围像素点的关系如图 3.5 所示。实验表明,不论用以上哪种评价准则,APC 预测器的性能都要优于 GAP 预测器和 MED 预测器,但这种良好的性能是以计算复杂度增加为代价的。

表 3.2 Lena 图像的最佳线性预测器

原图像的零阶熵/bit	预测系数			预测误差的零阶熵/bit	评价准则
	a_1	a_2	a_3		
7.23	0.595	0.831	−0.434	4.301	最小均方误差
	0.464	0.799	−0.264	4.281 3	最小零阶熵

2. 图像无损编码方法

熵编码是对信源符号进行概率匹配编码,以削弱图像的统计冗余,所以又叫做统计编码。

编码器的作用是把每个像素上可能出现的 m 个灰度等级变换为一组一一对应的 m 个二进制码字,所有编码都要求码字具备单义性和非续长性。码字的单义性是指任意一个有限长的码字序列只能被分割成为一组特定的码字,其他的任何分割方法都会产生不属于源码字集合的码字。码字的非续长性指码字集合中的任何码字都不是在另外码字后添加码元构成的。

在静止图像编码中常用的熵编码包括哈夫曼(Huffman)编码和算术编码。

(1) 哈夫曼编码

哈夫曼编码属于变长编码,用较短的码字表示出现概率大的信源符号,用较长的码字表示出现概率小的信源符号。变长编码能够保证平均的码字长度最小,使其尽量接近信源的熵,是最佳的编码方法。

在编码之前需要根据信源的统计特性设计哈夫曼码表。编码过程实际上就是一个从输入信源符号到对应码字的查表过程。设计哈夫曼码表的过程就是建立一棵哈夫曼码树的过程。

建立哈夫曼码树的步骤如下:

① 将信源符号按出现概率由大到小排列;

② 将概率最小的两个信源符号合并成为一个符号,其概率为这两个信源符号的概率和;

③ 将新的符号集用与上一步同样的方法进行排序和符号合并,依次重复这个过程,直到合并成一个概率为 1 的符号;

④ 将每次合并前的两个分支分别标记为 0 和 1 就得到了哈夫曼码树,从码树的根节点出发到原信源符号,依次读出分枝上的 0 和 1,就得到了各符号的码字。

整个哈夫曼码树的构建过程可以用图 3.7 的示例说明。通过计算可以得到信源的熵为 2.55 bit,而哈夫曼编码得到的二进制码的平均码长是 2.61 bit,可见哈夫曼编码的平均码长和信源的符号熵非常接近,可以很好地与待编码符号的概率分配相匹配。

哈夫曼编码也具有明显的不足之处。如上例中的信源符号 X_7,其概率为 $p(X_7)=0.05$,为其分配的理想码长应为 $L_7=-\text{lb}\,p(X_7)=4.34$ bit,但实际编码中只能为其分配 5 bit 的代码,也就是说哈夫曼编码分配给信源符号的码长只能是整数,其平均码长总是与编码极限有一定的差距。在编码二值图像时,这一问题表现得更为明显:信源符号只有两种,无论哪一个的概率有多高,哈夫曼编码得到的码长都是 1 bit,根本没有达到压缩的效果。算术编码则很好地克服了这一缺点,更加接近信源编码的极限。

(2) 算术编码

算术编码不同于哈夫曼编码用一个特定的整数码长表示一个信源符号,而是采用实数区间 $[0,1)$ 中的一个数值间隔来表示一个信源符号序列。信源符号序列中每加入一个新的符号,这个数值间隔就减小一些,减小的程度由加入符号的先验概率决定。先验概率高者减小的程度低,先验概率低者减小的程度高。符号序列越长,编码表示它的间隔就越小,表示该间隔所需的二进制位数就越多。在信源符号概率比较接近时,算术编码的效率比哈夫曼编码要高,但算术编码的算法实现要比哈夫曼编码复杂。

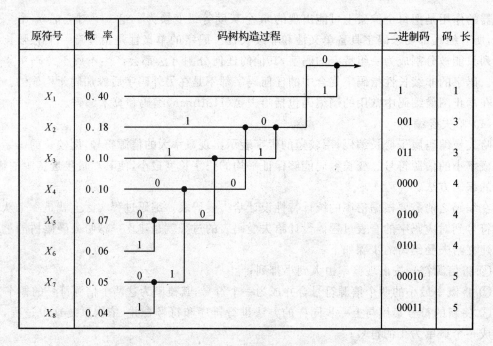

图 3.7 构建哈夫曼树示例

算术编码的具体编解码过程如下。根据每个信源符号的先验概率,把它们分别映射在$[0,1)$内一段对应的区间,该区间的大小与对应信源符号的先验概率成正比。当新的信源符号加入序列时,整个序列所表示的数值范围将按照下面的规则缩小。

$$\left.\begin{array}{l}\text{high}_n = \text{low}_b + \text{range} \times \text{high}_c \\ \text{low}_n = \text{low}_b + \text{range} \times \text{low}_c\end{array}\right\} \quad (3.1.12)$$

其中,range 为当前符号序列对应数值范围的大小,初始值为 1.0;high_c、low_c 表示新加入的信源符号对应数值范围的上下界;low_b 表示新加入符号前序列对应的数值范围的下界,初始值为 0;high_n、low_n 表示加入符号后新序列对应数值范围的上下界。

举例说明算术编码过程:设信源符号集由 4 个信源符号 $\{a,b,c,d\}$ 组成,各符号出现的概率分别为 $P(a)=0.2, P(b)=0.2, P(c)=0.4, P(d)=0.2$;对应的数值范围分别是 $[0.0,0.2)$, $[0.2,0.4)$, $[0.4,0.8)$, $[0.8,1.0)$。

若待编码符号序列为 b-c-a-c-d,则编码过程如下。

编码第一个符号 b:$\text{low}_c=0.2, \text{high}_c=0.4, \text{high}_n=0.0+1.0\times 0.4=0.4, \text{low}_n=0.0+1.0\times 0.2=0.2, \text{range}=0.2$;

编码第二个符号 c:$\text{low}_b=0.2, \text{low}_c=0.4, \text{high}_c=0.8, \text{high}_n=0.2+0.2\times 0.8=0.36, \text{low}_n=0.2+0.2\times 0.4=0.28, \text{range}=0.08$;

编码第三个符号 a:$\text{low}_b=0.28, \text{low}_c=0.0, \text{high}_c=0.2, \text{high}_n=0.28+0.08\times 0.2=$

0.296,$\text{low}_n = 0.28 + 0.08 \times 0.0 = 0.28$,$\text{range} = 0.016$。

以此类推，c、d 加入序列后，编码输出的数值范围为 $[0.29152, 0.2928)$。

整个编码过程见图 3.8 和表 3.3。

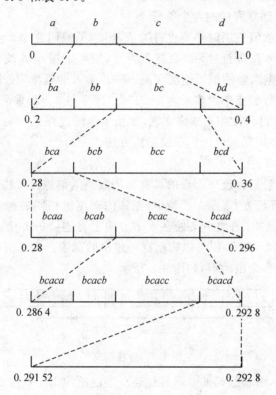

图 3.8　算术编码过程示意图

表 3.3　算术编码过程示例

编码过程	输出数值范围
初始	$[0, 1.0)$
b	$[0.2, 0.4)$
c	$[0.28, 0.36)$
a	$[0.28, 0.296)$
c	$[0.2864, 0.2928)$
d	$[0.29152, 0.2928)$

最后只需取最终输出数值范围中的任一数值作为整个符号序列的唯一编码（如本例中的 0.291 52）。实际编码中还需要在编码结尾处加上序列结束标记。解码时，找到最终的输出编

码落在哪个信源符号对应的数值范围就可以确定序列中的第一个符号,如上面例子中可确定第一个符号为 b,然后减去第一个符号对应的下界值,再除以第一个符号对应的数值范围大小,由所得数据再次确定第二个符号,如上例中 $(0.29152-0.2)/0.2=0.4576$,确定出第二个符号为 c,以此类推得到序列中的各个符号。

算术编码每次更新数值范围时都要进行乘法,影响了编码速率。实际应用常常采用查表或近似计算代替乘法。若信源符号为二元序列符号,则可采用 QM 编码器实现快速的算术编码算法。QM 编码器根据当前的编码情况预测下一位输入的概率,较小的概率以 2^{-Q}(Q 为正整数)近似表示,另一符号的概率则表示为 $1-2^{-Q}$。这样与 2^{-Q} 相乘可以通过右移 Q 位实现,而与 $1-2^{-Q}$ 相乘也可通过移位和相减来实现,加快了编码过程。

在实际应用中,还会用到其他无损压缩编码方法。

(1) 游程编码

游程编码的基本思想是将连续出现的具有相同数值的信源符号构成的符号串通过其数值及符号串长度(称为游程长度)表示。图像中,相邻的灰度值相同的像素连续出现的数目就是游程长度,简称游程。例如,图像中某处在水平方向上有连续的 k 个像素具有相同的灰度值 G,则游长编码使用数据组 (k,G) 就可以表示这一连串的像素。在二值传真图像编码中,连"0"串称为黑游程,连"1"串称为白游程,如图 3.9 所示。

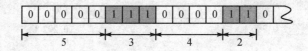

图 3.9 游程编码

各个游程长度越长,游程编码的效率就越高。多值图像由于灰度等级多,不适宜进行游程编码,而二值图像和比特平面图像适宜采用游程编码。比特平面编码将一幅 n bit 多值图像分解成为多个二值图像,对每个二值图像进行压缩编码。最简单直接的分解方法是分为 n 个二值图像,每个二值图像对应原多值图像中的全部像素值的一位,称为比特平面。也就是说,第 $i(i=0,1,\cdots,n-1)$ 个比特平面由原图像中所有像素的第 i 个比特组成。一个比特平面分解的例子如图 3.10 所示,原图像为 $n=8$ bit 图像。

每一个比特平面可以分解为一定大小的图像块。这些图像块可以分为三类:全"0"块、全"1"块和"0"、"1"混合块。可以用较短的码字表示全"0"块和全"1"块,以实现压缩编码。通过观察各比特平面可以发现,图像的相关性总是表现为高位比特平面中含有大量的全"0"块和全"1"块,对它们进行游程编码可以提高编码效率。而低位的比特平面反映的是像素间微小的变化,所以不规则的"0"、"1"混合块较多,降低了编码效率。产生这种现象的根本原因是:自然二进制码所表示数值的一个微小变化往往导致各位码字的巨大变化。例如,像素值 127 与 128 只差 1,但它们的自然二进制码(01111111 与 10000000)中所有位都不同。许多比特平面中就

第 3 章 静止图像编码

原图像

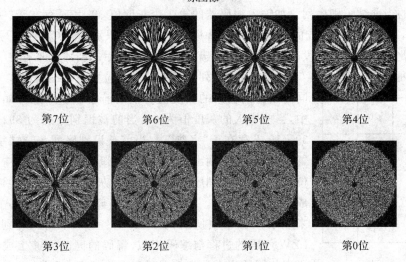

图 3.10 比特平面分解示例

是为此而出现了大量的"0"、"1"混合块。使用格雷码可以解决这个问题。表示相邻数值的格雷码中只有一个比特位置上不同(如 127 与 128 的格雷码分别是 11000000 与 01000000),减少了上述情况的发生,使游程编码也可以用于低位的比特平面。在实际应用中,通常要对同一灰度值、不同长度的游程的出现概率进行统计,进一步对其进行变长编码。

(2) LZW 编码

1977 年和 1978 年,J. Ziv 和 A. Lenmpel 分别提出了两种有联系的编码技术,被称做 LZ 编码,将变长的符号映射为长度可测的码字,是最早的基于"字典"的编码。在表示经常出现的长串符号时,所用码字的位数与表示出现机会少的、较短符号串或单一符号所用码字的位数相等,以此实现压缩。1984 年,T. A. Welch 提出了 LZ 算法的改进算法,这就是 LZW 编码。LZW 编码算法逻辑简单,硬件实现廉价,运算速度快,一经问世就被 UNIX 标准文件压缩命令采用,在 GIF、TIFF 等图像文件格式中都得到了应用。

LZW 编码的理论依据是对含多个符号的符号组进行变字长、非续长编码后,每个符号的平均码长可以小于对单一符号编码的平均码长。LZM 编码的过程,就是一个自适应的建立"字典"(码书)的过程。

下面以编码一个 8 bit 灰度图像中的图像块为例,说明 LZW 编码的过程。设图像块大小为 4×4 像素,对应像素的灰度值如图 3.11 所示。首先建立一个包含所有信源符号的"字典"。设"字典"包含 512(9 bit)个码字,前 256 个码字分配给灰度值 0~255。编码器顺序地检查输入的灰度值,将未包含在"字典"中的灰度值序列放入"字典"中从 256 开始的后面的位置上。对图像块中的像素按从左至右,从上至下的顺序进行处理,见表 3.4。灰度值陆续进入编码器与当前被识别序列衔接。对于每一个衔接后的序列,若已存在于"字典"中,则用该衔接后新序列替换原来的当前被识别序列。如输入编码器的第 1 个灰度值 39,其已存在于"字典"上的第 39 个位置上,于是用新衔接成的序列"39"代替原来的当前被识别序列(为空),写在表的第 1 列第 2 行。此时"字典"内容没有更新,也不输出码字。若衔接后的新序列不存在于"字典"中,那么该新序列会被加入"字典",当前被识别序列在"字典"中的位置会被编码器作为码字输出,同时用当前输入的灰度值替换当前被识别序列。如表的第 2 行中,当前输入的灰度值为 39,当前被识别序列为 39;衔接后序列 39-39 不存在于"字典"中,当前被识别序列 39 在"字典"中的位置 39 作为码字输出;而序列 39-39 被加入到字典中的第 256 个位置,当前被识别序列被当前输入灰度值 39 替代。以此类推,完成整个编码过程。编码完成后,字典中新加入了 9 个码字,将原来表示该像素块所需的 4×4×8=128 bit 压缩到 10×9 bit。LZW 解码的过程与编码相似,解码的同时能够生成一个与编码码书相同的码书。由编码过程可见,"字典"的大小是一个重要的参数,如果"字典"太大,那么过长的码字长度会影响编码效率;如果"字典"太小,所保存的灰度值序列就太少,检测到匹配序列的可能性就会太小。

39	39	126	126
39	39	126	126
39	39	126	126
39	39	126	126

图 3.11 一个 4×4 像素块

表 3.4 LZW 编码示例

当前识别序列	当前输入灰度值	编码输出	字典位置(码字)	字典内容
	39			
39	39	39	256	39-39
39	126	39	257	39-126
126	126	126	258	126-126
126	39	126	259	126-39
39	39			
39-39	126	256	260	39-39-126
126	126			
126-126	39	258	261	126-126-39
39	39			

续表 3.4

当前识别序列	当前输入灰度值	编码输出	字典位置(码字)	字典内容
39-39	126			
39-39-126	126	260	262	39-39-126-126
126	39			
126-39	39	259	263	126-39-39
39	126			
39-126	126	257	264	39-126-126
126		126		

从这个例子可以看出 LZW 编码具有如下特点。

① 自适应性:LZW 编解码的过程中逐步更新"字典"中的内容。
② 前缀性:表中任何一个字符串的前缀字符串也在"字典"中。
③ 动态性:LZW 编解码过程中产生的"字典"是相同的,且都是动态生成的,在压缩文件中无须保存"字典"。

(3) 指数哥伦布编码

哈夫曼编码不适用于信源符号个数及概率未知的情况,S. W. Golomb 最早开始研究无限符号的编码,后经 Rice 等人的完善,形成了 Golomb-Rice 编码算法。指数哥伦布(Exp-Golomb)编码算法由 Teuhola 提出,其编码码字长度与所编码符号大小成指数关系。对非负整数 X 进行编码的步骤如下。

第 1 步:根据下式确定 i 的值。

$$\sum_{j=0}^{i-1} 2^{j+k} \leqslant X < \sum_{j=0}^{i} 2^{j+k} \tag{3.1.13}$$

第 2 步:以 i 个"0"作为码字的前缀。这里的"0"只是一个符号,只有"0"的个数 i 有意义。
第 3 步:插入一个"1"作为分隔符,它同样只是一个符号。
第 4 步:将下式计算出的值表示成 i 位二进制,作为码字的剩余部分。

$$X - \sum_{j=0}^{i-1} 2^{j+k} \tag{3.1.14}$$

阶数 k 是一个编码参数,阶数不同的指数哥伦布编码适用于编码概率分布特性不同的信源符号。若信源符号概率分布较集中,则适合采用较低的阶数;若信源符号概率分布较分散,则适合采用较高的阶数。选择阶数合适的哥伦布编码能够更有效地削弱码字的冗余。

表 3.5 中是 $k=0$ 时的前 9 个码字,从中可以看出码字构造的规律。每一个码字都被构造成"[i 个"0"][1][INFO(i bit)]"的形式,且

$$i = \text{floor}[\text{lb}(X+1)] \tag{3.1.15}$$

$$INFO = X + 1 - 2^i \tag{3.1.16}$$

指数哥伦布编码的优点是:硬件实现的复杂度比较低,可以根据闭合公式解析码字,无须查表;另外,可以根据待编码符号的概率分布灵活地确定阶数 k,如果 k 选得恰当,编码效率可接近理论极限。

表 3.5　$k=0$ 时的 9 个指数哥伦布编码码字

X	码　字	X	码　字
0	1	5	00110
1	010	6	00111
2	011	7	0001000
3	00100	8	0001001
4	00101		

3.1.2　编码标准

1. JBIG 及 JBIG2

JBIG(Joint Bi - level Image expert Group)标准的国际标准号为 ISO/IEC 11544,也称 ITU - T T.82 建议,是由 ISO/IEC 和 ITU - T 的联合二值图像专家组指定的二值图像压缩编码的国际标准。该标准包括逐层累进、兼容累进顺序和单层顺序三种编码模式。

(1) 逐层累进编码

在累进编码模式中,发送端的编码要经过多次扫描:第一次扫描的分辨率最低,编码数据量较最终分辨率的图像编码数据量少很多,解码端可以很快重建一幅低质量图像;此后只按需要传送新增信息,解码端重建图像的分辨率在低质量图像的基础上逐次倍增。这样不断累进,可以使重建图像达到原图像的分辨率或某一规定的中间分辨率。能够进行逐层累进编码是 JBIG 标准的主要特点。逐层累进编码的编码过程是:首先设定图像分辨率层的层数,然后从最高分辨率图像得到下一层降低分辨率的图像,对这两幅图像进行差分层编码;再将前面得到的低分辨率图像作为高分辨率图像,重复以上过程,直到剩下最后一个分辨率层。最低的分辨率层进行顺序编码。各差分层编码和最低层的顺序编码都采用预测后进行自适应算术编码的结构。

(2) 兼容累进顺序编码

JBIG 标准的另一大特点就是累进编码与顺序编码相兼容,使其能够满足不同分辨率显示设备的需要。累进编码非常适用于分辨率可变的显示,但硬复制输出要求解码分辨率固定不变。为了使累进编码与顺序编码兼容,JBIG 算法先将各分辨率层次和图像划分成很窄的带,然后进行压缩。

(3) 单层顺序编码

在硬复制传真之类的应用中可以令分辨率倍增的级数为 0,使累进编码不起作用,实现了单层顺序编码,而且该情况下不需要缓存,JBIG 算法也得到了简化。

JBIG 标准的编解码结构如图 3.12 所示。图像被分为 M 个分辨率层,f_M 表示第 M 层的图像,C_M 表示第 M 层的编码数据。

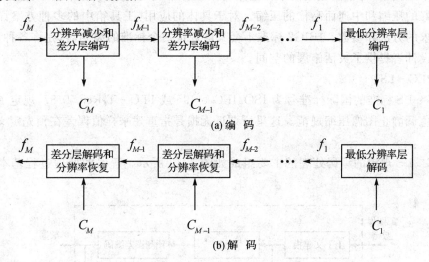

图 3.12　JBIG 标准编解码结构

JBIG 有以下几个方面的优势。

① 压缩性能高:JBIG 采用自适应算术编码作为主要压缩手段,对于不同的图像类型具有较高的压缩比,并且压缩性能稳定。

② 通过参数定义实现二值图像的累进编码:JBIG 建议采用 PRES(Progressive Reduction Standard)算法生成原图像的半分辨率图像,主观质量较简单水平和垂直亚采样后得到的图像好很多。

③ 适应灰度和彩色图像的无失真编码:JBIG 将灰度和彩色图像分解为比特面,然后对每一个比特面分别编码。实验表明:若灰度图像的比特深度低于 6 bit/像素,则 JBIG 的压缩效果要优于 JPEG 的无损压缩模式;当比特深度为 6~8 bit/像素时,两者的压缩效果相当。

JBIG2 是 JBIG 的改进版本,支持有损、无损和累进编码,其设计目标是:无损压缩的性能超过现有的其他标准;有损压缩在取得比无损压缩更高的压缩比的情况下,具有几乎不可见的质量下降。原有的二值图像压缩标准都是采用完全可逆的熵编码,解码时原二值图像的信息将被完全恢复。由于大多数二值图像的信宿是人,即解码恢复后的二值图像最终是用人类视觉来感知的,因此,若允许压缩过程引入人眼难以察觉的失真,就不仅有望大幅度地提高数据压缩比,而且可能打破无损压缩编码在压缩方法选择上的束缚。事实上,由于很难把压缩损伤和图像噪声区分开来,故采用实际有损但视觉感知无损或近似无损的二值图像压缩方法也是合理的。JBIG2 允许质量由低到高的质量累进编码和可添加不同的图像数据类型(例如先是文本,然后是半调图像)的内容累进编码。另外 JBIG2 还可以处理一系列图像(多文档),可以将多个图像压缩到一个 JBIG2 文件中。对于不同的用途,JBIG2 不会规定具体的基本实现,而是提供一个工具箱,可根据应用需求而选用箱中已标准化的实现方案。每种功能又分别提供高速而良好的压缩和中速而高倍的压缩。对于具体的应用,工具箱中的多种方案详细规定了建议或要求的方法和参数。JBIG2 标准不会具体规定一个标准的编码器,允许各种设计方案,为编码器设计者提供了灵活施展的空间。

2. JPEG-LS

JPEG-LS 标准的国际标准号为 ISO/IEC 14495 或 ITU-T Rec. T. 87,规定了无损或近无损连续色调静止图像压缩规范。这里所谓近无损是指重建采样值误差在预先定义的误差范围内。

JPEG-LS 规定的编码处理的主要组成如图 3.13 所示。解码的处理过程基本上与编码对称。

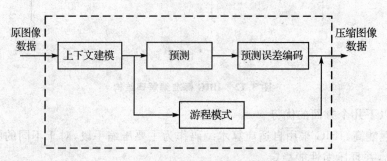

图 3.13 JPEG-LS 编码器框图

(1) 上下文建模

JPEG-LS 的编码模型是基于"上下文"的,当前采样 x 及其相邻采样的位置关系图可以参考图 3.5。根据 a、b、c、d 等处采样的重建值,上下文建模首先决定采样 x 的信息采用常规模式和游程模式中的哪一种进行编码。如果上下文关系预计后续采样很可能与当前采样相同(在无损编码时)或在要求的容限内近似相同(在近无损编码时),那么选择游程模式编码;反之,则选择常规模式编码。在实际标准中,首先计算局部梯度值 $D_1 = R_d - R_b$,$D_2 = R_b - R_c$,$D_3 = R_c - R_a$。如果其均为 0 或不大于允许的误差,则编码器进入游程编码模式;否则进入常规编码模式。

(2) 常规模式下的预测和误差编码

在上下文建模选择了常规模式之后,就是预测过程。预测过程由预测器完成,预测器把几个相邻位置的采样重建值进行组合,得到当前位置 x 的预测值。x 的实际值与预测值之差,即预测误差需要进行一些补偿系统预测偏差的纠正。经过纠正之后,对预测误差做哥伦布编码(在近无损编码时,在此之前要对预测误差进行量化)。

（3）游程模式下的编码

如果相邻位置 a、b、c、d 处的采样重建值相同(在无损编码时)或差别在要求的容限内(在近无损编码时),则后面的编码过程将按照游程模式进行处理。游程模式下不进行预测和预测误差编码,编码器从 x 开始搜索与 a 位置重建值相同(在无损编码时)或在要求的容限内近似相同(在近无损编码时)的连续采样序列。当遇到不同(在无损编码时)或误差超出容限(在近无损编码时)的采样,抑或当前行的结尾时,搜索结束。游程长度信息将使用哥伦布编码的扩展算法进行编码。

3.2 静止图像的有损编码

3.2.1 编码原理

有损编码实际上是利用人类视觉感官上的特性,在一定的主观视觉的容限内,减少图像中的信息量,用可接受的客观失真来换取数据量的压缩。前面已经提到过,人类视觉对图像的空间分辨率、时间分辨率和灰度分辨率都是有一定限度的。超出这个限度的图像信息变化,人眼是无法察觉的,所以数字化图像信号在空间、时间、对比度方面的精细程度就无需高于这个限度,而且人眼对于图像空间、时间和对比度三方面的分辨能力是相互制约的,即不能同时对这三方面具备最高的分辨能力;当人眼对某方面分辨率要求高时,对其他方面的分辨率要求就会降低。利用人类视觉的这些特点,调整图像各方面的分辨率,舍弃人眼无法察觉的信息量,在不影响图像主观质量的条件下压缩图像的数据量,这就是有损压缩的基本思想。有损压缩的过程如图 3.14 所示。与图 3.1 比较,可以发现有损压缩比无损压缩多了量化这一处理过程。事实上,正是量化过程将图像信息的精度适当降低,从而达到了削弱生理心理视觉冗余的目的。

量化是将样本值的取值范围分成若干区间,用该区间内的单个值代替区间内所有可能的值。区间越多,量化后的图像就越接近原图。实际应用中设计量化器有三种不同的思路。第一种是统计意义上的最优量化器,这种量化器可以保证最小的量化误差;第二种量化器根据人眼的视觉特性进行量化,对人眼敏感的区域采取细量化,对人眼不敏感的区域采取粗量化;第三种量化器针对特定的应用采取特定的量化策略。

均匀量化是最简单的量化策略。设样本值的整个取值范围是 $[z_0, z_k]$,将其均匀地分成 k 个子区间 $[z_i, z_{i+1})$,$i=0,1,\cdots,k-1$。每个子区间都由该区间内的一个确定值 q_i 表示。若取样值 $z \in [z_i, z_{i+1})$,那么其对应的量化值就为 q_i。这时就引入了量化误差 $z-q_i$。设取样值

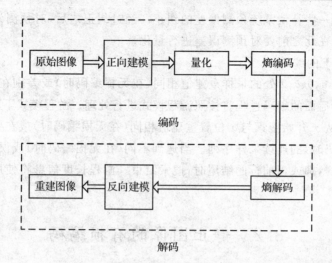

图 3.14 有损压缩编码过程

在区间$[z_i, z_{i+1}]$内为z的概率为$p(z)$,引入误差平方的均值就是$\int_{z_i}^{z_{i+1}}(z-q_i)^2 p(z)\,\mathrm{d}z$,那么$k$个子区间误差平方的和就是

$$\varepsilon^2 = \sum_{i=0}^{k-1} \int_{z_i}^{z_{i+1}} (z-q_i)^2 p(z)\mathrm{d}z \qquad (3.2.1)$$

事实上应用均匀量化的前提是假设概率密度$p(z)$为常数P,这时有

$$\varepsilon^2 = P \sum_{i=0}^{k-1} \int_{z_i}^{z_{i+1}} (z-q_i)^2 \mathrm{d}z =$$
$$\frac{1}{3} P \sum_{i=0}^{k-1} \left[(z_{i+1}-q_i)^3 - (z_i-q_i)^3 \right] \qquad (3.2.2)$$

q_i在区间$[z_i, z_{i+1}]$中的取值不同,ε^2也不同。为使ε^2最小,需要满足$\frac{\partial \varepsilon^2}{\partial q_i}=0$,可以进一步推出最佳量化值就是各子区间的中值,即

$$q_i = \frac{z_{i+1} + z_i}{2} \qquad (3.2.3)$$

设子区间$[z_i, z_{i+1}]$的长度为L,则$P = \frac{1}{kL}$,带入式(3.2.2)得到

$$\varepsilon^2 = \frac{L^2}{12} \qquad (3.2.4)$$

可以看出,当量化层次k增大时,L缩小,ε^2更是成平方反比地减小。这说明加大量化层次,可以减小量化产生的误差,使量化后的图像更接近原图像。

下面讨论在量化误差最小意义上进行非均匀量化时如何确定子区间$[z_i, z_{i+1}]$和对应的量

化值 q_i。由于子区间越大,引入的量化误差就越大,因此,为了使统计意义上的平均量化误差最小,当概率密度 $p(z)$ 较大时,所选的子区间要小一些;反之,则取大一些的子区间。各量化区间的大小不同,这正是非均匀量化的特点。为了得到最小的 ε^2,首先令 $\frac{\partial \varepsilon^2}{\partial z_i}=0$,得到

$$[(z_{i+1}-q_i)^2-(z_i-q_i)^2]p(z)=0 \tag{3.2.5}$$

若 $p(z)\neq 0$,可以得到

$$z_i=\frac{q_i+q_{i-1}}{2} \tag{3.2.6}$$

然后,令 $\frac{\partial \varepsilon^2}{\partial q_i}=0$,可以推导出

$$q_i=\frac{\int_{z_i}^{z_{i+1}} zp(z)\mathrm{d}z}{\int_{z_i}^{z_{i+1}} p(z)\mathrm{d}z} \tag{3.2.7}$$

当 $p(z)$ 为常数时,式(3.2.7)可以化为

$$q_i=\frac{z_{i+1}+z_i}{2} \tag{3.2.8}$$

可见均匀量化是非均匀量化的一种特例。

实际应用中常常采用压缩扩展算法实现非均匀量化,如图 3.15 所示。首先对取样值 z 进行某种非线性变换 $g=T\{z\}$,使变换得到的值 g 的概率密度是均匀的;然后对 g 进行均匀量化。在其他处理过程之后,再进行对应的非线性反变换 $z=T^{-1}\{g\}$,进而重现图像。

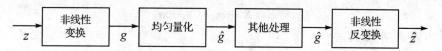

图 3.15 压缩扩展量化器结构

3.2.2 常见的有损编码方法

1. 变换编码

图像中的各像素点之间存在着相关性,一个像素点与其周围像素点的灰度值相同或者相近的可能性是很大的。变换编码可以有效地降低这种相关性。变换的过程是将在欧几里德几何空间(即空间域)中描述的图像信号,变换至另外一个正交向量空间(即变换域)中进行描述。在原空间域中,像素间的相关性较强,能量分布较均匀;而在正交变换域中,变换系数间近似统计独立,相关性很低,能量主要集中在直流和少数低频的变换系数上。在正交变换后,对变换系数进行相应的滤波、量化和熵编码,就实现了对图像数据的有效压缩。

变换编码系统结构如图 3.16 所示。编码时,首先将图像分割成 $M\times M$ 的像素块,然后将

这 M^2 个像素点样值进行正交变换,对变换后得到的 M^2 个变换系数进行量化、熵编码之后就可以进行传输了。解码端则首先进行熵解码,再对变换系数进行反变换得到原空间域的像素块中的各个像素样值,再将各个像素块重新组合成为图像。

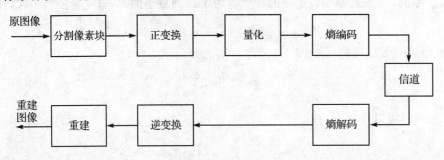

图 3.16 变换编码系统

下面将分别介绍几种静止图像压缩中常用的变换编码方法。

(1) K-L(Karhunen-Loéve)变换

K-L 变换与图像本身的统计特性完全匹配,较其他的变换方法性能更优。但由于其变换矩阵随不同的图像内容而变化,缺少有效的快速算法,故 K-L 变换不适于实际应用,常常用来估计变换编码的性能极限,评估其他各种变换编码方法的性能。

图像信号是随机变量,一幅 $N \times N$ 的图像可用一个含 N^2 个元素的随机向量表示,即 $\boldsymbol{X} = [X_1, X_2, \cdots, X_{N^2}]^T$。

该向量的每 N 个元素就表示原图像中一行像素的采样值。$\boldsymbol{X}$ 的协方差矩阵为

$$C_x = \mathrm{E}\{(\boldsymbol{X} - \boldsymbol{m}_X)(\boldsymbol{X} - \boldsymbol{m}_X)^T\} \quad (3.2.9)$$

其中,$\boldsymbol{m}_X$ 为 $\boldsymbol{X}$ 的期望,即

$$\boldsymbol{m}_X = \mathrm{E}\{\boldsymbol{X}\} \quad (3.2.10)$$

$\boldsymbol{m}_X$ 是含 N^2 个元素的向量,$\boldsymbol{C}_X$ 是 $N^2 \times N^2$ 的方阵。可以求得协方差矩阵 $\boldsymbol{C}_X$ 的特征值和特征向量。设 $\lambda_i (i=1,2,\cdots,N^2)$ 是按递减顺序排列的特征值,其对应的特征向量为 $\boldsymbol{e}_i = [e_{i1}, e_{i2}, \cdots, e_{iN^2}]^T$,则 K-L 变换矩阵为

$$\boldsymbol{T} = \begin{bmatrix} e_{11} & e_{12} & \cdots & e_{1N^2} \\ e_{21} & e_{22} & \cdots & e_{2N^2} \\ \vdots & \vdots & & \vdots \\ e_{N^21} & e_{N^22} & \cdots & e_{N^2N^2} \end{bmatrix} \quad (3.2.11)$$

K-L 变换的表达式为

$$\boldsymbol{Y} = \boldsymbol{T}(\boldsymbol{X} - \boldsymbol{m}_X) \quad (3.2.12)$$

其中,$\boldsymbol{X} - \boldsymbol{m}_X$ 为中心化图像向量,其与变换矩阵 $\boldsymbol{T}$ 相乘就得到了变换后的图像向量 $\boldsymbol{Y}$。可以验证图像向量 $\boldsymbol{Y}$ 的协方差矩阵 $\boldsymbol{C}_Y$ 是对角形矩阵,也就是说变换后的图像向量中的各个元素

是不相关的,这是 K-L 变换最重要的性质。由此可见 K-L 变换是最佳变换。

(2) 离散余弦变换 DCT(Discrete Cosine Transform)

1) 一维离散余弦变换(1D-DCT)

若对带宽有限信号 $x(t)$ 取样得到序列 $\{X(m)|m=0,1,\cdots,N-1\}$,那么它的一维离散余弦变换为

$$Y(u) = C(u)\sqrt{\frac{2}{N}}\sum_{m=0}^{N-1}X(m)\cos\frac{(2m+1)u\pi}{2N}, \quad u=0,1,2,\cdots,N-1 \quad (3.2.13)$$

其中

$$C(u) = \begin{cases} \frac{1}{\sqrt{2}}, & u=0 \\ 1, & u\neq 0 \end{cases}$$

一维离散余弦变换的逆变换 1D-IDCT(1D-Inverse DCT)为

$$X(m) = \sqrt{\frac{2}{N}}\sum_{u=0}^{N-1}C(u)Y(u)\cos\frac{(2m+1)u\pi}{2N}, \quad m=0,1,2,\cdots,N-1 \quad (3.2.14)$$

一维离散余弦变换的正逆变换核都是

$$g(u,m) = \sqrt{\frac{2}{N}}C(u)\cos\frac{(2m+1)u\pi}{2N} \quad (3.2.15)$$

于是 1D-DCT 的变换矩阵可以表示为

$$\boldsymbol{T} = \sqrt{\frac{2}{N}}\begin{bmatrix} \sqrt{1/2} & \sqrt{1/2} & \cdots & \sqrt{1/2} \\ \cos\frac{\pi}{2N} & \cos\frac{3\pi}{2N} & \cdots & \cos\frac{(2N-1)\pi}{2N} \\ \vdots & \vdots & & \vdots \\ \cos\frac{(N-1)\pi}{2N} & \cos\frac{3(N-1)\pi}{2N} & \cdots & \cos\frac{(2N-1)(N-1)\pi}{2N} \end{bmatrix} \quad (3.2.16)$$

变换式的矩阵形式为

$$\boldsymbol{Y} = \boldsymbol{TX} \quad (3.2.17)$$

其中,$\boldsymbol{X}$、$\boldsymbol{Y}$ 为变换前后的 N 维向量。

2) 二维离散余弦变换(2D-DCT)

将一维离散余弦变换推广到二维离散余弦变换。设二维图像信号数据序列为 $\{X(m,n)|m=0,1,\cdots,M-1;n=0,1,\cdots,N-1\}$,其 2D-DCT 为

$$Y(u,v) = C(u)C(v)\sqrt{\frac{2}{MN}}\sum_{m=0}^{M-1}\sum_{n=0}^{N-1}X(m,n)\cos\frac{(2m+1)u\pi}{2M}\cos\frac{(2n+1)v\pi}{2N} \quad (3.2.18)$$

其中

$$u = 0,1,2,\cdots,M-1; \quad v = 0,1,2,\cdots,N-1; \quad C(u),C(v) = \begin{cases} \dfrac{1}{\sqrt{2}}, & u,v = 0 \\ 1, & \text{其他} \end{cases}$$

二维离散余弦变换的逆变换(2D-IDCT)为

$$X(m,n) = \frac{2}{\sqrt{MN}} \sum_{u=0}^{M-1} \sum_{v=0}^{N-1} C(u)C(v)Y(u,v)\cos\frac{(2m+1)u\pi}{2M}\cos\frac{(2n+1)v\pi}{2N} \quad (3.2.19)$$

其中 $m=0,1,2,\cdots,M-1; \quad n=0,1,2,\cdots,N-1$

二维离散余弦变换的正反变换核也是相同的,即

$$g(u,v,m,n) = g_1(u,m)g_2(v,n) =$$

$$\sqrt{\frac{2}{M}}C(u)\cos\frac{(2m+1)u\pi}{2M}\sqrt{\frac{2}{N}}C(v)\cos\frac{(2m+1)u\pi}{2M} \quad (3.2.20)$$

2D-DCT 的矩阵表示为

$$\boldsymbol{Y} = \boldsymbol{T}_M \boldsymbol{X} \boldsymbol{T}_N^{\mathrm{T}} \quad (3.2.21)$$

其中,$\boldsymbol{X}$、$\boldsymbol{Y}$ 为变换前后的 $M \times N$ 阶矩阵。

2D-DCT 是将空间像素的几何分布变换成为空间频率分布。2D-DCT 的核函数 $g(u,v,m,n)$ 又可称为基图像,以参数 m、n 分别表示原图像中的横、纵坐标,参数 u 表示基图像水平方向的空间频率,参数 v 表示基图像垂直方向的空间频率。由 2D-DCT 的定义式可以得到

$$Y(u,v) = \sum_{m=0}^{M-1} \sum_{n=0}^{N-1} X(m,n)g(u,v,m,n); \quad u = 0,1,2,\cdots,M-1; \quad v = 0,1,2,\cdots,N-1$$

$$(3.2.22)$$

以 $M=N=8$ 的情况为例:

$$Y(u,v) = \sum_{m=0}^{7} \sum_{n=0}^{7} X(m,n)g(u,v,m,n); \quad u = 0,1,2,\cdots,7; \quad v = 0,1,2,\cdots,7$$

$$(3.2.23)$$

$u=0$、$v=0$ 对应的 $Y(0,0)$ 表示在水平和垂直方向的空间频率都没有变化,对应于图像的平均亮度,称为直流(DC)系数。$u=7$、$v=7$ 对应的 $Y(7,7)$ 表示在水平和垂直方向上变化频率是最高的。$Y(u,v)(u=1,2,\cdots,7;v=1,2,\cdots,7)$ 这 63 个系数称为交流(AC)系数。

DCT 可以利用快速傅里叶变换(FFT)实现,以提高计算速度。大量的实验表明,在目前具有快速算法的正交变换中,DCT 的性能是最接近 K-L 变换的。

(3) 哈达玛变换

与离散余弦变换采用余弦函数作为变换的基函数不同,沃尔什-哈达玛变换 WHT(Walsh-Hadamard Transform)以沃尔什函数这种非正弦正交函数作为基函数。沃尔什函数系是完备的正交函数系,其取值只有±1,运算非常简单,这使得 WHT 在数字信号处理和压缩编码领域得到了广泛的应用。沃尔什函数包括沃尔什编号、哈达玛编号和佩利编号三种不同的排序形

式。这三种编号形式仅仅是变换矩阵中作为行(列)向量的沃尔什函数的排序不同,并没有本质区别。

哈达玛变换以哈达玛矩阵作为变换矩阵。哈达玛矩阵具有一个良好的性质:高阶哈达玛矩阵可由低阶哈达玛矩阵经过简单的递推得到,因而可以进行快速哈达玛变换,这也是哈达玛变换的独特优势。

最低阶(2 阶)哈达玛矩阵为

$$H_2 = \begin{bmatrix} 1 & 1 \\ 1 & -1 \end{bmatrix} \tag{3.2.24}$$

任何 $2N$ 阶的哈达玛矩阵都可以由 N 阶哈达玛矩阵按下述的递推关系求得,即

$$H_{2N} = \begin{bmatrix} H_N & H_N \\ H_N & -H_N \end{bmatrix} \tag{3.2.25}$$

其中,$N = 2^n$,n 为正整数。

例如:

$$H_4 = \begin{bmatrix} 1 & 1 & 1 & 1 \\ 1 & -1 & 1 & -1 \\ 1 & 1 & -1 & -1 \\ 1 & -1 & -1 & 1 \end{bmatrix} \tag{3.2.26}$$

一维离散哈达玛变换为

$$Y(u) = \frac{1}{N} \sum_{m=0}^{N-1} X(m)(-1)^{\sum_{i=0}^{Z-1} b_i(m) b_i(u)}, \quad u = 0, 1, \cdots, N-1 \tag{3.2.27}$$

其中,$b_i(m)$ 为数值 m 的二进制表示的第 i 位;Z 是 m 的二进制表示的总的位数。

一维离散哈达玛变换的矩阵表示为

$$Y = \frac{1}{N} H_N X \tag{3.2.28}$$

其中,X、Y 为变换前后的 N 维向量。

一维离散哈达玛的逆变换为

$$X(m) = \sum_{u=0}^{N-1} Y(u)(-1)^{\sum_{i=0}^{Z-1} b_i(m) b_i(u)}, \quad m = 0, 1, \cdots, N-1 \tag{3.2.29}$$

相应的矩阵表示为

$$X = H_N Y \tag{3.2.30}$$

由一维离散哈达玛变换推广到二维,得到二维哈达玛变换,正、逆变换分别为

$$Y(u,v) = \frac{1}{N^2} \sum_{m=0}^{N-1} \sum_{n=0}^{N-1} X(m,n)(-1)^{\sum_{i=0}^{Z-1}[b_i(m)b_i(u)+b_i(n)b_i(v)]}, \quad u,v = 0,1,\cdots,N-1$$

$$\tag{3.2.31}$$

$$X(m,n) = \sum_{u=0}^{N-1}\sum_{v=0}^{N-1} Y(u,v)(-1)^{\sum_{i=0}^{Z-1}[b_i(m)b_i(u)+b_i(n)b_i(v)]}, \quad m,n = 0,1,\cdots,N-1 \tag{3.2.32}$$

相应的矩阵表示为

$$Y = \frac{1}{N^2}\boldsymbol{H}_N \boldsymbol{X} \boldsymbol{H}_N \tag{3.2.33}$$

$$\boldsymbol{X} = \boldsymbol{H}_N \boldsymbol{Y} \boldsymbol{H}_N \tag{3.2.34}$$

其中,$\boldsymbol{X}$、$\boldsymbol{Y}$ 为变换前后的 $N \times N$ 阶矩阵。

(4) 小波变换 WT(Wavelet Transform)

小波分析作为一种新兴的理论,是继傅里叶分析之后的又一个重大突破。当今的科学研究中,小波分析已经涉及数学、物理学、计算机科学、信号与信息处理、图像处理等多个领域。傅里叶变换解决了工程上的很多实际问题,但其有下列缺陷:用傅里叶变换表示一个信号时,只有频率分辨率而没有时间分辨率,即只能确定信号中包含的所有频率,而不能确定具有这些频率的信号出现在什么时候;傅里叶变换只能获得信号的整体频谱,而不能获得信号的局部特征;傅里叶变换只适应于确定性的平稳信号,对时变的非平稳信号不能充分描述。由于傅里叶变换的上述缺陷,人们一直在寻求更优的数学分析方法。同傅里叶变换相比,小波变换在频率的精度上差一些,但在时间的分析能力上要好一些,而且可以对时间和频率同时进行分解,这是傅里叶变换所无法做到的。

设 $f(t)$ 是平方可积函数,即 $f(t) \in L^2(R)$,则定义 $f(t)$ 的连续小波变换为

$$WT_f(a,b) = \frac{1}{\sqrt{a}}\int_R f(t)\overline{\psi}\left(\frac{t-b}{a}\right)dt, \quad a > 0, \quad b \in R \tag{3.2.35}$$

其中,$\overline{\psi}(t)$ 是小波函数 $\psi(t)$ 的复共轭。小波函数 $\psi(t)$ 的傅里叶变换 $\psi(\omega)$ 应满足容许条件:

$$\int_R \frac{|\psi(\omega)|^2}{\omega}d\omega < +\infty \tag{3.2.36}$$

由容许条件可以得到

$$\psi(0) = \int_{-\infty}^{+\infty} \psi(t)dt = 0 \tag{3.2.37}$$

可以看出,小波函数的非零值定义域是有限的,并且具有正负交替的波动性。

定义小波变换的逆变换为

$$f(t) = \frac{1}{C_\psi}\int_0^{+\infty}\int_{-\infty}^{+\infty}\frac{1}{a^2}WT_f(a,b)\psi_{a,b}(t)dbda \tag{3.2.38}$$

其中,$\psi_{a,b}(t) = \frac{1}{\sqrt{a}}\psi\left(\frac{t-b}{a}\right), C_\psi = \int_0^{+\infty}\frac{|\psi(\omega)|^2}{\omega}d\omega$。

以上是连续小波变换,其主要用于理论分析,在实际的数字化处理中往往采用离散小波变换 DWT(Discrete Wavelet Transform)。

将 a,b 离散化,令 $a=2^{-j}$, $b=2^{-j}k$,其中,$j,k \in \mathbf{Z}$。
$\psi_{a,b}(t)$ 则可表示为

$$\psi_{j,k}(t) = 2^{\frac{j}{2}}\psi(2^j t - k) \tag{3.2.39}$$

离散小波变换表示为

$$WT_f(j,k) = \int_R f(t)\overline{\psi}_{j,k}(t)\mathrm{d}t \tag{3.2.40}$$

相应的重建公式为

$$f(t) = \sum_j \sum_k WT_f(j,k)\psi_{j,k}(t) \tag{3.2.41}$$

小波变换实质上是一种线性时间-尺度分析,具有许多优异的性能:

① 小波变换是一个满足能量守恒方程的线性变换,能够将一个信号分解成对空间和尺度(即时间和频率)有独立贡献的新的信号形式,同时又不失原信号所包含的信息。

② 小波函数系(即通过一个基本小波函数在不同尺度下的平移和伸缩而构成的一族函数,用以表示或逼近一个信号或一个函数)的时宽-带宽积很小,且在时间和频率轴上都很集中,也就是说展开系数的能量较为集中。

③ 巧妙地利用了非均匀分布的分辨率,较好地解决了时间和频率分辨率的矛盾:在低频段用高的频率分辨率和低的时间分辨率,而在高频段用低的频率分辨率和高的时间分辨率,这与时变信号的特性一致。

④ 小波变换相当于一个具有放大、缩小和平移等功能的数学显微镜,通过检查不同放大倍数信号的变化来研究其动态特性。

⑤ 小波变换将信号分解为在对数坐标中具有相同大小频带的集合,这种以非线性的对数方式处理频率的方法对时变信号具有明显的优越性。

在数字图像处理中,常常采用 Mallat 算法,利用数字滤波器来实现二维小波系数的分解,结构如图 3.17 所示。图中下标 x 表示对矩阵沿行方向进行滤波,下标 y 表示沿列方向进行滤波。"↓2"表示 2∶1 下取样。

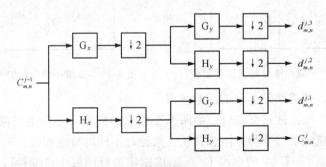

图 3.17 二维小波变换分解过程

对二维离散信号$\{C^0_{m,n}\}_{m,n\in \mathbf{Z}}$的小波分解与重建公式为

$$\left.\begin{aligned} C^j_{m,n} &= \frac{1}{2}\sum_{k,l\in \mathbf{Z}} h_{k-2n} h_{l-2m} C^{j-1}_{k,l} \\ d^{j,1}_{m,n} &= \frac{1}{2}\sum_{k,l\in \mathbf{Z}} h_{k-2n} g_{l-2m} C^{j-1}_{k,l} \\ d^{j,2}_{m,n} &= \frac{1}{2}\sum_{k,l\in \mathbf{Z}} g_{k-2n} h_{l-2m} C^{j-1}_{k,l} \\ d^{j,3}_{m,n} &= \frac{1}{2}\sum_{k,l\in \mathbf{Z}} g_{k-2n} g_{l-2m} C^{j-1}_{k,l} \end{aligned}\right\} \quad (3.2.42)$$

$$C^{j-1}_{m,n} = \frac{1}{2}\Big(\sum_{k,l\in \mathbf{z}} h_{m-2k} h_{n-2l} C^j_{k,l} + \sum_{k,l\in \mathbf{z}} h_{m-2k} g_{n-2l} d^{j,1}_{k,l} + \sum_{k,l\in \mathbf{z}} g_{m-2k} h_{n-2l} d^{j,2}_{k,l} + \sum_{k,l\in \mathbf{z}} g_{m-2k} g_{n-2l} d^{j,3}_{k,l}\Big) \quad (3.2.43)$$

其中,$j=0,1,\cdots,N$表示分解的尺度。h_k、g_l分别是图3.16中低、高通滤波器H、G的冲击响应。初始信号矩阵$\{C^0_{m,n}\}_{m,n\in \mathbf{z}}$可用原信号$f(x,y)$的采样$f(m\Delta x,n\Delta y)$近似。对原始图像信号进行一级小波分解,得到4个子带,如图3.18所示。

可以看到,相当于图3.17中$C_{m,n}$的LL子带对应图像的低频成分;相当于图3.17中$d^{j,1}_{m,n}$的LH子带反映图像在垂直方向的高频细节;相当于图3.17中$d^{j,2}_{m,n}$的HL子带反映图像在水平方向的高频细节;相当于图3.17中$d^{j,3}_{m,n}$的HH子带反映图像在对角线方向的高频细节。在一级分解后,可以将反映图像概貌的$C_{m,n}$继续分解,得到下一尺度上图像的小波分解。二级小波分解的子带划分如图3.19所示。

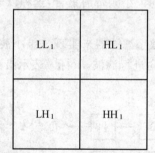

图3.18 一级小波分解的子带划分　　图3.19 二级小波分解的子带划分

图3.20是Lena图像小波分解的实际效果图。

小波变换利用二维离散正交基将原始图像在独立的频带与不同的空间方向上分解,这与人类视觉系统在相应频带与空间方向选择性上敏感性不同的特点相符。

表3.6为对$512\times 512\times 8$的标准Lena测试图像进行四层小波变换(Daubechies(9,7)小波)后的小波系数统计分析。

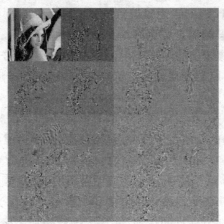

图 3.20 Lena 图像的小波分解

表 3.6 Lena(512×512×8)小波系数统计分析

子带	最小值	最大值	均值	方差	能量	
LH_1	−49	63	0.0339	4.4627	0.0285	
HL_1	−90	76	−0.1152	7.1687	0.0737	0.115
HH_1	−34	28	0.0061	2.9834	0.0128	
LH_2	−204	141	0.1387	13.6820	0.0671	
HL_2	−300	238	−0.3366	22.4116	0.1800	0.2886
HH_2	−106	118	0.0811	10.7696	0.0415	
LH_3	−306	239	−0.2917	33.2240	0.0988	
HL_3	−525	350	−0.4473	60.1491	0.3239	0.5096
HH_3	−234	295	−0.3564	31.1554	0.0869	
LH_4	−481	581	3.0752	85.8874	0.1652	
HL_4	−867	959	−4.4561	170.7224	0.6524	0.9482
HH_4	−426	352	−0.7705	76.4126	0.1306	
LL_4	655	3484	1984.8	666.5195	98.1386	98.1386

由表3.6中的数据可见,小波变换后的系数有如下特点:

① 随着频率的降低,小波变换系数的方差逐渐增大,这表明低频系数具有更高的重要性。

② 最低分辨率子带内系数的均值、范围和方差比其他方向上系数的均值、范围和方差都大得多,虽然这部分系数的数量比较少,但是这部分系数的幅值都比较大,对重建图像质量的贡献更大,因而在进行图像编码时应该给这部分系数分配更多的比特数,从而使重建图像的质量更优。

③ 从各子带的能量统计来看,在同一层中按照 HL、LH、HH 的顺序,能量逐渐减小;而在不同的分解层中,频率低的层的能量要比频率高的层的能量要大。最低频子带的能量占了总能量的 98.138 6 %。从图像能量的观点来说,占有能量越多的变换系数对重建图像越重要。这样在采取量化时尽量保留原始图像的绝大部分能量,而将舍弃那些能量较小且数量众多的高频系数以达到压缩图像的目的。

根据小波变换的特征可知,小波变换后系数具有几个明显的特点。各高频子带具有方向选择性。LH_x 子带是上一级的 LL_{x-1} 子带经过垂直方向的高通滤波和水平方向的低通滤波得到的,因此 LH_x 包含更多垂直方向的高频信息;同理,HL_x 包含更多水平方向的高频信息,HH_x 包含更多对角方向的高频信息。对于一幅图像而言,其高频信息主要集中在边缘、轮廓和某些纹理的法线方向上,代表了图像的细节变化。因而可以认为小波图像的各高频子带是图像中边缘、轮廓和纹理等细节信息的体现,并且不同频带所表示的边缘、轮廓等信息是不同的。LH_x 表示的是垂直方向的边缘、轮廓和纹理信息,而 HL_x 表示的是水平方向的边缘、轮廓和纹理信息,对角方向的边缘、轮廓和纹理信息则集中体现在 HH_x 中。小波图像的这一特点表明,小波具有良好的空间方向选择性,与人眼的视觉特性十分吻合,这样就可以根据不同方向的信息对人眼不同的作用来分别设计量化器以达到较好的编码效果。

小波变换更为重要的优越性体现在其多分辨率分析的能力上。小波图像各个频带分别对应了原始图像的不同尺度和不同分辨率下的细节,以及一个由小波分解级数决定的最小尺度、最小分辨率下对原始图像的最佳逼近。以二级分解为例,最终的低频带 LL 是原图像在尺度为 1/4 和分辨率为 1/4 时的一个逼近,图像的主要内容都体现在这个频带的数据中;LH_x、HL_x、HH_x 则分别是图像在尺度为 $1/2^x$、分辨率为 $1/2^x$($x=1,2$)下的细节信息,而且分辨率越低,其中有用信息的比率越高。从多分辨率分析的角度考虑小波图像的各个频带时,这些频带之间并不是绝对无关的。特别是对于各个高频带,由于它们是图像同一边缘、轮廓和纹理信息在不同方向、不同尺度和不同分辨率下由细到粗的描述,故它们之间必然存在着一定的关系,例如这些频带中对应边缘、轮廓的相对位置都应是相同的。此外,低频小波子带边缘与同尺度下高频子带中包含的边缘之间也有对应关系。小波图像的这种对边缘、轮廓信息的多分辨率描述,为人们对这类信息进行有效编码提供了基础。

根据小波变换后数据的分布特征,J. M. Shapiro 提出了一种新型的小波图像压缩算法——嵌入式小波零树编码(EZW 算法)。在嵌入式编码的码流中,从起始位置至末尾之前的任意位置的一段码率都可以解码重建出整个图像。但由部分码流解码得到的图像的质量要低于原图像,相当于一个更低码率的原图像压缩码流的解码效果。嵌入式码流中,重要的比特排在前面。EZW 算法中的嵌入式码流是由零树结构结合逐次逼近量化技术实现的。小波变换的空频局域特性可以用树形结构反映。以图 3.21 中的三层小波分解为例,说明小波系数的树形结构关系。假设以 HH_3 子带内的第 (i,j) 个系数作为根节点,则 HH_2 子带内的 $(2i,2j)$、$(2i+1,2j)$、$(2i,2j+1)$ 和 $(2i+1,2j+1)$ 4 个系数是根节点的子节点,HH_1 子带内对应的 16 个

系数是根节点的孙节点,整个树由 21 个系数值组成。数的根节点也可以在其他子带内定义。之所以将小波系数表示成这样的树形结构,是因为高分辨率层与低分辨率层在同一位置上方向相同的小波系数存在着相似性,表现为如果一个根节点被量化为 0,其子孙节点也很有可能被量化为 0。对于给定的阈值 T,若小波系数 X 满足 $|X|>T$,则称 X 为关于 T 的重要系数,根据其正负号,分为正重要系数和负重要系数,分别以 P 和 N 表示;否则,称 X 为关于 T 的非重要系数。如果树的根节点及其所有子孙节点的系数都是非重要系数,则称该树为零树,其根节点称为零树根,以 ZTR 表示。若当前系数是非重要系数,但其子孙系数中至少有一个是重要系数,则称当前系数为孤零,以 IZ 表示。EZW 算法按照图 3.22 所示的扫描顺序依次处理小波系数,首先从最低频率子带开始,逐层扫描各频率子带。每一遍扫描包含以下的处理步骤。

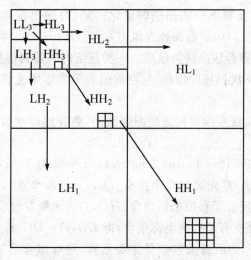

图 3.21　三层小波分解及树结构

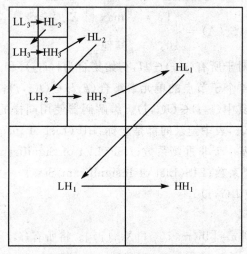

图 3.22　小波系数扫描顺序

① 选择阈值:对于 L 级小波变换,阈值依次为 $T_0, T_1, \cdots, T_L$。它们的关系为 $T_i = T_{i-1}/2$,下标 i 表示扫描次数。初始阈值确定为

$$T_0 = 2^{\lfloor \text{lb} |X_{\max}| \rfloor} \quad (3.2.44)$$

② 主扫描:按照图的扫描次序,将小波系数与阈值进行比较,确定每个系数的符号(ZTR、IZ、P、N),用一个主扫描表记录这些输出符号。

③ 副扫描:对输出符号为 P 或 N 的小波系数进行量化,当前的阈值是 T_{i-1},量化器的间隔为 $[T_{i-1}, 2T_{i-1})$,将其等分为两个区间 $[T_{i-1}, 1.5T_{i-1})$ 和 $[1.5T_{i-1}, 2T_{i-1})$。若小波系数属于 $[T_{i-1}, 1.5T_{i-1})$,则输出量化符号 0,重建值为 $1.25T_{i-1}$;若小波系数属于 $[1.5T_{i-1}, 2T_{i-1})$,则输出量化符号 1,重建值为 $1.75T_{i-1}$。输出的量化符号由副扫描表记录。

④ 重新排序:为便于设置下一次扫描的量化间隔,对输出符号为 P 或 N 的数据重新排序,将幅值在 $[1.5T_{i-1}, 2T_{i-1})$ 中的数据排在幅值在 $[T_{i-1}, 1.5T_{i-1})$ 中的数据之前。

⑤ 输出编码信号:编码器输出两类信息。一类是给解码器的信息,包括阈值、主扫描表和副扫描表;第二类是用于下次扫描的信息,包括阈值和第④步中重新排序过的重要系数序列。至此,一次扫描过程完毕。

多次扫描小波系数,生成多棵零树完成图像编码,随着编码次数的增加,相应解码图像的质量也越来越高。

分层树的集划分 SPIHT(Set Partitioning In Hierarchical Tree)算法是对 EZW 算法的改进。为了描述 SPIHT 算法,首先定义几个集合:$O(i,j)$ 表示节点 (i,j) 直接子节点的坐标集合;$D(i,j)$ 表示节点 (i,j) 所有子孙的坐标集合;$H(i,j)$ 表示所有根节点的集合;$L(i,j)$ 表示节点 (i,j) 除其直接子节点外所有子孙的坐标集合,即 $L(i,j) = D(i,j) - O(i,j)$。对于阈值 $T = 2^n$,如果一个集合 A 所表示的所有系数都是重要系数,则称集合是重要的;否则,该集合是非重要的。定义 $S_n(A)$ 为表示 A 是否重要的标志位(1 表示重要,0 表示非重要):

$$S_n(A) = \begin{cases} 1, & \max_{(i,j) \in A} \{|X_{i,j}|\} \geqslant 2^n \\ 0, & \text{其他} \end{cases} \quad (3.2.45)$$

SPIHT 的集分割原则为:对于所有 $(i,j) \in H$,初始集合为 $\{(i,j)\}$ 和 $D(i,j)$;如果 $D(i,j)$ 是重要的,就划分为 $L(i,j)$ 和 4 个子节点的单元素集合 $(k,l) \in O(i,j)$;如果 $L(i,j)$ 是重要的,就划分成 4 个集合 $D(k,l)$,其中 $(k,l) \in O(i,j)$。编解码器使用同样的方法检测集合的重要性,所以编码算法使用 3 个列表,表中记录的都是坐标:LIP(List of Insignificant Pixels)——非重要像素列表,每个记录代表一个非重要系数;LSP(List of Significant Pixels)——重要像素列表,每个记录代表一个重要系数;LIS(List of Insignificant Sets)——非重要集合列表,每个记录代表一个集合 $D(i,j)$ 或 $L(i,j)$。

SPIHT 算法步骤如下。

第 1 步:初始化。得到 $n = [\text{lb}(\max_{(i,j)} \{|X_{i,j}|\})]$。将所有 $(i,j) \in H$ 加入至 LIP,$(i,j) \in$

H 中带有子孙的加入至 LIS,置 LSP 为空。

第 2 步:分类扫描过程。

① 对于 LIP 的每个记录 (i,j),输出 $S_n(i,j)$;如果 $S_n(i,j)=1$,则将 (i,j) 移至 LSP,并输出 $X_{i,j}$ 的符号位。

② 对于 LIS 的每个记录 (i,j):

ⅰ 如果该记录为 $D(i,j)$ 类,则输出 $S_n(D(i,j))$。

如果 $S_n(D(i,j))=1$,则对每个 $(k,l) \in O(i,j)$:① 输出 $S_n(k,l)$;② 如果 $S_n(k,l)=1$,则将 (k,l) 加入至 LSP,并输出 $X_{k,l}$ 的符号位;如果 $S_n(k,l)=0$,则将 (k,l) 加入至 LIP。

如果 $L(i,j)$ 非空,则将 (i,j) 加入至 LIS 尾部,转至ⅱ;如果 $L(i,j)$ 为空,则将 (i,j) 移出 LIS。

ⅱ 如果该记录为 $L(i,j)$ 类,则输出 $S_n(L(i,j))$。

如果 $S_n(L(i,j))=1$,则将每个 $(k,l) \in O(i,j)$ 加入至 LIS 尾部,并标记为 $D(k,l)$ 类,并且将 (i,j) 移出 LIS。

第 3 步:细化扫描过程。

对 LSP 中的所有 (i,j)(不包括本次扫描产生的),输出 $|X_{i,j}|$ 的第 n 位。

第 4 步:将 n 减 1,转至第 2 步。

SPIHT 算法在系数子集的分割和重要信息的传输方式上采用了独特的方法,比 EZW 算法效率更高。

2. 向量量化编码

向量量化具有压缩能力强、失真量易于控制及输出为定长码等优良特性,不仅可以用做图像编码系统中的量化环节,而且可以独立地作为一种图像编码方法。向量量化包括两个基本操作:① 将待编码向量所在的向量空间分割成为有限个子区间,这些子区间的并集是整个向量空间,而彼此互不相交;② 为每一个子区间选择一个代表向量,即码向量,作为落入该子区间所有向量的量化结果。

向量量化编码系统的结构如图 3.23 所示。编码器首先计算输入的 k 维向量 $\boldsymbol{x}=(x_1, x_2, \cdots, x_k)^T$ 与码书向量集 $\boldsymbol{Y}=\{\boldsymbol{y}_i | i=1,2,\cdots,N\}$ 中每一个码向量间的失真,然后输出一个根据最近邻规则指定的码向量 $\boldsymbol{y}_i$ 的标号 i。解码器根据收到的标号 i 查表,从同样的码书中找到码向量 $\boldsymbol{y}_i$,并以 $\boldsymbol{y}_i$ 作为输出向量 $\hat{\boldsymbol{x}}$。实际应用中普遍采用 $\boldsymbol{x}$ 与 $\hat{\boldsymbol{x}}$ 间的欧几里德失真,即以平方误差的和作为失真测度。对于 k 维空间,其定义为 $d(\boldsymbol{x}, \hat{\boldsymbol{x}}) = \sum_{i=1}^{k}(x_i - \hat{x}_i)^2$。另外,平方误差加权和也可作为一种失真测度。

向量量化中的码书设计是一个关键问题。设计出一个能将平均失真降至最小的码书,也就得到了最优的向量量化器。由于实际应用中不可能为每幅图像都设计一个专门的码书,这就需要以一些具有代表性的图像构成的训练集为基础,为一类图像设计一个码书。最常用的

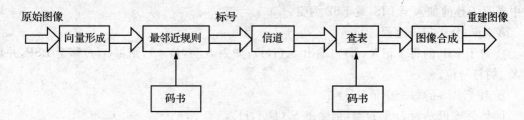

图 3.23 向量量化编码系统框图

码书设计方法是 LBG(Linde – Buzo – Gray)算法。设由 M 个训练向量构成的训练集 $X=\{x_m| m=1,2,\cdots,M\}$ 估计出含 N 个码向量的集合 $Y=\{y_i|i=1,2,\cdots,N\}$（一般 $M \geqslant n$）。LBG 算法步骤如下：

① 置迭代次数初值为 $n=0$，选择一组初始码向量 $Y(0)=\{y_i|i=1,2,\cdots,N\}$。

② 训练集划分。按照最邻近规则把训练集 $X=\{x_m|m=1,2,\cdots,M\}$ 中的向量 x_m 划入不同的子区间 $R_i(n)$：

$$x \in R_i(n), \quad \text{iff} \quad d[x,y_j(n)] \leqslant d[x,y_i(n)], \quad \forall j \neq i \tag{3.2.46}$$

③ 通过计算子区间中训练向量的矩心 $\text{cent}(R_i(n))$ 更新每一个子区间的码向量 $y_i(n+1)$。新估计出的码向量 $y_i(n+1)$ 是所在子区间的矩心，通过极小值化

$$\frac{1}{|R_i(n)|} \sum_{x_m \in R_i(n)} d[x,y_i(n+1)] \tag{3.2.47}$$

得到。其中，$|R_i(n)|$ 是子区间 $R_i(n)$ 的大小，由该子区间中训练向量的数目表示。对于以欧几里德失真作为失真测度的情况：

$$y_i(n+1) = \text{cent}(R_i(n)) = \frac{1}{|R_i(n)|} \sum_{x_m \in R_i(n)} x_m \tag{3.2.48}$$

④ 中断检查。训练集 X 的平均失真为

$$D(n) = \frac{1}{M} \sum_{i=1}^{N} \sum_{x_m \in R_i(n)} d[x_m,y_i(n)] \tag{3.2.49}$$

若失真减少率 $[D(n)-D(n+1)]/D(n)$ 低于预设的门限值，则整个迭代过程结束，得到码书；否则返回步骤②。

初始码书的选择决定着 LBG 算法的收敛情况，进而影响到整个算法的性能。初始码书有很多种选择方法，例如随机选择法、均匀法、概率法、乘积码技术和分裂法等。

3. 分形编码

分形(fractal)最早由 Mandelbrot 于 20 世纪 70 年代提出，因其简单的迭代运算得到了学术界的广泛关注。在此之后，Bamsley 和 Jacquin 又相继提出了基于迭代函数系统 IFS(Iterated Function System)理论的图像压缩方法，为图像编码提供了一个新的思路。

现在分形还没有一个简洁而完整的定义。一般将分形作为没有特征长度的图形的总称。

分形集合的主要特征包括：① 具有精细的结构，在任意小的尺度下总有复杂的细节；② 分形集合很不规则，其整体与局部都不能用传统的几何语言描述；③ 通常具有某种自相似性，表现在局部近似或统计意义下与整体相似；④ 分形集合的分形维数一般大于其拓扑维数；⑤ 多数情况下，分形可以用简单的迭代过程产生。

自相似性是分形最显著的特点，广泛存在于自然界中，例如晶状的雪花、蕨类植物的叶子等。分形编码正是利用这种自相似性来实现图像压缩的。

根据迭代函数系统理论，假设某一压缩变换 W，W 的吸引子 A 为任意图像 D 经过无限多次 W 变换迭代得到的结果，可以得到下面的结论：如果压缩的仿射变换 W 能够使得待编码图像 B 与其变换后的结果 $W(B)$ 之间的距离（误差）很小，那么 W 的吸引子 A 就会与 B 很接近，可以把 A 作为原始图像 B 的重建图像。这就提供了一种新的图像编码方法，即寻找一个能够实现变换 W 的迭代函数系统。

实际的图像中局部与整体的自相似性往往是很少见的，更多见的情况是在图像的局部与局部之间存在着相似性。所以在实际的分形编码中，首先需要把待编码图像分割成 n 个互不重叠的子块 $R_i(i=1,2,\cdots,n)$，称为值域块；再将待编码图像重新分割成 m 个可以相互重叠的子块 $D_i(i=1,2,\cdots,m)$，称为定义域块。规定定义域块的尺寸大于值域块。然后对每一个值域块 R_i，在所有的定义域块中找到一个匹配的定义域块 D_i 和一种合适的仿射变换 ω_i，使 $\omega_i(D_i)$ 在规定的距离（失真）测度下与 R_i 最接近。最后对定义域块 D_i 的位置、仿射变换 ω_i 参数等信息进行量化和编码，就完成了对该值域块的编码。完成了对全部值域块的编码后，整个图像的分形编码就完成了。理论上，解码端需要对任意图像迭代无穷多次才能得到重建图像。但实际应用中，由于图像分辨率和人类视觉分辨能力都是有限的，故只需有限次迭代就可以得到比较满意的重建图像。

4. 基于模型的编码

基于模型的编码是根据输入图像提取模型参数进行编码，在解码端根据模型参数重建图像。该编码方法的核心是建模和提取模型参数。图像中往往包含不变的区域（如背景）和运动物体，可以将这些区域进行分割。分割后的每个实际三维物体，分别用一个模型描述，并用该模型物体在二维图像平面上的投影来逼近真实图像。每一个分离出的实际物体，都可以用运动参数集、形状参数集和色彩参数集进行表述，最后对这三个参数集进行编码输出。在解码端，根据接收到的三个参数集，用综合技术重建图像。目前用于这种基于物体编码的模型包括 4 种：二维刚体模型、二维柔体模型、三维刚体模型和三维柔体模型。

另一种基于模型的编码方法是基于语义的编码。该方法适用于图像中出现的内容先验已知的情况。在编码器和解码器中，都事先已知一套能够粗略反映物体形状的线框模型。线框模型由一系列相互连接的三角形平面贴片构成。编码器为特定的物体选择合适的线框模型，物体形状的细节信息可以用线框模型顶点的位移参数来描述。物体可以看做三维刚体，同一物体内所有顶点的位移可以用一个参数集合表示。这样编码端只需要编码一些有限的描述物体细节的信息,就可以得到非常高的压缩比。以可视电话为例,编码对象是人的脸部,需要利用关于人脸的知识(如形状信息和表情信息)简洁有效地描述这一对象。发送端需要根据人脸的三维运动模型提取和估计人脸的运动参数,编码后传给接收端。这里的运动参数包括头部整体的运动参数和描述脸部表情的局部运动参数。接收端利用三维脸部模型和发送端传送来的运动参数就可以重建讲话者的面部图像。

目前,基于模型的编码方法主要应用于可视电话和电视会议等运动图像序列的编码。

3.2.3 编码标准

1. JPEG

JPEG 的全称是联合图像专家组(Joint Photographic Experts Group),是一个由国际标准化组织(ISO)、国际电报电话咨询委员会(CCITT)和国际电工委员会(IEC)联合组成的一个图像专家小组,专门从事静止图像编码标准的制定。该专家组于 1993 年制定出了用于连续色调的灰度或彩色数字静止图像压缩编码的国际标准,即通常所说的 JPEG 标准。

JPEG 标准具有以下特点:① 压缩比高,压缩质量好,重建图像的主观质量损失不易察觉;② 有多个参数可以控制压缩比和重建图像质量;③ 对于不同的图像都有良好的压缩效果;④ 处理速度快,由成熟廉价的硬件电路支持。

JPEG 标准提供了 4 种运行模式:① 顺序模式,对图像进行压缩时,只是从左至右,从上至下进行扫描;② 累进模式,接收端得到的图像是经过多次扫描,由模糊累进至清晰。③ 无损模式,这种模式保证解码后能够完全精确地恢复出原图像;④ 分级模式,图像在多分辨率下编码,在接收端可根据具体情况选择是否只进行低分辨率解码。

JPEG 标准中实际定义了 3 种编码系统:① 基于 DCT 的有损编码基本系统,该系统可应用于绝大多数场合;② 用于高压缩比、高精度或累进重建应用的扩展编码系统,这些系统适用于各种特殊应用,都是基本顺序编码方式的扩展;③ 用于无失真应用场合的无损系统,解码后的数据较原图像没有任何细节损失。

JPEG 标准中定义了 3 个基本要素:编码器、解码器和交换格式。

(1) 编码器

编码器的基本结构如图 3.24 所示,它首先将输入图像分成图像块,再对各图像块进行 DCT 变换以削弱图像中的冗余;接着根据给定的量化表对 DCT 系数进行量化,最后按照给定的熵编码表进行熵编码,进一步去除图像中的统计冗余。

(2) 解码器

解码器的基本结构如图 3.25 所示,它采用与编码器同样的量化表和熵编码表对各个图像块的压缩数据进行熵解码和反量化,再进行 IDCT(反向 DCT)重建出各图像块,最后组合成重建图像。

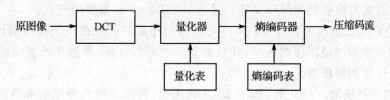

图 3.24　JPEG 编码器框架

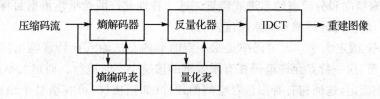

图 3.25　JPEG 解码器框架

(3) 交换格式

交换格式如图 3.26 所示,是压缩图像数据的表示,包括了编码中使用的所有表格。交换格式用于不同的应用环境之间。

图 3.26　JPEG 的交换格式

JPEG 标准为多种应用条件下的图像压缩提供了解决方案,而且 JPEG 压缩图像作为一种数据类型也在计算机领域得到了广泛的应用。

2. JPEG 2000

JPEG 2000 的国际标准号是 ISO/IEC 15444|ITU—T T.800,是 JPEG 工作组指定的一个新的静止图像编码国际标准。其目标是建立一个能够用于不同类型(二值图像、灰度图像、彩色图像、多分量图像)、不同性质(自然图像、科学、医学、遥感图像、文本和绘制图形等)及不同成像模型(客户机/服务器、实时传送、图像图书馆检索、有限缓存和宽带资源等)的统一图像编码系统。该压缩编码系统在保证率失真和主观图像质量优于现有标准的条件下,能够提供对图像的低码率压缩。

JPEG 2000 标准拥有以下几方面的特点:

① 低码率下的高效压缩性能。JPEG 标准在中高码率下有比较好的率失真性能,但是在低码率条件下,主观图像质量往往让人无法接受。JPEG 2000 将提供低码率下的高效性能,在

码率下降的同时失真性能仍能保持良好。这是 JPEG 2000 最重要的特点。

② 连续色调和二值压缩。JPEG 2000 可以使用相似的资源在一个标准编解码系统中实现对连续色调图像和二值图像的压缩,并且对每一个彩色分量,都能在可变动态范围(如 1～16 bit)内进行压缩和解压缩。

③ 无损和有损压缩。在一个 JPEG 2000 码流中,可以支持有损压缩和高性能的无损压缩,对图像的无损恢复可以利用累进式解码自然得到。

④ 根据像素精度和分辨率的累进式传输。这一特性允许图像重建根据目标设备的需要,按不同(递增的)的空间分辨率和像素精度进行。

⑤ 固定码率,固定大小。固定码率是指一定时间内总的输入比特或输出比特等于(或者小于)一个特定值,这一特点允许解码在有限带宽的信道中实时进行。固定大小是指整个图像的编码码流大小固定,这使拥有有限内存空间的硬件(如扫描仪)可容纳整个编码码流而不需区分具体图像。

⑥ 对比特流的任意访问和处理。JPEG 2000 允许用户在比特流中定义特殊区域(ROI),并对该区域进行任意的访问和处理。用户不仅可以使用比图像其他部分小得多的失真度对该区域解压缩,而且可以在压缩情况下对该区域进行翻转、缩放等几何操作。

JPEG 2000 基本的系统框图如图 3.27 所示。原图像数据首先进行正向预处理;接着进行 DWT,变换后得到的 DWT 系数经过量化再进行熵编码;最后根据实际情况的需要,把熵编码后的数据组织成压缩码流输出。解码端则根据压缩码流中的参数,对应于编码器的各部分进行逆向操作,最后输出重建图像。这里将介绍编码的各个部分。

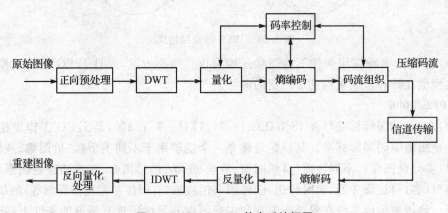

图 3.27　JPEG 2000 基本系统框图

(1) 输入和预处理

输入原图像可以包含多个分量。一般彩色图像包含 3 个分量(RGB 或 YC_bC_r),但为了适应多谱段图像的压缩,JPEG 2000 允许一个输入图像最高有 16 384 个分量。每个分量的采样值可以是无符号数或有符号数。每个分量的分辨率、采样值符号以及比特深度可以不同。

预处理包括以下几个方面:第 1 步,对彩色图像或多分量图像进行分量变换,包括不可逆分量变换和可逆分量变换。前者用于有损压缩,后者可用于无损压缩或有损压缩。对于彩色静止图像,分量变换实现 RGB 色彩空间和 YC_bC_r 色彩空间之间的转换。第 2 步,对图像进行分块处理,将大图像分割成互不重叠、大小一致的矩形块,矩形块的最大尺寸可以是整幅图像分量的大小。把每一块看做一幅完全独立的图像,以块为单位独立进行编码。采用分块处理能够减少对内存的要求,并且易于并行处理,而且在解码端可以有选择地对图像分块进行解码。第 3 步,对每个分量进行采样值的电平位移,使采样值的范围关于 0 电平对称。设比特深度为 P,当采样值为无符号数时,则每个采样值减去 2^{P-1};当采样值是有符号数时,则无须处理。

(2) DWT

JPEG 2000 的变换编码部分采用了 DWT。DWT 具有许多优良的性质:能够多分辨率表示图像,使图像能够分级传输;可以在较大范围内去除图像的相关性,可以避免分块编码在低码率压缩时出现的块效应现象;采用整型 DWT 滤波可以实现在同一码流中提供有损和无损压缩。

JPEG 2000 标准的第一部分采用了倍频程小波分解,其过程是:首先对 LL 子带数据进行一维列变换和一维行变换;然后抽取变换后得到的二维矩阵的偶数行和偶数列数据,保持它们的二维顺序构成新的 LL 子带;再抽取奇数行和偶数列数据采用类似的方法构成 HL 子带,抽取偶数行和奇数列的数据构成 LH 子带,抽取奇数行和奇数列的数据构成 HH 子带。以上的分解过程被重复进行,直到分解级数满足要求。

另外,JPEG 2000 标准还提供了小波变换的提升算法。该提升算法由分裂、预测、更新三个步骤组成。Le Gall(5,3)小波提升变换的过程如图 3.28 所示。其中,$\{d_i^1\}$ 为原始信号序列 $\{s_i^0\}$ 的奇数点数据,$\{s_i^1\}$ 为 $\{s_i^0\}$ 的偶数点数据。$d_i^1 = s_{2i+1}^0 - \dfrac{1}{2}(s_{2i}^0 + s_{2i+2}^0)$,$s_i^2 = s_i^1 + \dfrac{1}{4}(d_{i-1}^2 + d_i^2)$。

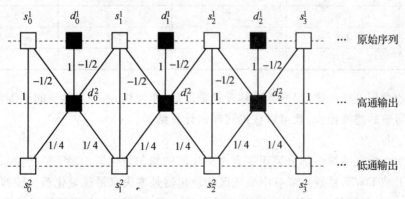

图 3.28 Le Gall(5,3)小波提升变换过程

JPEG 2000 标准中，Daubechies(9,7)小波用于浮点运算，只用于有损压缩；而 Le Gall(5,3)小波用于整型运算，有损压缩与无损压缩中均可使用。这两种滤波器的系数分别如表 3.7 与表 3.8 所列。

表 3.7　Daubechies(9,7)小波滤波器组

解析滤波器系数		
n	低通滤波器 $h(n)$	高通滤波器 $g(n)$
0	0.602 949 018 236 357 9	1.115 087 052 466 994
±1	0.266 864 118 442 872 3	−0.591 271 763 114 247 0
±2	−0.078 223 266 528 987 85	−0.057 543 526 228 499 57
±3	−0.016 864 118 442 874 95	0.091 271 763 114 249 48
±4	0.026 748 757 410 809 7	
综合滤波器系数		
n	低通滤波器 $h^*(n)$	高通滤波器 $g^*(n)$
0	1.115 087 052 466 994	0.602 949 018 236 357 9
±1	0.591 271 763 114 247 0	−0.266 864 118 442 872 3
±2	−0.057 543 526 228 499 57	−0.078 223 266 528 987 85
±3	−0.091 271 763 114 249 48	0.016 864 118 442 874 95
±4		0.026 748 757 410 809 7

表 3.8　Le Gall(5,3)小波滤波器组

类别	解析滤波器系数		综合滤波器系数	
n	低通滤波器 $h(n)$	高通滤波器 $g(n)$	低通滤波器 $h^*(n)$	高通滤波器 $g^*(n)$
0	6/8	1	1	6/8
±1	2/8	−1/2	1/2	−2/8
±2	−1/8			−1/8

与传统的卷积算法相比，提升算法具有复杂度低、速度快、占用存储空间少等优点，只需要进行一系列简单的滤波操作，就可以获得同样的计算结果。

(3) 量　化

JPEG 2000 标准的第一部分采用带有中央死区的均匀量化器。对于拉普拉斯分布的连续信号（如 DCT 或 DWT 系数），带有中央死区的量化器是率失真最优量化器。拉普拉斯分布的方差越小，中央死区应越大。JPEG 2000 标准的第一部分规定中央死区的区间宽度是量化步长的 2 倍，如图 3.29 所示。

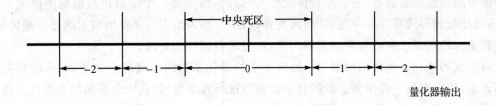

图 3.29 带有中央死区的均匀量化器

对于每个子带 B,首先由用户选择一个基本量化步长 Δ_B,它可以根据子带的视觉特性或者码率控制的要求决定。量化子带 B 的小波系数 $y_B(i,j)$ 依照下式量化为量化系数 $q_B(i,j)$,即

$$q_B(i,j) = \text{sign}[y_B(i,j)]\left[\frac{|y_B(i,j)|}{\Delta_B}\right] \tag{3.2.50}$$

JPEG 2000 标准支持不同子带可具有不同的量化步长,但同一个子带内系数的量化步长是固定的。量化步长 Δ_B 用两个字节表示:长为 5 bit 的指数 ε_B 和长为 11 bit 的尾数 μ_B,其表达式为

$$\Delta_B = 2^{R_B - \varepsilon_B}\left(1 + \frac{\mu_B}{2^{11}}\right) \tag{3.2.51}$$

其中,R_B 为子带标称动态范围的比特数,由此可保证最大可能量化步长被限制在输入样值动态范围的 2 倍左右。

JPEG 2000 在量化时提供了两种不同的处理模式:整型模式和实型模式。整型模式相当于无损编码,量化步长固定为 1,即相当于未作量化处理;实型模式相当于有损编码,步长的选择需要跟比特率控制联系起来。

JPEG 2000 在解码时量化索引的逆量化值可取量化器允许范围的某个值而不是仅局限在中值点。如果取值策略正确,将有助于提高解码性能。

(4) 熵编码

JPEG 2000 标准中的熵编码采用优化截取的嵌入式块编码 EBCOT(Embedded Block Coding with Optimized Truncation)算法和自适应算术编码器。EBCOT 是 JPEG 2000 采用的一个新技术,该技术使 JPEG 2000 具有高压缩率、累进传输、容错性、感兴趣区域等新特征。

在 EBCOT 算法中,每个子波被分割成很小的采样块,这些采样块叫编码块(code-blocks)。编码块的长、宽必须是 2 的整数幂(一般每块 32×32 或 64×64)。EBCOT 为每个编码块进行独立的位平面熵编码,产生一个单独的嵌入式比特流。这些比特流可以被独立地任意截断到一组不同长度。重建图像失真就是由这些截断造成的。最终的压缩数据由各个编码块的码流组成,称为"封包流"(pack-stream)。每一个编码块都在一个固定的分辨率上,所以这种简单的封包形式具有"分辨率可伸缩性"。同时，因为每一个编码块只影响图像的一个区域，所以此封包形式还具有一定的"空间可伸缩性"。如果给定一个空间域上的感兴趣区域，就可以把感兴趣区域所在的编码块识别出来，然后进行相应的处理。

每个编码块独立地使用熵编码。编码块中的量化系数组织成若干位平面，从最高有效位平面开始，依次对每个位平面上的所有小波系数进行算术编码，其中位平面的重要性由高到低依次下降，输出的比特流也具有可伸缩的性质。如果压缩位流被截断，则码块可能丢失部分或者所有系数的低有效位，这等价于采用较大的量化步长对子带系数进行量化。因此，码流被截断后，依然能够进行正常的解码，只不过为了得到所需的码率，图像的重建质量将会有所下降。位平面编码器对每个编码块进行独立的编码操作，对于编码块的每一个位平面，存在 3 种编码过程：① 重要性扫描；② 细化扫描；③ 清除扫描。重要性扫描处理的是不重要的且有非零上下文的系数；细化扫描处理的是重要的系数；清除扫描处理的是上面两个过程未处理的系数，即不重要的且有零上下文的系数。除了第一个位平面之外，每一个位平面都由这 3 个处理过程生成的系数位组成。生成的位平面和对应的上下文状态送到自适应算术编码器中进行熵编码。

JPEG 2000 的第一部分提供了多种类型的图像累进传输，实现了对压缩数据的随机访问和处理，提供了多种抗误码措施。在此基础上，标准的第二部分又针对某些特定的应用需求进行了扩展，从而进一步扩大了系统的使用范围。

3.3 小 结

本章说明了静止图像编码的原理和实现方法，并在此基础上介绍了目前常用的几种静止图像编码标准。这些标准的制定颁布，在推动图像通信的大规模普及应用上起到了非常积极的作用。事实上，对静止图像编码的算法和标准并不局限于本章介绍的这几类。图像通信的广泛应用对静止图像编码技术提出了许多新的要求，例如更高的压缩性能、更丰富的表现能力、更灵活的使用方式等。这些新要求促使新的编码方法和新标准不断涌现。

习题三

1. 假设一幅零均值 X 光图像 $S(m,n)$，其自相关函数为

$$R(i,j) = \mathrm{E}[S(m,n)S(m-i,n-j)] = \sigma^2 \mathrm{e}^{-\omega_0 \sqrt{i^2+j^2}}$$

其中，$\sigma^2 = 2600, \omega_0 = -\ln 0.93$。若以每个像素左侧的像素做预测值，即 $P_x = R_a$（参考图 3.5），求真实图像与预测图像的均方误差。

2. 设有 8×8 图像块

第 3 章 静止图像编码

$$f(m,n) = \begin{bmatrix} 3 & 3 & 3 & 3 & 3 & 3 & 3 & 3 \\ 3 & 3 & 3 & 3 & 3 & 3 & 3 & 3 \\ 4 & 4 & 5 & 5 & 5 & 4 & 3 & 3 \\ 5 & 5 & 5 & 5 & 4 & 4 & 3 & 2 \\ 6 & 6 & 6 & 5 & 5 & 4 & 3 & 2 \\ 6 & 7 & 8 & 6 & 4 & 4 & 3 & 2 \\ 6 & 7 & 7 & 6 & 4 & 4 & 3 & 2 \\ 6 & 6 & 6 & 6 & 4 & 4 & 3 & 2 \end{bmatrix}$$

(1) 求该图像块的熵;

(2) 每个像素以其左边的像素做预测值,区域外像素值取零,求出预测误差块及其熵,比较熵值的变化。

3. 某离散无记忆信源$\{a_0, a_1, a_2, a_3, a_4, a_5\}$,各符号的概率分别为 $P(a_0)=0.30, P(a_1)=0.20, P(a_2)=0.15, P(a_3)=0.15, P(a_4)=0.10, P(a_5)=0.10$。

(1) 计算该信源的熵;

(2) 对该信源进行哈夫曼编码,并计算平均码长,讨论哈夫曼编码的性能。

4. 对符号序列 $a_0 a_2 a_1 a_0 a_2$ 进行算术编码并解码。各符号的概率分别为 $P(a_0)=0.3, P(a_1)=0.5, P(a_2)=0.2$。

5. 给出 $k=1$ 时前 10 个指数哥伦布码字。

6. 编写程序,分别对以自然二进制码和格雷码表示的同一幅图像进行比特平面分解,比较两种码字的各比特平面的图像。

7. 某随机信号 $\boldsymbol{X}$ 的协方差矩阵为 $\boldsymbol{C_X} = \begin{bmatrix} 1 & 0 & 0 \\ 0 & 1 & 1 \\ 0 & 1 & 1 \end{bmatrix}$,求其 K-L 变换矩阵 $\boldsymbol{T}$。

8. 计算题图 3.1 中图像块的 DCT。

$$\begin{bmatrix} 23 & 24 & 24 & 24 & 24 & 25 & 25 & 25 \\ 24 & 24 & 24 & 24 & 25 & 25 & 25 & 25 \\ 24 & 25 & 25 & 25 & 26 & 25 & 25 & 25 \\ 26 & 26 & 26 & 26 & 26 & 26 & 26 & 26 \\ 26 & 27 & 27 & 27 & 27 & 28 & 27 & 28 \\ 26 & 26 & 27 & 28 & 29 & 30 & 31 & 32 \\ 27 & 27 & 27 & 28 & 27 & 30 & 30 & 32 \\ 26 & 26 & 26 & 28 & 30 & 30 & 30 & 31 \end{bmatrix}$$

题图 3.1 习题 8 用图

9. 使用 MATLAB 软件对 Lena 图像进行一级 Daubechies(9,7)小波分解,根据小波变换的原理对 4 个子带图像的不同特征进行解释。

10. 采用 Daubechies(9,7)小波,通过编程实现 256×256 像素灰度 mandrill 图像的三级小波分解和重建。

参考文献

[1] Gonzalez R C,Woods R E. 数字图像处理. 2 版. (英文版). 北京:电子工业出版社,2003.
[2] Salomon D. 数据压缩原理与应用. 2 版. 吴东楠,等译. 北京:电子工业出版社,2003.
[3] 肖自美. 图像信息理论与压缩编码技术. 广州:中山大学出版社,2000.
[4] 何小海,等. 图像通信. 西安:西安电子科技大学出版社,2005.
[5] 张春田,苏育挺,张静,等. 数字图像压缩编码. 北京:清华大学出版社,2006.
[6] 胡栋. 静止图像编码的基本方法与国际标准. 北京:北京邮电大学出版社,2003.
[7] 景晓军,周贤伟,付娅丽. 图像处理技术及其应用. 北京:国防工业出版社,2005.
[8] Taubman D S,Marcellin M W. JPEG 2000 图像压缩基础、标准和实践. 魏江力,柏正尧,等译. 北京:电子工业出版社,2004.
[9] Shi Y Q,Sun H F. Image and Video Compression for multimedia engineering. Fundamentals,Algorithms and Standards. CRC press,2000.

第4章 运动图像编码

所有的进步都是暂时的,一个问题的解决往往会把我们引向另外一个问题。

——马丁·路德·金

运动图像编码的主要目的就是在满足一定重建质量的条件下,以尽量少的数据量来表征运动图像信息。运动图像信息的数据量非常巨大。例如720×576像素的彩色运动图像信号,每个像素的每种颜色分量用8 bit表示,以30帧/秒的速率进行播放,那么传输速率就要达到近300 Mbit/s,在一张4.7 GB的DVD光盘中仅能存放约126 s的运动图像。由此可见,无论是存储器的存储容量还是信道的传输带宽都难以满足未压缩的运动图像数据。所以对运动图像数据的压缩是必需的。

运动图像中的冗余主要包括时间冗余、空间冗余、统计冗余和生理心理视觉冗余。

在采集到的运动图像序列中,邻近帧图像中同一位置像素的亮度和色度值常常是相近甚至相等的,即不同时间点上同一位置像素有很强的相关性,这就是时间冗余。利用帧间预测能够削弱时间冗余,压缩运动图像数据的数据量。

运动图像序列中的每一帧图像内,相邻像素点的亮度和色度值通常是相近或相等的,即空间中相邻像素的取值有很强的相关性,这就是空间冗余。帧内预测可以通过削弱空间冗余进行编码。另外,运动图像中某些亮度和色度值经常出现,而其他大多数亮度和色度值出现的概率较小,这就形成了统计冗余。通过熵编码可以削弱统计冗余。运动图像中的空间冗余和统计冗余与静止图像的熵冗余是类似的。

运动图像中同样存在生理心理视觉冗余,除了采取与静止图像编码同样的措施(如适当降低图像分辨率)外,还可以利用人眼时间分辨率的限制,使用较低的帧率编码变化缓慢的运动图像内容。

4.1 运动图像编解码原理

整个运动图像编码都依赖信源模型来描述运动图像序列的内容。信源模型决定了描述数字化运动图像序列的参数。例如采用像素统计独立的信源模型时就以每个像素点的亮度和色度作为参数,而采用物体模型描述运动图像序列时就以物体的形状、纹理和运动情况作为参数。这些信源模型参数接着被量化为有限符号集,量化的程度取决于应用中对该运动图像序列的质量或码率的要求。最后利用参数的统计特性,将其映射成为二进制码字。解码端反向进行二进制编码和量化,重新得到信源模型参数,再通过与信源模型相应的算法,根据这些参数恢复得到运动图像序列。运动图像编解码的基本结构如图4.1所示。基于运动估计理论的运动图像编码是最为常用的。

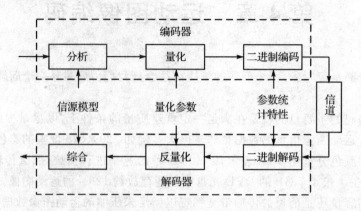

图4.1 运动图像编码基本原理

4.1.1 基于运动估计的编码原理

目前多数运动图像编码标准中都基于运动估计,如图4.2所示。首先,编码端通过比较两帧图像(编码当前帧时,以某已编码帧作参考),估计出图像中物体的运动情况并以运动向量的形式表示。然后,利用运动向量和参考帧得到当前编码帧的预测值,进一步得到预测值与真实值间的差值(即残差),对其进行变换与量化。最后将残差数据连同运动向量一同编码传输。解码端则进行相反的操作,将预测值与差值相加以重建图像。运动估计理论会在下一节中作详细介绍。可以看出,这种基于估计的编码方式与基于预测模型的静止图像编码有类似之处,都是通过对预测值与真实值的差值编码削弱冗余。

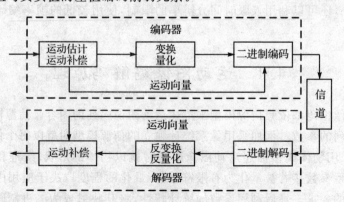

图4.2 基于运动估计的运动图像编码原理

4.1.2 基于三维小波变换的编码原理

作为另一种运动图像编码方式,利用三维小波变换进行编码包括两部分:对帧内信息进行二维小波变换和对帧间信息进行一维小波变换。小波变换把非平稳信号分解成为一系列多级子带,每个子带中的分量变得相对平稳,这样就可以控制编码方案和参数,使其适应于每个子带的统计特性,因此编码每个平稳的分量比编码整个非平稳信号的效率更高。三维小波编码可以看做是二维小波变换在三维空间的一种扩展,增加了在时间方向上对所有帧的一维小波分解。由于存储能力和计算能力的限制,实际应用中常常将一定数量的连续帧序列组成时间维分解组,以帧序列组为单位进行时间维小波变换。

4.2 运动估计与运动补偿

前文中提到过,运动图像中相邻帧中绝大部分区域的亮度和色度是相似甚至相同的,如果能够削弱运动图像序列的这种时间冗余,运动图像的数据量就会大幅度降低。运动估计是目前最基础、最有效的削弱时间冗余的方法,已经成为运动图像处理中不可或缺的组成部分,是多种运动图像编码标准中的核心技术。运动估计的结果总是希望用尽量少的比特数来描述运动向量和残差,而在实际情况中还要保证一定的图像质量,所以常常要权衡运动估计的准确性和表示运动参数所用的数据量。

4.2.1 运动估计与运动补偿的基本概念

实际物体都是在三维空间中运动的,而运动图像序列采集得到的是二维图像。物体在图像中的二维运动的本质是三维运动在图像平面上的投影。所以物体像素的二维位移场和速度场也就是三维位移场和速度场在图像平面上的投影。位于 M 点的物体运动至 N 点。点 M 与 N 在图像平面上的投影分别是点 m 与 n,$m \sim n$ 的二维运动就是物体实际三维运动在图像平面上的投影,如图 4.3 所示。物体上的某一个特定点在一定时间内的位移向量称为运动向量。二维运动向量的速度称为光流。实际上,图像上的二维运动是因为物体像素的亮度变化才观察到的,所以不仅物体的运动会产生光流,外部光照条件的变化也会产生光流。例如摄像机以不同的角度拍摄一个静止的物体,帧间物体像素的亮度也会不同,从而产生光流。运动向量既是空间位置的函数,也是时间的函数。

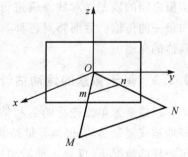

图 4.3 物体三维运动到二维运动的投影关系

运动估计和运动补偿是目前运动图像压缩编码中帧间编码的核心技术。二者相互结合可以有效地减少时间冗余,提高压缩比。

1. 运动估计

这里以块匹配运动估计为例来介绍运动估计的基本概念。在基于块的运动估计中,每帧图像被分割成一定大小的块,每个块中包含一定数量的像素点。所谓运动估计就是在参考帧(这里可以认为是当前帧的前一帧,但实际的算法中参考帧可以是与当前帧相关性较强的任意已编码帧)中找到当前帧中每个块的对应位置的过程,如图 4.4 所示。运动估计得到的当前帧与参考帧对应块间的位移向量就是运动向量,一般由水平和垂直分量组成。参考帧中的对应块称为匹配块。运动估计的主要目的便是高效准确地获得运动向量。在参考帧的搜索范围内找到最接近的块后,不仅得到了该块的运动向量,还会影响到当前帧中块与其在参考帧中对应块的差值——残差。后面的编码过程中只编码运动向量和残差。可见运动估计的准确程度与帧间编码效果密切相关,运动估计越准确,帧间编码效果就越好。其他运动估计方法与基于块的运动估计类似。

2. 运动补偿

运动补偿就是利用运动估计得到的运动向量以及参考帧中的匹配块反推出当前帧像素块各像素点的预测值。预测值与真实值之间的差就是残差。

帧间预测编码中的运动估计和运动补偿是紧密联系的一个整体。以块为单位的帧间预测的大致过程就是:根据图像的运动规律将其划分为不同的像素块,检测每一个块在帧间的位移,得到运动向量。利用运动向量得到参考帧中当前处理块的预测值,计算预测值与真实值之间的残差。对残差值进行变换、编码,并与运动向量一同传输。后面将对各种具体的运动估计方法作具体的介绍。

4.2.2 基于像素的运动估计

以像素为单位进行的运动估计,精度较高,能够较好地适应复杂运动,但运算量是非常巨大的。在没有限定条件的情况下,仅通过前后帧进行运动估计,因为遮挡问题、孔径问题和解的连续性等问题,常常得不到确定的解。为了防止这些问题的发生,可以加入一些基于先验的约束条件,以得到确定解。

用运动平滑约束正规化的方法通过最小化如下的目标函数来进行运动估计。

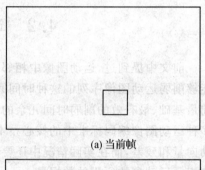

(a) 当前帧

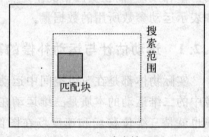

(b) 参考帧

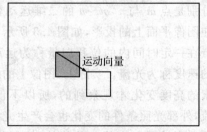

(c) 运动向量

图 4.4 图像块、搜索区域与运动向量

$$E(v(x,y)) = \sum_{(x,y)\in\Delta}\left[\frac{\partial f(x,y,t)}{\partial x}d_x + \frac{\partial f(x,y,t)}{\partial y}d_y + \frac{\partial f(x,y,t)}{\partial t}d_t\right]^2 +$$
$$w_s(\|\nabla v_x\|^2 + \|\nabla v_y\|^2) \tag{4.2.1}$$

该目标函数是光流规则(等号右边第一项)与运动平滑性规则(等号右边第二项)的联合。式中，Δ 表示所有像素的集合，$v(x,y)$ 为光流向量，$f(x,y,t)$ 为图像亮度函数，∇v_x、∇v_y 为空间梯度，w_s 为平滑系数。最初的算法中空间梯度近似为

$$\nabla v_x = [v_x(x,y) - v_x(x-1,y), v_x(x,y) - v_x(x,y-1)]^T \tag{4.2.2}$$
$$\nabla v_y = [v_y(x,y) - v_y(x-1,y), v_y(x,y) - v_y(x,y-1)]^T \tag{4.2.3}$$

平滑约束条件并不适用于垂直于遮挡边界的方向，为了避免运动场过度平滑导致的运动边界模糊，可以采用定向平滑约束方法使平滑性沿着物体边界而不是穿越边界施加。

基于像素的运动估计方法类似于基于块的运动估计，但这种运动估计方法以像素为单位，通过检测当前像素在参考帧中的坐标，来获得每个像素的运动向量。像素递归法中当前像素的运动向量是由在此之前已经编码的邻近像素的运动向量更新得到的。在解码端可以根据同样的更新规则得到运动向量。像素递归法是预测值校正器型估计方法，具有下面的形式：

$$\hat{d}_i(x,y,t;\tau) = \hat{d}_{i-1}(x,y,t;\tau) + u_i(x,y,t;\tau) \tag{4.2.4}$$

其中，$\hat{d}_i(x,y,t;\tau)$ 表示在坐标(x,y) 上 t 时刻的运动向量，$\hat{d}_{i-1}(x,y,t;\tau)$ 表示修正前的运动向量估计值，$u_i(x,y,t;\tau)$ 是修正项。

像素递归法中最常用的是梯度法。定义像素点位移的帧差为

$$D(x,y,t,d) = f_k(x,y,t) - f_{k-1}(x+d_x, y+d_y, t-\tau) \tag{4.2.5}$$

其中，d 为物体位移，d_x、d_y 分别为水平和竖直分量，τ 是两帧的时间间隔。如果像素没有亮度变化，则帧差 $D(x,y,t,d)=0$。递归过程就是不断调整位移 d 的估计值，使帧差的绝对值 $|D(x,y,t,d)|$ 尽量小，以确定位移的估计值。梯度法中令 u_i 为帧差的梯度函数，即

$$u_i = -\frac{\varepsilon}{2}\nabla_d[D(x,y,t,\hat{d}_{i-1})]^2 \tag{4.2.6}$$

其中，ε 是加权系数。ε 越大，递归时收敛速度越快，估计精度越低。递归估计的过程是：首先假设位移估计值为 $\hat{d}_{i-1}$，由帧差函数求得 u_i。由式(4.2.4)进行一次递归修正，求得 $\hat{d}_i$。然后检验此处的帧差 D 是否较前一个帧差值更小，直到帧差的绝对值 $|D(x,y,t,\hat{d})|$ 最小，得到最后的位移估计值 $\hat{d}$。

像素递归法对运动估计的精度高，适用于对复杂运动的估计。但这种方法的运算代价很大，硬件实现复杂度高。实际的运动图像编码器中很少采取这种方法，而普遍使用基于块的运动估计。

4.2.3 基于块的运动估计

基于块的运动估计算法又称块匹配法。前面已经简要介绍过，块匹配法把图像分割成为

互不重叠的小区域(通常称为宏块),假定宏块内的像素点都进行同样的运动。可以想象,分块越小,运动估计越精确。块匹配算法硬件复杂度低,易于在超大规模集成电路中实现,目前广泛应用于运动图像编码标准。

1. 基本原理

如图 4.5 所示,块匹配算法的基本思想是:将运动图像序列的每一帧图像分割成若干个 $M\times N$ 像素的宏块 $B(M,N)$(通常 $M=N$),然后根据一定的匹配准则在参考帧 $k-1$ 中的一定搜索范围 $B(M+2M_1,N+2N_1)$ 中找到与当前帧 k 中编码宏块最相似的宏块,即匹配块。M_1 与 N_1 的值是由具体的估计要求决定的。由匹配块与当前编码宏块的相对位置得到当前编码宏块的运动向量。运动估计越精确,匹配块与当前块就越相似,二者各像素点的差值就越小;也就是残差越小,编码所需比特就越少,编码效率也就越高,解码得到的图像质量也越好。但这会增加计算复杂度,不利于实时应用。为了使基于块的运动估计更加快速高效,研究者们提出了多种提高搜索效率的技术。

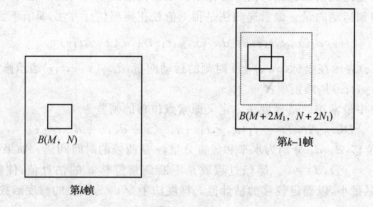

图 4.5　块匹配算法原理

2. 提高搜索效率的主要技术

提高图像质量,加快估计速度(降低估计复杂度),减小比特率,都是改善运动估计算法的研究目标。提高搜索效率通常是通过选择初始搜索点、块匹配准则和运动搜索策略来实现的。

(1) 初始搜索点的选择

1) *直接选择参考帧对应块的中心位置*

这种方法非常简单,但如果搜索初始步长过大,而待搜索块的中心点在参考帧中相同位置的对应点不是最优点,就会出现只搜索远距离的点而漏掉了可能包含最优点的邻近区域的情况,导致搜索方向的不确定性,陷入局部最优。

2) *通过预测得到初始搜索点*

运动图像序列相邻帧和帧内相邻块之间都具有较强的相关性,所以可以利用相关性来预测初始搜索点。预测点越接近最优匹配点,所需的搜索次数就越小。下面介绍几种常用的预测方法。

① 基于绝对误差和 SAD(the Sum of Absolute Differences)预测初始搜索点。计算并比较当前块与其相邻块间的 SAD 值,选择 SAD 值最小的相邻块的运动向量预测得到初始搜索点。这种方法的优点是预测精度高,缺点是计算 SAD 值会带来一定开销。

② 利用相邻块和相邻帧对应块的运动向量预测初始搜索点。由于保存参考帧运动向量信息在解码端需要占用大量的存储空间,使系统复杂化,所以通常只利用当前帧中相邻块的运动向量来预测当前块的初始搜索点。

③ 利用相邻块中相等的运动向量预测初始搜索点。如果当前块的各相邻块的运动向量相等,那么就以相邻块的运动向量作为当前块运动向量的预测值;否则,就利用 SAD 预测初始搜索点。由于运动图像序列中存在大量的静止块和缓动块,故这种方法可以大大减少计算量。

(2) 块匹配准则

运动估计中常用的匹配准则有以下三种。

① 平均绝对误差 MAD(Mean Absolute Difference):

$$\text{MAD}(d_x, d_y) = \frac{1}{MN} \sum_{(x_1, y_1) \in B} | f_k(x_1, y_1) - f_{k-1}(x_1 + d_x, y_1 + d_y) | \qquad (4.2.7)$$

其中,B 代表 $M \times N$ 宏块,(d_x, d_y) 为运动向量,f_k 和 f_{k-1} 分别表示当前帧和参考帧的灰度值。该准则就是找到使 $\text{MAD}(d_x, d_y)$ 值最小的点作为最优匹配点。

② 最小均方误差:

$$\text{MSE}(d_x, d_y) = \frac{1}{MN} \sum_{(x_1, y_1) \in B} [f_k(x_1, y_1) - f_{k-1}(x_1 + d_x, y_1 + d_y)]^2 \qquad (4.2.8)$$

使 $\text{MSE}(d_x, d_y)$ 值最小的点就是最优匹配点。

③ 归一化互相关函数:

$$\text{NCCF}(d_x, d_y) = \frac{\sum_{(x_1, y_1) \in B} f_k(x_1, y_1) f_{k-1}(x_1 + d_x, y_1 + d_y)}{\left[\sum_{(x_1, y_1) \in B} f_k^2(x_1, y_1)\right]^{\frac{1}{2}} \left[\sum_{(x_1, y_1) \in B} f_{k-1}^2(x_1 + d_x, y_1 + d_y)\right]^{\frac{1}{2}}} \qquad (4.2.9)$$

使 $\text{NCCF}(d_x, d_y)$ 值最大的点就是最优匹配点。

由于运动估计中匹配准则对匹配精度的影响不明显,所以常常选择计算简单、易于实现的 MAD 准则。实际应用中则使用更加简易的 SAD 准则代替 MAD。SAD 值可由下式得到,即

$$\text{SAD}(d_x, d_y) = \sum_{(x_1, y_1) \in B} | f_k(x_1, y_1) - f_{k-1}(x_1 + d_x, y_1 + d_y) | \qquad (4.2.10)$$

(3) 运动搜索策略

为了解决运动估计中计算复杂度和搜索精度的矛盾,就要选择恰当的搜索策略。恰当的搜索算法对提高运动估计的准确性和速度有很大的帮助。下面介绍几种快速搜索算法。

3. 典型的块匹配算法

(1) 全搜索法 FS(Full Search)

1) 算法思想

全搜索法就是对搜索范围内所有位置计算其对应的 SAD 值,取其中最小者对应的偏移量作为运动向量。

2) 算法描述

第 1 步:从原点出发,顺时针方向由近及远计算每个像素处的 SAD 值,遍历搜索范围内的所有点。

第 2 步:在所有搜索点中找到最小块误差 MBD(Minimum Block Distortion)点(SAD 值最小的点),该点所在位置对应的位移量就是最佳运动向量。

3) 模板及搜索过程图示

如图 4.6 所示,全搜索算法由内及外进行搜索,搜索范围内的所有点都会被搜索到。

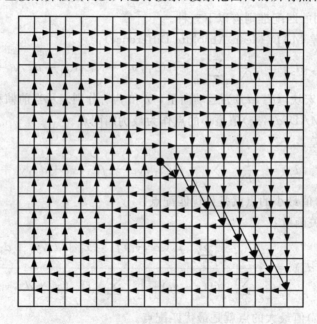

图 4.6 全搜索法图示

4) 算法分析

FS 算法是最简单、最可靠的块匹配算法,得到的一定是全局的最优点,通常是其他算法性能比较的标准。但 FS 算法的计算量非常大,不适用于实时压缩。

(2) 二维对数法 TDL(Two-Dimensional Logarithmic)

1) 算法思想

二维对数搜索法是从原点开始以"十"字形分布的 5 个点构成每次搜索的点群,逐次减小搜索范围,直到得到 MBD 点。

2) 算法描述

第 1 步:从原点开始,以一定步长在以"十"字形分布的 5 个点处进行块匹配计算并比较。

第 2 步:若 MBD 点是边缘 4 个点之一,则以该点为中心点,步长不变,重新搜索"十"字形分布的 5 个点;若以 MBD 点为中心点,则保持中心点位置不变,步长减半,重新构成"十"字形点群计算比较。

第 3 步:若步长减至 1,则在中心及周围 8 个点处找出 MBD 点,该点所在位置对应的位移量就是最佳运动向量,算法结束。若步长未减至 1,则重复第 2 步。

3) 搜索过程实例

搜索过程如图 4.7 所示,图中每个点上的数字表示该点是哪一阶段的 MBD 候选点。最终搜索得到点(7,5)。

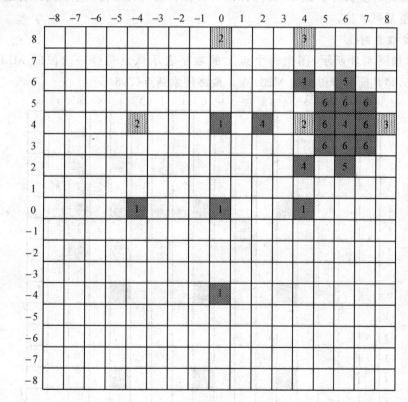

图 4.7 二维对数法图示

4) 算法分析

TDL 算法开创了快速搜索算法的先例。该算法的前提是假设搜索区域内只有一个最优点。如果搜索范围内存在多个最优点,则此算法得到的可能是局部最优点。实际上,不能保证得到全局最优点是大多数快速搜索算法的缺点。

（3）三步搜索法 TSS(Three Step Search)

1）算法思想

三步搜索法与 TDL 法类似,是一种由粗到细的搜索模式。此算法从原点开始以一定的步长取周围 8 个点构成搜索的点群,然后进行匹配计算,跟踪得到 MBD 点。

2）算法描述

第 1 步:从原点开始选择最大搜索长度的一半作为步长,在中心点及周围 8 个点处计算比较,找到 MBD 点。

第 2 步:步长减半,中心移至第一步得到的 MBD 点。重新在中心点及周围的 8 个点处进行计算比较,得到这一点群的 MBD 点。

第 3 步:若此时步长为 1,则最后得到的 MBD 点位置对应的位移量就是最佳运动向量,算法结束;否则重复第 2 步。

3）搜索过程实例

搜索过程如图 4.8 所示,图中每个点上的数字表示该点是哪一阶段的 MBD 候选点。点(4,4)、点(6,4)是前两步得到的 MBD 点。最终搜索到点(7,5)。

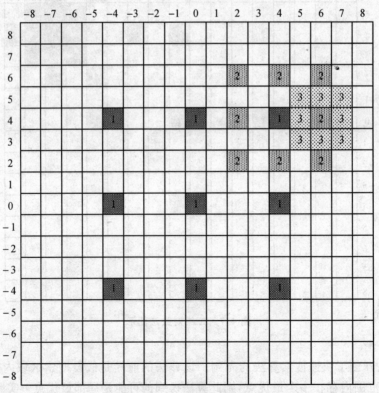

图 4.8　三步搜索法图示

4) 算法分析

若最大收缩长度为7,搜索精度为1像素,则共需要步长为4、2、1的三步搜索。当搜索范围大于7时,三步内无法完成搜索。所以在搜索范围较大时,该算法对于小运动模式的效率较低。TSS算法是一种非常典型的快速搜索算法,后来的新三步搜索法就是它的改进算法。

(4) 新三步搜索法 NTSS(Novel Three Step Search)

1) 算法思想

新三步搜索法是TSS算法的改进算法。此算法利用运动向量的中心偏置分布,采用具有中心倾向的搜索点模式,并应用终止判别技术,减少了整体搜索次数。

2) 算法描述

第1步:计算比较模板上的17个检测点,若MBD点为搜索窗的中心点,则算法结束。若MBD点位于中心点的8个相邻点中,则进行第2步;否则进行第3步。

第2步:以第1步得到的MBD点为中心,使用3×3搜索窗重复进行搜索,直至得到的MBD点位于搜索窗的中心,算法结束。采用最后得到的MBD点位置对应的运动向量。

第3步:按照TSS算法进行搜索,直至算法结束。

3) 搜索过程实例

搜索过程如图4.9所示,图中每个点上的数字表示该点是哪一阶段的MBD候选点。其中图4.9(a)所示为第2步对应的搜索情况,点(1,1)是第1步搜索得到的点,也是第2步得到的MBD点;图4.9(b)表示第3步对应的搜索情况,点(4,4)、点(2,6)分别是前两步得到的MBD点,最终得到点(2,6)。

4) 算法分析

运动向量常常集中分布在整个搜索窗的中心位置附近。NTSS算法正是利用这一特点,采用中心倾向的搜索点模式,提高了搜索速度。终止判别技术则在很大程度上降低了算法复杂度,提高了搜索效率。

(5) 四步搜索法 FSS(Four Step Search)

1) 算法思想

由于运动图像序列中的运动向量通常是中心分布的,使用9×9搜索窗的TSS算法容易造成搜索方向的偏移。四步搜索算法首先使用5×5搜索窗,后面搜索窗的变化由MBD点的位置决定。

2) 算法描述

第1步:以搜索区域原点为中心,在如图4.10所示的9个搜索点处计算比较,如图4.10(a)所示。若MBD点位于中心点,则进行第4步,否则进行第2步。

第2步:搜索窗保持5×5大小,若第1步MBD点位于窗口的四个角上,则如图4.10所示另外再搜索5个点计算比较,如图4.10(b)所示。若第1步MBD点位于窗口四边的中心点处,则如图4.10所示再搜索3个点计算比较,如图4.10(c)所示。若第2步得到的MBD点在窗口中心,则进行第 4 步;否则进行第 3 步。

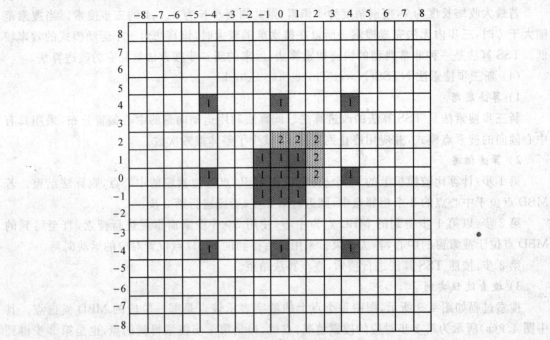

(a) 第2步对应的搜索情况

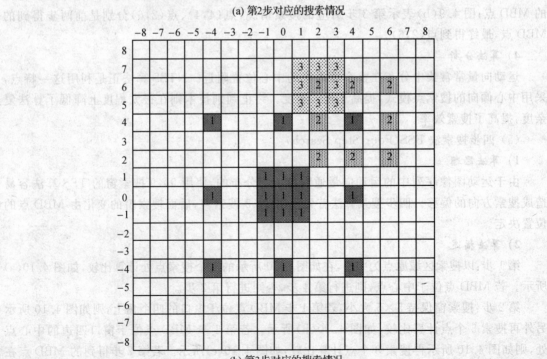

(b) 第3步对应的搜索情况

图 4.9　新 3 步搜索法图示

第3步:重复第2步。

第4步:如图 4.10 所示,搜索窗缩小至 3×3,再次计算比较,如图 4.10(d)所示,得到的 MBD 点对应的运动向量即为所求。

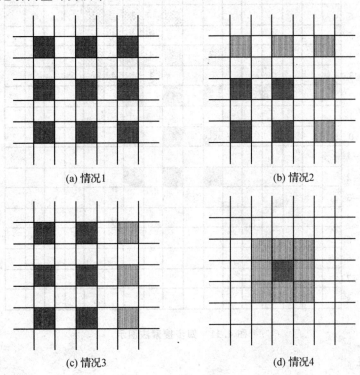

图 4.10 四步搜索法的模板

3) 搜索过程实例

如图 4.11 所示,首先搜索至点(0,2),属于图 4.10(c)所示的情况。进一步搜索至点(2,4),属于图 4.10(b)对应的情况。再次进行搜索,搜索结果为中心点(2,4)。于是进行算法第4步,最终搜索至点(2,5)。

4) 算法分析

FSS 算法较 TSS 算法计算复杂度低,不会出现搜索方向上的偏差,在摄像机镜头伸缩、快速运动物体的运动图像序列中具有较好的搜索效果。

(6) 基于块的梯度下降搜索法 BBGDS(Block-Based Gradient Descent Search)

1) 算法思想

BBGDS 利用运动向量中心分布特性及每一步得到的 MBD 点分布的方向性(即梯度下降方向)。该算法使用 3×3 搜索窗,由梯度下降方向来决定下一步的搜索方向。

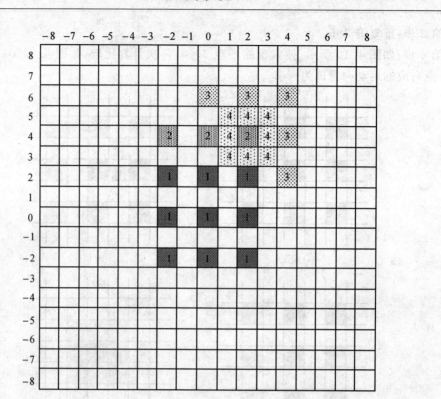

图 4.11 四步搜索法图示

2）算法描述

第 1 步：对 3×3 搜索窗内的 9 个点进行计算比较，得到 MBD 点。

第 2 步：若 MBD 点在搜索窗中心，则算法结束，MBD 位置对应运动向量；否则以 MBD 为中心，重复第 1 步。

3）搜索过程实例

搜索过程如图 4.12 所示，图中每个点上的数字表示该点是哪一阶段的 MBD 候选点。点 (0,1)、点 (1,-2)、点 (2,-3) 依次是前三个阶段得到的 MBD 点。最终搜索到的点就是点 (2,-3)。

4）算法分析

BBGDS 算法引入梯度下降的概念，由梯度下降方向决定搜索方向，并对该方向重点搜索。该算法减少了不必要的搜索，降低了算法的复杂度。

（7）菱形搜索法 DS(Diamond Search)

1）算法思想

菱形搜索算法使用两种搜索模板，分别是 9 个待测点的大模板 LDSP(Large Diamond

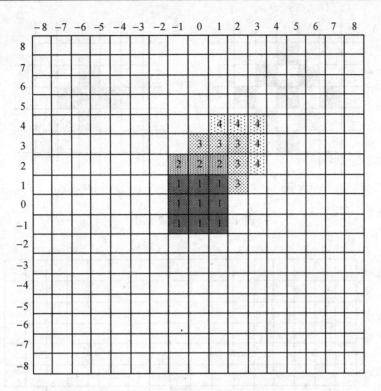

图 4.12 基于块的梯度下降法图示

Search Pattern)和 5 个待测点的小模板 SDSP(Small Diamond Search Pattern),如图 4.13(a)、(b)所示。首先使用大模板搜索,当 MBD 点出现在中心点处时,将大模板换成小模板进行计算比较,5 个点中的 MBD 点即为所求。

2) 算法描述

第 1 步:使用 LDSP 在搜索区域中心及周围 8 个点处进行计算比较,若得到的 MBD 点为中心点,则进行第 3 步;否则进行第 2 步。

第 2 步:以第 1 步得到的 MBD 点为中心,使用新的 LDSP 计算比较,若得到的 MBD 点为中心点,则进行第 3 步;否则重复第 2 步。

第 3 步:以上一步得到的 MBD 点为中心,使用 SDSP 进行计算比较,得到 MBD 点,该点位置对应的运动向量为最佳运动向量。

3) 搜索过程实例

搜索过程如图 4.14 所示。点(2,0)、点(3,1)、点(4,2)为使用 LDSP 得到的 MBD 点。最终得到的 MBD 点为点(4,3)。

4) 算法分析

该算法利用了运动图像序列中运动向量趋于中心分布的基本规律。首先使用 LDSP 进行

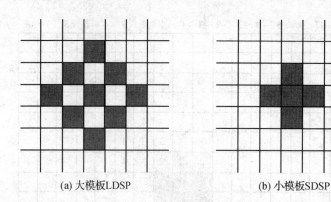

(a) 大模板LDSP　　　　　　　(b) 小模板SDSP

图 4.13　菱形搜索法图示

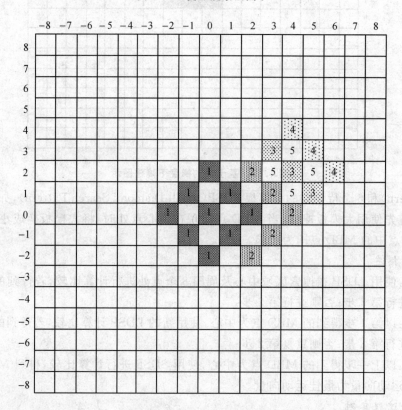

图 4.14　菱形搜索法图示

粗定位,把最优点锁定在 LDSP 边界 8 个点的范围之内,避免搜索陷入局部最小;再使用SDSP精确定位。该算法的另一个特点是各搜索步骤之间相关性较强,模板移动只导致几个新待测点的计算,提高了搜索速度。

(8) 六边形搜索法 HEXBS(Hexagon-Based Search)

1) 算法思想

DS 算法的 LDSP 模板中边界上的 8 个待测点与中心点的距离是不同的:水平和垂直方向上待测点距中心点 2 像素,其他 4 个待测点距中心点 $\sqrt{2}$ 像素。因此在使用 LDSP 模板进行粗定位时,不同方向的匹配速度不同。而且使用 LDSP 模板时,沿不同方向搜索每次增加的待测点数目也不同:水平和垂直方向上增加 5 个待测点,其他方向上增加 3 个待测点。六边形搜索算法使用如图 4.15 所示的六边形模板 HSP(Hexagon Shape Pattern)代替 DS 算法中的 LDSP 模板。HSP 模板在各个搜索方向上移动速度相同。

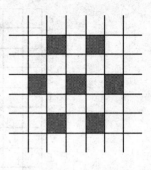

图 4.15 六边形模板

2) 算法描述

第 1 步:使用 HSP 在搜索区域中心及周围 6 个点处进行计算比较,若得到的 MBD 点为中心点,则进行第 3 步;否则进行第 2 步。

第 2 步:以第 1 步得到的 MBD 点为中心,使用新的 HSP 计算比较,若得到的 MBD 点为中心点,则进行第 3 步;否则重复第 2 步。

第 3 步:以上一步得到的 MBD 点为中心,换用 SDSP 进行计算比较,若得到的 MBD 点为中心点,则该点位置对应的运动向量为最佳运动向量,算法结束;否则进行第 4 步。

第 4 步:搜索距离上一步得到的 MBD 点距离最近的 2 个搜索点。这 3 个点中的 MBD 点对应最佳运动向量,算法结束。

3) 搜索过程实例

搜索过程如图 4.16 所示。点(1,2)、点(2,4)、点(4,4)分别是使用 HSP 模板得到的 MBD 点,使用 SDSP 模板最终得到的 MBD 点为点(4,4)。

4) 算法分析

该算法中的 HSP 模板较 LDSP 减少了 2 个待测点,所以粗定位过程较 DS 算法的计算复杂度低。另一方面,HSP 模板较 LDSP 模板更接近于圆:水平方向上的边界点与中心点距离 2 像素,其他的边界点距中心点 $\sqrt{5}$ 像素,沿不同搜索方向的移动速度很接近,搜索速度高于 DS 算法,并且每一步新增待测点的数量(始终是 3 个)与搜索方向无关。

(9) 亚像素搜索法

基于块的运动估计中,运动向量不一定是整数。一般运动估计越精确,对应的残差图像中的零值就越多,编码所需的比特数也就越小。实际应用中,亚像素点由已知样点内插得到。如图 4.17 所示,a、b、c 为 1/2 像素点,A、B、C、D 为整像素点。1/2 像素点的灰度值可利用以下各式线性内插得到: $a=(A+B)/2$,$b=(A+C)/2$,$c=(A+B+C+D)/2$。图 4.18 表示出一个亚像素块匹配的例子,其中深灰色点是参考帧采样点,浅灰色点是内插得到的亚像素点,箭头

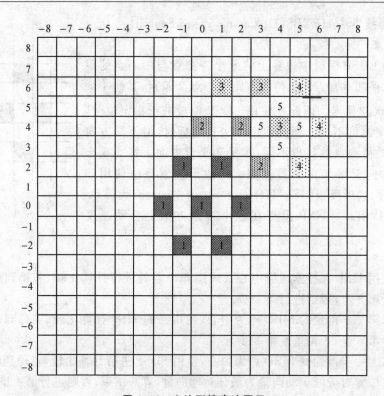

图 4.16 六边形搜索法图示

为运动向量。显然,由于采用内插,亚像素搜索法的计算量非常大,这也是提高搜索精度不可避免的代价。

(10) 可变块运动估计

可变块运动估计较固定大小块运动估计有很大的灵活性。以 H.264 标准中的宏块分割为例。该标准中宏块大小为 16×16 像素,每个宏块可分割为 8×16、16×8、8×8 的块,8×8

图 4.17 利用线性内插得到半像素点灰度值

块还可以进一步分为 8×4、4×8、4×4 的子块进行运动估计(如图 4.19 所示)。宏块中子块划分得越小,运动估计就越精确,编码残差值所需的比特数就越少,但需要编码的运动向量就越多(子块越小,一帧中的子块就越多,每个子块对应一个运动向量)。一般对于背景简单、运动不剧烈的运动图像序列进行运动估计选用大尺寸的块;而对于背景复杂、运动剧烈、细节丰富的运动图像序列,使用小尺寸的块可以进行精确的运动估计。采用可变块运动估计,可以使运动估计模型更接近物体的实际运动,这种方法较固定大小块的运动估计大幅提高了编码率,而且细化的补偿得到的图像块效应也不明显,主观视觉效果更好。图 4.20 给出了一个可变块运动估计残差图像实例。

图 4.18 亚像素精度块匹配

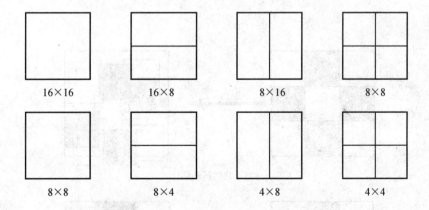

图 4.19 可变块运动估计扫描顺序

4.2.4 基于网格的运动估计

在基于块的运动估计算法中,各个块中的运动参数都是独立的,估计得到的运动场常常是不连续的,甚至是混乱的(如图 4.21(a)所示)。基于网格的运动估计可以解决这个问题。如图 4.21(b)所示,当前帧被一个网格覆盖,基于网格的运动估计所要解决的问题就是确定节点(运动区域部分边界特征点)的运动,使当前帧中每个变形的运动区域与参考帧中相应区域匹配。每个运动区域中各点的运动向量是由该区域节点的运动向量内插得到的。只要当前帧的

图 4.20　可变块运动估计残差图像实例

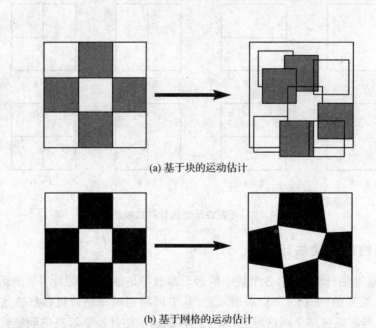

(a) 基于块的运动估计

(b) 基于网格的运动估计

图 4.21　基于块和基于网格的运动估计方法的比较

节点仍然可以构成网格,得到的运动场就是连续的,不会出现基于块运动估计中的那种块失真。利用基于网格运动估计还可以连续跟踪连续帧上对应的节点集,非常适用于需要物体跟踪的应用。由于运动图像序列中物体边界处的运动常常是不连续的,为了更精确地表示物体的运动就需要分离的网格。基于网格的运动估计的精度依赖于节点数,当表示非常复杂的运动时往往需要大量的节点。为了降低计算量,使用尽量少的节点,网格应该自适应于成像场景。

4.2.5 基于区域的运动估计

在运动图像序列的一个场景中,不同的物体有不同的运动方式。在基于区域的运动估计中,把图像帧分为多个区域,分别估计每个区域的运动参数。这样每个运动区域独自的运动参数可以很好地表示本区域的平移运动。但由于用一个简单的平移来描述一个区域的二维运动是很难的,所以往往需要将该区域分解成为小的进行单一平移运动的子区域。一般有3种方法实现基于区域的运动估计。

① 区域优先:首先基于纹理同性质、边缘信息等把参考帧分割成不同的区域,然后估计每个区域中的运动。

② 运动优先:首先估计整个图像的运动场,然后分割得到的运动场,使得每个区域的运动可以使用单一的参数模型来描述。

③ 联合区域分割与运动估计,使用迭代过程交替地进行区域分割和运动估计。

4.2.6 运动估计与补偿在运动图像编码中的应用

基于块的采用时间预测和变换编码的运动图像编码是目前大部分运动图像编码标准的核心。

1. 3种常用的运动图像帧

在对运动图像序列帧间编码的过程中,常常把运动图像帧分为3种类型进行编码。

(1) 帧内图像(intra frame)

通常称为 I 帧。编码这种图像时不需要其他帧作为参考,单独进行帧内编码,即只通过减少空间冗余来压缩编码即可。一段运动图像序列的第一帧都是 I 帧,后面的帧以 I 帧为参考进行帧间编码。

(2) 前向预测图像(predicted pictures)

通常称为 P 帧,是通过参考运动图像序列实际采集顺序中位置在前的已编码的 I 帧或 P 帧进行编码的图像。P 帧利用运动估计与运动补偿,通过减少空间与时间冗余来压缩编码,并且可以作为其他非 I 帧图像的参考帧。P 帧的压缩率要高于 I 帧。

(3) 双向预测图像(bidirectional predicted pictures)

通常称为 B 帧,是通过参考已编码的前面的 I 帧和后面的 P 帧或者前后各一个 P 帧,利用运动估计和运动补偿进行压缩编码的图像。在这 3 种运动图像帧中,B 帧的压缩率最高。由于使用 B 帧引入了后向预测的问题,故编码器需要打乱原来的画面采集顺序,对运动图像帧重新排序,所以 B 帧是在前一帧和后一帧图像之后传输的。这就导致了时间延迟,延迟的长短由 B 帧的连续帧数决定。图 4.22 所示为这 3 种帧构成的一个图像序列,每帧上面的数字表示编码顺序,下面的数字表示显示顺序。

由于压缩引入的失真和传输原因造成的信息损失会造成误差的累计,故常常需要在运动图像序列中定期地采用帧内编码。

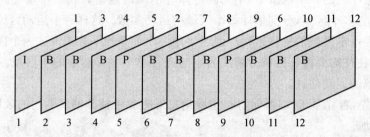

图 4.22　图像序列中各种帧的编码顺序

2. 基于块的混合运动图像编码

在这种编码器中,运动图像序列的每一帧被分为固定大小的像素块,每个块联合运用运动补偿时间预测和变换编码进行编码。

基于块的混合运动图像编码系统的编码和解码过程如图 4.23、图 4.24 所示。首先利用已编码的参考帧进行基于块的运动估计,由当前块和最佳匹配块间的位移确定运动向量,并且得到残差。然后对残差块进行 DCT,量化 DCT 系数,最后将量化后的 DCT 系数转换成二进制码字,连同运动向量及其他关于图像的辅助信息等以比特流的形式传输出去。

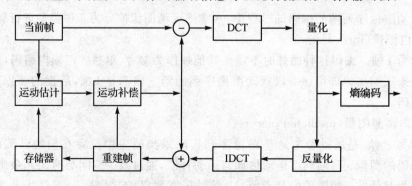

图 4.23　编码器结构图

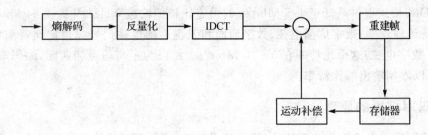

图 4.24 解码器结构图

4.3 码率控制

为了满足带宽约束又保证一定的质量,一定的码率控制措施在图像传输中是非常必要的。图像编码中的码率控制是指采用一定方法对一个图像源进行编码,使得编码比特率满足一个目标比特率。码率控制实际上是在编码质量和压缩率之间的一个折中。减少码率就会降低图像质量,质量提高则增加码率。

之所以对图像传输采取码率控制措施,是由信源、信道两方面的特性决定的。信源方面,对于不同的运动图像序列内容,编码后的数据率会有很大差异,这种不断变化的码率很难与信道匹配。信道方面,运动图像通信中的信道种类繁多,各种信道的特性不同也决定了信源与信道难以匹配。因为以上的原因,码率控制在可变比特率 VBR(Variable Bit Rate)和恒定比特率 CBR(Constant Bit Rate)传输中都是必需的。

1. 可变比特率

分组交换网络(如以太网、ATM 网络等)适合突发性数据或可变比特率数据传输,信源产生的数据包在这类网络上的传输速率允许有一定限度的变化。分组交换网络似乎非常适合图像编码数据的传输,但实际应用中遇到的一些局限说明码率控制仍然是需要的。这些局限包括以下两点。

(1) 阻 塞

如果到达一个分组交换节点的数据流量超过该节点的容量,则缓存器将溢出,节点必须丢弃新进入的数据包。通常,这种数据的被动丢弃对重建图像质量的影响要远远大于在编码器端主动采取降低码率措施对重建图像质量的影响,所以需要在编码端采取码率控制。实际应用中常常利用网络反馈回的阻塞信息控制编码器的输出比特率。

(2) 通信约定

一个用户或一种应用与网络达成一个通信约定,在规定提供的业务质量的同时也会规定带宽限制,这时也需要码率控制。

2. 恒定比特率

许多现有应用系统都要求数据以固定的比特率传输或存储,例如:基于光盘的存储,常用的 CD-ROM 格式提供略低于 1.5 Mbit/s 的恒定比特传输速率；ISDN 提供 64 kbit/s 整数倍的恒定比特传输速率；数字广播电视、数字地面和卫星广播电视信号以恒定比特率传输，对于 MPEG-2 数字电视，这个比特率在 5~10 Mbit/s。所以为了与信道相匹配，编码端必须进行码率控制，以限制输出的比特率。

4.3.1 码率控制的原理

码率控制需要考虑输入信源特性、输出信道特性、编码器特性等诸多因素。从编码器输出的不定码率数据首先进入缓存，以一恒定的码率从缓存中输出，码率控制模块根据缓存的存储情况对编码器行为进行控制，保证缓存不致溢出。一个典型的码率控制包括以下3个步骤：

① 在每一个短的时间间隔内，根据实际应用确定一个平均目标码率。在一个 CBR 的通信系统中，平均的目标码率应该是一个常数。在允许 VBR 业务的通信网络中，平均目标码率需要根据信道条件不断更新，更新间隔取决于信道变化的速度。

② 由平均目标码率和当前缓存占用程度确定帧编码模式以及在这个时间间隔内的帧级码率预算。

③ 确定宏块编码模式以及编码参数（通常为量化参数），使得码率与帧级码率预算相匹配。

调节码率的基本手段有以下4种：

① 调节运动图像序列的帧率。当码率高于信道要求时，通过丢帧来降低码率；当码率低于信道要求时，提高帧率以提高视觉连续性。这实际上是通过改变序列的时间分辨率来达到改变码率的目的。

② 调节图像大小：当码率高于信道要求时，减小图像的尺寸以降低码率；当码率低于信道要求时，增加图像尺寸以获得更好的视觉效果。这实际上是通过改变图像空间分辨率来达到改变码率的目的。

③ 调节量化参数：当码率高于信道要求时，可以通过增大量化参数来降低编码的比特数。

④ 改变编码过程中的相关参数：通过改变这些参数可以改变编码模式，进而改变编码器输出的码率。例如，改变相关参数可以使原先的编码宏块作为跳过宏块处理，降低码率。

4.3.2 码率控制的典型方法

(1) 基于缓存状态的简单码率控制

这种方法完全基于缓存状态来调节编码参数。当缓存中的数据量大于某一门限时，采用减小帧率或增大量化参数等措施来降低码率；当缓存中的数据量小于某一门限时，则改变编码参数来增加码率。这种码率控制方法往往造成图像质量的波动，并且输出码率不易控制。

(2) 具有前馈输入的码率控制

这种方法在利用缓存器的反馈信息的同时，也考虑了输入编码数据自身的特性（如方差）信息,因而这种方式能够获得更好的码率控制性能,例如 MPEG-2 的 TM5(Test Model version 5)。

(3) 基于率失真的码率控制

这种方法建立信源的码率模型和失真模型,把码率控制转换成一个带约束条件的优化问题并求解,获得最优的编码参数,例如 H.263 的 TMN8(Test Model,Near-term,version 8)。

(4) 多层编码的码率控制

多层编码的码流含有一个基本层码流以及一个或多个增强层码流,这些码流可能具有不同的比特率、帧率、空间分辨率。基本层的码流是必需的,用来保证运动图像序列的基本重建质量并作为其他层的参考。增强层的码流用来提高重建质量,并可以作为码率和质量之间的一个权衡因素。多层编码能够适应带宽变化,在编码后进行码率调节比较简单,适合应用在多媒体网络服务器进行的码率控制中。

(5) 精细粒度可分级码率控制

具有精细粒度可分级 FGS(Fine Granularity Scalability)特性的码流与多层编码码流类似,包含有基本层码流和增强层码流。与多层编码必须完整接收一个层才能利用这层的信息不同,FGS 码流中增强层数据采用比特平面方式传输。这样增强层信息可以在任一位置被截断,而不会影响已接收的增强层信息。这种特性使得 FGS 码流码率控制非常适合在互联网等时变信道上进行传输。

下面分别详细介绍两种典型的码率控制方法:TM5 和 TMN8。

MPEG-2 的 TM5 码率控制是通过调整量化步长,从帧级、宏块级对码率进行粗细两级控制,以实现对输出码率的调整。TM5 码率控制包括以下 3 个步骤:

① 目标比特分配。这是帧级码率控制,估计出当前编码图像的可用比特数。这个过程在编码之前进行。

② 码率控制。这是指宏块层面的码率控制。根据一个虚拟缓存的空满程度给每一个编码宏块确定一个参考的量化参数(并非最终的量化参数)。

③ 自适应的量化参数调整。根据每一个宏块的空间活动特性,对第②步得到的参考量化参数进行调整,调整后的量化参数作为最终的量化参数对编码宏块量化。

MPEG-2 的 TM5 码率控制的整个流程如下所述。

1. 比特分配

(1) 复杂度测量

通过图像的全局复杂度度量来表征一幅图像的复杂程度。图像内容越复杂,编码所需的比特数就越高,输出码率也就越高,此时就说一幅图像的全局复杂度高。一幅图像的复杂度和编码图像的类型是相关的。下面给出 I、P、B 帧图像全局复杂度的初始值:

$$X_I = (160 \times bitrate)/115 \qquad (4.3.1)$$

$$X_P = (60 \times bitrate)/115 \qquad (4.3.2)$$

$$X_B = (42 \times bitrate)/115 \qquad (4.3.3)$$

其中，bitrate 表示运动图像编码的输出码率，单位为 bit/s。

在图像编码后，按照如下公式对图像的全局复杂度进行更新：

$$X_i = S_i Q_i \quad (4.3.4)$$

$$X_p = S_p Q_p \quad (4.3.5)$$

$$X_b = S_b Q_b \quad (4.3.6)$$

其中，S_i、S_p、S_b 是图像编码后产生的比特数，Q_i、Q_p、Q_b 是编码图像中每一宏块的量化参数的平均值。可见，图像编码后产生的比特数越高，需要的量化参数越大，那么图像的复杂度越高。在一帧图像编码结束后进行复杂度测量，对下一个待编码帧的比特设置有重要参考意义。

(2) 图像目标比特设置

这一步是在对一帧图像编码之前目标比特数的确定。目标比特数与帧类型、输出码率、帧率以及上一步得到的全局复杂度有关。I、P、B 帧图像的目标比特数可由下式确定，即

$$T_i = \max\left\{\frac{R}{1 + \frac{N_p X_p}{K_p X_i} + \frac{N_b X_b}{K_b X_i}}, \frac{\text{bitrate}}{8 \times \text{picturerate}}\right\} \quad (4.3.7)$$

$$T_p = \max\left\{\frac{R}{N_p + \frac{N_b X_p X_b}{K_p X_p}}, \frac{\text{bitrate}}{8 \times \text{picturerate}}\right\} \quad (4.3.8)$$

$$T_b = \max\left\{\frac{R}{N_b + \frac{N_p X_p X_p}{K_p X_b}}, \frac{\text{bitrate}}{8 \times \text{picturerate}}\right\} \quad (4.3.9)$$

其中，picturerate 表示每秒编码的图像帧数，$\frac{\text{bitrate}}{8 \times \text{picturerate}}$ 是每帧图像所需比特数的下限。K_p 和 K_b 是由量化矩阵决定的常数。N_p 和 N_b 分别表示当前图像组 GOP(Group Of Pictures)中剩余的 P 帧和 B 帧的个数。如果编码帧类型是 P 帧，则编码结束后 N_p 减 1；如果编码帧类型是 B 帧，则编码结束后 N_b 减 1。在编码一个新的 GOP 时，N_p 和 N_b 被重新设置一个初始值。R 是当前 GOP 可供分配的剩余比特数，这个值在每编完一帧图像后需要进行更新，即根据所编码图像的类型减去 S_i、S_p 或 S_b。在编码一个新的 GOP(包含帧)中的第一帧(I 帧)时，R 需要根据码率要求加上 $\frac{N \times \text{bitrate}}{\text{picturerate}}$。在序列开始编码时，$R$ 的初值为 0。

2. 码率控制

(1) 计算虚拟缓存占用情况

这一步引入虚拟缓存进行宏块级的码率控制，给每个宏块确定参考的量化参数。根据不同帧的类型确定 3 个虚拟缓存，它们的占用程度用 d^i、d^p 和 d^b 来表示。在开始对一个序列编码时，给出这些虚拟缓存占用程度的初始值：

$$d_0^i = 10 \times \frac{r}{31} \quad (4.3.10)$$

$$d_0^p = K_p \times d_0^i \tag{4.3.11}$$

$$d_0^b = K_b \times d_0^i \tag{4.3.12}$$

其中,为 r 为反应参数,由下式确定,即

$$r = 2 \times \frac{\text{bitrate}}{\text{picturerate}} \tag{4.3.13}$$

编码过程中,三个虚拟缓存的占用程度是不断更新的。当准备编码第 $j(j \geqslant 1)$ 个宏块时,按照下式计算出虚拟缓存的占用程度,即

$$d_j^i = d_0^i + B_{j-1} - \frac{T_i \times (j-1)}{\text{MBcnt}} \tag{4.3.14}$$

$$d_j^p = d_0^p + B_{j-1} - \frac{T_p \times (j-1)}{\text{MBcnt}} \tag{4.3.15}$$

$$d_j^b = d_0^b + B_{j-1} - \frac{T_b \times (j-1)}{\text{MBcnt}} \tag{4.3.16}$$

其中,B_{j-1} 是在当前编码图像中截止到第 $j-1$ 个宏块(包括第 $j-1$ 个宏块)时编码产生的所有比特数。MBcnt 是编码图像包含宏块的个数。当编码新的一帧时,虚拟缓存占用程度的初始值设置为 d_{MBcnt}^i(或 d_{MBcnt}^p、d_{MBcnt}^b)。

(2) 确定参考量化参数

根据每一宏块编码时刻虚拟缓存的占用程度,针对不同帧类型,可以由下式确定该宏块的参考量化参数,即

$$Q_j^i = \left(\frac{d_j^i \times 31}{r}\right) \tag{4.3.17}$$

$$Q_j^p = \left(\frac{d_j^p \times 31}{r}\right) \tag{4.3.18}$$

$$Q_j^b = \left(\frac{d_j^b \times 31}{r}\right) \tag{4.3.19}$$

3. 自适应调整量化参数

在上一步中,仅考虑了缓存的占用程度,忽略了宏块本身的性质,不能得到优化的码率控制结果。这一步将根据上一步得到的参考量化参数,结合宏块的实际空域活动特性,确定宏块的量化参数。这一步的操作对各种帧类型都是相同的。

(1) 计算宏块空域活动特性

宏块的空域特性由宏块内的子块确定。第 j 个宏块的空域活动特性由下式确定,即

$$\text{act}_j = 1 + \min(\text{vblk}_1, \text{vblk}_2, \cdots, \text{vblk}_n) \tag{4.3.20}$$

其中,vblk_n 是子块的二阶矩:

$$\text{vblk}_n = \frac{1}{64} \times \sum_{k=1}^{64} (P_k^n - P_{\text{mean}}^n)^2 \tag{4.3.21}$$

其中,n 是子块序号(对于帧组织,$n=1,2,3,4$;对于场组织,$n=5,6,7,8$)。P_k^n 是原始图像中

第 n 个子块中第 k 个像素点的样值,P_{mean}^n 是第 n 个子块各样值的平均值。

act_j 是宏块的绝对活动特性,可根据它和上一帧编码图像的平均活动特性进一步确定宏块的相对活动特性 N_ect_j:

$$\text{N\_ect}_j = \frac{2 \times \text{act}_j + \text{act}_{\text{avg}}}{\text{act}_j + 2 \times \text{act}_{\text{avg}}} \quad (4.3.22)$$

其中,act_{avg} 是前一帧图像中所有宏块绝对活动特性的平均值。对于第一帧图像,$\text{act}_{\text{avg}} = 400$。

(2) 确定宏块实际量化参数

根据 N_act_j 和上一步确定的 Q_j,可以由下式确定第 j 个宏块的量化参数,即

$$\text{mquant}_j = Q_j \times \text{N\_act}_j \quad (4.3.23)$$

将 mquant_j 取整并限制在 1~31 之间,就得到了第 j 个宏块的最终量化参数。

TM5 码率控制是一种非常典型的分级方法。首先根据实际码率要求,从 GOP 级进行比特数确定;然后根据不同帧类型以及复杂度的要求进行帧级的比特数分配;最后根据宏块的活动特性进行最终的码率控制,全过程由粗到细,层层深入。TM5 的码率控制在广播电视、DVD 以及需要随机访问的场合得到了广泛的应用。

TM5 码率控制在帧级比特分配和宏块量化参数调整时都利用了上一帧编码图像的统计信息,并假定了当前待编码图像的特性与上一编码图像相似。在场景突然变化时这种假设不成立,导致了该码率控制方法的局限性。

不同于 TM5 先进行 GOP 的位分配,TMN8 首先进行帧的位分配。这样直接根据缓冲区状态进行码率控制具有低延时的优点,但因为没有考虑编码帧的类型,会造成图像质量的降低。TMN8 的码率控制在缓存饱和度较高时,会跳过一些帧,直至缓存的饱和程度降到一个可以接受的范围内。TMN8 首先假定以下两个模型:

$$B_i = A\left(K \frac{\sigma_i^2}{Q_i^2} + C\right) \quad (4.3.24)$$

$$D = \frac{1}{N} \sum_{i=1}^{N} \alpha_i^2 \frac{Q_i^2}{12} \quad (4.3.25)$$

其中,B_i 为编码各宏块所需的比特数。D 为失真度。Q_i 为各宏块的量化参数。α_i 为各宏块的加权参数,与宏块到图像中心的距离有关。A 为一个宏块中的像素个数,即 256。K、C 为模型参数。σ_i 表示残差系数的方差,可由下式确定,即

$$\sigma_i = \sqrt{\frac{1}{16 \times 16 + 8 \times 16}\left[\sum_{j=1}^{16 \times 16}(P_{Lj} - \overline{P}_i)^2 + \sum_{j=1}^{8 \times 16}(P_{Cj} - \overline{P}_i)^2\right]} \quad (4.3.26)$$

其中,$\overline{P}_i = \frac{1}{16 \times 16 + 8 \times 16}\left(\sum_{j=1}^{16 \times 16} P_{Lj} + \sum_{j=1}^{8 \times 16} P_{Cj}\right)$。$P_L$ 表示亮度采样值,P_C 表示色度采样值。

编码一帧图像所需比特数 $B = \sum_{i=1}^{N} B_i$。在此条件下,通过下面的率失真模型

$$Q_1^*, Q_2^*, \cdots, Q_N^* = \arg\min_{Q_1, Q_2, \cdots, Q_N} \frac{1}{N} \sum_{i=1}^{N} \alpha_i^2 \frac{Q_i^2}{12} \tag{4.3.27}$$

并利用拉格朗日法求解量化参数得到

$$Q_i^* = \sqrt{\frac{AK}{B_i^r - ANC} \frac{\sigma_i}{\alpha_i} \sum_{k=1}^{N} \alpha_k \sigma_k} \tag{4.3.28}$$

其中,$B_i^r = B - \sum_{j=1}^{i-1} B_j = B_{i-1}^r - B_{i-1}$,$B_j$ 表示编码第 j 个宏块所用的比特数。

TMN8 码率控制的具体实现步骤如下:

① 位分配。根据缓存的占用情况为当前待编码帧分配一定的比特数 B:

$$B = \frac{R_T}{F} - S \tag{4.3.29}$$

其中,R_T 为目标码率,F 为帧率,S 可由下式确定,即

$$S = \begin{bmatrix} \dfrac{W}{F}, & W > 0.1 \dfrac{R_T}{F} \\ W - 0.1 \dfrac{R_T}{F}, & \text{其他} \end{bmatrix} \tag{4.3.30}$$

其中,W 为当前缓存中的比特数。

当 W/F 大于某个阈值时,会采取跳帧技术,即跳过下一帧,不编码,这样可以保证缓存不致溢出。

② 确定待编码宏块的量化参数。对于第一帧中的第一个宏块,初始化参数 $K_1 = 0.5$,$C_1 = 0$;其他帧中,K、C 值与前一帧中的相同。量化参数由前面所述的率失真模型确定。

③ 更新模型参数。计算第 i 个宏块模型参数 K^c、C^c:

$$K^c = \frac{B_{LCi}(2QP)^2}{16^2 \sigma_i^2} \tag{4.3.31}$$

$$C^c = \frac{B_i - B_{LCi}}{16^2} \tag{4.3.32}$$

其中,B_{LCi} 为第 i 个宏块亮度和色度系数所需的比特数。

计算截止到第 i 个宏块模型参数的平均值 $\overline{K}$、$\overline{C}$。

对于 $\overline{K}$,如果 $K^c > 0$ 且 $K^c \leqslant \pi \text{lb } e$,则执行 $j = j+1$:

$$\overline{K}_j = \overline{K}_{j-1} \frac{j-1}{j} + K^c \frac{1}{j} \tag{4.3.33}$$

否则,当前的 K^c 不参与平均值的计算。

对于 $\overline{C}$ 有

$$\overline{C}_i = \overline{C}_{i-1} \frac{i-1}{i} + C^c \frac{1}{i} \tag{4.3.34}$$

最后根据初始的模型参数 K_1、C_1 更新 K、C。

$$K = \overline{K}_i \frac{i}{N} + K_1 \frac{N-i}{N} \qquad (4.3.35)$$

$$C = \overline{C}_i \frac{i}{N} + C_1 \frac{N-i}{N} \qquad (4.3.36)$$

除了前面介绍的几种典型方法,码率控制技术仍然在不断发展,新方法不断涌现,例如,基于内容复杂度的码率控制方法和联合时域空域考虑的码率控制。

(1) 基于内容复杂度的码率控制方法

在前面提到的 TM5 码率控制中,编码参数对编码帧信息的依赖程度很高,在场景变换时,帧间性能会出现明显的波动。此外,TM5 的宏块级码率控制首先根据缓存的占用程度确定初始的量化参数,再根据宏块的活动特性确定最终的量化参数,这种两步调节的方法难以实现准确的码率控制。

基于内容复杂度的码率控制根据待编码宏块的内容复杂度分配相应的宏块目标比特,以确定宏块的量化参数。与 TM5 相比,在帧级比特分配上,同时考虑待编码帧和已编码帧的复杂度信息,并根据帧类型分配比特,可以降低由场景变化引起的复杂度变化对算法性能造成的不利影响;在宏块级的速率控制上,同时考虑待编码宏块和整帧的复杂度信息,根据宏块的相对复杂度分配比特数,确定合适的量化参数。根据内容复杂度进行比特分配的方法,一方面提高了算法应对帧间场景变化的能力,另一方面使一帧图像中各区域的视觉质量更加一致,这种特性非常适合低码率的应用。

(2) 联合时域空域考虑的码率控制

由于运动图像序列帧间的时域相关性,因而某一帧中宏块的质量对后续若干帧中的宏块质量都会有影响。在确定某宏块的量化步长时,不仅要考虑该宏块所在帧的空域特性,还要考虑宏块在整个运动图像序列中的时域特性。一个宏块为后续帧中宏块提供的参考信息越多,则认为该宏块越重要。在编码中要对重要性不同的宏块进行区别处理,重要(时域参考意义较大)的宏块就要进行较细致的量化,这样可以减少后续宏块所需提供的信息量,从而在全局意义上提高编码效率。

基于时域空域信息联合考虑的码率控制不仅仅将图像内容作为该帧的一部分,也将图像内容作为整个运动图像序列的一部分,针对不同的图像内容在整个序列中重要性的不同,区别处理,这样得到的编码参数就是全局(整个运动图像序列)意义优化的编码参数。

4.4 运动图像编码标准

近年来,由国际标准化组织(ISO)、国际电信联盟(ITU)和国际电工委员会(IEC)制定的一系列运动图像编码标准极大地促进了运动图像压缩技术和多媒体通信技术的发展。由 ISO 和 IEC 的共同委员会中的运动图像专家组 MPEG(Moving Pictures Expert Group)制定的标准主要针对运动图像数据存储、广播电视和运动图像流的网络传输等应用,以 MPEG-x 命名(如 MPEG-1、MPEG-2、MPEG-3 和 MPEG-7 等);由 ITU 组织制定的标准主要针对实时运动图像通信应用,以 H.26x 命名(如 H.261、H.262、H.263 和 H.264)。

4.4.1 MPEG-1

MPEG-1 是面向数字存储的运动图像及其伴音的编码标准,最早是为 CD-ROM 视频应用而开发的,其压缩比约为 100∶1,主要实现以下功能:压缩后码率为 1.5~2.0 Mbit/s 的视频编码,可用于视频传输和视频处理;视频的暂停、快进和慢放以及随机存储。

该标准中使用三种类型的帧:I 帧在编码时只利用自身的信息,提供编码序列的直接存取访问点;P 帧参考过去已编码的 I 帧或 P 帧作运动补偿预测,对前向预测残差进行编码;B 帧同时参考已编码的过去的和将来的 I 帧或 P 帧进行双向预测编码。B 帧图像本身不会被其他帧用做参考,所以尽管压缩比较高,但误差不会传递。

MPEG-1 视频压缩处理的对象从小到大分别如下:

① 块(Block)。块是 MPEG 算法中的最小编码单元,包含 8×8 个像素。亮度块与色度块需要分别进行预测。

② 宏块(Macro Block)。宏块是图像中 16×16 的像素块,是 MPEG-1 算法中的基本编码单元。宏块由 4 个亮度块、2 个色度块和附加数据(宏块类型、宏块编号、编码类型、量化参数、运动向量等)组成。

③ 图像条(Slice)。图像条是一帧图像中部分宏块的组合。图像条作为编码中的自治单元,其中宏块的编码与其他图像条中的宏块编码是独立的。

④ 图像(Picture)。图像以帧为单位。一帧图像中包含一个或多个图像条。

⑤ 图像组(GOP)。图像组是一组图像的集合,同时还包括这组图像的头信息。

⑥ 序列层(Video Sequence)。序列层是编码的最高层,由一个或多个 GOP 组成。序列层头信息中还包括一些编码参数,如图像大小和量化参数等。

MPEG-1 支持的编辑单位是图像组和音频帧,通过修改图像组包头和音频帧头信息,可以实现视频信号的剪切。另外,MPEG-1 还提供了许多备选模式。现在 MPEG-1 压缩技术已经非常成熟,广泛地应用在 VCD 制作、图像监控等诸多领域。

4.4.2 MPEG-2

MPEG-2 标准是针对标准数字电视和高清晰度电视在各种应用下制定的压缩方案和系统层的详细规定。该标准在保证与 MPEG-1 兼容的前提下,为适应不同的应用环境分为不同的档次(profile)和等级(level)。根据设计复杂度不同分为 4 个档次:简单档次(simple profile)、主档次(main profile)、SNR 可分级档次(scalable profile)和高档次(high profile)。根据图像格式不同分为 4 个等级:低等级(low level)、主等级(main level)、高 1440 等级(high-

1440 level)和高等级(high level)。

MPEG-2对MPEG-1作了相应的扩展,增加了处理隔行扫描视频信号的能力,采用了可伸缩的编码方式,从多方面提高了编码性能。MPEG-2采取了分层的比特流结构。第一层为基本层,其结构与MPEG-1相同。其他层为增强层,其解码依赖于基本层。

MPEG-2的应用范围非常广泛有线电视网等广播级的数字视频,现在的VOD视频点播系统和HDTV高清晰度电视系统,都是采用MPEG-2的运动图像标准。

4.4.3 MPEG-4

1994年MPEG组织开始制定MPEG-4标准,其最初的目的是对音、视频对象进行高效压缩编码以适应极低比特率的应用。经过后来的不断发展,逐渐成为一个适用于多种多媒体应用且具有良好交互性能的国际标准。

MPEG-4视频编码标准支持MPEG-1和MPEG-2中的大部分功能,提供不同的视频标准源格式、数码率和帧频下的矩形图像编码。为了支持基于多媒体内容的访问和基于内容的分级扩展,MPEG-4以音、视频对象AVO(Audio Visual Object)的形式,对音、视频场景进行描述,各个AVO可以单独进行编码,在解码端有选择地复合重现。

MPEG-4标准将自然视频由高到低分为5个层次:

① 视频序列VS(Video Sequence)。VS对应于场景的视频信号,由一个或多个VO组成。

② 视频对象VO(Video Object)。VO对应于场景中的人、物体或者背景,是从VS中提取的不同视频对象,它可以是任意形状的。

③ 视频对象层VOL(Video Object Layer)。VOL包括VO码流中的纹理、形状和运动信息,用于扩展VO的分辨率,实现分级编码。

④ 视频对象平面组GOV(Group Of VOP)。GOV层是可选的。GOV由多个VOP组成,提供了比特流中独立编码VOP的起始点,以便实现比特流的随机存取。

⑤ 视频对象平面VOP(Video Object Plane)。VOP是VOL的一个实例,相当于某一帧的VO,是VO在某一时刻的表示。MPEG-4的视频编码实际上是对每个VOP进行编码。

MPEG-4基于对象的编码过程如图4.25所示。首先通过人工、半自动或者全自动等方式对视频流进行VOP分割,然后由编码控制器为不同VOP的形状信息、运动信息以及纹理信息分配码率,并对各个VOP分别进行独立编码,最后将编码的基本码流复用成一个输出码流。

VOP编码的过程如图4.26所示。MPEG-4编码器首先对重建的前一个VOP进行图像分析,把当前VOP的内容分解成纹理信息、形状信息和运动信息(包括纹理运动信息和形状运动信息)。纹理运动信息可用基于块的运动向量表示,形状运动信息则用来描述对象形状的平移。VOP的这三种信息接着经过参数编码器编码得到输出码流,并且经过参数解码存储在缓存中作为新的参考VOP。

由于采用了基于对象的编码方法,故MPEG-4较以往的运动图像编码标准更加灵活,提

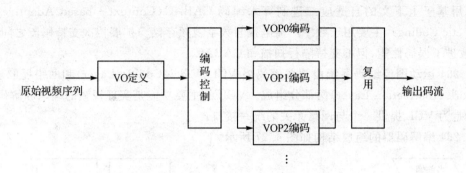

图 4.25 MPEG-4 编码过程

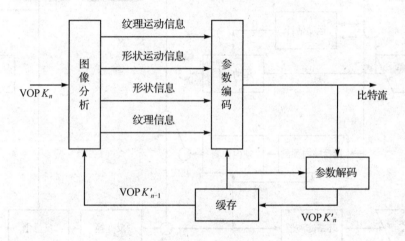

图 4.26 VOP 编码过程

供了一个非常广阔的多媒体应用平台。MPEG-4 标准引入了一种新的运动图像编码思想以及相应的系统框架,并没有规定具体的算法,这有助于研究者们不断创新,加快通用平台上视频编解码软件实现技术的发展。

4.4.4 H.264

H.264 标准是由视频编码专家组(VCEG)和活动图像专家组(MPEG)组成的联合视频组 JVT(Joint Video Team)联合开发出的新一代高级视频编码标准,也称做 MPEG-4 的第十部分或高级视频编码 AVC(Advanced Video Coding)。

H.264 分为三个档次:基本档次、主要档次和扩展档次。基本档次利用 I 图像条和 P 图像条支持帧内和帧间编码,支持利用基于上下文的自适应变长编码 CAVLC(Context-based Adaptive Variable Length Coding)进行的熵编码,主要用于可视电话、会议电视、无线通信等实时视频通信。主要档次支持隔行扫描,采用 B 图像条的帧间编码和加权预测的帧内编码,支持利用基于上下文的自适应二进制算术编码 CABAC(Context - based Adaptive Binary Arithmetic Coding),主要用于数字广播电视与数字视频存储。扩展档次支持码流之间有效的切换,改进了误码性能,但不支持隔行扫描和 CABAC。

H.264 运动图像编码系统由视频编码层 VCL(Video Coding Layer)和网络提取层 NAL(Network Abstraction Layer)两部分组成。VCL 的主要功能是实现视频的编码和解码,NAL 的功能是为 VCL 提供一个与网络无关的统一接口。

H.264 编解码器的组成结构如图 4.27 所示。

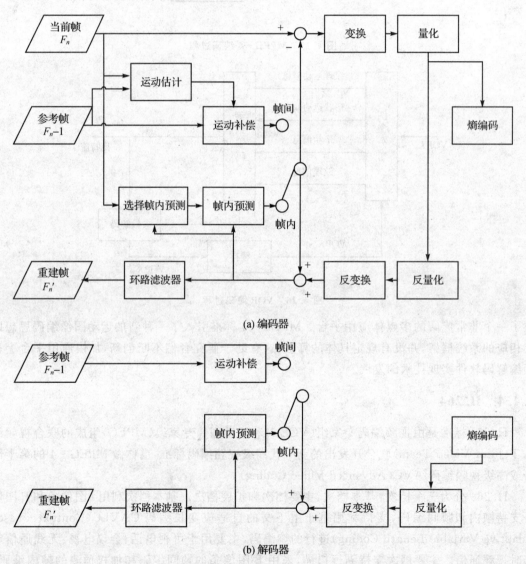

图 4.27 H.264 编解码器结构图

由图 4.27 可见,H.264 编解码的基本结构与以往基于运动估计的运动图像编码结构基本类似,但在一些细节上作了改进。

1. 运动估计上的改进

(1) 高精度运动估计

H.264 标准中采用了 1/4 像素运动估计,运动向量的单位是 1/4 像素。运动向量的精度越高,得到的残差就越小,传输的码率就越低,压缩比就越高。

(2) 可变块运动估计

H.264 的预测模式中,每个宏块可以进一步划分成 7 种不同模式的尺寸,细分后的块与图像中实际运动物体的形状更加贴合。具体内容详见 4.2.3 小节中可变块运动估计部分。

(3) 多参考帧运动估计

H.264 中可以采用多个参考帧进行运动估计。编码端的缓存中存有多个已编码的参考帧,编码器在所有可能的参考帧中选择率失真代价最小的宏块和运动向量,这样可以得到比只用一个参考帧更好的编码效果。此技术同时会造成内存需求的增大和运算复杂度的上升。

2. 小尺寸 4×4 整数变换

H.264 中的 DCT 变换采用 4×4 块作为基本单位,而不是以往视频编码标准中的 8×8 块。这样可以减小变换过程中的计算量和运动物体边缘的衔接误差。

3. 更精确的帧内预测

H.264 标准的帧内预测模式包括:9 种 4×4 亮度子块预测模式、4 种 16×16 亮度块预测模式和 4 种 8×8 色度子块预测模式。亮度块的 16×16 模式适用于平坦区域,4×4 模式则适用于变化剧烈的区域。

4. 去块效应滤波

H.264 中通过去块效应滤波器平滑重建帧中亮度或色度块间变换不连续的现象,使重建帧图像更加接近原始图像。

由于技术上的改进,H.264 标准较以往的运动图像编码标准具有更高的编码效率和更好的图像质量,在视频通信、数字广播电视、视频存储播放等领域中得到了非常广泛的应用。

4.4.5 AVS

AVS(Audio Video coding Standard)标准是《信息技术——先进音视频编码》系列标准的简称,是中国具有自主知识产权的第二代信源编码标准。AVS 标准包括系统、视频、音频和数字版权管理 4 个主要技术标准和一致性测试等支撑标准。

AVS 标准中有两个独立部分涉及运动图像编码:AVS 第二部(AVS-P2)主要针对高清晰数字电视广播和高密度存储媒体的应用;AVS 第七部分(AVS-P7)主要针对低码率、低复杂度和低分辨率的移动媒体应用。

AVS 的主要技术特点有以下几点。

(1) 帧内预测

AVS 标准采用空域内的多方向帧内预测技术,提高了预测精度,进而提高了编码效率。AVS 标准的帧内预测基于 8×8 块,亮度分量只包括 5 种预测模式,大大降低了计算复杂度,但性能与 H.264 十分接近。除了预测块尺寸及预测模式种类的不同外,AVS 标准的帧内预测还对相邻像素进行了滤波处理以去除噪声。

(2) 可变块运动估计

可变块运动估计是提高运动预测精度的重要手段之一,对于提高编码效率起着重要的作用。MPEG-4 较以往标准增加了 8×8 块划分模式,H.264 中进一步增加了 16×8、8×16、8×4、4×8、4×4 等划分模式。实验表明:小于 8×8 块的划分模式对低分辨率视频编码效率影响较大,但对高分辨率视频编码效率影响甚微。对于高清晰度运动图像序列,去掉 8×8 以下大小块的运动预测模式,整体编码性能降低 2%~4%,但其计算复杂度则可降低 30%~40%。因此 AVS 标准将宏块划分的最小尺度限制为 8×8,这一限制有效降低了编解码器的计算复杂度。

(3) 多参考帧帧间预测

多参考帧帧间预测允许当前块从前面几帧图像中寻找更好的匹配,从而提高编码效率。一般使用 2~3 个参考帧就能够达到最高性能,更多的参考图像对性能的提升贡献很小,但复杂度却会成倍增加。H.264 最多可采用 16 个参考帧,为了支持灵活的参考图像引用,采用了复杂的参考图像缓冲区管理机制,实现较复杂。AVS 标准规定最多采用两个参考帧,在没有增大缓冲区(B 帧图像解码需要能存放两个参考帧的缓冲区)的前提下提高了 P 帧的编码效率。

(4) 1/4 像素精度运动估计

MPEG-2 标准中采用了 1/2 像素精度运动估计,较整像素运动估计编码效率提高了 1.5 dB。H.264 采用了 1/4 像素精度运动估计,较 1/2 像素精度编码效率提高了 0.6 dB。影响高精度运动补偿性能的一个核心技术是差值滤波器的选择。H.264 采用 6 阶滤波对 1/2 像素位置进行插值,1/4 像素位置处采用双线性插值。AVS 采用了 4 阶滤波进行 1/2 和 1/4 插值,更适于硬件实现。

(5) B 帧编码模式

AVS 标准中采用了高效的空域/时域相结合的直接模式,并在此基础上结合使用了运动向量舍入控制技术,使得 B 帧性能较 H.264 有所提高。另外,AVS 标准还提出了对称模式,即只编码一个前向运动向量,后向运动向量通过前向运动向量导出,从而实现双向预测。

(6) 整数变换与量化

AVS 标准采用整数 DCT 变换代替传统的浮点 DCT 变换。整数变换具有复杂度低、完全匹配的优点。AVS 标准将变换矩阵的归一化在编码端完成,较 H.264 的变换节省了解码反变换所需的缩放表,降低了解码器的复杂度。AVS 中量化与变换归一化相结合,可同时通过乘法和移位实现,解码端反量化表不再与变换系数位置相关,有利于提高硬件实现的并行度。

(7) 基于上下文的自适应编码

AVS 标准采用基于上下文的自适应变长编码器对变换量化后的残差数据进行编码。相比于 H.264 的算术编码方案,AVS 的熵编码编码效率低 0.5 dB,但计算简单,更易于硬件实现。

(8) 低复杂度环路滤波

环路滤波作为一种去块效应滤波的实现方法,在解码端占有很大部分的计算量,降低其计算复杂度非常重要。在 AVS 标准中,由于最小预测块大小是 8×8,环路滤波只在 8×8 边界上进行,与 H.264 对 4×4 块进行滤波相比,滤波边界数减为 1/4。而且,AVS 中滤波点数、滤波强度分类都比 H.264 中的少,有效降低了计算复杂度。

总的来说,AVS 运动图像编码标准中的每项技术都进行了复杂度与效率的权衡,努力在降低复杂度的同时保证高的编码效率,为所面向的应用提供了很好的解决方案。H.264 的编码器较 MPEG-2 复杂 9 倍,而 AVS 标准由于编码模块中的各项技术复杂度都有所降低,其编码复杂度大致为 MPEG-2 的 6 倍。在高分辨率运动图像序列上,AVS 运动图像标准保持了与 H.264 相近的编码效率。

AVS 是基于自主技术和部分开放技术构建的开放标准,可以妥善解决专利许可的问题,并且中国的产业化实力和市场为 AVS 标准的发展推行提供了良好的土壤,所以 AVS 标准已经成为全球范围内最有可能成为事实标准的第二代音视频编码标准。

4.4.6 VC-1

微软在 2003 年将其开发的视频压缩技术向美国电影电视工程师协会 SMPTE(Society of Motion Picture and Television Engineers)提出公开标准化的申请,并以 VC-1(Video Codec 1)作为此新标准的命名,并且已经在 2006 年 4 月正式通过成为标准。VC-1 基于微软 Windows Media Video 9(WMV9)格式,而 WMV9 格式现在已经成为 VC-1 标准的实际执行部分。在 MPEG-2 和 H.264 之后,VC-1 是最被认可的高清编码格式。相对于 MPEG-2,VC-1 的压缩比更高;相对于 H.264,VC-1 编码解码的计算则要稍小一些。目前来看,VC-1 是前两者一个比较好的平衡,再辅以微软的支持,该标准将会得到广泛的应用。

4.5 运动图像编码系统设计与实现

运动图像编解码的实现主要有 3 种方式:基于软件的编解码器、基于 DSP 的编解码器和基于专用集成电路(ASIC)的编解码芯片。

1. 通用处理器上的纯软件实现

采用软件方式实现是指使用通用处理器(如个人计算机)实现运动图像的编解码运算。采用这种方式明显的好处是廉价,除了图像采集以外,不需要额外的硬件开销。另外,这种方式非常灵活,改变标准、系统升级只需要改动程序即可,兼容性很强。

2. 采用 DSP 处理芯片实现

采用 DSP(数字信号处理器)实现是指 DSP 的汇编指令设计或者针对汇编指令采用高级编程语言优化设计来实现软件编解码。这种实现方式具有比纯软件编解码器更强的处理能力;另外,具有开发周期短、使用灵活和代码可更新升级等优点。

3. 用 FPGA 等可编程阵列产品开发图像压缩算法 ASIC 芯片

FPGA 平台具有硬件资源可扩展和高速的特点,可使运动图像编码系统集成在一块电路板上,实现集成化、产品化。通过软件编程方式,可以采用 FPGA 实现特定的图像压缩算法。这种实现方式能够达到较高的处理速度,并且能够通过批量生产降低成本。

目前,新的运动图像编码算法为了获得高的压缩效果,压缩算法变得越来越复杂,反映在硬件上,主要有以下几个特点:

① 硬件资源需求大。新一代运动图像编码算法中的帧间预测、帧内预测、去块滤波、变换和量化都是运算密集、内部控制复杂的模块,会消耗大量的硬件资源。为了易于硬件实现,常常要对算法进行改进,并采取高利用率的并行结构。

② 总线带宽需求增加。新的运动图像编码算法中相邻帧、相邻块间的数据是相互依赖的,这些相关数据的传输会带来可观的带宽消耗。运动图像编解码器通常只是某个系统内的一个子系统,需要和其他功能模块,如视频预/后处理、音频编解码、视频播放等共享总线,因此系统的总线资源是比较紧张的。

③ 算法不规整。新的运动图像编码算法中存在的大量可选模式,如各种块分割、帧场自适应、多种参考帧管理方式和多种帧内预测模式等,会产生大量的状态跳转分支,使得算法变得很不规则,从而增加了算法分析和验证的工作量,同时给系统可靠性带来很大的不利影响。

在以上这些特点中,硬件资源和总线带宽需求的增加都比较容易解决,而对于算法的不规则性,如何选用高效的模式判别算法,如何提升局部模块的性能,往往是提高整个系统性能的关键。

4.5.1 基于 DSP 的运动图像编码系统的设计与实现

1. DSP 芯片特点简介

DSP(Digital Signal Processor)芯片是指数字信号处理器,是一种专用于数字信号处理的微处理器。高性能通用 DSP 运算能力较强,并且便于算法的修改和升级,开发效率较高,因此适于实现运动图像编码系统。

DSP 芯片的主要特点有以下几种。

(1)哈佛结构

不同于早期一条总线分时进行取指令和取操作数的冯·诺依曼结构,DSP 内部采用的是程序空间和数据空间分离的哈佛结构,这种结构可以使取指令和取操作数同时进行。在改进的哈佛结构中程序空间和数据空间还可以相互传送数据。

(2) 多总线结构

DSP 芯片内采用多总线结构,可以实现在一个机器周期内多次访问程序空间和数据空间。多总线结构既提高了运行速度,又保证了 DSP 能够完成更加复杂的功能。

(3) 多处理单元

DSP 内部包含多个处理单元,如算术逻辑单元 ALU(Arithmetic Logic Unit)、辅助寄存器运算单元 ARAU(Auxiliary Register Arithmetic Unit)、累加器 ACC(Accumulator)和硬件乘法器等,多个处理单元可以在一个指令周期内同时进行计算。

(4) 流水线结构

DSP 中一条指令的执行过程一般需要取指令、指令译码、执行等几个阶段。在 DSP 的流水结构中,这几个阶段是同时重叠进行的:在进行本条指令执行阶段的同时,还分别依次完成了后面几条指令的指令译码、取指令等操作,将指令周期降低至最小。

另外,DSP 芯片还有着高运算精度和短指令周期等特点。

DSP 所具有的灵活的可编程特性、特殊的内部结构、强大的信息处理能力和较高的运行速度,使其在包括运动图像处理的诸多领域中得到了非常广泛的应用。

2. 编码器的硬件结构

对于通用 DSP 实现的编码器,若要进行实时运动图像编码,需要一块单独的图像采集卡来完成实时采集视频的工作。而专用的多媒体处理 DSP 芯片集成了各种片内外设,使得图像领域的应用更为方便。以图 4.28 所示的 TMS320DM642 为例,它带有 3 个可配置的视频端口,提供和视频输入、视频输出以及码流输入的无缝接口。这些视频端口支持许多格式视频的输入/输出。基于 TMS320DM642 视频编码器,视频输入部分只需要一块视频采集芯片即可,如图 4.28 中的 SAA7114,无需外加逻辑控制电路和缓存。SAA7114 输出的 BT.656 格式的数字视频,作为 TMS320DM642 中 VPORT 的输入;VPORT 输出 YUV(4∶2∶0)格式的图像,作为编码程序的原始视频。采用专用多媒体处理芯片可以使整个硬件系统更为简单和稳定。

3. 编码系统的工作流程

图 4.29 以 TMS320DM642 为例,说明了基于专用多媒体 DSP 芯片的编码系统流程。该流程与图 4.28 中的硬件结构相对应。

主机的工作流程如下:

① 通过外设组件互连接口 PCI(Peripheral Component Interconnection)启动 DSP,包括初始化 DSP 的存储空间和向 DSP 加载编码程序。在主机完成所有必要的初始化工作之后,DSP 将开始执行指令。

② 等待并响应中断。主机等待 DSP 编码完一帧图像后发出的中断并进入相应的中断服

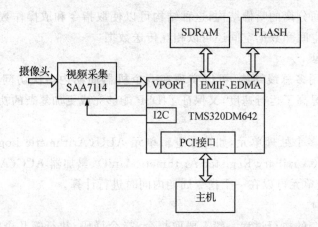

图 4.28 基于 TMS320DM642 的编码器结构图

务程序。

③ 执行中断服务程序,读取压缩后一帧图像的码流。

④ 对读取的数据进行处理,如解码播放、储存等。

⑤ 主机将不断重复地等待中断和响应中断,直至收到结束命令。在收到结束命令后,主机将通知 DSP 结束工作并关闭 PCI。

DSP 的工作流程如下:

① 复位后开始执行编码程序。

② 从视频端口读取一帧原始图像,并对其进行压缩编码。

③ 完成一帧图像的编码后,通过 PCI 向主机发出中断。

④ 不断查询等待新的原始图像读入并继续编码。

⑤ 在主机结束编码后,DSP 进入空闲循环。

为了防止编码程序和主机对于 DSP 中同一存储区域发生访问冲突,可以采取乒乓制储存。

4. 基于 DSP 的编码器软件开发

尽管采用的是同样的编码算法,但与通用处理器(PC)上的纯软件实现相比,在 DSP 上运行编码器软件还需要对用高级语言(如 C 语言)编写的代码进行优化,还需考虑内存分配、中断处理等问题。针对 DSP 的特点,需要对软件代码进行如下的工作。

(1) 软件优化

1) 利用 EDMA 传输数据

由于 DSP 片内存储空间的限制,当前帧、参考帧和当前帧的重建帧数据都存放在片外存储器中。由于访问片外的速度通常要比访问片内慢几十倍,片外数据的传输往往成为限制程序运行速度的瓶颈。即使代码得到充分优化,效率很高,流水线也会因为等待数据而被严重阻

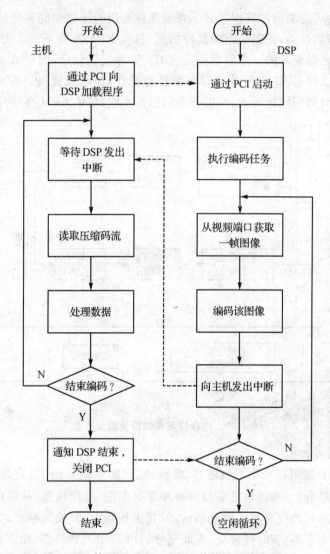

图 4.29 基于 TMS320DM642 的编码系统流程图

塞。采用 EDMA 能够解决这一问题。

直接存储器存取 DMA(Direct Memory Access)是 DSP 上的一种重要的数据访问方式，它可以在没有 CPU 参与的情况下，由 DMA 控制器完成 DSP 存储空间的数据搬移。数据搬移的源或目的可以是片内存储器、片内外设或外围器件。扩展的直接存储器存取 EDMA(Enhanced Direct Memory Access)提供多个相互链接的通道，可以实现多种数据传输，源数据或目的数据可以是不连续的数据元素、数据阵列或连续的块数据的任意组合，并且不同的传输参数也可以互相链接，这都使得 EDMA 能够方便地实现程序中各种各样的数据传输。

图 4.30 是一种可行的内存管理思路。利用现在常用的压缩编码算法(MPEG-4、H.264等)对宏块逐个处理的特点,在编码当前宏块的同时,由 EDMA 将下一个宏块的数据、用到的参考帧数据由片外传送至片内。当前宏块完成 IDCT 和反量化后,EDMA 将重建后的宏块由片内传送至片外。这样 CPU 只对片内存数据进行操作,流水线就可以顺利进行。由于压缩码流是逐个码字有时间间隔地写入,所以不会阻塞流水线,可由 CPU 直接写至片外。

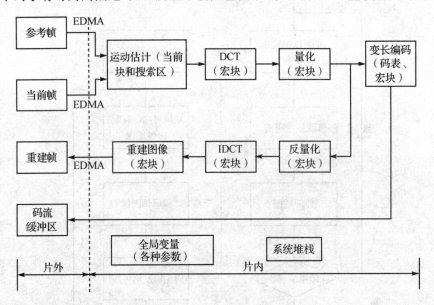

图 4.30 内存管理和数据传输示意图

2) 高级语言代码优化

DSP 系统软件开发可以采用汇编语言、高级语言(通常是 C 语言)或混合语言编程(高级语言和汇编语言相结合)。高级语言编程具有开发周期短、可读性强、可移植性强和便于维护等优点。汇编语言编程的优点是代码效率高,但其工作量大,开发周期长,不便于维护。实际应用中高级语言效率不高,实时性较低,不能充分利用 DSP 片内资源;而汇编语言的开发周期太长,复杂度也很高。这种情况下就可以采用高级语言和汇编语言混合编程,混合语言编程通常以高级语言代码为主体,汇编代码用于算法的核心部分。

在实际应用中软件优化流程一般分为 3 个阶段:

① 编写高级语言(C 语言)代码。根据目标算法编写 C 语言代码。然后使用分析工具软件(如 CCS,Code Composer Studio)分析各个代码段性能。如此时能满足系统的性能,则软件开发可以结束;如不能,则进入第②阶段。

② 优化高级语言代码。使用关键字、伪指令向编译器提供优化信息,使用内联函数优化代码;如仍不能满足要求,则进入第③阶段。

③ 编写线性汇编。根据上面两阶段的分析结果,从 C 语言代码中抽出对性能影响最大的代码段,用线性汇编重新编写这段代码,然后使用汇编优化器优化该代码。

可以看出,代码优化实际由高级语言优化和编写线性汇编两部分组成。

作为一种高级语言,C 语言有其通用性,因此就有一些适合于各种处理器的通用的 C 代码优化方法。如果在编程中遵循这些方法,就能有效提高所编写的 C 代码的执行效率,同时也就为进一步的优化打下良好的基础。下面就对通用的 C 语言代码优化方法作一些介绍。

① 控制程序模块的大小。如果将模块分得过小,则会导致程序的执行效率变低(进入和退出一个函数时保护和恢复寄存器占用时间)。可以用宏定义代替部分较短的函数来解决这个问题。

② 对于大部分的 C 编译器,使用指针比使用数组生成的代码更短,执行效率更高。

③ 减少运算的强度,用运算量小但功能相同的表达式替换原来复杂的表达式。

④ 优化循环。对于一些不需要循环变量参加运算的任务(如表达式、函数的调用、指针运算、数组访问等),可以把它们放到循环外面。在多重循环中,可以将执行次数最多的循环放在最内层,减少 CPU 切入循环层的次数。

⑤ 采用查表算法代替重复的复杂计算。对于一些复杂的运算可以采用查表的方式,将数据表置于程序存储区。如果直接生成所需的表比较困难,则可以在启动时先计算,然后在数据存储区中生成表。程序运行时直接查表即可,可减少程序执行过程中重复计算的工作量。

除了通用的高级语言优化方法,还可以根据所采用的 DSP 芯片的情况采用一些特别的优化方法。这需要利用特定的关键字和伪指令向编译器提供充分的优化信息,由编译器来进行选取指令、并行、软件流水、分配寄存器等处理。编译器在对代码进行优化处理的过程中,可以反馈出有关循环体的性能分析,可以根据这些反馈信息不断修改代码并向编译器提供足够的可供优化的信息。

3) 利用线性汇编优化代码

线性汇编是 DSP 特有的一种编程语言,介于高级语言和汇编语言之间。它可以指定指令用到的寄存器和功能单元,更易于对数据进行打包处理,从而大大提高代码效率。其并行处理和软件流水是由汇编优化器完成的,因而编写线性汇编的工作量要远远小于真正的汇编语言。

在编写线性汇编时需要查看编译器输出的反馈信息,并根据反馈信息不断修改程序,解决各种限制代码效率的因素,直至汇编优化器输出的汇编代码达到或接近最高效率。反馈信息中最重要的是资源边界(resource bound)和循环迭代间隔(iteration interval)信息。前者根据代码中用到的功能单元,给出了一次循环迭代所需的最小时钟周期数,从中可分析出当前代码的效率;后者给出了目前一次循环迭代实际所用的周期数,可以帮助得知代码可能达到的最高效率。

(2) 编码程序向 DSP 的移植

优化后的编码程序在向 DSP 上移植中,还需要注意以下的问题。

1) DSP 系统的初始化

编码程序在运行时要用到一些 DSP 外设(如 SDRAM 存储器、PCI 接口和 TMS320DM642 的视频端口等),这些外设在使用前都需要进行初始化配置,通过读/写相应的寄存器来实现。配置寄存器可以由主机通过 PCI 引导 DSP 时进行,也可由 DSP 目标程序在使用某种外设之前进行。

2) 分配存储空间

编译器和链接器生成的 DSP 的可执行目标文件是由许多被称为段的代码和数据组成的。这些段需要合理地分配于片内或片外的存储器中。

3) 中断处理

为了能够处理中断,程序中必须包含中断向量表(IST)。中断向量表是一组包含中断处理指令的取指包。CPU 开始响应中断时,就会转去执行中断向量表中相应的取指包。

4.5.2 基于 FPGA 的运动图像编码系统的设计与实现

1. FPGA 硬件平台的特点与优势

专用集成电路 ASIC(Application Specific Integrated Circuit)的出现降低了硬件电路产品的生产成本,提高了系统的可靠性,减小了产品的物理尺寸。但是 ASIC 因为设计周期长、改版投资大、灵活性差等缺陷,其应用范围受到制约。硬件工程师需要一种灵活的设计方法,根据需要在实验室就能设计、更改大规模数字逻辑,研制自己的 ASIC 并马上投入使用,这就是可编程逻辑器件的基本思想。现场可编程门阵列 FPGA(Field – Programmable Gate Array)既继承了 ASIC 的大规模、高集成度、高可靠性的优点,又克服了普通 ASIC 设计周期长、投资大、灵活性差的缺点,逐步成为复杂数字硬件电路设计的理想首选。当代 FPGA 具有以下特点:

① 规模越来越大。随着超大规模集成电路(VLSI)工艺的不断提高,单一芯片内部可以容纳上百万个晶体管,FPGA 的规模也越来越大,单片逻辑门数已逾百万,其功能也越来越强大,同时也更加适合实现片上系统(SoC)。

② 开发过程投资小。FPGA 芯片在出厂之前都做过百分之百的测试,而且其设计灵活,发现错误可直接更改,这就减少了风险,也节省了许多潜在的花费。

③ 灵活性好。FPGA 可以反复擦除,再编程。在不改变外围电路的情况下,设计不同片内逻辑就能实现不同的电路功能。

④ FPGA 具有功能强大的开发工具。应用各种工具可以完成从输入、综合、实现到配置芯片等一系列功能。

⑤ 新型 FPGA 内嵌 CPU 或 DSP 内核,支持软硬件协同设计,可作为片上可编程系统(SOPC)的硬件平台。

2. 体系结构

运动图像编码系统的结构实际上与一个计算机的结构无异,如图 4.31 所示,周围的 DSP

和 ASIC 类似于"显卡"、"网卡",用来处理一些特定的功能作用比较集中的事情。图 4.32 为 C2 Micro(希图)运动图像编码体系结构。

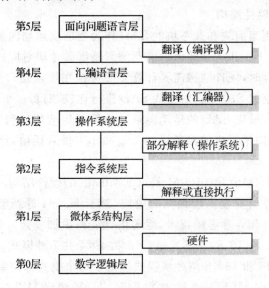

图 4.31 现代计算机体系结构

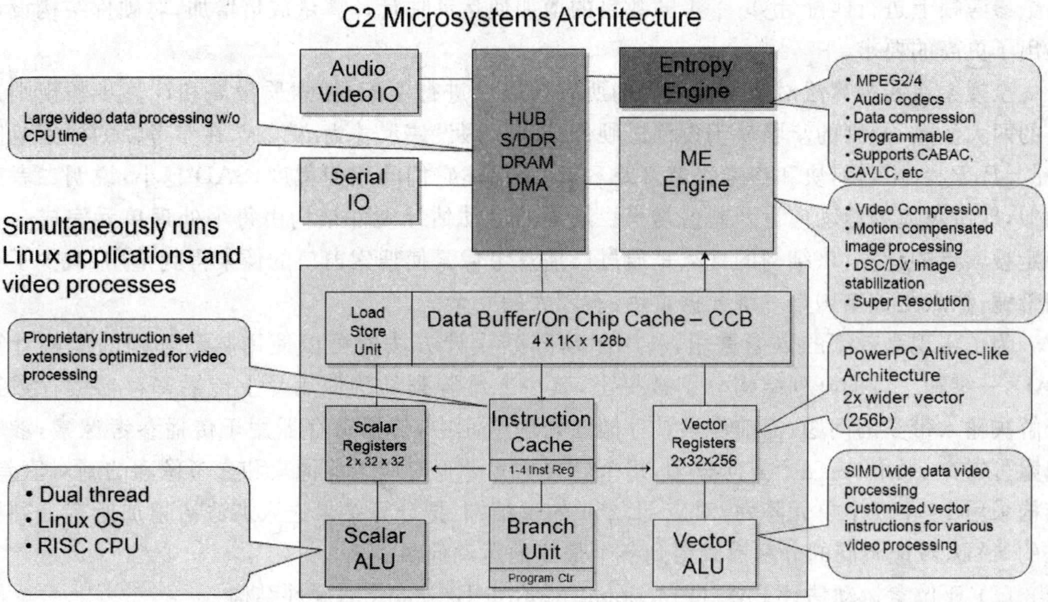

图 4.32 希图 H.264 解码 SoC 体系结构

从该体系结构中可以看出,熵编码、运动估计等部分由于功能作用的集中和单一,被单独划分为子功能模块分别单独实现。

3. 运动估计模块的硬件结构

整像素运动估计使用当前块和参考块的 SAD 作为当前块运动向量的匹配准则,亚像素运动估计使用 SATD,即对 1/2 和 1/4 插值后的亚像素精度参考块对应的 SAD 再作 2 维哈达玛变换。在整像素运动估计时,硬件结构需要计算多参考帧在搜索窗口所有匹配点的参考块以及在参考块内所有亚分割的 SAD 值,对这些 SAD 进行比较,对每一个参考帧需要得出多个对应不同亚分割模式的具有最优 SAD 的运动向量。亚像素运动估计利用整像素运动估计得出的最优运动向量,对运动向量对应的参考块作 1/2 和 1/4 像素插值,计算 SATD,得到亚像素精度的最优运动向量。

(1) 整像素运动估计 IME(Integer Motion Estimation)硬件结构

运动估计是编码器中计算复杂度最高的模块,对于 H.264 等新型运动图像编码标准,由于采用了变尺寸运动估计和多参考帧技术,运动估计变得更加复杂。H.264 标准中变尺寸运动估计有 16×16、16×8、8×16、8×8、8×4、4×8 和 4×4 共 7 种模式,而早先的视频编码标准如 MPEG-2 只有 16×16 和 16×8 两种块模式。由于每个模式都需单独计算,H.264 采用变尺寸预测技术后,计算量比 MPEG-2 增加了 3 倍。另外,相比 MPEG-2 中 P 帧运动估计采用 1 个参考帧,B 帧采用 2 个参考帧,H.264 允许采用 5 个或更多的参考帧。运动估计需要在每个参考帧上进行匹配计算,参考帧数目的增加使运动估计计算量成倍增加,对硬件结构设计提出了更高的要求。

全搜索块匹配算法对搜索范围内的所有候选块进行匹配,搜索质量高和计算步骤规则是它的两大优点,规则的步骤易于设计成硬件结构。假设块尺寸为 $N \times N$,在参考帧的搜索范围为 $[-P, P]$。用当前块和参考块像素差 SAD 来描述它们的相似程度,SAD 越小,说明二者越相似,即所对应的运动向量残差值越小。最早的运动估计硬件结构由每个处理单元完成一个固定搜索点的计算,该结构的优点是通过广播参考像素使搜索窗口的像素得到重用,减少了存储带宽;缺点是该结构是一维数据重用,有较大的冗余。

为了实现高效率的数据重用,利用脉动阵列设计方法学可以使用脉动阵列的结构计算 SAD,一维和二维的阵列结构分别被提出,其中二维阵列结构使用片上传播寄存器缓存数据来解决输入带宽的问题;当前像素被存储在处理单元中,传播寄存器用于传播参考像素,参考像素可以在上、下、右三个方向移动,每个处理单元计算对应当前像素和参考像素的绝对值差;结构采用 16×16 个单元阵列,对应 H.264 的块结构,把计算结果送入加法树累加所有分割模式的 SAD,对应不同的分割模式得到各个最优的运动向量。

(2) 亚像素运动估计 FME(Fractional Motion Estimation)硬件结构

亚像素运动估计结构对整像素运动估计在每个参考帧得到的各个最优运动向量作亚像素插值,计算亚像素搜索点的 SATD 值。运动补偿在帧间预测模式选择完成后进行。亚像素运动估计结构的输出是最优的预测模式、相应的运动向量和运动补偿结果。图 4.33 是一种亚像素运动估计硬件结构。Ref.Pels SRAMs 用于存储参考像素,并且被亚像素运动估计结构和整像素运动估计结构共享。在结构中用 9 个处理 4×4 块的处理单元同时处理 9 个候选块,每个处理单元完成亚像素候选块的残差计算和哈达玛变换。一个二维的插值计算结构用于生成 1/2 或 1/4 像素精度的亚像素值,这个插值计算结构可以被 9 个处理单元共享。这个亚像素运动估计结构还包括一个码率失真优化模式选择结构,用于产生最后的输出。而亚像素精度的像素值是由相邻的像素值通过 FIR 作插值计算得到的。

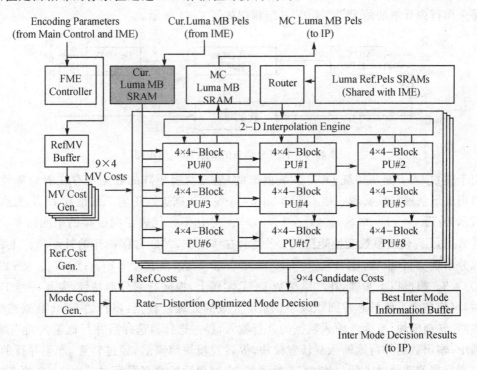

图 4.33 亚像素运动估计硬件结构

4. 变换模块的硬件结构

DCT 编码性能最接近于 K-L 变换,且具有快速算法,因此被广泛应用于图像编码。不同的 DCT 算法就需要有不同的结构来实现。按照运算形式的不同,将 DCT 快速算法分为两大类:直接算法与间接算法。两种算法都是将重点集中在蝶形快速算法的结构上,目的都是减少乘法及加法的运算量。

以 AVS 标准的 8×8 DCT 变换为例,若由 DCT 公式直接进行计算,则工作量很大,难以满足实时处理的要求。直接算法并不是这样计算。所谓直接算法是指不需要转换为其他算法,而直接以 DCT 本身为出发点进行计算。它包括 DCT 变换矩阵分解和递归算法两种算法:矩阵分解是利用稀疏矩阵分解法将变换矩阵分解,将高阶矩阵分解为低阶,从而减少计算复杂度;递归算法是由较低阶 DCT 矩阵递归产生较高阶 DCT 矩阵,因此可以将递归算法看成分解算法的逆算法,但因为矩阵分解法需要对余弦系数进行求反和除法,因而数值稳定性较递归算法差;直接算法处理速度块,但硬件消耗大且复杂度高,一般在 ASIC 产品中使用。

除了直接算法以外的算法都可以称为间接算法。常用的方法是利用 DCT 和 DFT、DHT 等正交变换之间的关系,用已有的 DFT 或 DHT 快速算法来计算 DCT。间接算法过程比较简单,主要工作是处理算法间的转换,因此需加一些额外的操作步骤。而在硬件实现中,用得较多的是采用行列分解法的 DCT 算法,其结构图如图 4.34 所示。

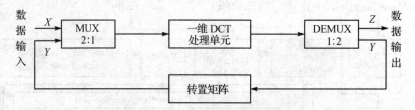

图 4.34 行列分解法的二维 DCT 结构图

由于整数 DCT 是从传统 DCT 发展而来的,组成变换矩阵的数据也存在着对称性,因此也可以用蝶形快速算法实现一维 DCT。对 8×8 残差数据进行正向二维整数 DCT 变换,其过程可表示为 $T_{8\times8}=(I_{8\times8}\times S_{8\times8}\times I_{8\times8}^T+2^2)\gg3$。其中 $T_{8\times8}$ 代表正向变换的中间结果,$S_{8\times8}$ 代表残差数据,$I_{8\times8}$ 代表整数变换矩阵,"$\gg$"表示右移操作,2^2 是右移操作的补偿项。上面的过程可以分解为 3 个步骤:① $Y_{8\times8}=I_{8\times8}\times S_{8\times8}$;② $Y'_{8\times8}=I_{8\times8}\times Y_{8\times8}^T$;③ $T_{8\times8}=(Y'_{8\times8}+(1\ll2))\gg3$。根据以上步骤,在二维整数 DCT 实现上,根据行列分离特性,复用一维 DCT 运算模块,可使整个系统的芯片面积减小。系统大致的处理过程是:串行的 9 bit 数据首先经过一个串/并转换模块,变为八输入数据的并行输入,经过选择器选择后并行地输入到一维 DCT 处理器中;输出数据并行地输入到转置模块,等转置模块填满后,经过转置,产生并行的数据,再经过选择器的选择输入到一维 DCT 处理器中;处理后的数据再经过一个 1∶2 的多路器将处理结果给输出。1∶2 的多路器包含在一维 DCT 的处理模块中。

5. 可变长编码器的实现

变长编码的设计需要知道单个符号的概率分布,在很多实际应用中,信源的概率分布是不可知的。因此很多时候是预先统计大量的信源概率,预先建立好哈夫曼树,再在编码和解码的时候直接按照哈夫曼树来进行编码和解码。以 H.264 标准为例,其中采用的基于上下文自适应的可变长编码(CAVLC),不同的码表对应了不同的概率模型,而这个概率模型就对应了事预先设计好的哈夫曼树。编码器能够根据上下文,如周围块的非零系数或者系数的绝对值大小,在这些码表中自动地选择,最大可能地与当前数据的概率模型匹配,从而实现上下文自适应的功能。

第 4 章 运动图像编码

H.264 标准中的熵编码总体结构如图 4.35 所示。对一个块(Block)中的残差数据,首先进行 Zig-Zag 扫描,即按照从低频到高频的方式重新排列数据。然后进行编码对象的统计,这其中的编码对象总共有 5 种,包括:非零系数的个数和末尾的 1 的个数、末尾 1 的符号、其余非零系数的值、最后一个非零系数前总共零的个数以及游程。之后再对这些编码对象进行自适应变长(CAVLC)编码,最后输出编码的码流。在编码的过程中,需要根据上下文自适应地选择编码的码表。

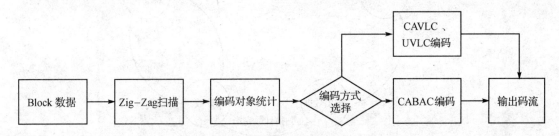

图 4.35 H.264 熵编码总体结构图

Zig-Zag 扫描的扫描方式如图 4.36 所示。考虑到输入、输出数据位置的对应关系一定,因此可以用信号线直接将二者联系起来,如图 4.37 所示。其中 BlockDataIn 表示输入数据,BlockDataOut 表示输出数据。

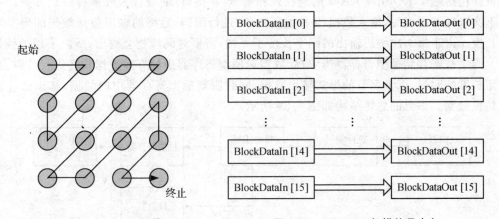

图 4.36 Zig-Zag 扫描　　　　图 4.37 Zig-Zag 扫描信号走向

Zig-Zag 扫描完成之后,需要对编码对象进行统计。对这 5 个编码对象的统计过程,其实是一个扫描计数的过程,即从 Zig-Zag 扫描之后的 Block 数据流的末尾(高频部分)向数据流的头部(低频部分)的一个扫描计数过程,因此需要遍历 Block 中的每一个数据。由于要统计多个对象,故实现的时候,可以设置一些标志位,用来表示统计对象的开始与结束,整体可以用 FSM 实现。图 4.38 为扫描的状态转换图。

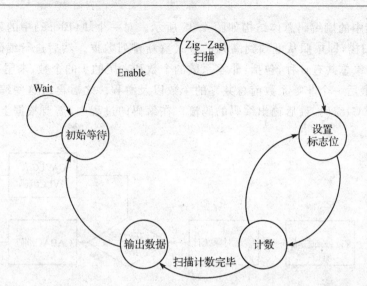

图 4.38　编码对象统计状态转换图

由于在视频处理中数据吞吐量巨大,采用构成哈夫曼树的方法计算变长码字会消耗过多的时间,因此多用查表的方式解决。设计查找表单元的关键在于大小、效率和设计的灵活性。这类设计包括基于 ROM 或 RAM 的查找表和基于"硬接口"的查找表等多种可选方案。在通过上下文选择好码表后,输入数据(5 种编码对象)进行编码,最终的输出包括编码的码字和码字的长度。由于每一次编码输出的码字长度不一样,需要对码流整合输出,所以采用了桶型寄存器。码字被寄存到桶型寄存器当中,计数器对桶型寄存器中的有效数据长度进行计数,当达到一定长度的时候,以整字节的形式输出数据,同时刷新桶型寄存器中的数据,移出已经输出的比特位数据。编码的总体结构如图 4.39 所示。

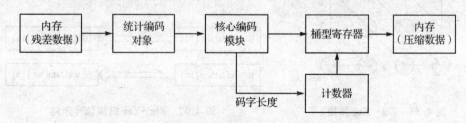

图 4.39　编码总体结构图

自适应变长编码以前面变换量化之后的残差数据作为输入,这部分残差数据存储到片内的同步 RAM 当中。统计编码对象模块首先从内存中读入数据,然后进行 Zig‐Zag 扫描,将编码对象交给核心编码模块。核心编码模块首先统计编码对象,然后根据上下文对 5 种编码对象选择适当的码表进行编码,输出码字和码字长度。编码码流经过打包之后,存储到

SRAM 中。由于每一次编码结果的数据长度并不一致,如果逐比特地存储到 SRAM 中,则非常浪费时间,于是采用了桶型寄存器控制数据,以整字节输出到 SRAM。

4.6 小　结

本章主要介绍了运动图像编码的相关知识:首先介绍了运动图像编码系统的基本原理和结构,并详细讨论了基于运动估计的运动图像编码算法;然后对编码中的码率控制问题进行了讨论;接下来介绍了目前常见的几种运动图像编码标准;最后以几个应用实例说明了运动图像编码系统如何通过硬件实现。由于运动图像编码的应用非常广泛,不断有新的编码思想被提出,故在下一章中将介绍当前的一些新型编码算法。

习题四

1. 在题图 4.1 中,假设采用二维对数搜索法得到的最终搜索点为(3,−5),试描述其详细搜索过程。

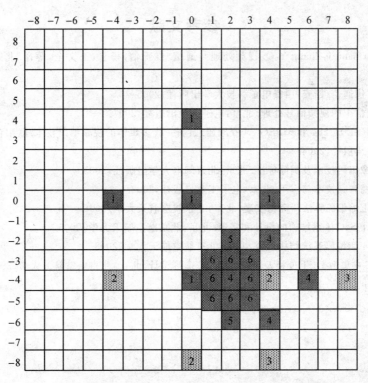

题图 4.1　习题 1 用图

2. 某运动图像的分辨率为 720×480，帧率为 25 帧/秒。采用全搜索法按照 MAD 准则对大小为 16×16 像素的图像块进行块匹配运动估计，最大搜索范围是 ±32。若仅考虑 Y 分量，求实时对该图像进行块匹配搜索所需的运算速度。

3. 试用程序实现各种块匹配算法（整像素精度）。对于第 2 题中的视频帧，比较使用全搜索法和菱形搜索法搜索最佳匹配块的计算量。

4. 从一个视频序列中抽取相邻的两帧，编写程序分别求得单独一帧、两帧差值图像、运动补偿残差图像的方差并进行比较。比较的结果说明了什么？

5. 对于第 4 题中的两视频帧，编写程序以全搜索法分别进行整像素精度和亚像素精度运动估计，比较两种情况的残差图像。

6. 同样对与第 4 题中的两视频帧编写程序，分别以基于像素（如梯度像素递归法）和基于块（如整像素全局搜索法）的方法进行运动估计，比较两种情况的运动向量数据量和残差图像。

7. 在可变块运动估计中，图像的哪些特征可以用做判断块是否再次细分的准则？

8. 设计一个基于 DSP 的高清实时运动图像编码系统。要求采用 TMS320DM642 芯片，用 H.264 编码算法，编码程序的原始视频输入由外部视频采集卡提供，编码得到的数据由 PC 存储。

参考文献

[1] Wang Y, Ostermann J, Zhang Y Q. 视频处理与通信. 侯正信, 杨喜, 王文全, 等译. 北京：电子工业出版社, 2003.

[2] 何小海, 等. 图像通信. 西安：西安电子科技大学出版社, 2005.

[3] 郭宝龙, 等. 通信中的视频信号处理. 北京：电子工业出版社, 2007.

[4] Richardson I E G. H.264 和 MPEG-4 视频压缩：新一代多媒体的视频编码技术. 欧阳合, 韩军, 译. 长沙：国防科技大学出版社, 2004.

[5] 刘峰. 视频图像编码技术及国际标准. 北京：北京邮电大学出版社, 2005.

[6] 刘毓敏. 数字视音频技术与应用. 北京：电子工业出版社, 2003.

[7] 李群迎. 视频压缩编码算法研究与实现. 北京：北京航空航天大学, 2005.

[8] 林鑫. 运动估计 SoC 体系结构的设计和实现. 北京：北京航空航天大学, 2005.

[9] 赖大彧. H.264 熵编码系统结构研究. 北京：北京航空航天大学, 2008.

[10] 蔡海涛. AVS 中整数 DCT 变换及量化的 ASIC 前端设计. 北京：北京航空航天大学, 2008.

第 5 章　新型视频编码

　　想象力比知识更重要,因为知识是有限的,而想象力概括着世界上的一切,推动着进步,并且是知识进步的源泉。

——爱因斯坦

　　随着视频在网络及其他多种领域中的应用日趋广泛,传统的视频编码已经不能完全满足应用的要求。为了满足多元化的应用,一系列新型视频编码技术的研究得到开展。本章将对几种新型编码技术进行介绍。

5.1　可伸缩视频编码

5.1.1　可伸缩视频编码简介

　　近年来,无线通信技术和网络技术发展快速,人们越来越多地需要通过网络获取数据,特别是多媒体数据。传统的视频编码技术通常将视频信息压缩成为适合一个或几个固定码率的码流。由于传输信道的异构性、带宽波动等因素的影响,传统的编码算法很难满足实时传输的要求,于是迫切需要一种面向传输的新型编码算法,能够输出适应各种传输条件下码率要求的可伸缩性码流。面对网络传输环境对视频编码的这种新要求,MPEG 组织在 1999 年开始征集可伸缩视频编码 SVC(Scalable Video Coding)的方案。可伸缩视频编码的主要特征包括:

① 能够动态地适应网络带宽的变化,重建质量与带宽成近似的线性关系。

② 具有抵抗数据丢失的鲁棒性。

③ 能够适应各种不同的通信环境和用户终端。

视频编码的可伸缩特性主要包括 3 类:时域可伸缩性、空域可伸缩性和质量可伸缩性。

① 时域可伸缩性(temporal scalability):解码视频可以具有不同的帧率,以适应不同带宽要求。最简单的方式可以通过在码流中添加 B 帧来实现。由于 B 帧使用与它在时间上最近邻的前后 I 帧或 P 帧进行预测,而本身并不作为任何其他帧的参考图像,因此在传输中丢弃 B 帧并不会影响其他帧的质量,只会降低码率。

② 空域可伸缩性(spatial scalability):解码视频可以具有不同的空间分辨率,以适应不同显示能力的终端。空域可伸缩性编码通过为视频中的每一帧创建多分辨率的表示来实现。当进行空域可伸缩编码时,首先对原始视频进行下采样得到低分辨率的视频,对其编码得到基本层码流,然后由原始视频和基本层视频的残差生成增强层码流。此时,即使增强层在传输中被

丢弃,客户端的解码器也可以获得一定质量的视频信息。

③ 质量可伸缩性(SNR scalability):质量可伸缩性编码的思想和空域可伸缩性编码很类似,只不过无须对原始视频进行下采样,而是通过粗量化生成基本层码流。然后对原始视频和基本层视频的残差再进行量化,生成增强层码流;如果有多个增强层码流,则重复以上过程。由于视频质量通常用信噪比(SNR)来衡量,所以质量可伸缩性也被称为 SNR 可伸缩性。

另外,还可以采取具有混合可伸缩特性的方式,即同时支持上述中的两种或三种类型的可伸缩性。可伸缩编码方法只需对原始视频数据编码一次,便能以多个帧率、空间分辨率或视频质量等级进行灵活的解码,从而适应各种不同类型的应用要求。

不论采取哪种可伸缩特性,可伸缩编码的基本思想都是将视频编码成一个可以单独解码的基本层码流和一个可以在任何位置截断的增强层码流,其中基本层码流适应最差的网络带宽环境,而增强层码流用来覆盖网络带宽变化的动态范围。目前已经提出了 DCT 系数位平面编码、零树小波编码、图像残差小波编码、图像残差匹配编码等多种解决方案。H.264 标准最终采纳了 W. P. Li 等人提出的基于 DCT 系数的位平面编码的精细粒度可伸缩 FGS(Fine Granularity Scalability)编码算法。该算法实现简单并且具有灵活的可伸缩特性,是目前最为有效的可伸缩编码方案之一。在该算法的基础上,涌现出了多种 FGS 的改进方案。

5.1.2 基本精细粒度可伸缩编码

作为 MPEG-4 标准采纳的第一个 FGS 方案,基本精细粒度可伸缩编码 BFGS(Basic FGS)的原理是将视频编码成为一个可以单独解码的基本层码流和一个可以在任意点截断的嵌入式增强层码流。基本层采用传统的基于运动估计的算法,适应最低的网络带宽,需要通过信道进行完整传输。嵌入式码流具有能够在码流任意位置截断的特性。目前在视频编码领域中,主要有 3 种技术能够生成嵌入式的码流,提供精细可伸缩性。它们分别是:基于图像残差的小波变换方法、基于 DCT 系数的位平面编码和基于图像残差的跟踪匹配算法。增强层将基本层量化、反量化后重建的 DCT 系数与原始图像 DCT 系数的残差进行位平面编码,形成嵌入式码流。

为了说明 FGS 方案,这里先介绍基于 DCT 系数的位平面编码方法。基于 DCT 系数的位平面编码方法与传统 DCT 技术的本质区别是:把量化后的 DCT 系数看成二进制的码字,而不是十进制数字;不采用传统的游程编码技术,而是对这些二进制的比特位进行游程编码。传统的基于 DCT 的视频编码方案中,对量化后的 DCT 系数进行游程编码,即对量化后的 DCT 系数进行 Zig-Zag 扫描重排,并记录重排 DCT 系数中连续为 0 的个数 run,以及第一个非零 DCT 系数的绝对值 level 组成一个二维(run,level)符号。重复上述操作直到最后一个非零 DCT 系数结束。然后与表示当前系数是否到达 DCT 块尾的符号 EOB 一起组成一组三维符号(run,level,EOB),最后对该三维符号进行熵编码。W. P. Li 在游程编码的基础上提出了 DCT 系数的位平面编码算法。位平面的概念在第 3 章中已经介绍过。每个 8×8 的图像块都被分解成若干个位平面,每个位平面都由 64(8×8) bit 位组成,每个比特代表相应的 DCT 系数的绝对值在该位置平面的二进制值。首先对每个位平面中的 64 bit 位进行 Zig-Zag 扫描,重排成一个数组。然后进行游程编码,得到一组二维(run,EOP)符号,并参照给定的 VLC 码书表把该位平面编码成比特流,不同的位平面采用的 VLC 码书表是不同的。其中二维(run,EOP)符号的定义为:run 标记二进制值"1"前连续为 0 的个数;EOP 代表出现"1"的位置后面是否还有"1",如果剩下比特数据的值全为 0,则 EOP 的值为 1,否则值为 0。编码从最高的位平面开始,一直到最低的位平面编码完成为止,每个系数的符号位用 1 bit 保存在该系数的最高有效位平面中。位平面编码能够保证变换系数的重要部分(高位)优先进行编码。在发送端,服务器根据用户接入网络带宽的情况,选择性地丢弃数据。首先将最低位平面的数据丢掉,然后再丢弃次最低位平面的数据,直到当前位平面的数据适应网络的带宽为止。这就保证引起 DCT 系数较大误差的高位平面能先被传输,从而使接收端解码出的图像质量下降最小。在编码效率上,位平面编码比游程编码要节省大约 20% 的比特数。由于不同的位平面统计特性有较大的差别,所以不同的位平面也要调用不同的 VLC 码表。尽管如此,比特平面编码所用码表数仍远远小于游程编码所用码表数。

BFGS 编/解码器框图分别如图 5.1、图 5.2 所示。BFGS 基本层采用与 MPEG-2、H.263 和 H.264/AVC 等标准兼容的运动补偿变换编码方法,生成一个固定的并且小于网络最小可用带宽的低码率码流,提供给用户最低质量的解码视频。增强层采用位平面编码技术来编码源图像与基本层重建图像之间的差值,生成增强层视频码流。位平面技术提供了嵌入的可分级能力,它允许对增强层码流进行任意的截取、传输。BFGS 可以在一个很大的码率范围内调整数据的传输,适应复杂的网络带宽变化。对于接收端来说,基本层数据可以确保获得最低视频解码回放质量,接收到的增强层码流能够改善解码视频质量,用户接收到的码流越多,图像质量越好。

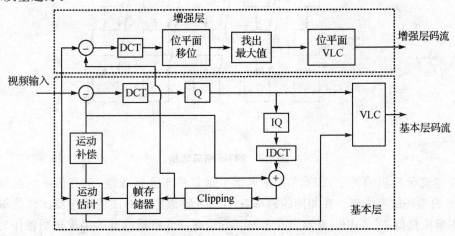

图 5.1 BFGS 编码器结构

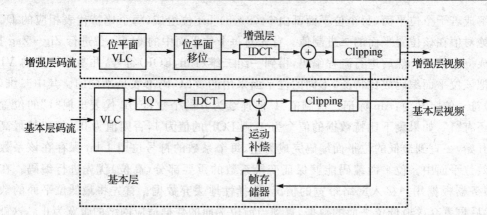

图 5.2 BFGS 解码器结构

BFGS 的编码结构如图 5.3 所示。可以看出,基本层和所有增强层都是使用前一帧的重建基本层作为参考,然后重建,因而如果在传输的过程中增强层码流出现了丢失或错误时,只需要丢掉这一帧后面的增强层即可。由于后一帧的解码没有使用增强层作重建参考,所以依然可以得到良好的图像质量。显然,增强层码流的丢失和错误不会在解码端产生严重的视觉影响和误差积累的问题。

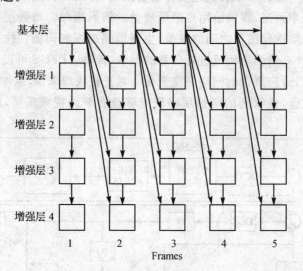

图 5.3 BFGS 编码结构

尽管在流化视频编码中,BFGS 方案提供了很好的带宽适应性,但与传统的视频技术相比,BFGS 的编码效率太低。在相同的码率下,BFGS 码流提供的图像质量要比传统编码码流提供的图像质量低 2~3 dB。其原因在于 BFGS 始终以低质量的基本层重建图像作为运动估计的参考帧,这一点可以从 BFGS 的编码结构中看出。由于基本层解码图像质量比较低,和原始图像的差别较大,使得增强层进行编码的 DCT 系数残差很大,故生成的增强层码流也相应较长。为了解决这一问题,很多基于 FGS 的改进型可伸缩视频编码方案被提出。

5.1.3 渐进精细粒度可伸缩视频编码

渐进精细粒度可伸缩性编码方案 PFGS(Progressive FGS)的基本思路是在编码增强层时用一些高质量的增强层作为参考,由于增强层重建图像的质量要比基本层高,使得运动补偿更有效,从而提高了可伸缩性编码的编码效率,并进一步提出显示重建帧和预测重建帧分离的思想,在提高显示帧质量的前提下保证了预测重建帧的可靠性,其编码效率比 FGS 提高了 1 dB以上。

1. 基本 PFGS 方案

图 5.4 是吴枫等提出的基本 PFGS 编码框架,其中使用了两种不同的参考图像:基本层图像以前一帧重建的基本层图像为参考进行运动预测和补偿,增强层图像以基本层和前一帧重建的某个增强层图像为参考进行运动预测和补偿。从图中虚线可以看出,这种结构能够适应网络带宽的波动。假设在第 2 帧时网络带宽突然变窄了,只有第一个增强层在解码端能得到,从第 2 帧后带宽又恢复了,这时第 3 帧只能解码到增强层 2。因为更高的增强层需要以第 2 帧的增强层 3 作为参考才能解码,而第 2 帧高的增强层由于带宽的波动已经丢失了。同样的原因,第 4 帧能解码到增强层 3,到第 5 帧时就又可以得到最高质量的解码图像。这是网络带宽波动的情况,如果在传输过程中,有一个或几个增强层发生数据包丢失或错误,其恢复过程也类似于上面的带宽波动情况。

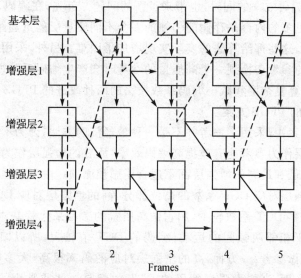

图 5.4 基本 PFGS 编码框架

由于这种编码框架的恢复过程是渐进的,因此叫做渐进的精细可伸缩性编码。需要注意的是,高质量增强层参考帧的使用也导致了误差传递的问题。一般情况下,PFGS 基本层视频流的码率总是被控制到与网络的最小传输带宽相适应,因此可以认为基本层在解码端总是可以得到的。由于高质量的参考图像包含了一些低的增强层信息,因而需要更多的带宽来传输这些增强层。当网络带宽波动到不足以传输这部分增强层码流时,解码端将有可能部分或全部丢掉高质量的参考图像,这种编码器和解码器之间的高质量参考图像的差异必然会导致传递误差的传播和累积,并且会严重地影响解码图像的视觉质量。

为了有效地控制误差传递和累积,PFGS 在重建当前高质量参考图像时交替地使用前一个低质量参考图像和前一个高质量参考图像,并且每隔几个编码帧后,就保持一条由最低质量的基本层到最高质量的增强层的预测路径,将所有增强层的预测关系限定在这个预测路径之内。若干个编码帧之后,预测链将重新从基本层开始,从而有效地抑制误差传递。例如,如果第 3 帧的第 2 个增强层出现错误,则第 4 帧的第 2、3 个增强层都会受到影响,进而通过帧间预测影响到第 5 帧。但这种影响会限定在当前预测链之内,下一个预测链开始以后,编码错误就完全消除了。

PFGS 方案较 FGS 具有明显的优势。首先,由于将运动估计扩展至增强层,因此它的编码效率优于 FGS 算法;其次,增强层的预测均来自于同级或相对较低的增强层,当信道带宽比较稳定时,该算法可以保证比较稳定的图像质量;最后,PFGS 独特的预测链结构保证了基本 FGS 算法中的精细粒度分级特点,并且每隔几帧就会有一条来自基本层的预测路径,因此在存在短时间可靠信道的条件下,可以每隔几帧刷新一次最高增强层,限制了预测误差的传播。

2. 改进的 PFGS 方案

PFGS 在提高了编码效率的同时,也带来了新的问题。首先,在编码和解码中采用多个不同质量的参考,需要更多的内存来存储前一帧的多个不同质量层的重建图像,而多次重建图像也会增加计算复杂度,这些都给算法的实际实现增加了困难。另外,采用多个不同质量的参考图像,从一个低质量的参考切换到一个高质量的参考时会产生编码系数振荡。为此,吴枫等提出了分别针对降低计算复杂度和减小编码系数振荡的两种改进的 PFGS 方案。

(1) 降低复杂度的 PFGS 方案

在 PFGS 编码方案中,采用多参考并不是一种最经济的方法,因为不是每个增强层都适合作为参考,有的增强层作为参考能有效提高编码效率,而有的增强层作为参考对提高编码效率没有多大的帮助。最低和最高的增强层都不适合用做预测帧。由于增强层是通过位平面编码技术形成的,低的增强层对应 DCT 系数的高位部分,高的增强层对应 DCT 系数的低位部分。低的增强层编码的非零 DCT 系数较少,用它做高质量的参考来代替基本层的效率就比较低;另外,低的增强层由于相邻两帧间的运动,编码的 DCT 值较大,所以帧间的相关性比较弱。高的增强层也不适合做参考:一方面,高的增强层对应的码率很高,大多数应用很少能获得这么高的码率;另一方面,高的增强层编码的 DCT 值都是一些非常小的值,这些值有可能是噪声引起的,这也降低了两帧间的相关性。只有中间层的重建图像用做参考源才能带来比较大的编码收益。简化的 PFGS 框架如图 5.5 所示。该框架中,参考层减少到两个:第一个参考跟 BFGS 中一样,用于基本层和低的增强层预测;第二个参考用于高的增强层预测,使用前一帧某个中间增强层作为参考,具体采用哪个增强层,由编码的图像内容和基本层的码率决定。

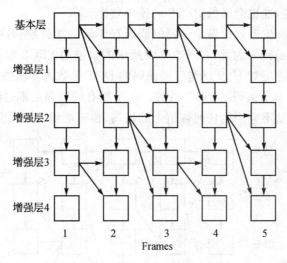

图 5.5 简化的 PFGS 编码框架

(2) 减小编码系数振荡的 PFGS 方案

为了详细说明 PFGS 中的系数振荡问题,将通过低质量参考得到的运动补偿误差图像称为 LQPI(Low Quality Predicted Image),其 DCT 系数称为 LQPD;将通过高质量参考得到的运动补偿误差图像称为 HQPI(High Quality Predicted Image),其 DCT 系数称为 HQPD。把更换参考图像之前已经在基本层和低的增强层编码的 DCT 系数叫做已经编码的 DCT 系数。基本层和低的增强层对 LQPD 系数进行编码,而高的增强层对 HQPD 和已经编码的 DCT 系数之差进行编码。由于第二个参考的质量要比第一个参考的质量高,这样 HQPD 的能量比 LQPD 的能量低,从而能用较少的比特进行编码。但以上结论在统计上是成立的,对每个 DCT 系数而言不一定成立。由于图像间的运动,有些 HQPD 系数可能会比对应的 LQPD 系数大;同样的,HQPD 系数与已经编码的 DCT 系数之差也不一定小于 LQPD 系数与已经编码的 DCT 系数之差,这时就会产生系数振荡。

当 HQPD 与已编码的 DCT 系数的差值大于 LQPD 与已经编码的 DCT 系数的差值时,就会在高的增强层编码中产生振荡。尤其当振荡的幅值超过了高的增强层的描述范围时,会严重影响 PFGS 的编码效率。例如,位平面编码中有 3 个位平面,最大的描述范围是 7(111),如果用 HQPD 与已经编码的 DCT 系数的差值代替 LQPD 与已经编码的 DCT 系数的差值,则需要编码的 DCT 值反而大于 7,这时将不得不在高的增强层前加入一个或多个附加的位平面来描述更大范围的 DCT 差值。其次,HQPD 与已经编码的 DCT 系数的差值的符号可能会与 LQPD 与已经编码的 DCT 系数的差值的符号不同。在位平面编码技术中,每个 DCT 差值的符号位与最重要的位平面(第一个非零的位平面)一起编码,如果一些 DCT 系数的符号位已经在低的增强层编码了,变换参考图像后,它的符号位有可能发生变化,因而不得不在高的增强层再次编码符号位,这也会降低 PFGS 的编码效率。

由以上分析可知,产生系数振荡最主要的原因在于低的增强层和高的增强层不是对同样的 DCT 系数差值进行编码。为此,在图 5.6 中所示的改进的 PFGS 框架中,只有基本层编码 LQPD 系数,所有的增强层对 HQPD 与已经编码的 DCT 系数的差值进行编码,这时已经编码的 DCT 系数仅仅是基本层编码的 DCT 系数。由于所有的增强层都是编码同一个 DCT 系数差值,这样在增强层间就不会产生任何幅值上的振荡,也不必编码第二个符号位。

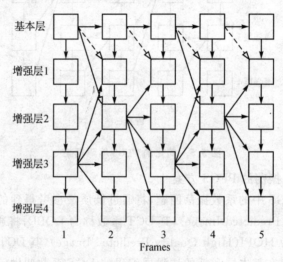

图 5.6 改进的 PFGS 编码框架

为了防止错误传递,在重建增强层时,可以采用高质量的参考,也可以采用低质量的参考,这样在前一帧的高的增强层产生误差时,可以避免误差的传播和积累。如图 5.6 所示,实线实箭头表示相邻两帧和帧内相邻层的预测关系;实线虚箭头表示用低质量的基本层来重建一个增强层,作为下一帧增强层的参考;虚线虚箭头表示在得不到高质量参考时,用低质量的参考来代替。此外,改进的 PFGS 还具有一个特点,即重建显示图像和重建参考图像时所用的参考可以不同,以得到可能的最好质量的显示图像。例如实线实箭头和实线虚箭头都指到第 2 帧的第 2 个增强层,如果给定的码率刚好解到第 2 帧的第 2 个增强层,那么第 2 帧的第 2 个增强层需要重建两次,第一次用前一帧的基本层为参考,重建的图像作为下一帧的参考;第二次用前一帧的增强层为参考,重建的图像用于显示。

5.1.4 基于宏块的渐进精细可伸缩视频编码

在 PFGS 编码方案中,增强层是以整帧为单位来选择运动补偿和重建时的参考图像,也就是说,在每帧图像的增强层编码过程中,或者全部宏块使用低质量的参考图像,或者全部宏块都使用高质量的参考图像。事实上,由于 PFGS 中有两个不同质量的参考图像,如果每个宏块都能选择一个最合适的参考图像进行运动补偿和重建,则能够得到更大的灵活性和更好的综合性能,也就是让增强层的每一个宏块在运动补偿和重建过程中都可以灵活地使用高质量的参考或低质量的参考。为此,微软亚洲研究院的研究者提出了基于宏块的 PFGS 编码方案(MB-based PFGS),该方案能够在消除误差传递和提高编码效率之间更好地寻求平衡。

根据宏块运动补偿和重建时所选用的参考图像的不同,有三种基于宏块的增强层帧间编码方式,即 LPLR 方式、HPHR 方式和 HPLR 方式。这三种编码方式的原理如图 5.7 所示,灰色的方块表示这些层的重建图像将用做下一帧图像编码时的参考,带实箭头的实线表示运动补偿时所用的参考图像,带虚箭头的实线表示重建当前高质量参考图像时所用的参考图像,带实箭头的虚线表示各层之间 DCT 残差的预测关系。下面将分别介绍这三种编码方式。

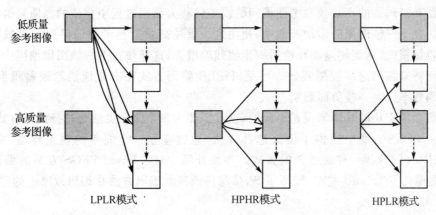

图 5.7 增强层宏块的三种编码方式

在 LPLR 方式中,增强层宏块在运动补偿预测和图像重建时都使用前一个低质量的参考图像。在可伸缩的视频编码方案中总是假设基本层码流能够被正确地传输到用户端,编码器和解码器总可以得到相同的低质量参考图像,因此这种编码方式不会产生误差传递和累积。

在 HPHR 方式中,增强层宏块在运动补偿时使用前一个高质量的参考宏块,并使用相同的高质量参考宏块进行重建。由于使用高质量参考宏块使得运动补偿更为有效,因此 HPHR 编码方式的编码效率很高。

一种极端的情况是:所有的增强层宏块都使用 LPLR 方式进行编码,这时 MB-based PFGS 编码方案也就和 BFGS 编码方案相同,在解码端不会发生任何误差传递和积累。但由于在运动补偿和重建中都使用了低质量的参考图像,这时的编码效率是最低的。另一种极端的情况是所有的增强层宏块都采用 HPHR 方式进行编码,此时 MB - based PFGS 在高码率下将得到很好的编码效率。但其传输环境不总是理想的,当网络带宽下降或者出现传输错误,造成解码器无法得到前一个高质量的参考时,解码器将不得不用低质量的参考宏块来代替出现错误的高质量参考宏块来进行重建。这时解码器重建的高质量参考图像与编码器端重建的高质量参考图像会发生失配,将产生严重的误差传播和积累问题。

HPLR 方式在宏块的运动补偿和重建过程中使用了不同质量的参考图像,以消除 HPHR 方式中产生的误差传递和积累。在 HPLR 编码方式下,增强层宏块在运动补偿过程中使用了高质量的参考图像,而在重建过程中使用的是低质量的参考图像。这样做的目的是确保编码器和解码器总能够得到相同的时域预测(因为编码器和解码器总能够得到相同的低质量参考图像),从而有效地消除了误差积累和传递。事实上,这种编码方式是把原来的 PFGS 编码技术中的误差控制方法扩展到了增强层宏块的编码之中。由于在 HPLR 编码方式中使用了低质量的参考图像进行重建,使得当前帧的高质量的参考得不到它本应得到的最好的重建质量,因此这种编码方式也会影响到编码效率。实际上,这种编码方式是把在 HPHR 编码方式中存在的编码器和解码器的高质量参考图像间的误差转移为编码过程中重建的高质量参考图像的质量损失。在下一帧图像的运动补偿中,使用这个重建高质量参考图像得到的时域预测也会有同样的质量损失,从而使运动补偿后的预测残差增大,这样使得下一帧图像编码中不得不使用更多的比特来编码这些预测残差。可见,HPLR 编码方式在有效地消除误差积累的同时,也会对编码效率产生一些负面影响。

每个增强层宏块的具体情况是不同的,这就需要为每个宏块灵活地选择编码方式。因此,MB - based PFGS 方案中提供了模式选择算法,通过建立一个简单的误差模型,在 LPLR、HPHR、HPLR 间选择一种最适合的方式。实验证明,MB - based PFGS 方案的编码效率比 PFGS 方案提高了 1.1 dB 左右,缩短了 SVC 与传统视频编码方法在编码效率上的差距。

5.2 多描述编码

5.2.1 多描述编码简介

为了保证视频数据在网络中的准确传输,编码技术不但要保证数据流能够适应网络的波动性,还要克服数据在信道中产生的差错与丢失。如果不采用任何保护措施,传输信道的噪声随时可能导致传输视频图像的崩溃。没有差错控制和差错复原能力的传输编码算法在实际应用中是毫无意义的。差错控制和差错复原的技术主要有请求重传 ARQ(Automatic Repeat Request)、前向错误纠正 FEC(Forward Error Correction)和利用编码数据间存在的相关性在接收端根据接收的数据进行推断以重建丢失数据等方法。对诸如音频、视频传输或多点传送,特别是如多方远程电话会议等限制延迟时间的实时应用，ARQ 显然不是一个合适的选择；对于较大的突发性数据丢失，如信息包丢失等，如果没有额外的延时和计算，错误校正编码就不能提供有效的保护；运用残余的相关信息重建的性能受到残余相关信息量的影响，而且它不能用于独立等密度分布的无记忆信源。

近年来，一种针对不可靠信道传输的新的编码方法——多描述编码 MDC（Multiple Description Coding）被提出并得到了广泛关注。该编码方法具有较好的抗突发干扰能力，而且在实现差错掩盖和重建丢失分组方面具有广泛的应用。多描述编码的基本思想是：假设在信源和信宿之间有多个信道，各个信道同时出错的概率非常低，因此，可以在编码端生成多个同等重要、可独立解码的码流，称为描述。在各个描述间引入相关性，保证在其中一些描述丢失的时候，仍可以通过已有的描述对信源进行一定质量的重建。而随着描述的增加，重建图像的质量也随之提高。由于使用部分信息就可以重建出一个质量可接受的图像，故多描述编码在基于分组的网络、无优先保护机制的互联网、分集通信系统(多天线的无线通信系统)、语音编码、图像编码、视频编码、多分布的存储系统以及低延时的系统中，将有着非常重要的应用。

图 5.8 是一个 MDC 系统的原理图。多描述编码器将信源信号编码为两个描述 S_1 和 S_2，分别通过独立信道传输。当其中一个信道中的数据出错时，另一边缘解码器则根据从正常工作的相应信道中接收到的信息，恢复出较为满意的信号；当两个信道都正常时，则中央解码器将两个描述加起来重建出质量更高的信号。一般情况下，两个信道同时出错的概率较小，这就实现了信号的健壮传输。显然，MDC 的编码效率是两种极端情形的折中。一种极端情形是两信道传送的信号完全相同，即都是原信号，这样只要有一个信道正常工作，就能保证获得最好质量的重建信号；但如果两信道都正常工作时，则一个信号被传送两次，这对信号的重建是无任何帮助的。另一极端情形是仅仅将信号分成互不相同的两部分(如简单的奇、偶分裂)，在此情况下，当只有一个信道正常工作时，则恢复信号的质量很差，甚至只是一部分；当两个信道都正常工作时，恢复信号的质量最佳。因此，MDC 编码系统的设计过程就是根据信道的传输条件、失真度、码率等限制，不断优化编码性能的过程。

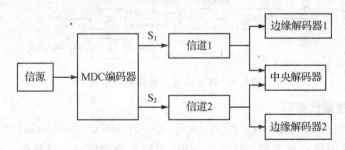

图 5.8 多描述编解码系统原理图

多描述编码方法主要可以分为多描述量化编码、多描述变换编码、基于 FEC 的多描述编码、基于框架扩展的多描述编码和多描述分级编码等。下面各小节将分别对这几种多描述编码方法进行介绍。

5.2.2 多描述量化编码

多描述量化的基本思想是对信源进行不同精度的量化,产生不同的量化结果作为独立描述进行传输。当仅有单个描述时,可得到略粗糙的量化结果;当能够获得多个描述时,可得到精细的量化结果。多描述量化根据量化方式可分为多描述标量量化和多描述向量量化两种。

1. 多描述标量量化编码

Vaishampayan 于 1993 年设计的多描述标量量化 MDSQ(Multiple Description Scalar Quantization)的量化器结构如图 5.9 所示。x 是来自信源的样本,经过编码器得到索引 index,再通过索引匹配器 $a(\cdot)$ 将 l 匹配为索引对 (i,j),相当于利用两个量化器进行不同精度的标量量化,得到 i、j。i、j 是索引匹配器产生的两个描述,分别通过信道 1、2 传送。如果在解码端两个描述都收到,则利用中央解码器 g_0 解码出质量高的重建值 $\hat{x}_0$。如果只收到一个描述 i 或 j,则利用边缘解码器 g_1 或 g_2 解码出质量稍差、但可接受的重建值 $\hat{x}_1$ 或 $\hat{x}_2$。后来 Vaishampayan 又在原有基础上进行了改进,采用变长码代替了定长码,提出受熵约束的 ECMDSQ(Entropy-Constrained MDSQ),避免了固定大小的码字,但这种方法的复杂性较高。此后这种方法被扩展到两个以上描述的情况,对 MDSQ 使用需要训练码字的非统一的中央量化器及通用多描述标量量化器,可以获得中央失真和边缘失真之间连续的折中点,达到具有最优码字的 ECMDSQ 的性能和较低的复杂度。Gavrilescu 等提出嵌入式多描述标量量化器,它使用多描述统一标量量化,以达到在不可靠信道上鲁棒且渐进地传输的目的,并采用嵌入式的索引分配策略以改善渐进传输信息的率失真性能。实验结果表明,嵌入式多描述标量量化器的中央、边缘率失真性能都比 MDSQ 要好。

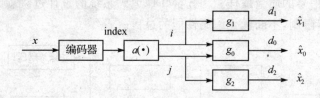

图 5.9 两描述标量量化编码结构

2. 多描述向量量化编码

多描述向量量化 MDVQ(Multiple Description Vector Quantization)性能较多描述标量量化更优。多描述向量量化主要包括直接向量、树形向量和格型向量量化三种。

1991 年,Vaishampayan 提出了两信道多描述向量量化器。该方案结构如图 5.10 所示。向量 X 经过编码器 a 得到索引对 $(\text{index}_1、\text{index}_2)$。再将其分别通过 $\gamma_1、\gamma_2$ 映射为变长二进制

码 ω_1、ω_2，而后经不同的信道传送到解码端，通过 γ_1^{-1}、γ_2^{-1} 反映射为 $index_1$、$index_2$。如果在解码端收到两个索引 index1、index2，则利用 β_0 解码出 y_0。如果只收到 $index_1$ 或 $index_2$，则利用 β_1 或 β_2 解码出 y_1 或 y_2。

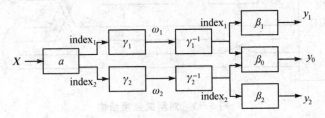

图 5.10 两描述向量量化编码结构

此后，Vaishampayan、Sloane 和 Servetto 又设计出了针对对称信道的多描述格型向量量化器。

5.2.3 多描述变换编码

多描述变换编码 MDTC(Multiple Description Transform Coding) 通过对信源数据应用线性变换，再将变换得到的系数分组，保证各组内的系数不相关。为各组系数之间引入相关性作为各个描述进行传输。丢失描述时，可利用收到的描述和其中的冗余信息估计丢失的描述。多描述变换编码又可分为对变换多描述编码、多描述相关变换编码和基于多相变换的多描述编码等。

1. 对变换多描述编码

对变换的多描述方法通过对系数进行对变换(以一定角度旋转 KLT 或 DCT 变换中两个基向量)，使系数对间获得相应的相关量；然后将每对系数分成两个描述，通过不同的信道传送。在接收端，如果仅接收到一个描述，则可以通过描述间相关性，估计丢失的描述。对相关变换结构如图 5.11 所示。它先使用 KLT(DCT) 变换去掉输入变量之间的相关性，再将 N 个 KLT(DCT) 系数按对分组：将系数按方差大小递减排列，取方差大于预定阈值，即最大估计错误的前 L 个系数，把第 K 个系数与第 $L-K$ 个系数配对，然后每对系数应用对相关变换(PCT)使其相关。设 A、B 为输入变量，C、D 为输出变量，对相关变换矩阵为 T，则有

$$\begin{bmatrix} C \\ D \end{bmatrix} = T \begin{bmatrix} A \\ B \end{bmatrix} \tag{5.2.1}$$

接着，通过不同信道分别传送 C、D。对于其余的 $N-L$ 个系数，则再量化按奇偶分离的原则分别置于不同的流中。如果只收到一个描述，则可利用变换产生的相关性估计另一个描述，其特点是只用少量的冗余即可显著提高性能，但只适用于两描述的情况。

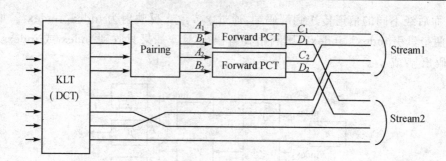

图 5.11 对相关变换结构

2. 多描述相关变换编码

多描述相关变换编码相当于将对变换多描述编码方法一般化。首先将信源向量 X 标量量化成 x_q,再经离散变换

$$y = \hat{T}(x_q) = [T_1[T_2\cdots[T_k x_q]_\Delta]_\Delta]_\Delta \tag{5.2.2}$$

得到向量 y。$\hat{T}$ 是连续变换 T 的离散变换,且 $\det T=1$。T 是 K 个主对角线元素为1的上三角和下三角单位矩阵的乘积:

$$T = T_1 T_2 \cdots T_k \tag{5.2.3}$$

$[\ ]_\Delta$ 表示步长为 Δ 的量化取整。然后将 y 的分量划分成 M 个集合,形成 M 个描述。在解码端,如果只收到部分描述,则使用变换引进的统计相关性估计出丢失的描述,然后通过 $\hat{T}$ 的逆变换解出 $\hat{x}$:

$$\hat{T}^{-1}(y) = [T_k^{-1}\cdots[T_2^{-1}[T_1^{-1} y]_\Delta]_\Delta]_\Delta \tag{5.2.4}$$

此编码方法由 Goyal 等人提出。他们同时还提出了级联的系统结构,用于设计两信道以上的多描述编码。图 5.12 为四信道多描述相关变换编码的级联结构。其中,T_α、T_β、T_γ 为三个变换矩阵。

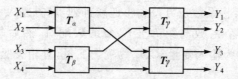

图 5.12 四信道多描述相关变换编码级联结构

3. 基于多相变换的多描述编码

首先介绍平衡多描述编码的概念。若多描述编码满足以下两个条件:① 各描述产生的速率相等;② 各描述具有相等的重要性,则称这种多描述编码为平衡多描述编码。这里所谓"相等"只是统计意义上的相等。例如,如果随机信源的多相成分是两个等方差的高斯信源,就认

第5章 新型视频编码

为它们有相同的率失真函数。如果用相同的量化器对它们进行量化,就可得到相等的平均速率。平衡多描述编码系统能够很好地和互联网这样一种有损分组网络相融合,由于平衡 MDC 是等速率编码,分组大小相同,故大大简化了打包和解包过程中的缓冲区管理。平衡 MDC 的等重要性意味着任意一个包的丢失对于总的传递信息来说,平均信息损失是相同的。因此当产生拥塞时,随机丢包不会导致接收数据质量的明显改变。

多相变换就是按标量或向量的方式对信号进行下采样,通过选取不同相位的采样点,产生多个子信号。由于各子信号地位相等,所以多相变换编码是一种平衡多描述编码系统。图 5.13 为二相变换编码系统的结构框图。输入 X 经过多相变换分解为两个不同相位的子信源 Y_1 和 Y_2。对这两个子信源分别用一个量化步长较小的量化器 Q_1 进行精细的量化,产生该相的主信息。为了使系统在其他信道被删除的情况下也能对信号进行重建,每个子信源又分别独立通过一个量化步长较大的量化器 Q_2 进行粗量化,产生该相的冗余信息。每一相的主信息与另一相的冗余信息综合后经相互独立的信道进行传输。在接收端,对接收到的信号进行分解,恢复相应相信号的主信息和另一相信号的冗余信息。如果接收到了两个信道的数据,就用两个相的主信息重建信号;如果只接收到一个信道的信号,就用该信道传送的相应相的主信息和另一相信号的冗余信息重建信号。

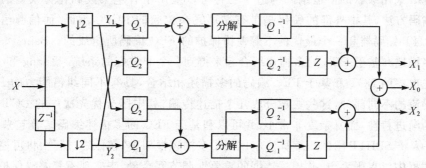

图 5.13 二相变换编码系统结构

基于多相变换的多描述编码将主信息(细量化部分)和冗余信息(粗量化部分)明确地分开,这使得多相变换的编码和解码过程比对变换 MDC 更简单。由于不涉及索引的设计,故可以简单地实现多相变换和选择量化,与采用标量量化的 MDSQ 相比,降低了系统的设计复杂度。多相变换实质上就是数据的交叉传输。它表明数据不仅可以在空间及时间域交叉传输,还可以在频率域上交叉传输。这增强了编码传输系统对信道错误的鲁棒性。

对上述二相变换系统原理进行推广,可以得到如下多相变换编码算法:
① 对输入数据(例如一幅图像)进行去相关变换。
② 生成描述。首先对变换系数进行多相变换,接着由每个相产生相应描述的主要部分,最后通过附加冗余模块将冗余信息引入描述,以标识当前描述之外的其他描述。

③ 量化和熵编码。首先将每个描述的主要部分按信源编码速率独立地进行量化和熵编码，然后对冗余描述以较低的编码率进行量化和编码。

④ 将编码后的描述独立打包传输。

接收端首先核对接收的数据，将可用的描述进行解码，并依靠冗余信息对丢失的描述进行恢复；然后合并各描述重建变换信号；最后对重建数据进行反变换，恢复原始数据。

5.2.4 基于 FEC 的多描述编码

与多描述量化和多描述变换编码不同，基于 FEC 的多描述编码利用信道编码原理来使各个描述相关，从而克服信道的不足。Puri 和 Ramchandran 提出通过对重要程度不断下降的层使用逐渐减弱的 FEC 信道编码，将一个渐进的比特流变为一个鲁棒的多描述比特流。Varnica 和 Fleming 等人采用源于编码器的部分状态信息的周期描述来保护 SPIHT 的编码码流，而不是采用传统的差错保护方法。在解码端使用迭代算法来对被破坏的比特流进行纠正，该算法仅仅使用状态信息。Mohr 和 Riskin 等人使用不同程度的 FEC 来防止数据包的丢失，并根据渐进编码中信息对图像质量的重要性对每个描述分配适当的冗余。Sachs、Raghavan 和 Ramchandran 采用级联的信道编码构造了一种可以应用于有包丢失和比特误差的基于网络的多描述编码方法，其中外部的编码是带有循环冗余校验的 RCPC 编码，而信源信道内部编码是由 SPIHT 编码器和一个最优的不等差错保护的 FEC 编码所组成的。Bajic 和 Woods 将基于域的多描述和基于 FEC 的多描述结合起来得到一个非常好的系统。Zhang 和 Motani 将区分了优先次序的 DCT 和基于 FEC 编码的多描述相结合，具有不同纠错能力的 RS 码被应用到渐进码流的不同部分，这些块被分成几个描述传输，其中区分优先次序的 DCT 编码器具有非常好的渐进特性，而复杂度非常小，并可以和基于 FEC 的多描述编码结合起来。Miguell 和 Mohr 等人将 SPIHT 图像压缩算法应用到了多描述框架中，在压缩过程中将可控的冗余加入到原始数据中以克服丢包，并根据数据的重要性调节冗余量，来实现不等差错保护。

5.2.5 基于框架扩展的多描述编码

除了以上的几种方案，还可以对原信号进行某种变换，使其在空间上进行扩展，引入描述间的相关性，形成多个描述。基于框架扩展的多描述编码就是源自这种思想。框架扩展的多描述编码方法最先是由 Goyal 等人提出的。它通过线性变换将原始向量 X 从 N 维扩展为 M 维向量 $Y(M>N)$，再进行标量量化，最后把所得向量中的 M 个分量作为 X 的不同描述进行传送。接收端如果获得小于 N 的 K 个描述，则将 $N-K$ 个未知描述估计为 0，再根据线性规则重建向量。该方案适合于丢失的描述不易被预测的情况，但计算量较大。

5.2.6 多描述分级编码

多描述分级编码的基本思想是将多描述编码方法与分级编码方法相结合,提供更好的质量自适应的流媒体传输,取得互补的效果。近几年,研究者们先后提出了多描述分层编码、基于运动补偿时域滤波的多描述可分级编码和分层多描述分级编码。

Chou 等人首先把分级编码和多描述编码结合起来,构建了多描述分级编码,以达到在不可靠信道上鲁棒地传输的目的,并适应用户带宽异构和网络拥塞的情况。该方案将基本层描述传送给低带宽的用户,而将基本层和增强层的描述传送给高带宽的用户。低带宽的用户所获得的图像质量与所接收到的基本层描述的数量呈正比关系,而高带宽的用户所获得的图像质量则与所接收到的基本层描述和增强层描述的数量呈二元正比关系。该方案兼具了分层编码和多描述编码的优点。随后,Wang 等人提出了一种具有反馈的多描述分层编码系统,为更多不同的网络情况和应用需求提供了可靠的视频传输。它在分层编码的基础上,为每一层引入冗余,增加了接收到至少一个基本层描述的可能性,并使总体冗余量与信道的情况相适应。该系统能在不可靠网络上提供更加鲁棒、有效的视频通信。

5.3 分布式视频编码

传统的视频编码技术都是利用视频相邻图像帧之间的相关性进行压缩编码的,采用的都是非对称编码方式,编码端承担了运动估计、运动补偿、变换、量化、熵编码、反量化、反变换等大量的计算,因此编码端的复杂度远远高于解码端,尤其是运动估计和补偿占用了大量的资源,使编码器的计算量达到解码器的 5~10 倍。这种非对称的编码方式适用于广播、流媒体点播等一次压缩、多次播放的应用领域。现在的通信网络中,越来越多的移动视频录制设备被使用,如监控系统中的无线视频探测头、便携式视频摄像机、无线 PC 相机等,这些设备都需要进行现场的视频编码,并将码流传送到一个中心节点,例如控制室的中央处理机进行解码播放。这些应用领域中,编码设备的计算能力有限,而解码设备则拥有较多的资源进行复杂的计算,这恰恰与传统视频编码标准适用的场合相反。信源端的传统编码方法已经不能完全满足应用的需求。

分布式视频编码 DVC(Distributed Video Coding)是一种全新的视频压缩编码框架,以 Slepian 和 Wolf 于 1973 年提出的 Slepian-Wolf 无损编码边界确立理论以及 Wyner 和 Ziv 于 1976 年提出的有损信源编码理论为基础。1999 年 Prandhan 和 Ramchandran 首先给出了实现分布式编码的具体算法,此后分布式视频编码得到了越来越多的关注。

分布式编码是编码结构上的创新,可用于解决传统视频编码在视频通信中遇到的编码复杂度高、可伸缩性差和容错能力差等问题,该技术可作为改进传统的视频编解码结构的理想选择。分布式编码通过只在解码端进行信号统计特性的利用,可以达到与传统视频相当的有效压缩编码。为了提高分布式编码的效率,量化、熵编码、变换、运动估计、码率分配等关键环节都需要重新设计。分布式编码对多个具有相关性的信源使用相互独立的编码器进行编码,在解码时联合解码;由于只在解码端使用了信源间相关性,故编码端的复杂度可以很低,这与传统的编码方法相反。在使用手机或其他复杂度受限的设备进行视频通信时,就可以采用上述编码方式对原始视频流进行编码;而在基站通过转码将码流转化为普通的 MPEG 或 H.26X 码流,接收该码流的手机只需使用传统的视频解码方法进行解码。图 5.14 为一个基于分布式视频编码进行双向无线通信的应用实例,其中无线视频终端编码时使用低编码复杂度的分布式编码方案,解码时使用低解码复杂度的传统混合视频编码方案,两种编码方式的转换通过中心转码服务器来实现。

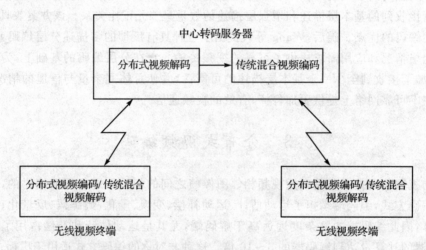

图 5.14 基于分布式视频编码的双向无线通信应用实例

5.3.1 分布式编码的基本原理

1. 分布式无损信源编码

由第 2 章的知识,根据 Slepian-Wolf 理论,当下面条件满足时,即

$$R_X > H(X \mid Y) \tag{5.3.1}$$

$$R_Y > H(Y \mid X) \tag{5.3.2}$$

$$R_X + R_Y > H(X,Y) \tag{5.3.3}$$

互相关的两个信源 X、Y 可以分别独立地以 R_X 和 R_Y 的码率编码,使得在解码端可以任意小的概率来联合解码。

对于两个信源的情况,Slepian-Wolf 理论所能取得的码率范围如图 2.26 所示,只要 R_1 和 R_2 的取值范围在图中的阴影区域,则在解码端可以任意小的概率来联合解码。下面举例说明这个问题。假设有两个互相关的等概率分布的 3 bit 的信源 X、Y,互相关关系为汉明距离

$d_H(X,Y) \leqslant 1$。如果 Y 在编解码两端都是已知的,则可以用 2 bit 编码 X(X 和 Y 的模二加只有 4 种可能 (000)、(001)、(010) 和 (100),用 2 bit 就可以表示)。而当在编码端得不到 Y,只能在解码端得到时,仍然可以把 X 压缩成 2 bit。其根据是:若已知 $X=(000)$ 或 $X=(111)$,则不用专门区分这两个取值,因为只有一个取值可以满足 $d_H(X,Y) \leqslant 1$,因此,可以将 $X=(000)$ 或 $X=(111)$ 组成一个陪集。同理,可以把 3 bit 二进制码字空间中的其他码字分割成 3 个不同的陪集,使得每一个陪集中的两个码字之间的汉明距离都大于或等于 2。所以,只需要 2 bit 指明 X 属于哪个陪集就可以了。4 个陪集分别是:coset1=(000,111)、coset2=(001,110)、coset3=(010,101)、coset4=(011,100)。在解码端可以根据 Y 把 X 解码成陪集中与 Y 的汉明距离最近的那个码字。因此编码端不需要明确知道 Y 的信息,也可以把 X 压缩成 2 bit。这就是在解码端利用边信息的无损信源编解码,如图 5.15 所示。

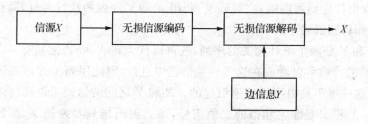

图 5.15 利用边信息对信源进行编解码

另外一个例子是:假设有两幅紧密相关的灰度图像,它们的灰度值在 0~255 之间,用 8 bit 表示。假设两幅图像之间的互相关关系如下:设 X、Y 分别是两幅图像中相同位置的像素值,且满足 $-3 \leqslant X-Y \leqslant 4$,即 X、Y 的差只有 8 个值,因此如果在编码端作联合编码,则在编码端传输 Y 以后,只需要再传输 X 和 Y 的差值,即只要传输 3 bit 就可以在解码端完全恢复 X。但是如果在编码端独立地编码两幅图像,在解码端联合解码,仍然只需要 3 bit 就可以完全恢复 X。只要在编码端对 X 的值作对 8 取模,这样就把 X 从 8 bit 压缩到了 3 bit。具体来说,如果 $X=121, Y=119$,那么首先用 8 bit 传输 $Y=119$,然后把 X 对 8 取模得到 1,用 3 bit 传输 X 到解码端;在解码端,首先解码 Y,再来解码 X,因为收到的是 1,所以 X 应该在 $\{1,9,17,\cdots,249\}$ 中取值,联合解码器将在这组值中找到满足 $-3 \leqslant X-Y \leqslant 4$ 的值,有且只有 121。于是在独立编码、联合解码的情况下,也取了和联合编码、联合解码一样的码率。

以上例子说明了 Slepian-Wolf 编码的可行性,可以看出,虽然 Slepian-Wolf 编码是信源编码的问题,但实际上和信道编码密切相关。信源码字空间的分割非常关键,可以把信源 X 的输出分成不同的组,称之为陪集;每一陪集中两个码字之间的最小距离尽可能达到最大,同时保持陪集间的对称性。编码器通过只输出陪集的索引来达到数据压缩的目的。解码器通过在陪集中搜索与边信息距离最近的码字作为输出结果,这种特性与信道码的特性非常相近,所以陪集的分割和伴随式的编解码可以用信道码来完成。

2. 分布式有损信源编码

Wyner 和 Ziv 在 1976 年把 Slepian-Wolf 理论扩展到有损压缩的领域。Wyner-Ziv 理论认为,在有损压缩时,只在解码端可以得到参考信息和在编解码端都能得到参考信息相比,并没有编码效率的下降,即在有损压缩时,如果只在解码端得到参考信息,则可以取得和在编解码端都能得到参考信息时相同的率失真。Wyner-Ziv 编码问题可以看做是码字量化和 Slepian-Wolf 编码相结合的问题。

Wyner 对 Slepian-Wolf 编码和信道编码之间的关系进行了研究,从两方面对它们之间的关系进行了讨论:

① 对二进制序列 X 进行编码,同时在解码端可以获得 Y,而 Y 是加了噪声的 X,称为辅助信息。为了纠正 X 和 Y 之间的错误,对 X 进行信道编码。在编码端对 X 进行信道编码,将编码时生成的校验位传输到解码端;在解码端,利用 X 和 Y 序列的统计特性,联合 Y 和校验位进行纠错解码,从而得到解码序列 X。

② 由于 X 和 Y 是两个统计相关的序列,故可以认为在 X 和 Y 之间有一条虚拟的相关信道。辅助信息 Y 的传输可以看成在这条相关信道中进行,因此序列 Y 是序列 X 的加噪版本或者错误版本,而这些噪声是由可靠信道引起的。X 和 Y 之间的错误可以通过对 X 进行信道编码而进行纠正。X 和 Y 是非常相似的二值信号,那么编码端只要发送 X 和 Y 进行异或后的校验位即可,因此发送的信号大部分为 0,只有少量的为 1。解码端利用辅助信息 Y 和编码端所传输的校验位,利用 X 和 Y 之间的统计相关特性完成错误回复,即可很好地重建序列 X。

解码端具有边信息的有损信源编解码结构如图 5.16 所示。在有损编码理论中,使用 X 和 Y 表示两个独立同分布随机过程的样本,而且两者可能有着无限符号集 x 和 y。信源 X 在编码时无法获取边信息 Y;解码器在解码时可以获取辅助信息 Y,并得到信源 X 在符号集 x 上的重建值 $\hat{X}$。解码失真度表示为 $D=\mathrm{E}[d(X,\hat{X})]$。Wyner-Ziv 率失真函数 $R_{X|Y}^{\mathrm{WZ}}(D)$ 表明了在一个失真度 D 约束下分布式编码的码率下限。如果编码端同样可以获取边信息,则率失真函数表示为 $R_{X|Y}(D)$。Wyner 和 Ziv 证明了在编码端不能获得边信息 Y 的情况下 $R_{X|Y}^{\mathrm{WZ}}(D) \geqslant R_{X|Y}(D)$。不过两人同样证明了在高斯无记忆信源和均方误差失真条件下 $R_{X|Y}^{\mathrm{WZ}}(D) = R_{X|Y}(D)$。如果信源序列 X 是任意分布的边信息 Y 和独立高斯噪声之和,那么等式也成立。该公式的成立为实用分布式视频编码奠定了基础。

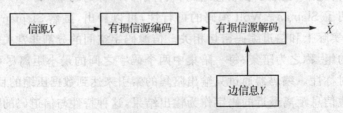

图 5.16　解码端具有边信息的有损信源编解码结构

虽然这种编码理论多年前就已经提出,但并没有给出一种具体的实现方法;直到近年来,随着传感器网络的应用和其他一些领域需要对分布式信源编码,分布式编码方法的研究才成为一个新兴的热点。研究者们发现了信源编码和信道编码的密切关系,开始把信道码的研究结果应用到分布式信源编码中来,并已经取得了一定的成果。

5.3.2 分布式视频编码系统

2002 年由斯坦福大学 A. Aaron 等人和加州大学伯克利分校 R. Puri 等人分别提出的两套系统被认为是最早的分布式视频编码系统。前者以帧为单位,采用带有反馈信道的 Turbo 码;后者则被称做 PRISM(Power – efficient, Robust, High – compression, Syndrome – based Multimedia coding),是基于宏块的分布式编码系统。

1. 斯坦福分布式视频编码系统

斯坦福大学的 A. Aaron 等人首先提出了基于像素域的分布式视频编码结构,后来扩展提出了变换域的分布式视频编码系统。由于后者利用变换进一步消除了空间冗余,故其性能要优于前者。基于变换域的分布式视频编解码系统结构如图 5.17 所示。

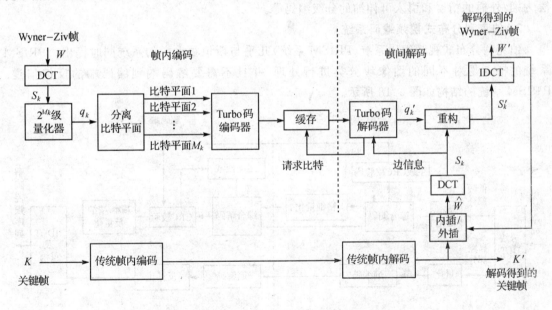

图 5.17 变换域分布式视频编解码系统结构

在该结构中,输入编码端的视频序列首先分为关键帧和 Wyner – Ziv 帧(简称 WZ 帧)。编码关键帧采用的是传统的帧内编码方法。对于 WZ 帧,首先对该帧进行基于块的 DCT 变换,将该帧所有块的同一频率的变换系数放在一起组成一个系数频带;然后对每个频带使用不同的量化参数进行标量量化并将量化后的系数分成不同的比特平面。各平面上的比特组成比特向量并按照先高位后低位的顺序通过基于 RCPT(Rate Compatible Punctured Turbo code)的 Slepian-Wolf 编码器进行编码。编码得到的校验位一部分直接传给解码端，另一部分保存在缓存中，等到解码端发出请求时再传输。

在解码端，使用传统帧内解码方法得到关键帧，再经过运动补偿内插/外插得到边信息 $\hat{W}$。边信息可以看做原 WZ 帧的 W 受到某种噪声影响后的失真信号，其越接近原 WZ 帧，Turbo 码解码所需纠正的错误就越少，需要的校验位就越少。然后对边信息 $\hat{W}$ 进行与原 WZ 帧的 W 相同的 DCT 变换生成不同的频带系数，对各频带系数用 Turbo 码解码器进行解码。Turbo 码解码器利用校验位和边信息从最高位平面开始依次解码。如果 Turbo 码不能可靠地解码，则向编码端请求更多的校验位，直到解码错误率达到要求的阈值。解码结果 q'_k 和边信息 $\hat{X}_k$ 可以按照公式 $\hat{X}_k = E(X_k | q'_k, \hat{X}_k)$ 重建出各频带系数。最后对所有的频带系数利用逆 DCT 得到重建 WZ 帧。

斯坦福分布式视频编码系统的编码端没有进行运动估计和运动补偿，复杂度大大降低。近年来，许多针对该系统的改进措施被提出，其中包括采用性能更优的信道编码、提高运动补偿内插/外插的精度和引入可伸缩的分级编码等。

2. 伯克利分布式视频编码系统

伯克利分布式视频编码系统(PRISM 系统)几乎与斯坦福大学的系统同时提出。PRISM 系统的特点是对不同的图像块分类进行处理，并且不需要解码端到编码端的反馈信道。PRISM 系统的结构如图 5.18 所示。

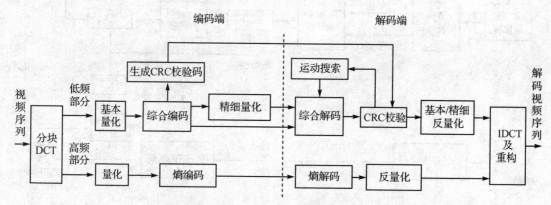

图 5.18　PRISM 分布式视频编码系统结构

在编码端，视频帧首先被分成图像块(16×16 像素或 8×8 像素)。视频序列中帧间同一区域的图像块的相关性是不同的(如相邻帧在背景区域对应图像块的相关性很强，而运动剧烈或场景切换的区域对应图像块的相关性就较小)。根据相邻帧对应块的相关性，以对应块之间的能量差为标准，PRISM 标准将图像块分为 16 种模式。若对应块之间差别很小，则被归为

SKIP 模式(跳过模式);反之,若对应块之间差别很大,则被归为 INTRA 模式(帧内编码模式)。介于这两者之间的将进行综合编码。各个图像块通过 DCT 变换由像素域变换至频域,而后经过 Zig-Zag 扫描进入量化器。量化后的系数采用欧氏空间的网格信道编码。每种模式的图像块只对量化后系数的高频部分进行综合编码;低频系数经过量化和 Zig-Zag 扫描,最后进行熵编码。对于采用综合编码的高频系数,可以进一步进行精细量化,量化步长由目标失真程度决定。编码端还需生成 CRC 校验码字来指导解码端的运动估计。在编码过程中,DCT 和熵编码的复杂度比较高,编码端的复杂度主要体现在这两者上。

解码端通过运动搜索产生边信息,而后利用维特比算法进行译码。如果解码序列与 CRC 校验相匹配,那么解码被认为是正确的;否则重新进行运动搜索,得到新的边信息后再进行解码,直到解码序列与 CRC 校验匹配。以上过程用来解码高频系数,低频系数则通过熵解码得到。将得到的系数按照 Zig-Zag 扫描的顺序恢复,并经过反量化和逆 DCT,最后重建得到视频序列。

5.3.3 分布式视频编码的研究展望

分布式编码理论在 20 世纪 70 年代就已经被论证,但对其实际编码系统的研究近几年才刚刚起步。虽然已经获得到了很多较有意义的研究成果,然而分布式视频编码距离实用还有不少的差距。目前仍存在的问题主要有以下几个方面。

1. 边信息估计和解码重建

分布式视频编码中如何准确地估计边信息是一个难点。考虑到编码复杂度和压缩效率,需要在解码端通过对已解码的重建帧作运动估计,利用先验数学概率模型进行边信息估计。在解码重建函数中,还需要考虑在发生误码(如边信息估计错误或当前帧传输出错)时如何实现解码的最佳重建。对于采用什么方式的运动估计算法才能得出更为精确的边信息,以及如何构建更佳的解码重建函数等问题,还需要进一步的研究。

2. 当前解码帧和边信息的概率统计模型

通常认为边信息和当前解码帧的概率分布近似满足拉普拉斯分布,但这一概率模型的通用性并不强。实验表明,当前解码帧和边信息的概率模型对解码重建的鲁棒性有非常重要的影响,因此该方面的深入研究是非常有意义的。

3. 编码复杂度和压缩效率的权衡

应用于无线环境下的分布式视频编码系统对编码器的要求较为苛刻,编码复杂度和编码压缩效率是密切相关的。如何权衡编码复杂度和编码的压缩性能是设计实用视频编码系统的一个重要课题。

4. 分布式编码的可伸缩性

分布式编码的编码独立性和解码鲁棒性使其可能成为可伸缩编码的理想实现方法之一。由于其独特的优势,分布式视频编码得到了越来越多的重视,许多研究者都提出了结合分布式编码思想的新型视频编码方案。分布式视频编码必将对视频编码未来的发展方向产生巨大的影响。

5.4 多视点视频编码

5.4.1 多视点视频简介

人们在日常生活中看到的都是三维物体,传统的单视点二维视频图像并不符合人类原始的视觉习惯。多视点视频具有立体感和交互功能,以一种更自然的方式来描述场景,可以提供"身临其境"的三维视觉感受,给人强烈的带入感。该系统可广泛应用于全景视频、交互式立体视频、交互式多视点视频等产业领域,涵盖通信、教育、医疗、探险、观光、娱乐和监视等多个领域。近年来宽带网络技术得到了快速发展,各种视频终端设备的处理能力大幅度提高,计算机视觉、计算机图形学和传统视频编码技术相互融合、渗透。这些条件使多视点视频的普及成为了可能,使其成为了视频领域的又一研究热点。

任意视点视频/任意视点电视(FVV/FTV,Free Viewpoint Video/Free Viewpoint Television)和3D视频/3D电视(3DV/3DTV,3D Video/3D Television)是多视点视频的两个重要应用。

FVV/FTV改变了以往观看者只能被动地接收视频信息的播放模式,使观看者能够任意地选择角度来观看同一个场景。FVV/FTV的交互性可分为编码端交互、获取全部数据的解码端交互和获取部分数据的解码端交互。编码端交互是指终端用户可以将需求通过预约协议告知编码端,编码端根据需求对数据进行处理和传输。这种交互方式要求有专门的反馈信道。在实时通信系统中,编码端需要用多个编码器,以满足不同客户的需求。对于非实时系统,编码端可以存储多组文件,根据用户需求发送相应的数据。获取全部数据的解码端交互指的是在解码端已经获得全部媒体数据的前提下,支持用户任意选择观看的视点。由于多视点视频的巨大数据量,所以这种方式不适用于广播业务。获取部分数据的解码端交互指的是解码端仅接收部分视频、音频及其他附加数据。对于这种交互方式,编码端需要对所有视点的音频和视频数据进行压缩,但仅将与用户需求的视点相关的数据发送给解码端。该交互方式也需要一个反馈信道来传输用户的信息,适用于流媒体业务,但不适用于广播业务。

3DV/3DTV是多视点视频的另一个重要应用。它能够为观众提供立体的场景体验和感受,具有逼真的效果。3DV/3DTV系统将码流以广播方式发送。根据用户显示需求的不同,解码端可以选择解码一个或多个视点送至显示终端。依据解码视点的数目,该系统可向下兼容,可同时支持多种显示终端。对于传统的二维显示终端,接收到一个视点的视频数据后可以直接进行显示;而对于立体视频终端,需要获得两个视点的视频数据用于立体显示;对于多视点视频终端,则需要获得多个视点的视频数据用于三维视频显示。

5.4.2 多视点视频编码的原理

多视点视频编解码 MVC(Multiview Video Coding)的研究内容主要分为基于计算机图形学的 MVC 方法和基于传统视频编码的 MVC 方法两大类。基于计算机图形学的 MVC 方法研究的主要内容是如何有效地表示场景以及如何使显示端能够快速地生成并流畅地播放立体视频。基于传统视频编码的 MVC 方法对多个视点进行联合编码,最终生成一个码流进行传输或存储。该方法的主要目标是有效压缩多视点视频。图 5.19 是一个多视点视频编解码系统的示意图。由图像采集设备阵列拍摄的 N 个视点视频并行输入到 MVC 编码器,经过编码后生成一个码流进行传输或存储,解码端根据接收到的码流重建出多视点视频,并且可以根据用户的不同需求(普通的单视点视频、立体视频或任意视点视频),支持只重建一个或几个视点的视频信号。

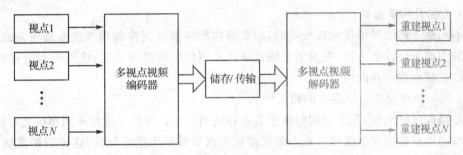

图 5.19 多视点视频编解码系统

多视点视频巨大的数据量是制约多视点视频获得广泛应用的瓶颈。以往单视点视频信息的数据量已经非常大,而多视点视频的数据量更是成倍地增加,大大增加了视频数据存储和传输的困难。在多视点视频中,每帧图像内的像素之间、视点内的前后帧之间以及视点间的各帧图像之间都存在相关性,具有信息冗余。在削弱各视点间图像帧之间的信息冗余时,可以借鉴传统编码中运动估计的思想,利用视差估计进行预测编码。

在多视点视频数据源进行采集时,放置在场景中的采集设备数目是有限的。而多视点视频应用要满足观看者可以选择以任何位置观看,需要通过已有的视点图像合成虚拟的中间图像。

1. 视差估计

视差估计的目的是寻找同一空间景物在不同视点下投影图像的对应点间的关系,用于消除视点间图像的信息冗余。视差估计越精确,所得到的预测图像就越接近原图像,因此残差图像就越小,就能得到较高的压缩比。

视差估计算法主要分为两类:基于块匹配的视差估计方法和基于特征的视差估计方法。块匹配的视差估计方法由于其算法简单且便于实现,故得到了广泛使用。其具体做法与运动估计类似,把当前编码图像按固定尺寸分块,假定块内部的视差都是相同的,然后在另一个视点的参考图像中按一定的匹配准则寻找其对应的最优块,由匹配块和当前块的相对位置得出视差向量 DV(Disparity Vector)。

视差是受摄像机几何参数和物体表面的连续性约束的,合理地利用这些约束非常有利于视差估计。一些常用的约束条件为:极线约束条件、方向性约束条件、同一帧内视差向量存在的相关性和相邻帧对应块的视差向量存在的相关性。

(1) 极线约束条件

极线约束可以减少视差估计搜索时间,并且能提高视差估计的准确性。对于一个给定的立体成像配置,极线约束是指立体图像对左右两图像的对应像素总是在各自的外极线上。如果图像采集设备平行放置,那么外极线就与图像的水平扫描线平行,可以把搜索限制在左右图像点所在的水平线上。

(2) 方向性约束条件

在不同视点的图像中搜索匹配块时,搜索方向与各视点图像的参考关系是相关的。以水平放置的图像采集设备为例,在搜索右图像块在左图像中的匹配块时,优先向右边进行搜索,往往可以更快地找到匹配块。

(3) 同一帧内视差向量存在的相关性

视差是深度的函数,深度相同的像素具有相同的视差。深度是指物体到相机光心的距离。局部区域内的景物和光滑的物体表面的灰度值可以看做是连续变化的,这样的图像块其视差值变化应该是连续的。

(4) 相邻帧对应块的视差向量存在的相关性

对于相邻视点的两帧图像,仅有少数像素发生了运动,多数图像块的位置都未改变。位置不变的图像块的视差变化往往是很小的。所以在进行视差估计时,用前一帧图像的对应视差向量作为搜索起始点进行小范围搜索,即可快速找到视差向量。

2. 中间视图合成

中间视图合成是多视点视频显示端的关键技术。下面以两视点的情况为例,说明中间视图合成的原理。

一个不考虑位差的自然视图合成办法是线性内插,由左右视图在 x 处的像素值 $\psi_l(x)$ 和 $\psi_r(x)$,通过下式生成内插的中央视图在 x 处的像素值 $\psi_c(x)$:

$$\psi_c(x) = \omega_l(x)\psi_l(x) + \omega_r(x)\psi_r(x) \tag{5.4.1}$$

若由中央到左视图的基线距离是 D_{cl},而到右视图的基线距离是 D_{cr},则按照下式确定加权因子,即

$$\omega_l(x) = \frac{D_{cr}}{D_{cl} + D_{cr}}, \quad \omega_r(x) = 1 - \omega_l(x) \tag{5.4.2}$$

这种方法虽然简单,但往往得不到满意的效果,因为在不同视图中具有相同图像坐标的像

素一般对应不同的物体,直接平均会使图像模糊。

引入位差可以得到更适当的内插。设 $d_{cl}(x)$ 和 $d_{cr}(x)$ 分别表示中央视图到左、右视图的位差,则有

$$\psi_c(x) = \omega_l(x)\psi_l(x+d_{cl}(x)) + \omega_r(x)\psi_r(x+d_{cr}(x)) \tag{5.4.3}$$

考虑到有些像素仅在一个视图可见,对应在另一个视图的加权因子应为零,为此,需要修改加权因子:

$$\omega_l(x) = \begin{cases} \dfrac{D_{cr}}{D_{cl}+D_{cr}} & (当 x 在两个视图都可见) \\ 1 & (当 x 只在左视图可见) \\ 0 & (当 x 只在右视图可见) \end{cases} \tag{5.4.4}$$

以上方法假设 $d_{cl}(x)$ 和 $d_{cr}(x)$ 是已知的。实际上,根据给定的左、右视图,只能估计两视图间的位差 $d_{lr}(x)$,而由 $d_{lr}(x)$ 得到 $d_{cl}(x)$ 和 $d_{cr}(x)$ 需要做进一步的工作。一般的:

$$d_{cl}(x) = \frac{D_{cl}}{D_{cl}+D_{cr}} d_{lr}(x) \tag{5.4.5}$$

$$d_{cr}(x) = \frac{D_{cr}}{D_{cl}+D_{cr}} d_{lr}(x) \tag{5.4.6}$$

但并不是中央视点的每个像素都能在左视图中找到对应点,往往存在左视图未包含的像素,或者对应左视图中一个以上的像素。

基于网格的方法可以较好地解决这个问题。当确定左视图和右视图中的节点位置 $x_{l,n}$ 和 $x_{r,n}$ 后,可以很容易地确定中央视图中的节点位置 $x_{c,n}$:

$$x_{c,n} = \frac{D_{cr}}{D_{cl}+D_{cr}} x_{l,n} + \frac{D_{cl}}{D_{cl}+D_{cr}} x_{r,n} \tag{5.4.7}$$

5.4.3 基于传统框架的多视点视频编码

在传统编码框架下,去除视点间冗余信息最直接的方式是使用视点间预测,即当前编码图像使用其他视点中的已编码图像作为参考图像进行视差补偿预测。因此,如何设计时间预测(同一视点中前后帧间的预测)和视点间预测(不同视点间各帧的预测)来有效地利用视点间相关性提高编码效率,是 MVC 预测结构需要解决的问题。此外,由于视频采集设备的参数缺乏一致性以及拍摄角度不同等原因,不同视点的各帧之间存在某种程度的不一致性,这对视点间参考图像的有效利用会产生不利的影响。因此通过采用补偿视点间差异来降低当前编码图像与其他视点中参考图像之间的不一致性,也是需要解决的问题。

合理的预测结构能够有效地利用视点间相关性,提高多视点视频的编码效率。为了验证视点间预测的可行性,一些学者给出了多个视点相关性的统计结果。假定 t 表示当前图像的采样时刻,v 表示当前图像所在视点的序号,$P(t,v)$ 表示当前编码图像。图 5.20 给出了当前编码图像 $P(t,v)$ 相邻视点和相邻时间的 8 帧图像,其中白色方框的图像用做前向参考图像,

灰色方框的图像用做后向参考图像。实验的目的是统计时间参考图像($P(t-1,v)$、$P(t+1,v)$)、视点间参考图像($P(t,v-1)$、$P(t,v+1)$)以及混合参考图像($P(t-1,v-1)$、$P(t-1,v+1)$、$P(t+1,v-1)$、$P(t+1,v+1)$)与$P(t,v)$的相关性。相关性统计的具体方法是以均方误差作为块匹配的度量准则。首先对$P(t,v)$的每个宏块(MB),通过块匹配方法分别在时间参考图像、视点间参考图像和混合参考图像中进行运动搜索,得到相应的最佳匹配块;然后选取这些最佳匹配块中与当前 MB 均方误差最小的块作为最终的最佳匹配块,相应的参考图像作为当前 MB 的最佳参考图像;最后统计$P(t,v)$中所有 MB 的最佳参考图像的分布情况,用做参考图像次数最多的参考图像与$P(t,v)$的相关性最强。从整体上看,选取时间参考图像为最佳参考图像的 MB 最多,视点间参考图像次之,混合参考图像最少。可见,还是有一定数量的 MB 将视点间参考图像或混合参考图像选做最佳参考图像,这说明采用视点间预测能够获得一定的编码增益。但是,使用多个参考图像增加了编码的复杂度。综合考虑最佳参考图像的分布情况和编码复杂度,目前 MVC 主流的预测结构仅使用时间参考图像和视点间参考图像,不使用混合参考图像。

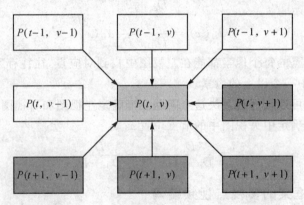

图 5.20 当前编码图像和参考图像的位置关系

下面介绍由联合视频组 JVT(Joint Video Team)选定的 MVC 参考预测结构。该预测结构是基于分层 B 帧的视点间/时间混合预测结构:在时间方向上,每个视点采用分层 B 帧预测结构,以有效去除时间冗余;在视点方向上,各视点之间采用 IBPBP 预测结构,以去除视点间冗余。图 5.21 是三个视点的 MVC 参考预测结构示意图,其中 V0 是基本视点,V1 和 V2 是非基本视点。根据视点间的预测关系,非基本视点可分为 P 视点(如 V2)和 B 视点(如 V1)。对于每个视点,各图像组(GOP)的最后一幅图像只采用与其他视点同时刻的图像做参考,这些图像称为 anchor 图像(如 T0、T15);GOP 内其他时刻的图像称为 non-anchor 图像。anchor 图像有利于提高随机访问性能和同步性能。non-anchor 图像的预测结构由其所在视点决定,P 视点的 non-anchor 图像仅采用时间预测;B 视点的 non-anchor 图像既可以采用时间预测,也可以采用视点间预测。图中,I 表示帧内编码图像;P 表示单向帧间预测编码图像;B表示双向帧间预测编码图像,可用做其他图像的参考图像;b也表示双向帧间预测编码图像,但不能用做其他图像的参考图像。

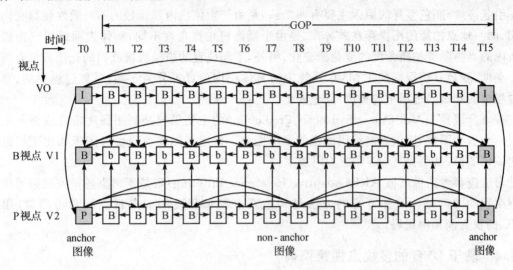

图 5.21 MVC 参考预测结构

该 MVC 参考预测结构两次利用了视点相关性:一是对 anchor 图像采用视点间预测,二是对 B 视点的 non-anchor 图像采用视点间/时间混合预测结构。由于利用了视点间的相关性,所以该参考预测结构的编码效率得到了提高。

视差向量的属性类似于单视点视频的运动向量,可以借用单视点视频编码中的运动估计和运动补偿技术来去除视点间冗余。具体做法如下:首先将视点间参考图像和时间参考图像统一放入参考图像列表;然后利用块匹配方法对当前编码块进行运动/视差估计,搜索当前编码块的最佳匹配块;最后将当前编码块与最佳匹配块的 MV/DV 及其预测差信号进行压缩、编码。该方法与 H.264/AVC 标准完全兼容,并且用于 JVT 推荐的 MVC 参考软件 JMVM (Joint Multiview Video Model)中。然而,DV 的性质与 MV 不同,主要体现在 DV 的幅值通常要大于 MV。因此,JMVM 中使用较大的搜索窗(通常设为 96)来进行运动/视差估计。采用大搜索窗的主要目的是能够在视差估计时找到最优的匹配块,但使用大搜索窗进行视差估计所需计算量很大。

利用相邻视点之间运动的相似性,通过视差向量寻找当前编码块的视点间匹配块,当前编码块借用该匹配块的分区方式、运动向量和参考图像标识等运动信息进行运动补偿预测,最后对预测差值进行编码。这种编码模式称为运动跳过模式(motion skip mode)。由于运动跳过模式的运动信息是根据视点间运动匹配块的运动信息预测得到的,不需要编码运动信息,因此,可以有效地降低编码块的运动信息编码比特数,进而提高 MVC 的编码效率。

实际中由于场景光照、拍摄角度不同以及摄像机参数的差异性等原因,造成视点间差异,使得视点间的相关性减弱,不利于视点间参考图像的有效利用。目前主要的视点间差异性补偿技术为亮度/颜色补偿、视差合成预测和自适应参考图像滤波。

引起亮度/颜色差异的原因主要有两个:一是由于摄像机内部参数的不一致性使得在同一时间、同一地点拍摄的图像存在差异;二是由于摄像机拍摄角度不同,物体表面反射到摄像机镜头内的光强随着拍摄角度的变化而变化,另外,不同位置的摄像机接收到的光信号也有所差异。亮度/颜色补偿根据其在 MVC 系统中的具体应用位置可分为 3 类:采集过程中的、预处理过程中的和编码过程中的亮度/颜色补偿。

视点合成预测 VSP(View Synthesis Prediction)的主要思想是利用深度信息或视差信息合成一个虚拟图像,用做当前编码图像的参考图像。该虚拟图像与原参考图像相比更接近于当前编码图像,从而提高 MVC 的编码效率。

自适应参考图像滤波 ARF(Adaptive Reference Filtering)则是要解决各视点视频图像模糊程度不同的问题。一种可行的方法是构造几个模糊程度不同的视点间参考图像,用于 MVC 的视点间预测编码。

5.4.4 基于 DVC 的多视点视频编码

基于传统框架的多视点视频编码对编码端的计算能力要求很高,不适于如视频传感器网络等一些编码端复杂度受限的应用系统。为解决这一问题,可以将 DVC 原理运用到多视点视频编码中,即采用分布式多视点视频编码 DMVC(Distributed Multiview Video Coding)。

DMVC 中 WZ 帧的边信息在生成时,不仅可以参考同一视点内的图像帧,而且可以参考相邻视点的图像帧,充分利用时间相关性和视点相关性。图 5.22 为分布式多视点视频编码中典型的预测关系。

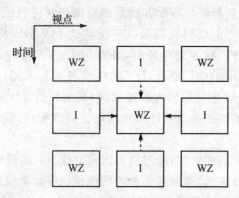

图 5.22 分布式多视点视频编码的预测关系

各个视点的关键帧(I 帧)和 WZ 帧交错分布,中间视点 WZ 帧的边信息既可以利用视点内的前后帧得到,也可以利用同一时间上相邻视点的图像帧得到,最终融合两个方向上的边信息用于解码。

MVC 与其他视频编码方法的联合使用已经得到了人们越来越多的重视。目前，MVC 的标准化制定工作正在紧张地进行中，在每 3 个月召开一次的标准化会议上，国内外研究机构纷纷提交自己的提案，争取所提技术能成为 MVC 的一个基本组成部分。

5.5 小　　结

本章主要介绍了可伸缩视频编码、多描述编码、分布式视频编码和多视点视频编码等新型视频编码所要解决的问题、实现的机理和结构。相信随着各种新思想、新应用不断涌现，各种新型视频编码(xVC)技术也会应运而生。希望本章的内容能够起到抛砖引玉的作用，帮助读者拓宽视野，启发思考。

习题五

1. 以基于块的视频编码器为基础，编程实现能够进行两级质量分层的基本精细粒度可伸缩的视频编码器。

2. 多描述编码是如何提高系统鲁棒性的？简述其基本思想和实现方法。比较可伸缩视频编码和多描述视频编码的适用环境：什么样的网络环境更适合采用前者？什么样的网络环境则更适合后者？

3. 考虑一种简单的多描述编码，这种编码通过对原信号进行下采样得到单个描述。如果编码端采用 1/2 下采样，在解码端如何通过一个描述恢复出原信号？

4. 分布式视频编码解决了什么问题？其基本原理是什么？本章中介绍的两种早期的分布式视频编码系统可以在哪些方面改进性能？

5. 多视点视频编码的预测结构是怎样的？比较视差估计与运动估计的异同。

6. 参考 JMVM 模型，实现一个采用基于块的视差估计和运动估计的两视点视频编码器。参考视点采用传统的基于块的运动估计编码方法。另一视点同时采用运动估计(以该视点中的前一帧做参考)和视差估计(以参考视点中同一时间的帧做参考)，根据运动、视差估计的预测误差决定采用哪一种预测方式。

参考文献

[1] Dragotti P L, Gastpar M. Distributed source coding: theory, algorithms, and applications. Academic Press, 2009.
[2] Li W P. Overview of fine granularity scalability in MPEG-4 video standard. IEEE Trans. on Circuits and System for Video Technology. 2001, 11(3): 301-317.

[3] Li W. Fine granularity scalability in MPEG-4 for streaming video. ISCAS 2000, Geneva, Switzerland, May 28-30, 2000.

[4] Zamir R. The Rate Loss in the Wyner-Ziv problem. IEEE Trans. on Information Theory, 1996, v42(6): 2073-2084.

[5] Hur J H, Cho S, Lee Y L. Adaptive local illumination change compensation method for H.264/AVC-based multiview video coding. IEEE Trans. on Circuits and Systems for Video Technology, 2007, v17(11): 1496-1505.

[6] 吴枫, 李世鹏, 张亚勤. 渐进精细的可伸缩性视频编码. 计算机学报, 2000, 23(12): 1-7.

[7] 孙晓艳, 高文, 吴枫. 基于宏块的具有时域和SNR精细可伸缩性的视频编码. 计算机学报, 2003, 26(3): 1-8.

[8] 丁贵广. 面向通信的视频编码技术研究. 西安: 西安电子科技大学, 2004.

[9] 刘杰平, 余英林. 视频通信中的多描述编码技术. 电视技术, 2004, 5: 26-30.

[10] 陈婧蔡, 灿辉. 基于分层结构的多描述编码. 中国图像图形学报, 2008, 13(1): 47-52.

[11] 丁贵广. 分布式视频编码理论及算法研究. 北京: 清华大学, 2006.

[12] 霍俊彦. 提高多视点视频编码效率的技术研究. 西安: 西安电子科技大学, 2008.

第6章 图像通信质量分析与抗差错传输

即使某些事情没有按你所计划的进行，也不意味着它是没有用处的。

——爱迪生

图像通信的目的是在一定的传输网络条件下，以尽可能低的码率和尽可能高的质量将图像信息从信源端发送到信宿端。图像的通信质量直接影响着用户使用视频通信业务时的主观感受。在图像通信中的采集、编码、传输等环节都有可能造成图像质量的下降。因此需要采用合理的标准对图像质量进行快速、准确的分析和评价。

目前图像的传输网络主要有互联网、电信网和广播电视网，它们都会引入传输误差，例如误码丢包和时延等。而编码图像数据对传输误差非常敏感，很少的错误都会导致接收图像的严重失真。因此如何使接收图像尽可能地接近原图像，成为图像通信的抗差错传输技术所要解决的问题。

本章将介绍图像通信的质量分析和抗差错传输。

6.1 图像通信质量评估

图像质量包括两个方面：保真度(fidelity)和可理解度(intelligibility)。保真度描述重建图像与原图像的差异或者说相似程度，典型的指标是均方误差 MSE(Mean Square Error)。可理解度描述图像提供信息的能力，将图像质量看成图像的属性，并不需要一幅参考的图像或者参考图像仅存在于假想中，典型的指标是分类准确度。

对于大多数图像处理应用，图像质量的评估都是十分关键的。图像质量的评估有如下重要应用：在质量控制系统中，图像质量评估可以用来监控图像质量。图像和视频捕捉系统可以利用质量标准来监控及自动调整以获得更优的图像质量，例如提供网络视频的服务器可以检查在网络上传输视频的质量，以控制视频数据流。另外，图像质量评估可以用来评估图像处理系统、优化算法和参数设置。

目前国际上尚无针对视频通信业务的统一质量评价标准。根据考察角度的不同，将图像通信质量评估分为图像压缩质量评估和图像传输质量评估。

6.1.1 图像压缩质量评估

各个涉及图像处理的领域均对图像压缩提出了较高的要求。高分辨率的遥感图像、注重图像准确度的医学图像等不仅要求高的压缩率，同时对重建图像的质量提出了苛刻的要求。

如果图像质量达不到要求,压缩时细节损失过多,将导致遥感图像检测不到目标、医生诊断错误等严重后果。因此,图像压缩算法的设计必须慎重权衡压缩比和重建图像的质量。

评估图像质量的方法可以分为主观评估和客观评估。客观评估是计算重建图像的某些参数,作为其质量的量度。它量化地表达了重建图像与原图像之间的简单数学统计差别。客观指标大多易于实现,计算方便,因此在工程上应用较多。而主观评估是实验人员根据事先规定的评价尺度或者自己的经验,对图像视觉效果作出评价。统计平均后得到的图像质量评价,称为 MOS(Mean Opinion Score)。主观评估耗时、耗力,结果受测试者影响且不稳定,适于研究时做实验用。但人眼是图像最终的感知者,从这个意义上来说,图像评估最可靠的标准应该是主观评估,这是一切指标建立的立足点。所有的客观指标都必须用 MOS 来验证其有效性,如果与主观评估结果明显不符,那么这个指标是没有说服力的。

1. 主观评估

到目前为止,主观评估仍然是图像质量评估的常用方法,同时兼顾了保真度和可理解度。观测者在评估图像时,主要是比较重建图像和原图像的差异,但当图像某些部分失真过大,使图像变得不可理解时,观测者的评估将受到影响。

主观评估得到的量化值 MOS 可以分为绝对的和相对的,如表 6.1 所列。

表 6.1 主观评估的绝对 MOS 和相对 MOS

级 别	绝对测量尺度	相对测量尺度
5	很好	一组中最好的
4	较好	一组中好于平均水平的
3	一般	一组中平均水平的
2	较差	一组中差于平均水平的
1	很差	一组中最差的

为了使评分更加准确,重建图像与原图像比较时可以用百分制,如表 6.2 所列。

表 6.2 主观评估的百分制表示

级 别	评分尺度
90～100	几乎没有失真
80～89	小的失真,可以忽略
60～79	失真明显可见,但可以接受
40～59	很多处失真,可以理解
0～39	无法接受或者图像无法理解

在评估前,必须详细描述每个级别评分的标准,观测人员对重建图像和原图像的视觉效果进行比较,以决定其属于哪个级别,并评分。一幅图像最终的 MOS 是所有测试人员评分的加权平均,参加测试的人员多于 20 个比较合适。测试人员集合必须由专业人员及没有相关知识的测试者组成。前者能更全面地评价图像,包括细节等,其评分在最后加权时所占权重大;而其余人员的评价代表了对图像的常识评价,所占权重小。

2. 客观评估

图像质量的客观测量方法分为两类:相对评估(relative evaluation)和绝对评估(absolute evaluation)。

相对评估:将压缩前后的图像进行比较以获得相对评估的指标值,并根据这些指标值评估图像质量;相对评估一般用于图像制作时的质量评估,准确性高。

绝对评估:直接对压缩过的图像进行评估以获得绝对评估的指标值,并根据这些指标值评估图像质量;绝对评估的准确性不如相对评估。

目前 ITU-R 的视频质量专家组 VQEG(Video Quality Experts Group)推荐使用的是相对评估方法中最为常用的两种评价标准:均方根误差(MSE)和峰值信噪比 PSNR(Peak Signal to Noise Ratio)。

对于 $M \times N$ 像素的参考图像 $f(x,y)$,假设经过处理后的图像为 $f'(x,y)$,则评价标准的 MSE 和 PSNR 计算公式分别如下:

$$\text{MSE} = \frac{1}{MN} \sum_{x=0}^{M-1} \sum_{y=0}^{N-1} [f(x,y) - f'(x,y)]^2 \qquad (6.1.1)$$

$$\text{PSNR} = 10 \lg \left[\frac{MN \times f_{\max}^2}{\sum_{x=0}^{M-1} \sum_{y=0}^{N-1} [f(x,y) - f'(x,y)]^2} \right] \qquad (6.1.2)$$

6.1.2 图像传输质量评估

主观评估和客观评估主要针对本地静止图像或视频,即主要考虑了压缩带来的质量损失。在图像通信业务的实际应用中,使用者接收的图像是经过网络传输和解码后的重建图像。由于任何一个传输网络都不可避免地引入误码、丢包或时延,从而使得压缩后的图像质量进一步下降,因此,对于图像通信业务,还必须具有与通信相关的质量评价标准。在衡量图像通信业务的质量时,经常使用到以下评价标准来衡量图像的主观视觉效果。

图像跳跃:图像跳跃指图像帧间运动不平滑,有类似"快进"的现象。其原因可能是网络拥塞等造成的丢包、编码器受固定码率限制而引入的缺帧或帧率忽然下降等。

块效应:块效应是所有基于 DCT 技术压缩都可能出现的现象。其原因主要是传输误码,因为 DCT 变换是按整个块进行的,因此一个误码将影响整个 IDCT 的结果。当编码端为追求高压缩比时,也会造成一定程度的块效应现象。

模糊度:模糊度指图像高频细节部分丢失造成的图像边缘模糊的现象。其原因可能是编码器为了适应固定码率而主动引入的;另外,传输差错和丢包同样会引起模糊。

噪声:噪声指的是由于高频细节劣化产生的附加像素点,主要产生于采集和存储图像的过程中,例如采用磁带记录视频时容易产生类似于高斯分布的噪声。此外,在传输过程中的丢包和误码也有可能带来较为严重的噪声现象。

6.1.3 端到端的质量评估

图像通信从信源端到接收端要经历图像采集、编码、传输、解码等各个环节,而每个环节都有可能造成图像质量下降,使得接收端解码恢复后的图像与信源端的原始图像存在一定的差异。为了保证一定的视频传输质量,需要对信源端和接收端的图像进行比较和评价。端到端的质量评估既包括传输质量评估,也包括图像压缩的质量评估。具体评价标准就是前面两小节讲到的评价标准的综合,如观察者的主观感受、图像的客观指标,以及经过传输后引起的图像跳跃、块效应和模糊度等。

6.2 图像传输信道的特点

随着互联网、电信网和广播电视网的迅速发展,多媒体业务已经成为网络服务商和运营商新的业务增长点。本节主要介绍图像传输对网络的要求以及两种传输网络的信道模型。

6.2.1 图像传输对网络的要求

不同的通信业务对传输网络的要求也存在差异。数据文件、静止图像等非实时信息传输,对时延要求并不严格,但对误码率要求很高。话音与视频业务要求实时传输,对时延十分敏感,但可以容忍一定程度的误码。图像信息无论在空间域还是时间域都有很强的相关性,当图像以人眼为最终信宿时,对于传输中的误码,不需要像数据传输那样要求绝对的无损恢复,可以通过寻找一些相关数据来代替误码数据,实现错误隐藏(error concealment),即利用人眼的视觉特性,恢复出人眼可以接受的图像。

表 6.3 是几种主要多媒体业务对传输网络的要求。

表 6.3 多媒体业务对传输网络的要求

要 求	最大延迟/s	最大延时抖动/s	速率/(Mbit·s^{-1})	平均吞吐量/(Mbit·s^{-1})	可接受比特差错率	可接受分组差错率
话音	0.25	0.01	0.005~0.064	0.064	$<10^{-2}$	$<10^{-2}$
视频图像	0.25	0.01	10~1000	100	$<10^{-2}$	$<10^{-3}$
静止图像	1	—	2~10	2~10	$<10^{-4}$	$<10^{-9}$

续表 6.3

要 求	最大延迟/s	最大延时抖动/s	速率/(Mbit·s⁻¹)	平均吞吐量/(Mbit·s⁻¹)	可接受比特差错率	可接受分组差错率
压缩后的视频图像	0.25	0.001	0.02~100	2~10	$<10^{-6}$	$<10^{-9}$
数据文件	1	—	2~100	2~100	0	0
实时数据	0.001~1	<10	—	0	0

6.2.2 图像通信的互联网信道

1. 互联网图像传输面临的问题

目前,随着宽带网络的发展和用户需求的驱动,多媒体技术和相关的应用得到越来越多的关注,被认为是未来高速网络的主流应用之一。多媒体应用相对于传统互联网应用如 www、E-mail 等,对实时的要求性更高,对带宽的需求更大。基于互联网的多媒体应用分为 3 类,即交互应用,如可视电话和视频会议;预编码的视频流下载;基于分组交换的视频流。为满足这些应用的需求,必须解决 4 个服务质量(QoS)问题:吞吐量、传输时延、时延抖动和丢包率。

由于多媒体业务对实时性要求较高,故时延和丢包对 QoS 的影响都很大。以视频业务为例,每个视频帧都有一定的播放时限,当包到达时间超过了播放时限,即使正确接收也已经没有意义了。此时时延和丢包可以视为同一个概念。

2. 互联网信道模型

在互联网信道上传送视频信息时,互联网的实际工作状态相当复杂,在构造互联网信道数学模型的基础上可以用两个参数来作定性分析:丢包率(P_L)和环回时间 RTT(Round-Trip Time)。首先,当分组交换网络的路由器或网关检测到网络拥塞时,会丢弃超出当前带宽资源的数据报文,并且互联网的不可靠传输(特别在无线网络中)也会导致数据的不可靠接收或者丢弃;其次,网络拥塞时数据的环回时间会加长。因此,依据 P_L 和 RTT 的综合分析可以对当前可利用的网络带宽资源作出准确的估计。

Gilbert-Elliot 模型是常用的对分组交换网络进行描述的信道模型,也是一种两状态马尔科夫模型,如图 6.1 所示。显然,任何时刻网络都处于好(G)或坏(B)两状态之一。在 G 状态,信道误码率(P_G)较低;而在 B 状态,信道误码率(P_B)较高。状态之间的转换概率可以计算如下:

$$P_{BG} = \frac{n_{BG}}{n_B} \quad (6.2.1)$$

$$P_{GB} = \frac{n_{GB}}{n_G} \quad (6.2.2)$$

其中,n_B 表示测试时间序列内处于状态 B 的次数;n_G 表示测试时间序列内处于状态 G 的次数;

n_{BG} 表示测试时间序列内状态变换组合 B→G 出现的次数;n_{GB} 表示测试时间序列内状态变换组合 G→B 出现的次数。

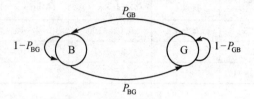

图 6.1　Gilbert‑Elliot 模型

稳态丢包率可定义如下：

$$P_L = \pi_B = \frac{P_{GB}}{P_{GB}+P_{BG}} = \frac{n_B n_{GB}}{n_B n_{GB} + n_G n_{BG}} \qquad (6.2.3)$$

对分组网络,网络数据报文 RTT 的估计可以采用如下公式：

$$\text{RTT} = \alpha \times \overline{\text{RTT}} + (1-\alpha) \times (\text{now} - \text{ST}_1 - \Delta T) \qquad (6.2.4)$$

其中,$\overline{\text{RTT}}$ 表示当前分组环回时间;now 表示发送方收到应答报文的时刻;ST_1 表示数据被发送的时刻;ΔT 表示接收方对报文分组的处理时间;α 表示加权系数,通常设定为 0.875 0。综合丢包率 P_L 和分组 RTT 的作用,可以估算当前可得到的带宽资源为

$$W_{cur} = \frac{\text{Const}}{\text{RTT} + \sqrt{P_L}} \qquad (6.2.5)$$

其中,Const 为常数,通常依据接收方采取的应答方式取为 1.22 或 1.31。假设式(6.2.5)中三个物理量的变化分别为 $\Delta W_{cur}^{\text{RTT}}$、$\Delta \text{RTT}$ 和 ΔP_L,则如下方程组成立,即

$$\left. \begin{aligned} \Delta W_{cur}^{\text{RTT}} &= \frac{\partial W_{cur}}{\partial \text{RTT}} \Delta \text{RTT} = \frac{\text{Const}}{(\text{RTT}+\sqrt{P_L})^2} \Delta \text{RTT} \\ \Delta W_{cur}^{P_L} &= \frac{\partial W_{cur}}{\partial P_L} \Delta P_L = \frac{\text{Const}}{2(\text{RTT}+\sqrt{P_L})^2 \sqrt{P_L}} \Delta P_L \\ \Delta W_{cur} &= \Delta W_{cur}^{\text{RTT}} + \Delta W_{cur}^{P_L} \end{aligned} \right\} \qquad (6.2.6)$$

其中,$\Delta W_{cur}^{\text{RTT}}$ 表示由环回时间 RTT 的变化 ΔRTT 引起的带宽变化量;$\Delta W_{cur}^{P_L}$ 表示由丢包率 P_L 的变化 ΔP_L 引起的带宽变化量。

当前的信道状态可以判断如下：

① 当 $\Delta W_{cur} < 0$ 时,如果 $|\Delta W_{cur}^{\text{RTT}}| \geqslant |\Delta W_{cur}^{P_L}|$,则认为网络处于拥塞状态;如果 $|\Delta W_{cur}^{\text{RTT}}| < |\Delta W_{cur}^{P_L}|$,则认为网络处于不可靠传输状态。

② 当 $\Delta W_{cur} > 0$ 时,如果 $|\Delta W_{cur}^{\text{RTT}}| \geqslant |\Delta W_{cur}^{P_L}|$,则与不可靠传输因素相比较而言,网络的拥塞状况有所缓解;如果 $|\Delta W_{cur}^{\text{RTT}}| < |\Delta W_{cur}^{P_L}|$,则与上一次可利用的带宽相比,网络的不可靠传输有所改善。

6.2.3 图像通信的无线信道

1. 无线图像传输面临的问题

无线图像通信系统与有线图像通信系统的区别在于包含一个无线链路。无线信道的有效带宽是非常宝贵的,而且各种噪声干扰也会影响无线信道的数据传输质量。无线信道通常都比较恶劣,实现无线网络上图像的高质量传输是一个极具挑战性的任务。无线信道存在的问题主要有以下几个方面:

① 带宽有限。目前的移动通信网络为用户提供的传输带宽仍是非常有限的,这一问题在第三代无线通信网络中会得到某种程度的缓解。无线传输信道的容量有限,多媒体信息的信息量又异常庞大,这对图像的压缩和传输提出了更高的要求。

② 带宽波动。由于多径衰落、同频干扰和噪声扰动等因素,无线信道的吞吐量会明显降低,而且基站和移动终端之间距离的变化以及不同网络之间的移动等情况均会使信道带宽发生剧烈波动,严重影响无线网络上的实时传输。

③ 误码率高。与有线信道相比,无线信道一般具有大得多的噪声,而且具有多径和阴影衰落,使得误码率(BER)非常高。误码严重影响视频传输的质量,因此,运动图像编码标准具有很强的抗误码能力是确保无线视频传输 QoS 的关键之一。

2. 无线信道模型

要实现无线图像传输,首先需要了解无线信道的传输特性,因此建立一个既实用又有一定精度的无线信道模型是十分必要的。下面介绍几种在理论研究和系统仿真中经常使用的无线信道模型。

① 高斯白噪声模型。加性高斯白噪声 AWGN(Additive White Gaussian Noise)是最常见的一种噪声,它表现为信号围绕平均值的一种随机波动过程。加性高斯白噪声的均值为 0,方差表现为噪声功率的大小。一般情况下,噪声功率越大,信道的波动幅度就越大,接收端的信号误码率也就越大。加性高斯白噪声信道是研究通信系统的误码率与信道质量关系的基础。如果假设在整个信道带宽下功率谱密度为常数,且振幅符合高斯概率分布,则高斯信道的概率密度函数为

$$f(x) = \frac{1}{\sqrt{2\pi}\sigma} \exp\left[-\frac{(x-m_x)^2}{2\sigma^2}\right] \tag{6.2.7}$$

② 马尔科夫模型。由于用户的移动和外界自然条件的变化,使无线信道容易产生瑞利(Rayleigh)衰落和多用户干扰,从而引起传输码流突发性错误,表现为几个到几十个毫秒内连续出现误码。误码持续时间与环境特性以及接收端的运动速度有关。它的信道模型仍然可以用马尔科夫模型来表示。最简单的二阶的马尔科夫无线信道模型如图 6.1 所示,但是描述信道的参量将有所不同。

③ 随机错误模型。为了克服无线传输中的突发性错误,可以通过交织编码将突发性出错

转换为随机性出错。要实现出错类型的转变,需要一定的交织深度,但交织编码深度越大,带来的时延越大,同时限制了交织编码技术在实时传输中的应用。

在基于分组交换的网络中,随机性错误会带来报文丢失。位出错率和报文丢失率 P_e 满足以下关系:

$$P_e = (1-p)^l \tag{6.2.8}$$

其中,p 表示位出错率;l 表示报文长度。若采用了纠错容量为 t 的 FEC 编码,则报文丢失率可以表示为

$$P_{ec} = 1 - \sum_{i=0}^{t} C_l^i p^i (1-p)^{l-i} \tag{6.2.9}$$

6.3 误码对运动图像解码码流的影响

为了使运动图像码流能适合现有的网络带宽,国际标准化组织和国际电信联盟制定了一系列的运动图像编码标准。然而,在运动图像信号冗余度被削弱的同时,输出码流的容错性能也会降低。通常,丢失一个分组甚至一个比特将会使解码器失去同步,最终使得失真扩散到每个图像组。为了研究分组丢失或比特出错所造成的影响以及可能作出的应对办法,本节使用 MPEG-2 编码器作为典型编解码器进行讨论,从混合编码器的编码框架来指出丢包或比特误码对整个解码内容的影响。

在混合编码方案的编码端,图像序列被分成一个个图像组(GOP)。设每个 GOP 包含 N 帧图像。GOP 是视频序列中最小的信息包含单位,在编码过程中它不依赖 GOP 之外帧的时间、空间信息。每个 GOP 以一个 I 帧起始,编码帧无须参考其他帧,其余帧则通过参考已经编码的帧来达到压缩的目的,其中包括前向预测帧(P 帧)和双向预测帧(B 帧)。P 帧和前一个 I 帧或 P 帧之间的帧个数称为预测跨度,记为 M。如图 6.2 所示,该 GOP 中帧数 $N=9$,$M=3$,P_0 使用 I_0 进行预测,而 B_0、B_1 则使用 I_0、P_0 进行双向预测。最终的发送顺序则按照编码顺序为 I_0、P_0、B_0、B_1 …。

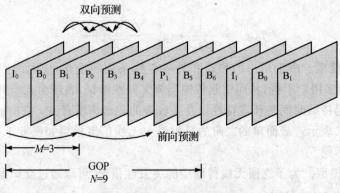

图 6.2 MPEG-2 GOP 示例

第6章 图像通信质量分析与抗差错传输

对于每一帧图像,编码的分级结构如图6.3所示。图像编码时首先被分成块组(GOB)或者片(Slice),包括一组连续的宏块,一般来说,GOB(或Slice)都从图像的左边界开始,而止于图像右边界。宏块是一个16×16像素的块,它是帧内编码和帧间运动补偿的基本单位(在H.263及H.264中有所不同)。宏块可再分成8×8的块。

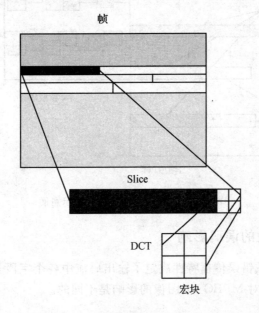

图6.3 图像编码的分级结构

6.3.1 错误传播

图6.4显示了出现比特错误或分组丢失时错误传播的示意图。由于使用了变长编码且编码效率很高,码字之间的距离一般不大,所以当出现错误时很可能导致连续的解码错误,直到下一个同步点到达为止。另外,由于编码中运动向量、DC系数都采用了差分编码,如果一个宏块出错,则其后的宏块将失去基准点,即使以后的码流都正确接收,也无法得到正确的结果。在 MPEG-2 中都是以 Slice 为同步单位,一个比特的错误将导致从出错点至本 Slice 结束的数据不可用,如图6.4中左图所示。同时,由于现行编码标准中引入了运动补偿,即使残差数据被正确接收,前一帧出错也会导致后面以该帧为参考的帧也出现错误。由于GOP是最小的信息自包含单位,因此解码中的错误将扩散到 GOP 的最后一帧。图6.4右图显示了错误随时间传播的示意图。

在左图I帧或P帧中花纹部分表示错误的数据,灰色部分表示错误在空间的传播;右图P帧或B帧中的灰色部分表示了由于前面I帧或P帧出错而导致的时间错误传播。

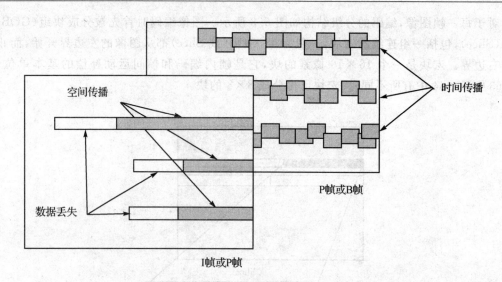

图 6.4 空间及时间错误传播示意图

6.3.2 不同编码字段的误码影响

编码器的空域和时域错误传播特性决定了输出码流中各个字段具有不同的解码优先级，发生在不同字段的误码，对 MPEG-2 图像的影响是不同的。

1. 序列头

序列头含有解码器正确解码所需的重要信息，其中有每一帧的空间分辨率说明、帧速率和采用的量化表类型等。这些参数中的误码可能使这个序列无法解码，因此必须重传或者等到码流的下一个序列头才能重新解码。

2. 图像组头

图像组头对于序列的正确解码一般不是很重要，所以其中发生的误码影响不会很严重。

3. 图像头

发生在图像头中的误码可使解码器不能正确识别本帧图像的起始点，最坏的情况是整幅图像被解码器丢弃。如果该帧图像需要用做后续预测图像的参考图像，就会严重影响整个 GOP 的图像。

4. 图像片头

片层中的头信息主要用于错误恢复，图像片头是等长编码的，可用来检测片的开始，如果片头发生误码，则会使整个片不能正确解码。

5. 片数据

片中的宏块头、DCT 系数、运动向量等数据都以不等长码字编码形成一个变长编码比特流，其中的误码可产生以下几种影响：

第6章 图像通信质量分析与抗差错传输

① 若误码将一个有效的不等长码字改变为另一个同样长度的有效不等长码字,则解码器检测不出误码的存在,后续不等长码字仍可正确地解码;

② 若误码将一个有效的不等长码字改变为另一个不同长度的有效不等长码字,则解码器检测不出这一点上误码的存在,但将导致比特流的同步丢失,所以后面可能会发现非法的码字;

③ 若误码将一个有效的不等长码字改变为一个非法的码字,比特流的同步将丢失,解码器能立即发现误码并采取适当的措施。

在后两种情况下,解码器丢失了与码流中不等长码字的同步,虽然可能在后面识别出正确的不等长码字并恢复同步,但不能保证在下一个条起始码到来之前做到这一点。如果一个数据包丢失掉,则编码数据流中有一段会缺少或出错,这种情况的影响和第③种情形类似。

6.4 错误控制和错误隐藏技术

主要运动图像编码标准基本都采用了基于运动补偿、变换编码及熵编码的编码框架,比如 H.26X 和 MPEG-X 等标准。这些编码器通过运动估计、运动补偿、DCT、量化以及变长编码来最大限度地降低视频信号中存在的空间和时间冗余度。然而在效率增加的同时,传输差错对编码系统的影响也显著增加。一个比特的错误或丢失可能使后面很多比特无法解码,直到下一个同步点,并且这些错误很可能传播到其后的帧,直到这个 GOP 结束。更有甚者,如果无保护措施,则还可能出现非法码字,而使解码器停止工作。因此,当在容易出错的信道上传输视频流时,应尽可能增强视频流的鲁棒性;另外,当传输发生错误时,应对错误进行控制和隐藏,以使错误的影响降到最小,这些机制称为错误控制和错误隐藏技术,也统称为抗差错传输技术。

抗差错传输技术大体可分为三类:第一类是通过在编码端引入部分编码冗余,增加编码器端输出的比特数,从而增强已压缩码流对传输的鲁棒性,这类称为错误控制技术;第二类是在解码端已发生误码或丢包的情况下,通过利用视频图像的时间、空间相关性,进行错误隐藏,使误码影响尽可能降低;第三类是通过编码端与解码端之间的交互,使编码端根据解码端检测到的丢失情况调整操作。第一类中的"加强鲁棒性"包括范围很广,一切能在解码端提高接收质量的措施都可以称为错误控制措施,如能更容易地进行错误检测、更容易同步、更好地进行差错隐藏和更大程度地减轻误码传播等。它们的共同特点是需要在编码中增加冗余信息。对于第二类方法,主要是利用图像相邻的采样点的内在相关性进行估计,这样即使一个图像采样或一块采样在传输中由于错误而丢失,解码器仍能够基于周围已经收到的采样点进行错误恢复。该方法的显著优点是不需要增加额外的码率、不需要改变编码器,其代价仅仅是在解码端增加了一定的时延和计算复杂度,在 H.263+、MPEG-4、H.264 等编码标准中均提供了相应的错误隐藏工具。对于第三类方法,主要是在解码端和编码端建立一条反馈通道,使编解码器能交互地进行差错控制。

6.4.1 编码端错误控制技术

错误控制技术在编码端实现,通常也称为容错编码,容错编码的目标是在给定的信道条件下,当冗余一定时使解码质量最佳;或者在解码质量一定时使冗余最少。目前常用的主要有以下几种方法:

① 通过周期性地插入重同步标记和数据分区进行错误隔离,把错误的影响限制在有限区域内;

② 容错预测,如帧内编码刷新和独立分段预测;

③ 直接修改熵编码方法,如 MPEG-4 中使用的可逆变长编码 RVLC(Reversible Variable Length Coding)或差错恢复熵编码 EREC(Error Resilient Entropy Coding),使比特流更具有鲁棒性;

④ 使用数据交织技术使相邻块不同时出错;

⑤ 采用具有不平等差错保护的分层编码方法 LC(Layer Coding);

⑥ 采用多描述编码方案;

⑦ 采用信源和信道联合编码方案。

其中分层编码方法与多描述编码方案在前面的章节中均已介绍过,而信源信道联合编码将在下一章中详细介绍,因此本节主要讨论其他的几种方法。

1. 错误隔离

压缩数据流对传输错误敏感的一个主要原因是编码器使用变长编码。一个码字中的任何一个比特错误不仅会使这个码字无法解码,而且会使后续码字也无法解码或者错误地解码。错误隔离技术试图把错误限制在有限的区域,通过在压缩比特流中插入重同步标记(resynchronization marker),或者使用数据分区(data partitioning)的方法。二者都被纳入 MPEG-4 和 H.263 标准中。

(1) 插入重同步标记

周期性地插入重同步标记是一个简单而有效的增强抗误码能力的方法。这些标记可以轻易地和所有其他码字以及近似的码字区分开来。通常把一些头信息(包括时间和空间位置信息及其他后续解码所需要的信息)紧跟在重同步信息之后。这样只要检测到重同步标记解码器就能正确解码。显然,插入重同步标记会降低编码效率。首先,标记越长,插入的频率越高,需要的比特数就越多。其次,使用重同步标记通常会中断帧内预测,如运动向量和 DC 系数的预测,从而导致码率增大。但是更长和更频繁的标记也会使解码器更快地获得重同步,从而使一个传输错误只影响更小的区域。因此,在实际的编码系统中通常使用较长的同步码。

(2) 数据分区

在不使用其他抗误码技术的情况下,出错的码字和下一个重同步标记之间的数据只能被丢弃。为了取得更好的错误隔离效果,两个同步码之间的数据可以进一步分成更小的逻辑单元,并插入辅助同步码。这样,在误码之前的逻辑单元仍然能被正确解码。辅助同步码可以比主同步码短,但不能与在它们之前的逻辑单元中的数据相同。MPEG-4 与 H.263 标准的容错模式中采用了该技术,同一个 Slice 或 GOB 的所有宏块的宏块头、运动向量和 DCT 系数分别放在不同的逻辑单元中。如果在含有 DCT 系数的逻辑单元中出现误码,那么前面包含头信息和运动向量信息的逻辑单元仍然可以解码。

2. 容错预测

图 6.4 给出了码流出错在空间和时间域上的传播示意图,因此在考虑抗误码时,限制预测误差的传播范围显得非常重要。容错预测可以限制预测环路,从而控制错误传播的范围。帧内编码刷新和独立分段预测是常用的两种方法。

(1) 帧内编码刷新

周期性地插入帧内编码宏块既能抑制帧内误差的传播,又能抑制帧间误差的传播。在编码过程中,DC 系数和运动向量是以差分的形式处理的,当错误出现时帧内编码可以很好地抑制其空间传播效应。对于时间传播来说,由于帧内编码块无须参考前面的帧,因此可以限制误差向后续帧传播。当使用帧内编码宏块来抗误码时,需要确定这些宏块的数量和位置。需要的宏块数量取决于信道的质量和传输层的差错控制机制。许多实际系统提供关于信道质量的反馈信息,例如,无线网中的天线信号强度,或者互联网的 RTCP 协议的接收者报告。通过分析解码器失真与编码器帧内编码块比例、信道编码率和信道误码特性(随机丢失率和突发长度)之间的依赖关系,可以找到最佳帧内编码宏块比例或信道编码率。

确定帧内编码宏块位置的方法可分为启发式方法和率失真优化方法。启发式方法包括随机刷新和刷新高活动性区域,这些方法简单而有效。率失真优化方法能够进一步提高性能,当然也增加了编码复杂度。在不考虑传输误码的条件下,宏块编码模式取决于不同模式的率失真关系。理想情况下,选择平均每比特失真最小的编码模式。为了抗误码,可以使用相同的率失真优化方法,但是在计算每种模式失真时,编码器应当考虑到当前宏块和前帧宏块可能丢失。

(2) 独立分段预测 ISP(Independent Segment Prediction)

另一个限制错误扩散程度的方法是将图像数据分割成多段,只在同一段内进行时间和空间预测。于是某一段中的错误就不会影响到另一段。例如,一帧图像可以分成多个区域(一个区域是一个块组或分片),并且每个区域只能由前一帧的同一个区域预测。在 H.263 中这种方法被称为独立分段解码 ISD(Independent Segment Decoding)。另一种方法是将偶数帧分为一段,奇数帧分为另一段,奇/偶数帧只通过奇/偶数帧预测,该方法称为视频冗余编码并被纳入 H.263 标准。其缺点是由于限制预测区域而降低了预测精度,从而也降低了编码效率。

3. 鲁棒的熵编码

除了通过插入同步码和数据分区来隔离错误以外,还可以直接修改熵编码方法以使视频流具有抗误码能力。下面介绍两种常用的技术。

（1）可逆变长编码（RVLC）

RVLC 技术中，解码器不仅能解码重同步码以后的比特，而且能反向解码重同步码以前的比特，如图 6.5 所示。因此，使用 RVLC 可以减少被舍弃的比特数，从而减少受传输误码影响的图像面积。通过检验正向解码器和反向解码器的输出，RVLC 还能够帮助解码器检测出使用非可逆变长编码时所不能检测出的误码，或者提供更多有关误码位置的信息，从而减少被舍弃的比特数。RVLC 已被纳入 MPEG-4 标准。

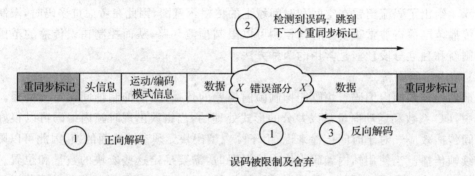

图 6.5　可逆变长编码示意图

传统的 RVLC 是通过在变长码字的前后加上固定的前缀和后缀而构成的，如表 6.4 所列。

（2）容错熵编码（EREC）

除了使用同步码来使解码器能够继续解码以外，EREC 方法通过重新排列已编码比特使得解码器在每一块的开始获得重同步。首先，将每个图像块的已编码数据放入相应的槽（Slot）中，不论是否填满；然后，根据一个事先定义的偏移序列寻找空的 Slot 来放置块中剩余的比特。重复这个过程，直到所有比特都被放入 Slot 中。由于每个 Slot 的大小固定，所以解码器能够在每个块的开始获得重同步。这种方法同时也使得每块的开始比结尾抗误码能力更强。EREC 没有为了同步而插入任何比特，所以几乎没有引入冗余，但是增加了编解码的复杂度。

表 6.4　VLC 和 RVLC

VLC	RVLC
	0
1	111
01	1011
001	10011
0001	100011

4. 数据交织

许多容错算法能够很好地解决平均分布的随机性比特错误，但对于突发性错误和某一段时间内的连续错误，效果就很差了。而数据交织就是一种把码流中突发性错误转变成随机性错误的方法。

数据交织实质上是一个置换器，目的就是要最大程度地置乱原数据的排列顺序，避免置换前的两个相邻的数据在置换后再次相邻。

图 6.6 显示了数据交织的基本原理。假定输入的码流为 $P_0=\{1,2,3,4,\cdots,23,24\}$，经过图 6.6(a) 所示的交织后，读出的码流为 $P_1=\{1,7,13,19,\cdots,18,24\}$。在解交织时，按照图 6.6(b) 所示的顺序进行写入和读出，正好可输出码流 $P_2=\{1,2,3,4,\cdots,23,24\}$。图 6.6(c) 显示在传输过程中发生了突发性错误的情况。可以看出，没有经过交织的比特流的错误是连续的。对于这种错误，前向纠错、错误隐藏等容错算法，其纠错的效率很低。在经过交织处理后，比特流中的突发性错误已经分散开，有利于其他容错算法的实现。同时，从图 6.6(c) 中可看出，交织的效果与交织器的设计 $M\times N$ 紧密相关。可充分利用出错比特与周围正确接收比特的相关性，纠正恢复出错比特。

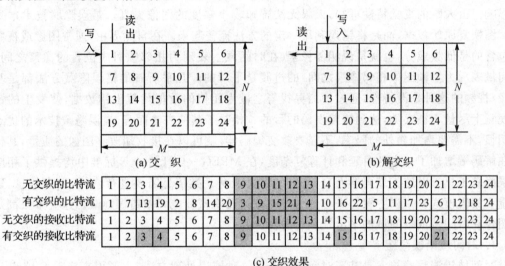

图 6.6　数据交织示意图

对于错误隐藏来说，常用的交织方式是以宏块为单位进行的。如图 6.7 所示，灰色方块代

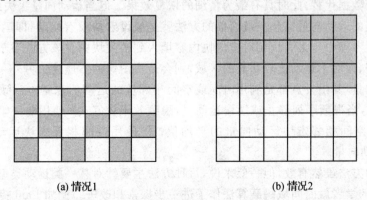

图 6.7　宏块数据交织示意图

表丢失的宏块,可以看出,(a)、(b)两图的丢块率均为50%。但如果在解码端使用错误隐藏技术来进行恢复时,图(a)效果要远远好于图(b),因为错误隐藏技术主要使用周围相邻块的信息来恢复被丢失块。周围能利用的块越多,隐藏效果越好。交织长度取决于突发错误的长度,显然,交织会带来解码延时。

6.4.2 解码端错误隐藏

即使在信源编码端和信道编码中采用了差错控制技术,在传输过程中仍有可能出现数据包丢失和误码的现象,这时在解码端可以采用错误隐藏技术进一步减小误码对重建视频质量的影响。由人眼的视觉特性可知,人眼无法感知较小幅度的图像失真。错误隐藏技术本身并不试图恢复原始数据,而是将错误利用一定的方法掩盖起来。在自然界中,通常图像或视频主要包含的是低频成分,也就是说相邻像素(在时间域上表现为相邻帧对应位置的像素之间,在空间域表现为一帧图像相邻像素之间)的过渡是平滑的。几乎所有的错误隐藏方法都是基于图像/视频的这种平滑特性,通过预测寻找与之最为相似的数据代替出错数据,使发生的错误在视觉上尽量不被察觉,达到掩盖误码的目的。相对于其他方法而言,错误隐藏技术的优点非常明显,不需要增加额外的码率,不需要改变编码器,就可以在接收端改善图像的质量,其代价是在解码端增加了一定的时延和计算复杂度,在 MPEG-4、H.264 等标准中均提供了相应的错误隐藏工具。对这类编码器而言,受损的宏块中有3类信息需要进行恢复:纹理信息、运动向量和编码模式。错误隐藏算法可分为时间域错误隐藏和空间域错误隐藏。这些方法都是基于图像在时间域或空间域的平滑性和相关性。

1. 时间域错误隐藏

时间域错误隐藏技术是基于时间域冗余的一种错误处理方法,主要用来掩盖 P 帧和 B 帧图像的错误。在这个过程中,运动向量起着非常重要的作用,通过它可以在参考帧找到与当前块内容相似的块。当宏块的运动向量被准确接收时,错误图像数据可以用前一帧经过运动补偿后的正确图像数据代替,此时具有最为精细的恢复效果。但当运动向量丢失或出错时,就必须先估计出相应的运动向量信息。最简单的方法就是假设宏块没有运动,即运动向量为0,此时可以直接将参考帧中与丢失块相对应的块内容填入到丢失块中。该方法对于相对静止的图像序列效果很好,而对于运动比较明显的区域,则会造成图像的不连续。另外一种方法是估计出错块的运动向量,其出发点都是利用时间或空间相邻块的运动信息基本一致的特点。主要方法有:① 置零,当视频序列静止或缓慢运动时,隐藏效果较好;② 使用前一帧对应宏块的运动向量;③ 使用空间相邻宏块运动向量的平均值;④ 使用空间相邻宏块运动向量的中值;⑤ 重新估计运动向量。

以上的几种方法虽然有效,但一般来说,每种方法主要针对某一类运动类型的图像序列很有效。于是,有的学者就时间域隐藏算法作了进一步探索和改进。比如 Lam 提出了基于边界匹配的运动向量恢复算法 BMA(Boundary Matching Algorithm),以上述4种向量为候选集,利用图像序列的时间空间平滑性,从中选出最佳的向量作为丢失块的运动向量。所谓的最佳向量是能使丢失块与其周围一个像素宽度边界的误差绝对和最小的运动向量。对于一些运动剧烈的图像,这个后选集就显得有些小,因此也有学者将候选集进行了扩大。Tao 根据图像内容活动度的不同将一个宏块分成若干小块进行隐藏;Chen 将交叠运动补偿和 BMA 结合起来,减弱了块间的马赛克效应。

总的来说,时间域错误隐藏比较适用于视频序列静止或缓慢运动的情形;当运动比较剧烈或场景切换时,时间域错误隐藏难以给出令人满意的效果。此时,可采用空间域错误隐藏来掩盖出错的块。

2. 空间域错误隐藏

空间域错误隐藏利用同一帧图像相邻像素间的相关性来恢复出错块的数据,尽量保证丢失块与其相邻块之间的平滑性。空间域隐藏方法大都是利用受损数据块的边界像素来对其进行内插得到恢复数据。

线性内插法可以从受损宏块的一个像素宽的四个边界上内插得到丢失的像素值,也可仅用两个最近边界上的像素,原理如图 6.8 所示。

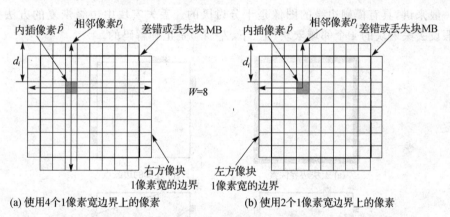

(a) 使用4个1像素宽边界上的像素　　(b) 使用2个1像素宽边界上的像素

图 6.8 线性内插法实现的空间域错误隐藏

内插像素 $\hat{p}$ 可通过公式 $\hat{p} = \dfrac{\sum_{i=1}^{4} p_i (W - d_i)}{\sum_{i=1}^{4} (W - d_i)}$ 计算,其中,p_i 是相邻宏块的 1 像素宽的边界点,d_i 是待内插像素点与 p_i 之间的距离。W 是宏块水平方向或垂直方向的尺寸。

该方法在内容平滑、没有明显边缘的地方效果很好,但是由于内插法的低通特性,对于纹理复杂或具有明显边缘的块效果很差,边缘模糊现象十分严重。其优点是算法简单,运算量小。

基于线性内插法容易造成边缘模糊,而方向性内插则可以避免出现这种情况。在一个局部区域中,纹理通常都呈现一定的方向性。因此可以根据相邻块的内容来判断丢失块中可能存在的边缘方向,然后沿着此方向进行内插。该方法的一个关键问题是如何判断丢失块中可能存在的边缘方向。针对这一问题,许多学者都提出了自己的算法。实验证明,基于方向性的内插法隐藏效果要远远好于普通内插法,但在确定边缘方向上带来了一定的计算量,增加了解码端的复杂度。

方向性内插主要分为以下几个步骤:
① 计算邻域宏块边界像素的梯度进行边缘检测;
② 利用线性近似的方法,连接丢失宏块周围的边缘点;
③ 基于恢复出的边缘信息,将丢失宏块划分为几个区域;
④ 丢失宏块中每个区域的每个像素值,利用相邻的边缘像素值进行方向性内插。
这 4 个步骤可归纳总结为边缘恢复和有选择的方向性内插。

(1) 边缘恢复

边缘就意味着亮度像素值的急剧变化或者不连续,边缘对人类感知图像起着十分重要的作用。一般来讲,具有模糊边缘的图像是十分讨厌的。丢失宏块中边缘恢复的方法如图 6.9 所示。假设丢失宏块的 4 个邻域宏块(上、下、左、右)是正确解码的。

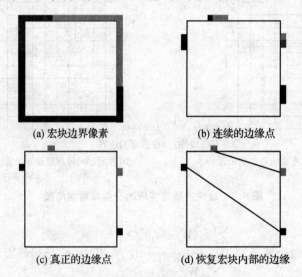

图 6.9 边缘恢复过程

在图 6.9(a)中,先计算邻域宏块边界像素的梯度值,像素 $p(x,y)$ 的梯度可用行梯度 G_r 和列梯度 G_c 来表示,具体计算公式如下:

$$\left.\begin{aligned} G_r = P(x,y) \otimes H_r(x,y) \\ G_c = P(x,y) \otimes H_c(x,y) \end{aligned}\right\} \quad (6.4.1)$$

其中，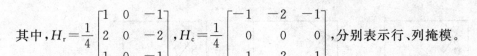，分别表示行、列掩模。

在实际应用中，将行列掩模窗作用于受损宏块上、下、左、右四个方向上两像素宽度的边界行或列上。因为掩模窗作用于一像素宽度的边界上时，卷积的计算过程就会用到受损宏块的像素值，这会造成边缘检测不准确。像素 $p(x,y)$ 梯度值的幅度和相位计算公式如下：

$$A(x,y) = \sqrt{G_r^2(x,y) + G_c^2(x,y)} \tag{6.4.2}$$

$$\theta(x,y) = \arctan \frac{G_r(x,y)}{G_c(x,y)} \tag{6.4.3}$$

如果幅度 $A(x,y)$ 大于一个设定的门限值，则像素 $p(x,y)$ 被认为落在边缘上。该门限值设为像素值的方差。按上述梯度幅值检测边缘，通常会出现几个连续的像素，被视为边缘点，如图 6.9(b)所示。在这些连续的像素点中，可以选一个梯度幅值最大的点作为真正的边缘点，如图 6.9(c)所示。进一步可恢复得到宏块内部的边缘，如图 6.9(d)所示。

假设一个边缘进入丢失的宏块有两种情况：第一种情况是这个边缘穿过丢失的宏块；第二种情况是这个边缘在丢失的宏块内与另一个边缘相交，终止于交点处，不穿过丢失的宏块。在这种假设的前提下，可以通过比较边缘点从而找到匹配对。第 i 个边缘点的特征向量定义如下：

$$\alpha(x,y) = (G_r(x,y), G_c(x,y), \theta(x,y), p(x,y)) \tag{6.4.4}$$

根据特征向量可计算两个边缘点之间的特征距离，在所有点中，特征距离最小的两个点被认为是匹配的一对边缘点，然后标记这一对边缘点，接着以同样的方法处理其他边缘点，循环执行匹配过程，直到所有点全部匹配或两个边缘点之间的特征距离超过某一门限值。匹配完成后，每一匹配对用直线连接起来恢复由于宏块丢失而断裂的边缘，如果仍有一个没有匹配的边缘点，那么这个点可以沿着它的梯度方向延伸到宏块的内部，直到遇到另一个边缘为止。

(2) 有选择的方向性内插

在一个丢失宏块中所有的边缘都恢复之后，这些边缘线把丢失的宏块分成几个区域。如图 6.10 所示，在丢失宏块内的一个像素 p 可以通过在同一个区域内的边界像素进行内插来光滑地恢复该区域内的像素。

假设在一个丢失宏块内有 n 个边缘，每一个边缘可以用一个线性方程描述，即

$$y - y_{0,i} - m_i(x - x_{0,i}) = 0 \tag{6.4.5}$$

其中，m_i 是边缘的斜率，$(x_{0,i}, y_{0,i})$ 是该边缘上某一点的坐标。如果一个边缘是通过一对匹配点 $(x_{1,i}, y_{1,i})$ 和 $(x_{2,i}, y_{2,i})$ 复原的，那么 $m_i = \frac{y_{2,i} - y_{1,i}}{x_{2,i} - x_{1,i}}$；否则，$m_i = \frac{G_{R,i}}{G_{C,i}}$。对于每一个丢失的像素 $p=(x,y)$，需要寻找一些用于内插的参考像素。沿着每一个边缘方向，邻域宏块的边界像素可以作为内插的参考像素，如图 6.10(b)所示。找到参考像素点后，可以用下式来内插得到

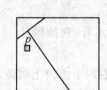 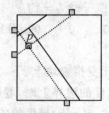 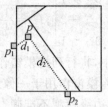

(a) 丢失宏块内的像素　　(b) 通过边界像素内插　　(c) 通过两个参考像素内插

图 6.10　方向性内插

丢失的像素 p，即

$$p = \frac{\sum_k \dfrac{p_k}{d_k}}{\sum_k \dfrac{1}{d_k}} \tag{6.4.6}$$

其中，p_k 是第 k 个参考点，d_k 是 p_k 和 p 之间的距离。图 6.10(c) 是找到两个参考点的情况，此时

$$p = \frac{\dfrac{p_1}{d_1} + \dfrac{p_2}{d_2}}{\dfrac{1}{d_1} + \dfrac{1}{d_2}} = \frac{d_2}{d_1 + d_2} p_1 + \frac{d_1}{d_1 + d_2} p_2 \tag{6.4.7}$$

该算法的前提条件是丢失宏块的四周邻域宏块是正确解码的。在这种假设下，对具有线性边缘的图像区域恢复的效果十分理想，对于非线性的边缘复原的结果有明显失真。图像区域的边缘越偏离线性，其复原的结果失真率就越大。

空间域错误隐藏的另一种方法是凸集投影空间插值 POCS(Projection Onto Convex Sets)。由于需要恢复的块带宽是有限的，或各向同性(光滑区域的块)或沿着特殊的方向(包含直边沿的块)，因此把该限制条件表达为凸集。各个凸集的交集就是最优解，它可以通过递归的方法将前一个解投影到每一个凸集上得到。在使用凸集投影法时，要求恢复块的离散傅里叶变换(DFT)只包含几个低频系数，从而将空间平滑度准则转换到频率域。如果受损块包含特定方向的边缘，则可以要求 DFT 系数是沿着边缘方向正交的一个窄带分布，即沿着边缘方向为低通，正交方向为全通。对每个 DFT 系数幅值的限制也可以转化为凸集，这是任何正确接收的 DCT 系数带来的要求。由于只能通过递归过程才能求解，因此该方法不适合实时应用，如图 6.11 所示。

图 6.11 中丢失块及 8 个邻近块形成一个组合块。首先，组合块用 Sobel 算子进行边沿存在测试。块分类成单调块和边沿块。边沿方向量化为 8 种，对应于 0~180°的范围。接着，对组合块进行两种投影操作。根据边沿的分类，先进行带宽限制的投影操作。如果是单调块，则该块属于等方向有限带宽约束，对其进行等方向低通滤波。如果块分类器输出是 8 个方向之

第6章 图像通信质量分析与抗差错传输

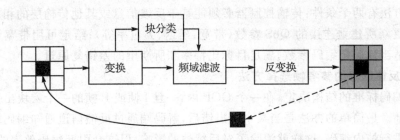

图 6.11　自适应 POCS 迭代恢复处理示意图

一,则沿着该方向进行带通滤波。滤波操作在傅里叶变换域实施。二次投影操作实现范围限制并且将一次操作的输出值截断到 0~255 的范围。对于正确接收的边沿块像素,它们的值保持。两种投影交替操作,直到块不再改变。当初始估计较好时,一般重复 5~10 次就足够了。该技术仅仅利用了空间信息的重建处理,因此适用于帧内编码块或静态图像。对于帧间编码块,一种方法是用运动补偿块作为初始估计,再进行投影,进一步提高重建精度。

空间域错误隐藏的缺点是对于图像细节(边缘和轮廓等)恢复得不够;而时间域错误隐藏的缺点是当运动剧烈时恢复效果不佳,但当静止或运动比较平缓时效果非常好,因此两者可以结合使用。实际应用中,可通过对丢失块周围的空间复杂度以及运动状况的衡量来自适应地选择采用空间或时间错误隐藏。当局部运动低于空间复杂度时,采用时间域隐藏算法;反之,则采用空间域隐藏算法。

6.4.3　编码端和解码端交互式差错控制

在 6.4.1 小节和 6.4.2 小节介绍的方法中,编码端和解码端只是独立地进行错误控制和隐藏。事实上,在条件允许的情况下,可以建立一条反馈通道,使得编码端和解码端联合进行差错控制,在信源编码或传输层中实现协同工作,达到更好的效果。在信源编码器中,可以基于来自解码器的反馈信息修改编码参数。在传输层,可以利用反馈信息来改变用于 FEC 或重传的总带宽的百分比。传输层的差错控制主要有 FEC、有延迟限制的重传以及不等差错保护等方法。本节将介绍几种基于解码器的反馈信息而修改信源编码策略的技术。这些技术应用的前提是,差错持续时间不太长,存在一些差错也是可接受的。因此即使不能做到纠正每个出现的差错,限制此类差错的传播也是很重要的。

1. 基于信道状况的编码参数自适应调整

在带宽和差错特性可变的信道中,重要的是使编码率与可用信道带宽相匹配,以及在编码比特流中嵌入适当的差错复原性能。当以高于信道传输能力的速率对信源编码时,根据网络层的判断将丢掉一些数据,通常会导致比以较低速率编码该信源所造成的信源编码失真更多的干扰效应。当信道噪声很大时,最好用较低的质量表示信源,留下更多的比特用于在编码流中以 FEC 等形式进行差错保护。

使用该方法有两个条件:传输控制器必须能基于反馈信息或其他传输层的相互作用,周期性地估计并更新所建立连接的 QoS 参数(带宽、延迟、丢包率等);给定可用带宽和差错特性,编码器必须适当地确定编码参数,满足目标比特率和所期望的差错复原量。

2. 基于反馈信息的参考帧选择方法

由视频编码标准的结构决定,在一个 GOP 内,一旦 I 帧或 P 帧的一个宏块出错,则必然向后面的帧传播。最简单的办法是当某个帧出错后,解码端通过反馈信道通知编码端,编码端对其以后的帧进行帧内编码,这样就消除了对后续帧的影响,但这会引起编码效率的下降。如果在当某帧出错时,其后的帧不再选取该帧为参考帧,而是选取一些更靠前的无差错帧来作参考,效率便会高过使用帧内编码模式。使用参考帧选择方法不一定意味着编码器会有额外的延迟。为编码当前的帧,编码器不必等待关于前一帧的反馈信息的到来,而是在接收到反馈信息时,选择受损帧的前一帧作为参考。例如,当解码端发现第 n 帧出错并反馈给编码端时,编码端已经编码到 $n+d$ 帧;对于第 $n+d+1$ 帧,将使用 $n-1$ 帧预测,这样 $n+d+1$ 帧以后的帧就不会用到错误的帧恢复,提高了后续图像的质量。

3. 基于反馈信息的错误跟踪方法

编码器可以不用较早的、未受损的帧作为参考帧,而是跟踪第 n 帧中受损区域如何影响第 $n+1$ 到 $n+d-1$ 帧中的解码像素。然后在编码第 $n+d$ 帧时按如下方法之一进行:① 用帧内编码模式对用第 $n+d-1$ 帧中受损像素预测的第 $n+d$ 帧中的宏块进行编码;② 跟踪出错块在其后续帧中传播的位置(即为其后那些使用这些出错块的像素作了参考),将这些出错块标记下来,以后的帧进行编码时不再使用这些块的像素作参考,从而避免了错误的进一步传播;③ 对于第 $n+1$ 帧到第 $n+d-1$ 帧进行与解码器相同类型的错误隐藏,以便当编码第 $n+d$ 帧时,编码器的参考图像与解码器的参考图像匹配。前两种方法只要求编码器跟踪受损像素或块的位置,而最后一种方法要求复制解码器从第 $n+1$ 到 $n+d-1$ 帧的工作,比较复杂。用任意一种方法,解码器都将在第 $n+d$ 帧中完全从错误中恢复。

4. 无等待重传

为了利用重传数据,解码器将不得不在处理相继收到的数据前等待所请求的重传数据的到来。实际上,这是不必要的。用重传恢复丢失的信息而不引入延迟是可能的。例如当第 n 帧的视频数据单元受损时,为恢复受损数据向编码器发送一个重传请求。不用等待重传数据到来,用所选择的错误隐藏方法隐藏受损的视频部分。然后,重新开始正常的解码,同时记录下受到影响的像素及相关的编码信息(编码模式和运动向量)的跟踪情况。根据第 $n+d$ 帧到来时的重传数据,纠正受到影响的像素,使它们好像没有发生传输差错一样被再生出来。纠正信息是由重传数据和所记录的跟踪情况得到的。

除了在信息丢失和重传数据到来之前的一段时间外,这种方法可以实现无损恢复。在那段时间内,任何错误隐藏技术都可用于受损区域。这种方案消除了与传统重传方案有关的延迟,而且不会损害视频质量,所付出的代价是相对高的实现复杂度。与 6.4.3 小节中的修改编码操作以阻止误差积累的错误跟踪方法相比,这种方法用重传的数据纠正并阻止了解码器中的错误。

6.5 运动图像编码标准中的抗误码策略

为增强视频流在误码、丢包等多发环境中传输的鲁棒性,各种运动图像编码标准也都制定了相应的抗误码策略,往往通过多种抗误码技术的联合应用实现。其中部分技术专门用来提高码流的鲁棒性,另外也有部分技术为提高编码效率而提出,但同时也为增强差错控制性作出了贡献。下面主要对部分现有标准中采用的抗误码技术作简要介绍。

6.5.1 MPEG-4 的抗误码策略

1. 重同步标记

MPEG-4 提供的重同步标记有一个显著的不同,它的重同步标记并不是在每个组的开始,相反,它将图像分成视频包,且每个包由整数个顺序相连的块组成,在每隔 K 个比特处插入一个重同步标记;在活动剧烈的区域,编码的比特数多,插入的同步头也多。即使出现突发错误,解码器也能在高活动区中的较少宏块中查到误码位置,将误码准确定位,保证这部分区域的图像质量。除了在每个视频包的开始插入重同步标记外,为了减少分属两个视频包中数据的相关性,又插入两个额外的信息,分别为 MB No. 和 QP。其中 MB No. 为视频包中起始宏块在图像宏块中的位置;QP 为此包中数据所采用的量化参数。视频包中的数据格式如图 6.12 所示。

| 重同步标记 | MB No. | QP | 运动向量,量化系数 |

图 6.12 视频包中的数据格式

MPEG-4 中推荐的 K 值随码率的不同而不同,对于 24 kbit/s,K 为 480 bit;对于码率在 25~48 kbit/s,K 为 736 bit。

2. 数据分割 DP(Data Partitioning)

在 MPEG-4 中对 I 帧和 P 帧采取不同的数据分割方式。对 I 帧,通过一个 19 bit 的直流标志(DCM)码字将宏块的 DC 系数和 AC 系数分开。对 P 帧,通过一个 17 bit 的运动边界标志(MBM)将运动信息和 DCT 残差信息分开。这种数据分割机制能够更好地利用运动估计数据的有效性来检测误码,从损坏的数据包中有效地定位误码发生的位置,从而恢复更多的数据。

3. 头扩展码 HEC(Header Extension Code)

在 HEC 模式下,可以在视频包中重复发送代表视频数据空间尺寸、时间标记、编码方式等视频头信息。因此,当视频头信息发生错误时,能够及时地被后面重复的 HEC 验证和纠正,从而减少了被丢弃视频包的数目。

4．双向解码及可逆变长编码(RVLC)

RVLC 技术能够加强 MPEG-4 视频流的抗误码能力,其原理见 6.4.1 小节。

5．自适应帧内刷新 AIR(Auto Intra Refresh)

AIR 是 MPEG-4 标准中 Annex E 所规定的技术,与对 VOP 中所有宏块进行统一的帧内编码的循环帧内刷新(CIR)截然不同,它包括在每个 VOP 中发送限定数目的帧内宏块。AIR 通过标记运动宏块位置得到刷新映射图,有选择地进行帧内编码。

6．NEWPRED 模式

NEWPRED 模式能够根据解码器端的反馈信息自适应地更新用于帧间预测的参考图像部分,只采用已经正确解码的宏块或图像作为参考,从而防止误码在时间域的扩散。

6.5.2 H.264 的抗误码策略

H.264 继承了以往编码标准中高效率的成熟的抗误码技术(如图像分割、自适应帧场编码技术、参考图像选择、鲁棒熵编码方案等),同时对帧内编码、数据分割等抗误码技术也进行了相应的改进。此外,H.264 还采用了几种新的抗误码策略。

1．数据分割技术

H.264 中的原始字节序列载荷 RBSP(Raw Byte Sequence Payloads)主要分为两种:视频编码数据和控制数据。H.264 的数据分割模式可以将编码数据重新排列,将每帧图像中同一数据类型的所有码字排列在一起,并依次存储各种数据类型的码字,这就有利于根据信息的重要程度不同,使用不等错误保护 UEP(Unequal Error Protection)技术来提高解码端的编码效果。

在 H.264 中,一个 Slice 中的数据可被分为 3 类,每类被单独封装为一个 NAL 单元。其中第一类数据主要包含头信息,比如宏块类型、量化参数和运动向量,该数据分块最为重要,如果丢失,其他数据即使收到也是不可用的,因此应赋予最大程度的保护。第二类数据主要包含帧内编码块的编码模式 CBP(Coded Block Patterns)以及帧内编码块的变换系数。这部分数据丢失将会严重影响后继帧的解码质量。第三类数据主要包括帧间编码块的编码模式以及帧间编码块的变换系数。与前两类数据相比,这类数据的重要性最差,而它却是码流数据的最大组成部分。

可以看出,第二类和第三类数据都要依靠正确接收第一类数据才有效,而这两类数据在语法上是独立的。由于第一类数据重要性最强,同时数据量也最少,因此可以使用更可靠的信道来传输或者使用纠错能力更强的码字来保护。

2．帧内编码策略

帧内编码策略在以前的标准中都有采用,是一种比较简单且有效的抗误码方法。在

H.264 中也采用了这种方法,但是与以往的标准中采用的帧内编码不同。

在 H.264 中,存在两种完全由帧内编码宏块组成的 Slice:传统的帧内编码 Slice 和解码即时刷新(IDR)帧的 Slice。IDR 帧的 Slice 在进行帧内编码时将完全清空短期帧缓存(short-term reference frame buffer)内的数据,因此可以完全去除解码前面帧所带来的积累误差。对于传统的帧内编码 Slice,仅可以去除前面解码帧误差对于本帧的影响,这是因为它没有清空短期帧缓存,因此在后面解码时仍将参考此帧内编码帧前面的已解码帧,误差仍将向后传播。

3. 设置参数集

参数集通常应用在所有的 H.264 比特流中,其包含的信息极为重要,同时它的受损将影响到大量的 VCL 和 NAL 单元,且被影响的单元即使正确接收到也不能被正确解码。在 H.264 新标准中共使用了两种类型的参数集。

① 序列参数集:包含了与一个图像序列(两个 IDR 图像间的所有图像)有关的所有信息,应用于已编码视频序列。

② 图像参数集:包含了属于一个图像的所有片的信息,包括图像类型、序列号等,用于解码已编码视频序列中的一个或多个独立的图像。

多个不同序列和图像的参数集被解码器正确接收后,被存储于不同的已编号位置上,解码器依据每个已编码 Slice 的片头的存储地址选择合适的图像参数集来使用。参数集的灵活使用可大大提高纠错能力。在高误码率的无线传输信道环境下,适用参数集的关键是要确保在相应的 VLC 与 NAL 单元到达解码器时,参数集已可靠、及时地到达解码器。解决方案主要有 3 种:通过带内传输,重复发送数据;采用可靠的控制协议;在编解码器的硬件中固化参数集设置。

4. 灵活的宏块排列

传统比特流中的数据就是一个 Slice 中连续的宏块。处理顺序为按照光栅扫描顺序进行处理(见图 6.13(a)),每个 Slice 单独传输,并没有考虑到不同类型的数据重要性不相同这一特点。

H.264 的比特流中采用了灵活的宏块排列 FMO(Flexible Macroblock Ordering)方式,宏块的传输顺序由宏块分配表 MAM(Macroblock Allocation Map)确定,而不一定按照光栅扫描的顺序进行。FMO 修改了图像分割成 Slice 或宏块的方式,将每个宏块按照宏块分配表分配给一个 Slice,每个 Slice 被单独传输。如果一个 Slice 在传输过程中丢失,则可以利用其他被正确接收、包含与丢失 Slice 中宏块相邻宏块的 Slice 来进行有效的错误掩盖。由于各个 Slice 在解码端是被独立解码的,所以可以有效地抑制错误的传播,提高了抗误码能力。FMO 采用的扫描方式可分为交织图像 Slice、规则分散宏块 Slice、矩形 Slice、完全分散宏块 Slice 等。图 6.13(b)和(c)给出了 H.264 中 Slice 划分的示例,图 6.13(d)给出了 H.264 交织 Slice 划分时对应的宏块分配表。图 6.13(b)中宏块至 Slice 映射方式经常用在对部分区域感兴趣的应用中,而 6.13(c)中棋盘式映射有利于对丢失 Slice 进行错误隐藏。假设在传输过程中,Slice1

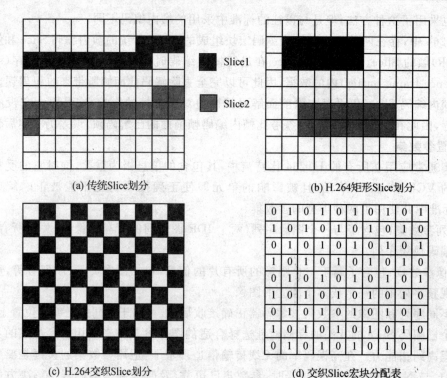

图 6.13 FMO 及宏块分配表示意图

的信息到达解码端,而 Slice2 的信息丢失了,由于 Slice1 中每个宏块与 Slice2 中的宏块在空间上分散相邻,包含大量与 Slice2 中宏块相关的信息,故利用 Slice1 就可以对丢失的 Slice2 进行有效的错误隐藏。实验证明,在丢包率达 10% 的情况下,使用 FMO 方式重建得到的视频与原视频的差异是人眼难以察觉的。FMO 方式的代价是降低了编码效率,增加了部分时延。

5. 冗余片编码

冗余片编码技术允许编码器对同一个宏块采用不同的编码参数进行多次编码,产生一个主片和多个冗余片。这种技术与基于冗余的传输,如包复制有着本质的区别。在包复制冗余传输中,被复制的包和复制包一模一样;而在冗余片技术的使用中,冗余片使用不同的编码参数来编码,从而形成对同一宏块的不同表示。其中主片使用较小的 QP 来编码,因此具有较好的重建图像质量;而冗余片使用较大的 QP 来编码,因此重建图像质量相对粗糙,但码率较低。主片和冗余片在网络适配层被封装到不同的包传输。解码器在重建图像时,如果主片可以用,就使用主片来重建图像而丢弃冗余片;如果主片在传输过程中丢失或产生误码而不可用,则解码器就使用冗余片来重建图像。采用冗余片技术在花销最少比特数的情况下,最大限度地保证了重建图像的质量,尤其是在有误码倾向的移动信道或 IP 信道环境下,冗余片技术可显著提高重建图像的主客观质量。

6. SI/SP 切换

为了满足视频流间/内切换的要求,H.264 采用了 SI/SP 帧技术,解决了视频流应用终端用户因带宽不断变化而带来的质量下降问题。SI/SP 切换项技术在抗误码方面的应用主要有以下两个方面:

① 流间切换。对于因用户带宽不断变化而带来的丢包现象,可以事先对视频内容进行几种不同速率的编码,提供不同的图像质量。在反馈信道可用的情况下,当用户带宽变化时,用户通过向服务器发送切换请求使服务器发送更低或更高速度的码流。如图 6.14(a)所示,当用户发现当前带宽不能实时解码当前码流 $S_{1,n}$ 帧时,则发送切换比特请求到服务器端,服务器将从 $P_{1,n-1}$ 帧通过 $S_{12,n}$ 帧切换到另一码流的 $P_{2,n+1}$ 帧。

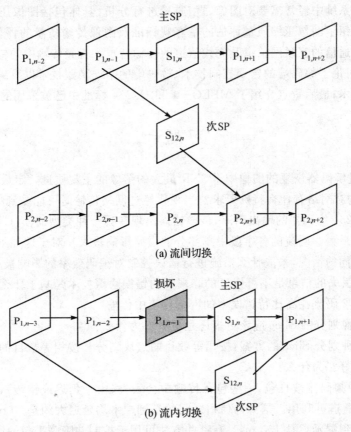

图 6.14　SI/SP 技术用于错误恢复示意图

② 流内切换。在编码中通过采用不同的参考帧预测,可以获得同一个帧的多个 SP 帧,利

用这种特性也可以增强抗误码能力。如图 6.14(b)所示,当解码器发现 $P_{1,n-1}$ 帧出现错误无法解码时,可发送请求到服务器端;服务器端发送次 SP 帧 $S_{12,n}$ 帧到客户端,由于 $S_{12,n}$ 帧采用 $P_{1,n-3}$ 帧做参考,因此可以被正确解码,继而直接解码 $P_{1,n+1}$ 帧。

7. 全局率失真优化

传统的率失真优化模式只考虑了量化失真,而没有考虑由于信道丢包和随机误码而产生的信道失真,编码器使用这样的率失真函数对低误码的信道较为实用,但对于高误码率的信道很难获得较好的鲁棒性。H.264 采用基于全局率失真的模式,充分考虑信道误码率和丢包率对图像质量的影响,在高误码率的条件下很好地改善了编码器的抗误码性能。

6.6 小 结

在图像通信系统中经常需要对图像通信质量进行分析,具体包括图像压缩和传输质量评估。本章首先介绍了图像压缩质量评估的主客观标准及图像传输质量的评价标准;其次介绍了目前用于图像通信的互联网信道及无线信道的传输特点和视频传输中的错误对解码码流产生的影响;然后讨论了编码端的错误控制技术、解码端的错误隐藏技术以及编码端和解码端交互式差错控制技术;最后重点介绍了 MPEG-4 和 H.264 标准中已被采用的抗误码策略。

习题六

1. 若干经过解码器恢复的图像中,PSNR 最大的图像的主观质量一定最好吗?为什么?
2. 视频传输对网络有什么特殊要求?当视频经过网络传输时可能受到哪些影响?
3. 对于 H.264 编码器的输出码流,传输错误出现在哪一种类型的帧(I、P、B 帧)中对解码的视频序列影响最大?码流的各字段中哪部分的误码影响最大?对于这种不同帧类型或不同字段误码影响不同的情况,采取什么措施进行错误控制对编码效率的影响最小?
4. 理论上,丢失的信息是不可恢复的。视频的错误隐藏技术是基于什么原理实现的?
5. MPEG-2 码流在高比特错误率的网络环境中传输:
   (1) 每幅图像划分的 Slice 应该更多还是更少?为什么?
   (2) 现有两种划分 Slice 的方案:按相等数目的宏块划分和按相等数目的比特划分。这两种方案哪一种更好?为什么?
6. 压缩的视频码流被打包,一些包在传输中会丢失(由于延迟或错传),设丢包率大约为 10%,且无反馈通道可利用。信源与信宿之间的端到端平均延迟大约是 50 ms,信源与信宿之间允许的最大端到端延迟是 150 ms。有哪些方法可用于控制并隐藏丢包的影响?
7. 重新考虑第 6 题的情况,当网络丢包率较低(如 1%)时,解决方法有什么不同?
8. 在具有高比特错误率、突发性错误和窄带宽的无线网络上进行视频传输,可以采取哪些错误控制和隐藏技术？与互联网中的情况有什么不同？

参考文献

[1] 郭宝龙,等. 通信中的视频信号处理. 北京:电子工业出版社,2007.
[2] 马宇峰,魏维,杨科利. 视频通信中的错误隐藏技术. 北京:国防工业出版,2007.
[3] 何小海,腾奇志,等. 图像通信. 西安:西安电子科技大学出版社,2005.
[4] Wang Y,Ostermann J,Zhang Y Q. 视频处理与通信. 侯正信,杨喜,王文全,等译. 北京:电子工业出版社,2003.
[5] 刘荣科. 无人机载合成孔径雷达图像实时传输技术研究. 北京:北京航空航天大学,2002.
[6] 王元吉. 视频传输中抗误码方法的研究. 大连:大连理工大学,2004.
[7] 冯艳. 视频通信中的错误隐藏技术研究. 北京:北京邮电大学,2006.
[8] 丁学文. MPEG-4 数字视频错误隐藏技术的研究. 天津:天津大学,2005.
[9] 周琴. 无线视频通信中的错误恢复技术研究. 武汉:华中科技大学,2006.
[10] 王进. 低比特率视频通信中的差错控制. 北京:中国科学院研究生院,2002.
[11] Wang Y, Zhu Q F. Error control and concealment for video communication: A review. Proceedings of IEEE,1998,v86(5):974-997.
[12] Wang Y, Wenger S, Wen J, et al. Error resilient video coding techniques. IEEE Signal Processing Magazine,1995,v17(4):61-82.
[13] Zhang R, Regunathan S L, Rose K. Video Coding with Optimal Inter/Intra-Mode Switching for Packet Loss Resilience. IEEE JSAC,2000,v18(6):966-976.
[14] Redmill D W, Kingsbury N G. The EREC:An error-resilient technique for coding variable-length blocks of data. IEEE Trans. on Image Processing,1996,v5(4):565-574.

第7章 信源信道联合编码在图像通信中的应用

> 在科学上，每一条道路都应该走一走，发现一条走不通的道路，就是对科学的一大贡献。
> ——爱因斯坦

香农的信源信道编码定理奠定了当今数字通信系统设计的理论基础——分离原理。该原理指出：通信系统中的信源编码器和信道编码器可以相互独立优化设计而不会影响系统的整体性能。长期以来，信源编码和信道编码各自围绕其所关心的问题独立研究和发展，通信系统都是基于二者分离而进行最优设计。事实上，分离原理只适用于各态历经的平稳信源，且要求信源和信道编码器所采用的分组码长任意长。但是实际应用中对系统复杂度和延迟的限制使得分组码长不可能是无限长，并且随着通信技术的不断发展，传递的信息也日益复杂，比如图像、声音等。多媒体信息对通信传输的要求会更高。同时网络环境日益复杂，出现资源有限、多用户共享、异质通信资源、时变性强等情况，使得图像和视频信源不再是简单的各态历经平稳信源。在这种情况下，信源信道分离编码已经不能获得令人满意的效果，因而信源信道联合编码在图像通信中的应用成为一个研究热点。

7.1 信源信道联合编译码基础

信源信道联合编码就是兼顾信源编码和信道编码，以整个系统的性能为目标函数，根据信源和信道的特性，优化分配通信资源，使系统性能达到整体最优。信源信道联合编译码技术具有重要的理论意义和应用价值。

7.1.1 信源信道分离编码

信源编码器的任务是根据一个给定的失真要求对信源空间实行划分，并给每一划分空间以不同的码字。信源译码器的作用在于根据收到的码字，确定出它在信源划分中所属的区域。显然，精确度要求愈高，即失真愈小，对信源的划分就要求愈细，因而为表示信源信息所需的码字就愈多，其相应的码长也就愈长。对一给定的信源，信源编码理论所关心的中心问题主要是以下两个：① 在失真度确定的条件下，使失真满足要求所需的最低信息速率是多少；② 在信息速率确定的情况下，系统所能达到的最小失真是多少。

信道编码理论则以提高系统的可靠性为核心，努力寻求一种适当的编码方法，在一定的传输速率条件下，将信息以尽可能小的错误概率从信源传到信宿。当然，这并不是说信道编码理论与系统的有效性毫无关系,但它所关心的有效性只是尽可能有效地利用信道的传输能力,而并非有效地表示信源发送的信息。在这个研究范畴内,信源都是经过某种最佳处理、不含有任何多余信息的理想信源。

在信息论的发展历史中,信源编码理论和信道编码理论几乎一直处于一种相互独立、相互分离的状态。从工程角度来看,造成这种分离设计格局的主要原因如下。

1. 分离研究可以使问题得到简化

将一个复杂的问题分成若干个相对简单的问题来分别研究的方法,是科学发展史上惯用的一种行之有效的方法。信源与信道因素的相互分离,使得信源编码理论和信道编码理论各自所关心的问题得到了极大程度的简化。20 世纪 50 年代初,随着以汉明码为代表的构造编码理论的提出,信道编码理论开始有了飞速的发展。70 年代初,随着信息论——失真理论(简称率失真理论)和数据压缩技术的发展,信源编码理论也得到了极大的充实。所有这些成果的取得,很大程度上应归功于分离处理的研究方法的采用。

2. 分离处理不影响系统的最佳性能

一般而言,将一个问题分解成若干个子问题的分解方式并不是唯一的,但只有那些保持了问题的本来面目的分解方式才是有意义的。从信息论的观点来看,信源编码和信道编码的相互分离与独立研究之所以可能并得到迅速发展,其根本原因还在于分离方法并不损失系统的最佳性能。

尽管如此,信源和信道分离编码还是存在一定缺陷的。因为分离处理不影响系统的最佳性能。这一结论依赖于两个重要的假设:首先,信源编码是最优的,可以去除所有的冗余;其次,信道编码也是最优的,可以纠正所有的误码,从而保证分离设计的系统也是最优的。但实际中信源编码是在满足一定的失真度要求下对信源进行最大限度的压缩,以便尽可能地去除冗余信息,但却无法去除所有的冗余;而面向传输的信道编码必须针对信道的不可靠性向压缩后的数据中增加冗余信息,但却必须限制码长、算法复杂度和时延等。因此分离编码的缺陷是显然的:首先,对信道编码最优的假设,会使得信源编码异常脆弱,编码后的码流各比特间依赖性很强,且每个比特所含的信息量很大。一旦信道编码无法纠正所有的出错比特,则解码端恢复出来的信息其损失会非常大。这对实际通信系统来说是很糟糕的,有时甚至是致命的。其次,对信源编码最优的假设,会使得信道编码对所有比特施以同等保护(实际中信源编码输出的比特流中各个比特的重要性是不同的),造成监督比特的不合理使用并降低信道编码的性能。因此,无论两种编码器的连接方式如何逼近最佳,一种编码器的不完美都将影响另一种编码器。

7.1.2 信源信道联合编码

香农提出了将信源信道编译码联合考虑的方法是可行的。然后 Massey 又指出,联合信源信道编码方法可以获得与串联的分离系统相同或者更好的性能,而系统的复杂度却可以大大降低。他还指出,串联分离编码其实是联合编码的一种特例,因此联合编码的性能必然会等于或高于串联编码的性能。

设 S 代表数字信源序列,ϕ 为信源编码映射,信源编码的输出序列为 U,它作为信道编码 φ 的输入,经过信道编码后得到的输出序列为 X,然后送往信道进行传输。信道的特征可以用衰落因子 a 和噪声 N_0 表示。在接收端,接收序列 Y 先送信道解码器 φ^{-1},得到解码输出序列 U',然后送入信源解码器 ϕ^{-1},得到最终的解码输出 S'。图7.1给出了信源信道联合编译码的系统框图。

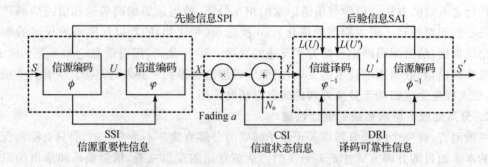

图7.1 信源信道联合编译码的系统框图

联合编码的实质为如下形式的优化问题:

$$D = \sum_{k=1}^{K} \overline{d}_k (R_{S_k}, R_{C_k}, P_{S_k}, P_{C_k}, \phi_k, \varphi_k \mid \text{SSI}_k, \text{CSI}) \tag{7.1.1}$$

式(7.1.1)给出了信源信道联合优化的目标函数,即通信系统端到端的失真。它表示为若干个子信源的失真和的形式。此处的子信源,可以是系统中最小的编码单位,例如视频编码中的决定量化的最小单位宏块;也可以是编码后码流的划分,比如分层视频编码中的不同层的码流。

式(7.1.1)中,R_{S_k} 和 R_{C_k} 分别表示每个子信源所分配到的信源编码和信道编码的速率,设 R 为整个端到端系统为信源编码和信道编码预留的总码率。P_{S_k} 和 P_{C_k} 分别表示每个子信源的信源解码和信道解码所耗费的功率。设 P 为整个系统的总功率限制,又设 $CS(\phi_k, \varphi_k)$ 表示对第 k 个子信源进行信源编码和信道编码时所需的运算规模,它与子信源的信源编码算法和信道编码算法本身有关。进一步设 S_0 表示系统电路规模可接受的计算复杂度上限,则其边界条件为

$$\sum_{k=1}^{K}(R_{S_k} + R_{C_k}) \leqslant R \tag{7.1.2}$$

$$\sum_{k=1}^{K}(P_{S_k} + P_{C_k}) \leqslant P \tag{7.1.3}$$

$$\sum_{k=1}^{K} CS(\phi_k, \varphi_k) \leqslant S_0 \tag{7.1.4}$$

第7章 信源信道联合编码在图像通信中的应用

式(7.1.2)~式(7.1.4)给出了该优化问题的边界条件,也就是通信系统中的资源限制。其中,式(7.1.2)表示通信中码率的限制;式(7.1.3)表示通信系统的功率限制。如何在给定的功率限制下,得到系统的最小失真,需要在系统各个模块的设计上综合考虑。式(7.1.4)表明系统的复杂度也是通信系统的一个资源限制,这是编码时必须考虑的问题。联合编码优化问题中所需要的边信息为信源的统计特性和信道的统计特性,具体参数和信源信道的建模有关。整个系统的优化变量空间包括码率、功率和系统复杂度在各个子信源的信源编码和信道编码上的分配、信源编码和信道编码算法本身的设计等。这是一个多维变量空间上的组合优化问题。

从图 7.1 中可以看出,在联合编码的系统中,信源编码和信道编码,以及信道译码和信源解码之间,不再是简单的输入/输出关系。除了从信源编码模块得到输入外,信道编码还将从信源编码端得到信源的重要性信息 SSI(Source Significance Information),用以决定信道编码方案的选择。同时,信源编码可以把信源的有关统计特性作为先验信息,和信源解码得到的后验信息一起,送给信道译码器,以提高系统抗噪声的能力。除了为信源解码提供输入码流外,信道译码也可以把译码可靠性信息 DRI(Decoder Reliability Information)传送给信源解码端,以降低信道误码对信源解码的影响。信源编码和信道编码可以联合设计;同理,在接收端,信道译码和信源解码也可以联合设计。需要指出的是,即使发送端信源编码与信道编码是分离设计的,在接收端仍可利用迭代等算法进行信源信道联合译码。

在以下 4 种情况下,信源信道联合编码方案将发挥更大的优势。

(1) 资源受限的系统

资源限制包括数据传输时的速率和带宽限制、低成本系统的复杂度限制、便携设备的功率限制和实时系统的延时限制等。实际环境总是存在这样或那样的限制。信源信道联合编码会从整体出发在各种资源之间进行最优分配,从而达到端对端系统的最佳性能。

(2) 多用户共享信道的系统——分组交换数据网和蜂窝系统

多个用户通过统计时分或者码分多址等复用方式共享信道时,一个用户的信源信息,可能就是另一个用户的信道噪声。此时信源编码和信道编码无法独立进行,采用信源信道联合编码则可以减少用户间的干扰,提高系统整体性能。此外,尽管信道容量的充分利用可以在信源编码和信道编码独立进行的情况下实现,但在多源接入信道下,这一结论不再成立。

(3) 异质信源、异类信道或异种用户共存的系统

异质信源产生于多媒体通信,通常指不同种类的数据。它们对于信道误码和传输延时的要求很不一样,应当对不同的信源采用不同的差错保护方式。异类信道是指同一通信网下的不同信道可能具有不同的信道质量,它们的速率、误码率、时延或时延抖动相差很大,应根据信道的特性,采用分层编码或多分辨率方式的信源编码。异种用户是指同一通信系统中不同用户对服务质量要求不同,需要对多个用户的信源和信道编码折中考虑,优化资源分配,以满足所有用户的服务质量要求。

（4）信源、信道具有时变特性的系统

当系统的信源信道时变时，不太可能获得信源和信道的先验概率分布，分离方式下最佳的信源编码和信道编码设计是不可实现的。如果在编码设计时采用最保守的方法，即确保在最坏情况下的正常通信，又会给通信资源带来很大的浪费；而采用自适应联合优化的方法，使得信源编码和信道编码与信源和信道性能相匹配，则可以提高系统的容量。

7.2 信源信道联合编码技术

在 20 世纪 80 年代中期，信源信道联合编码理论研究受到了重视，但由于研究过于理论化，故无法指导工程实践。90 年代末期，由于多媒体的应用需求急剧增加，无线图像传输中抗差错性再次受到了重视，学者们提出诸如可逆变长编码 RVLC、网格编码量化 TCQ 等新方法来提高系统的抗差错性能，信源信道联合编码作为一种抗差错传输技术得到了较快的发展。联合编码系统的构成大致可以分为在系统中保留信道纠错编码和不采用信道编码两种。国内外对于信源信道联合编码的研究可以大致分为三个方向：数字系统的信源信道联合编码技术、混合系统的信源信道联合编码技术和近似模拟系统的信源信道联合编码技术。

7.2.1 数字系统的信源信道联合编码技术

现代通信系统越来越趋向于数字化，信源和信道都近似用数字化的方式来表述。人们对数字系统的信源信道联合编码的研究也是最多的。通常数字系统的信源信道联合编码技术主要包括基于信源优化信道编码、基于信道优化信源编码、联合优化信源信道编码以及多分辨率调制。

1. 基于信源优化信道编码

由于实际多媒体码流中不同比特发生错误对恢复图像的影响是不同的，因此，可以对码流中不同比特采取不同程度的错误保护。基于信源优化信道编码的基本思想就是在不同信息比特上优化分配冗余比特或发射能量，将重要的数据分配较多的监督比特，使其能达到更好的传输质量；将不太重要的数据分配较少的监督比特，从而在充分利用信道容量的情况下获得最小的端到端的失真。这就是所谓的不等错误保护 UEP(Unequal Error Protection)。UEP 的实现方法很多，传统的方法是采用不同的编码方案进行混合编码。一个典型的例子就是分层编码。该编码方法将信号分解成重要性不同的子信号，又称层（layer），对不同层的信号采用不同的信源编码器和信道编码器来实现 UEP(通常是利用不同的删余矩阵来实现)。分层编码在信源编码器和信道编码器均为有限长编码时仍可达到最优。另外，分层编码也可以通过为不同层的信号分配不同的功率来实现 UEP。但是这些传统的 UEP 编码方案均存在编、译码复杂的缺陷。以下是一些基于信源优化信道编码的具体方案。

(1) 基于小波的 SPIHT 信源编码优化信道编码

SPIHT 算法是内嵌零树小波(EZW)算法的改进,其显著特点是极低的计算复杂度和高质量的恢复图像,它打破了传统编码算法编码效率和复杂度同步增长的限制,并合理利用了小波分解后的多分辨率特性,获得了优良的编码性能。SPIHT 算法用基于小波的 SPIHT 信源编码和速率兼容的收缩卷积码 RCPC 信道编码方案,对信源编码后的比特流按其重要性不同进行 UEP。由于 SPIHT 算法的内嵌编码特性,即渐进传输和码率可调性,可以根据无线信道的时变特性自适应地改变信源编码的速率,同时调整 RCPC 的速率,达到既保证图像传输质量,又不增加额外带宽的目的。针对 SPIHT 算法码流容错性能差、单比特失真就可能对恢复图像造成严重影响这一缺陷,有些学者提出了虚拟完全子树算法。该算法采用子树独立编码、最优率失真截断、Tag-tree 编码和虚拟零树等方法,在保持原算法高效压缩性能的同时,有效地提高了码流的容错性能。

此外,LDPC 码作为一种很有发展潜力的信道码,越来越受到人们的广泛重视,在信源信道联合编码上的应用也越来越多。用 LDPC 码可以对 SPIHT 压缩码流实施 UEP,但由于 LDPC 码不同于卷积码的一些特点,尽管方案设计比较简单,却没能解决 LDPC 码码率可调的问题,没能充分发挥 LDPC 码的优势。

(2) 基于 DCT 变换的视频编码码流的位置重排策略

该方法主要针对 DCT 变换的视频编码码流,根据反馈回来的数据自适应选取 DCT 量化系数,并在宏块层对 VLC 码流进行位置重排,使得 DCT 系数按重要性重新排列。用 RS 编码对不同重要信息进行 UEP 时,系统根据译码器反馈信息自适应动态调整编码器参数,以适应当前信道状态的变化。在设计信道编码时,既考虑到信源特性,又考虑到信道的时变特性,在传输速率固定(未增加带宽)的情况下,能够大大提高系统的抗误码性能。

(3) 结合 Turbo 码的信源信道联合编码

近年来,Turbo 码以其接近香农理论极限的误码率优越性,受到业界的广泛关注,Turbo 码不仅在信噪比比较低的高噪声环境下性能优越,而且具有很强的抗衰落、抗干扰能力。可结合 Turbo 码纠错技术,对图像和视频进行信源信道联合编码。采用对角编码顺序,根据当前图像块与已编码邻块之间的相关性来预测输入向量的编码索引,可以明显降低每个输入向量的比特率和平均失真计算量,这种均值匹配相关向量量化图像编码的算法,可以与 Turbo 相结合实现 UEP。

(4) 基于分形图像压缩的信源编码优化信道编码

分形图像压缩的信源信道联合编码方法先对视频图像进行分形压缩编码,然后根据各部分压缩数据的特点分析它们对传输信道中干扰的敏感程度,最后根据敏感程度不同,对各部分压缩数据采用不同的信道编码方案实施 UEP。采用分形图像压缩的信源信道联合编码方法可使压缩数据对传输信道的敏感程度降低,图像质量有较大提高。

2. 基于信道优化信源编码

对信源进行编码时,应综合考虑信道的特点,采用适合信道的信源编码方案。基于信道优化信源编码的基本思想是优化构造信源编码的码字和码本,使码字发生传输错误而交叠时所引起的失真最小,即提出适应信道的信源编码方案。其基本方法是选择信源编码的码字时,在码字之间引入一定的码距,从而使码字有一定的纠错和检错能力,并且在出现概率较大的信源之间分配较大的码距,在出现概率较小的信源之间分配较小的码距。下面介绍两种基于信道优化信源编码的方法。

(1) 码本分配索引技术(IA)

在不考虑信道噪声的情况下,对码向量索引表的分配不会影响信号的平均失真;而当信道引入噪声时,索引表的分配对向量量化的性能影响很大。IA 是一种对向量量化码本进行重排的技术,它使相似的码本向量赋予汉明距离相近的码本索引,从而提高抗干扰能力。IA 的求解,其复杂度随着码本数量的增加呈指数增长。一般求解方法是,首先设计向量量化(VQ),然后置乱索引表,所构造的码书对信道噪声更具鲁棒性。

(2) 信道最优的向量量化(COVQ)

COVQ 是一种基于信道最优的量化编码器。它综合考虑了信源量化和噪声的影响,使得在信源的量化误差和信道误差的基础上度量的信源平均失真最小。有人提出了一种使用进化算法、引入部分失真定理(渐进划分理论)的信道最优向量量化器(COVQ)的设计算法。该算法利用进化策略调整各码本向量所确定区域的子误差,从而进一步改善期望误差。与常用的码书设计算法相比较,该算法能较好地调整各区域的子误差,获得比传统算法更高的性能增益。

还有一种基于等误差原则的信道优化向量量化器的设计算法。该算法通过在子区域误差较大的向量附近产生新的向量来代替子区域误差较小的向量,从而逐渐平均各子区域误差,并同时使信道向量量化器满足最近邻条件和质心条件,求得最优码书。

上面提到的两种信道优化向量量化器的设计算法,在给定信道状态模型和信道噪声的情况下,可有效地提高向量量化器的性能,获得比传统算法更优的性能增益。

3. 联合优化信源信道编码

联合优化信源信道编码的基本思想是:对单信源,优化带宽在信源编码和信道编码上的分配,使得通信系统在接收端的失真最小;对多信源,优化带宽在不同子信源的分配,通常采用迭代法达到最优分配,使得总体失真最小。比特分配算法、优化信道码率分配策略和基于信源信道模型估计的联合编码方法是几种常用的联合优化信源信道编码方法。

(1) 比特分配算法

有限的系统资源通过一个联合信源信道匹配最优化模块进行资源分配,分配的依据是信道质量变化反馈的信道信息。在有噪信道下传输视频图像时,通过比特分配的算法分配信源和信道编码器的比特值,可以达到最优的视觉效果。

(2) 优化信道码率分配策略

网络接入带宽统计复用基础上的优化信道码率分配是依据视频编码的实时可变帧率下的 VBR 视频网络传输信道模型。根据信道传输失真,推导出基于图像帧的全局信源信道联合失真估算递归模型,按照模型运算率失真优化下的跳帧参数和帧内宏块刷新率,实现整体的图像编码质量优化控制。相对于普遍采用的基于宏块的局部优化控制策略,优化信道码率分配策略能获得更一致的图像质量和更高的性能增益。

(3) 基于信源信道模型估计的联合编码方法

针对网络丢包的联合信源信道码率控制算法在统计率失真模型的基础上,联合最优地计算图像级量化参数和寻找最佳宏块编码模式,克服了以往码率控制方法和误码复原技术互不关联的弊病,在给定的受限码率下充分利用可用信道带宽,使得视频信源经编码和信道传输后总失真最小。有人提出了一种信源编码的失真估计模型,该模型面向 IP 网络,并已用典型的视频编码器作了验证。此外,在信道编码的失真估计中,可以引入一种基于包的信道编码方法,对信道编码的失真估计模型作出修正,从而提高信道编码的性能。

4. 多分辨率调制

多分辨率调制的基本思想是根据信源的优先级不同,将信源分别映射到不同的星座图上,通过对星座的适当分配来更好地保护重要信息。把信号由粗到细进行划分,并根据信号等级分别调制到不同的星座图上,使得平均误差最小。有研究者提出了一种联合优化多分辨率信源码表设计、多分辨率星座图设计以及依据信道质量最佳匹配信源和信道设计的译码策略。该策略要求接收端事先知道信道状态信息 CSI(Channel State Information),以完成译码;而发送端不需要知道 CSI,适用于广播系统。还有人提出了一个类似的系统,依据失真联合优化分配码率和功率,要求发送端事先知道 CSI。

7.2.2 混合数字-模拟系统(HDA)的信源信道联合编码技术

把系统的一部分用模拟方式来表述,可以提高在信道噪声影响下整个系统的鲁棒性。分离系统在信道质量改善的情况下,解码质量提高到一定程度后难以再提高。这是因为一般的模拟信源在传输时,先要量化,而量化时引入的量化误差又是无法恢复的。若采用混合数字-模拟系统的信源信道联合编码技术,则在信道质量好的情况下,不仅可以将信源编码后信息传到解码端,还可将量化误差也一起传到解码端,进一步提高恢复后图像的质量。优化量化方法和直接信源到信道的映射是两种典型的混合数字-模拟系统的信源信道联合编码技术。

1. 优化量化方法

在分析经典算法的基础上,结合信源特性参数,一种将似然比作为测度的信源信道联合编码算法被提了出来。该算法通过多级分裂向量量化进一步提高了编码参数的量化精度,且可以在不增加额外比特开销的基础上进一步提高系统的鲁棒性。针对传统算法编码质量较低的问题,在保持量化器结构不变的情况下,借鉴维特比编码方式,一种多级向量量化联合编码算法被提了出来,并采用部分失真快速码字搜索算法提高编码速度。与传统多级向量量化(MS-VQ)算法相比,该算法不仅提高了编码图像的质量,而且降低了编码信息率。

为了减小量化误差对系统性能的影响,还可采用一种 HDA 方案,具体实施办法是在信源编码之后加一个信源译码模块,译码后的信息与信源信息之差经过一个线性编码进入信道传输,在接收端经线性译码后,与信源信息经信源编码→信道编码→信道→信道译码→信源解码后的恢复信息相加,即为最终的结果。这可以在信道质量好时提高译码后信号的质量。

2. 直接信源到信道的映射

信源-信道编码是把向量量化后的不同子带的输出直接映射到调制星座图上。有人提出了一种直接的信源-信道映射技术,称为能量约束的信道优化向量量化(PCCOVQ),它是依据 Lloyd 算法,总体考虑信道噪声和能量约束对算法进行修正。PCCOVQ 的向量量化和信道调制通过连续映射一步完成,把一个 L 维的信源向量,量化并映射到 K 维 PAM 星座图上的 N 个点中的一点。在该信源信道联合编码系统中不再区分信源编码和信道编码。PCCOVQ 适用于维数较少的情况,在维数增加、带宽扩展时,信道空间中点的邻点比信源空间的点多,解码时受污染的信道符号可能也会被重建。

还有一种类似于 HDA 结构的带宽扩展映射的方法,它使用标量量化,并对量化值和量化误差采用线性编码器进行编码,尤其适用于对高斯信源进行均匀量化的情况。

7.2.3 近似模拟系统的信源信道联合编码技术

Gastpar 等人提出只有信源参数和信道参数相匹配时,系统的性能才有可能达到理论上的最佳。在无线通信中,信道大都是模拟的,这就要求信源也应该是连续或模拟的,以便使系统达到最优。

香农曾提出的最重要的观点之一是通信过程的几何解释。按照该观点,对一个模拟信源消息,可将其映射到一个更低维度信道空间,达到带宽压缩的效果;同样也可以将该消息映射到一个更高维的信号空间,使得带宽增加(错误保护)。因此,前述分离通信系统的信源编码可以解释为从 $2T_1W_1$ 维消息空间到实际维度(essential dimensions) D 消息空间的映射,信道编码则是从 D 维消息空间到 $2TW$ 维信号空间的映射;直接信源信道映射或香农映射则是从消息空间到信号空间的直接映射,体现了信源信道的联合,并且能够同时兼顾系统鲁棒性以及效率,因此被认为是信源信道联合编码的一个很好的候选方案。

要得到好的维数压缩映射必须保证以下前提:① 映射应该覆盖整个信源空间,以得到较低的近似噪声。② 出现概率较大的符号应该映射到幅值较小的信道符号,以减小信道平均功率。③ 信道空间上,邻近的点映射回信源空间时还应保持邻近,这样可以削弱信道噪声,减小译码误差。

图 7.2 是维数压缩比为 2∶1 的阿基米德双螺线图,其中 x 轴和 y 轴上的点代表了信源的值(二维向量),螺线上的点到螺线中心之间的螺线长度代表了信道符号的值,虚线代表值为正

的信道符号,实线代表值为负的信道符号。原始信源的值用"*"表示,映射到信道的符号(近似值)用"。"表示,被噪声干扰了的接收信号用"+"表示。信源的点映射到离其最近的螺线上的点,由于信道噪声的作用,接收点会沿着螺线偏移。基于香农映射的信源信道联合编码系统如图7.3所示。

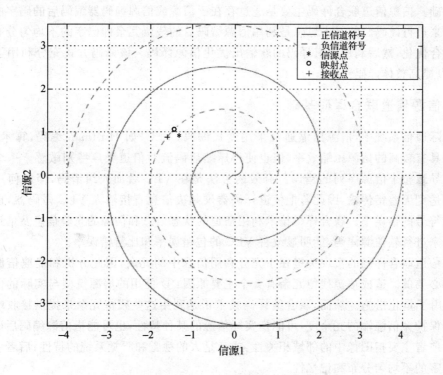

图 7.2　压缩比为 2∶1 的阿基米德双螺线图

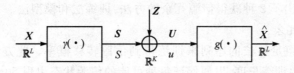

图 7.3　基于香农映射的信源信道联合编码通信系统模型

图7.3中,$\gamma(\cdot)$表示从L维实信源消息空间$\mathbb{R}^L$到K维实信道信号空间$\mathbb{R}^K$的映射,称做编码器或编码映射机;相应地,接收端相反的映射称为解码器或解码映射机;信道被看做是模拟波形传输信道与调制器、解调器的组合;信道噪声对信号的干扰可用如图7.3所示的$\mathbb{R}^K$空间随机向量Z表示。

7.3 信源信道联合译码技术

香农指出,信源端的任何冗余都可以在解码端用来抵抗噪声,这也正是信源信道联合译码的理论基础。信源信道联合译码主要是通过存在于信源或信源编码器编码后的码字中的残留冗余信息来进行译码。其基本思想是利用信源编码后的残留冗余即码字的不均匀分布和相关性进行联合优化,然后利用信道译码的软输出优化信源译码。该译码方式充分利用了信道的模型,可以提高整体译码性能。

7.3.1 信源信道联合译码基础

在实际通信系统中,信源压缩通常采用变长编码(VLC)如 Huffman 编码、算术编码等。尽管它们具有较高的信源压缩效率,但也使得压缩后码流对信道噪声特别敏感。一个比特的误判可能导致整个信源序列的错误。有效的方法是在 VLC 后加入纠错码,但任何一种纠错码都不能达到无差错传输,因此若把信道译码器硬判决信息直接输入 VLC 译码器,也仍不能改善信源符号的错误率。联合译码技术利用信道的状态信息和信源的先验信息及信道译码器的软输出来进行软信源译码,能明显改善 VLC 的包错误率和比特错误率。

信源信道联合译码的实现关键在于充分利用信源中的冗余,因此分析和提取信源中的冗余是十分必要的。造成信源残留冗余有 2 个主要原因:① 使用的信源模型与实际的信源不匹配;② 采用了量化措施。然而,联合编译码技术正是利用这些残留冗余来提供接收端的非一致性误码保护。信源端的冗余度,可能指实际信源的某种特性,也可能指信源编码后码流中的相关性。前者主要指图像中的邻域相关性,或者是人的视觉和听觉系统的特性;后者主要指编码输出码字的不均匀分布和记忆性。

由于接收端对发送信源的不确知性,信源冗余的度量和提取也成了重要的研究课题。学者 Fabrice Labeau 提出了 2 种获得信源冗余的方法:训练法和模型法。

(1) 训练法提取冗余

训练法是采用一组足够长的序列来训练得到信源转移概率。此方法的准确实现需要有 3 个条件:① 有足够的训练长度,以便保证每种可能的信源状态出现 50~100 次;② 该序列应与发送的序列具有相同的格式;③ 该序列要具有普遍代表性,不能产生极端现象。实现此 3 个条件就需要对信源或信源编码方式有已知的先验信息。实际应用中可以对一种特定的信源或编码方式进行训练从而提取冗余信息,但是这样就缺乏了方法的通用性,而且用足够的训练长度进行冗余提取也会造成译码延迟或参数估计的不准确。所以用训练法来提取冗余的方法还有待进一步改进和完善。

(2) 模型法提取冗余

模型法是在一个信源模型的基础上,直接作适当的估计得到信源转移概率。隐马尔科夫模型 HMM(Hidden Markov Model)就是一种模型法的简单应用，在解码端通过建模的方式来估计信源的相关性信息。

目前利用冗余信息进行联合译码的方法主要分为 2 大类：① 利用冗余信息进行软比特信源译码 SBSD(Soft Bit Source Decoding)；② 利用信源残留冗余进行信道译码 SCCD(Source Controlled Channel Decoding)，它可以基于比特层或者参数序列层进行联合译码。

利用冗余信息进行 SBSD 的主要思想是将从信道译码器得到的软输出 DRI 与先验信息结合在一起进行参数估计，从而达到信源信道联合译码的目的。SBSD 研究主要集中在信道译码算法的软输出优化以及利用信道译码软输出先验信息进行信源联合译码。比较成熟的是软输出 Viterbi 算法 SOVA(Soft Output Viterbi Algorithm)。信道译码输出的 DRI 也可以与信源本身的重要性先验信息相结合，通过当前比特和其相关比特判决值来作错误隐藏。但由于 SBSD 技术只是后向利用了信道译码的软输出进行信源译码，并没有对原始信源的统计特性进行估计和利用，所以一个重要的研究方向是将 SBSD 技术应用在其他联合编译码算法中，以达到更优的系统抗噪性能。

SCCD 的主要思想是信源通过信息比特的先验和后验信息来控制信道译码。信源的先验后验信息以特定的概率形式告诉信道译码器下一个比特可能将会是什么。SCCD 的主要目的是通过提供信源的信息减少信道译码器的错误比特率。信源重要信息可通过静态或动态的不等差错保护传递给信道编码器。先验信息软输出的维特比算法 APRI-SOVA(A Priori Soft Output Viterbi Algorithm)也可用来实现信源模型与噪声信道传输的结合，进而使信源信道联合译码能够更有效地进行。

一个信源信道联合译码器由信道译码器和信源译码器两部分组成。为了能够可靠、有效和经济地传输信息，信道译码器应能充分利用信源重要性信息、信道状态信息以及来自信源译码器的信源后验信息；而信源译码器应能充分利用来自信道译码器的 DRI 以及其他先验知识。如何定义及利用这些信息，并使信道译码器和信源译码器能够协同工作，是联合译码能够实现的关键。

融合隐马尔科夫模型的信源信道联合译码方法和基于信源反馈信息的信源信道联合译码方法是两种最主要的同时也是目前应用较为广泛的联合译码方法。

7.3.2 融合隐马尔科夫模型的信源信道联合译码

隐马尔科夫模型 HMM 于 20 世纪被 Rabiner 成功地应用于噪声背景下语音信号的处理。利用 HMM 可以有效地提取信息序列中的残留冗余，在设计合理的条件下，利用隐马尔科夫信源估计的联合信源信道译码方式，能够获得更好的译码性能。

HMM 就是一种模型法的应用，在解码端通过建模的方式，利用 Baum 的期望最大化 EM (Expectation-Maximization)算法，即著名的 Baum-Welch 算法，实现了 HMM 的参数估计问题。

近年来,HMM 与信源信道联合译码的结合也越来越紧密。根据信源类型的不同,隐马尔科夫联合译码研究主要分为以下两个方面。

1. 对单一信源的 HMM 联合译码研究

图像通信系统的建模简述如下:在假设无记忆信道和索引值序列为高斯序列的前提下,信源编码器和解码器的串联,从解码端看正好可以认为是一个离散的 HMM。在这个模型中,可能的传输值对应于隐藏状态;而接收到的以及受信道噪声污染的值对应于观察到的由此状态所产生出的符号。在没有任何信源先验信息的条件下,利用前向后向算法和 Baum 的 EM 算法迭代,估计出信源冗余或信源编码的残留冗余。这种思想同样可以用在最大后验概率(MAP)算法中,MAP 解码方法可以等价于一个离散的 HMM 状态估计过程。

2. 对多个相关信源的联合译码的研究

互相关的两个二进制信息序列可以看做是一个 HMM,两序列的相关信息在接收端能够被估计和利用,在接近分离信源信道编译码理论极限的信噪比条件下,信息的可靠传输可以实现。当在发送端采用两个 Turbo 码编码器,在接收端通过加入隐马尔科夫信源冗余估计算法得到两信源相关信息时,通信系统的整体性能便可提高。

下面介绍几种应用广泛的 HMM 联合译码的实现方案。

(1) 结合 Turbo 码的 HMM 联合译码方案

二维系统卷积码的迭代译码可以看做是 Turbo 码的译码利用对数似然比方法,译码器接收到的软输入(包括先验值)和发送的软输出可以分为 3 个部分:信道软信息、先验信息和外部信息值,每次的外部信息值将作为下一次迭代的先验信息。这种译码算法不仅可以应用于卷积码,同样也适用于二进制线性系统块编码。

利用马尔科夫信源的统计特性可进行 Turbo 译码器的联合信源信道译码。其基本原理是把格状隐马尔科夫信源作为一个译码器与其他译码块之间进行信息交换,Turbo 译码器利用了这些外部的估计概率。通过各种不同试验(一般 AWGN 信道、马尔科夫信道模型、隐马尔科夫信道等不同条件)证明了联合信源信道译码方法与不利用信源先验信息的译码方法相比,前者可以明显提高系统性能。

(2) 结合 LDPC 编码的 HMM 联合译码方案

LDPC 编码可被用来压缩有记忆的互相关二进制信源,而信源的互相关信息可以用 HMM 来表示。HMM 的参数不需要已知,仅从接收到的译码信息中估计出来,此时系统性能接近理论极限值。基于该联合译码的实现方案,也可采用一种新的信源压缩系统,核心是用不规则 LDPC 编码作为有记忆互相关二进制信源的压缩编码方式。为了与 HMM 定义的信源相关性匹配,可以采用一种改进后的密度进化译码算法。不规则 LDPC 编码在这种优化算法下可以达到理论极限的性能。

针对噪声信道中的 Slepian Wolf 问题,可利用串行级联编码方法。外编码采用 LDPC 码作为分布式的信源编码,内编码采用卷积码对已压缩的数据进行抗差错保护。接收端采用软判决的信源信道迭代译码方法,并在外部译码器中利用边信息。此方法的优势是发送端压缩率(外编码)和差错保护率(内编码)可以分别控制,接收端的联合迭代译码可以充分利用串行级联结构。有的学者也提出了一种并行级联编码的修正译码方法,该修正译码方法可一体化为 HMM,使得接收器在译码过程中利用了信源的统计特性,与单纯译码方法相比,性能有显著提高。

针对无限状态二进制马尔科夫信道,一种改进后的 LDPC 信息传递译码算法被提了出来。该算法主要是在译码端利用了马尔科夫信道信息进行译码,这种方法的系统性能明显好于没有利用信道统计信息的情况,并且可以在超出无记忆信道(与马尔科夫信道有着同样的固定 BEP)容量的情况下可靠地传输信息,甚至在未知信道参数的情况下也可以根据译码过程估计的信道信息可靠地译码。该算法也可以应用于不规则的 LDPC 编码,此时系统性能有更加显著的提高。

(3) 基于马尔科夫随机场(MRF)信源模型的信源信道迭代译码方案

这种新的迭代信源信道译码方法被用于实现噪声通信信道中的压缩静止图像的传输。译码过程中采取的错误保护不仅用到了信道编码引入的外部冗余,也利用了信源的残留冗余,信源冗余是在 MRF 的信源模型基础上得到的。该信源信道迭代译码方案考虑了信源编码空间冗余的空间互相关性,基于 MRF 软入软出信源译码器也被用到了联合译码模块中。正如前面提到的,互相关的两个二进制信息序列也可以看做是一个 HMM 信源模型,要传输这两个相关序列,可以不进行信源编码来压缩信息,而是直接对它们分别进行信道编码,然后在两个独立的加性高斯信道中传输。这样,在编码端不需要提供任何信源的相关性信息,而在接收端利用适当的联合迭代译码算法估计出序列的相关信息,并恢复出这两个相关序列,在信噪比接近香农和 Slepian – Wolf 极限时,也能够实现信息可靠传输。

7.3.3 基于信源反馈信息的信源信道联合编译码

利用信源反馈信息联合译码的想法首先由 Z. Peng 提出,他以 Turbo 码为原型,仔细研究了利用信源反馈信息联合译码进而提高系统抗差错性能的方法。本小节将详细介绍两种基于信源反馈信息联合译码的方案。

1. 基于 Turbo 码的信源反馈联合译码

根据 Turbo 码的级联卷积译码特点,信源反馈联合译码方法都是基于对 Turbo 译码器两个 MAP 译码器之间传递的外信息作修正而实现的。根据信源信号处理器所得到的信源信息对这些外信息进行修正,从信道判决信息获得可靠的信道软信息值,然后把这些软信息值用于重建信号的错误恢复。在空间向量量化、JPEG 和 MPEG 编码系统中,应用基于 Turbo 码的信源反馈联合译码技术,可以显著地提高图像传输的可靠性。

基于 Turbo 码的信源反馈联合译码为信源信道分离译码器引入了一个交互的信息交换机制:一方面,信道的软信息可以用于提高信源译码的译码性能;另一方面,信源信息可以辅助信道译码。Turbo 译码器与信源之间的信息交互可以用图 7.4 来表示。图中实线框部分是传统 Turbo 译码器结构，虚线框部分是信源译码器结构。

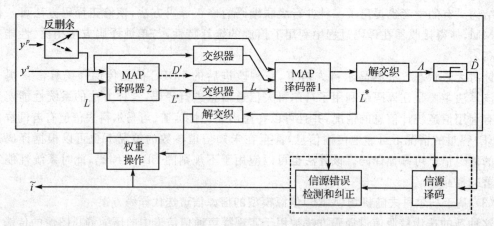

图 7.4 基于 Turbo 码的联合信源反馈的信道译码

在 Turbo 码译码器和信源译码器组成的系统中，包含了信道特征的信道接收比特流全部进入 Turbo 译码器进行迭代译码。若要在不改变 Turbo 译码器内部并联的 viterbi 译码结构的条件下提高 Turbo 码译码性能，就必须修正两个并联译码器之间传递的外信息。假设信道的传输比特为 d_i，相应的接收码字用 $\hat{d}_i$ 表示，则经过噪声干扰后，d_i 和 $\hat{d}_i$ 存在 4 种可能的组合。Ⅰ：$d_i=1, \hat{d}_i=1$；Ⅱ：$d_i=1, \hat{d}_i=0$；Ⅲ：$d_i=0, \hat{d}_i=0$；Ⅳ：$d_i=0, \hat{d}_i=0$。传输正确的组合是Ⅰ、Ⅳ，传输出现错误的组合是Ⅱ、Ⅲ。根据这个假设，修正 Turbo 码 MAP 译码器之间外信息的目标是：在 Turbo 译码的下一次迭代时，增大纠正错误比特(类型Ⅱ、Ⅲ)的概率，减小对已译码正确的比特(类型Ⅰ、Ⅳ)的改变。

图 7.5 中给出了 Turbo 译码过程中前几次迭代得到的 4 种类型软信息统计直方图。图中信息源是 128 kbit/s 的随机码，且 1 和 0 等概率出现，删除率 $p=3$，信噪比 SNR(E_b/N_0)是 1.9 dB。其中横坐标是软信息值，纵坐标是与软信息相对应的比特数。

图 7.5 显示，绝大部分错误译码的软信息值(Ⅱ、Ⅲ类型)是紧靠零轴的。同时，那些正确解码(Ⅰ、Ⅳ类型)的软信息值也是紧靠零轴的。实验结果表明，在下一次迭代中，大部分新的误码出现在Ⅰ、Ⅳ这两个类型的码流中。如果从这两个类型的码流中可以得到某些先验信息，则有可能减少下一次迭代中译码错误发生的概率。因此，为了在 Turbo 译码中对外信息进行有效修正，首要的事情是要找出那些在 Turbo 译码器外部对判决起决定作用的比特。与决定性比特密切相关的信息可以通过以下几种途径得到：① 当采用内外级联编码或编码码字不等保护时，从内译码器的某些比特可以得到可靠信息；② 当被校验比特所保护的信息比特有某些特殊结构时，可以通过这些具有特殊结构的信息比特得到额外的辅助译码信息；③ 当传输

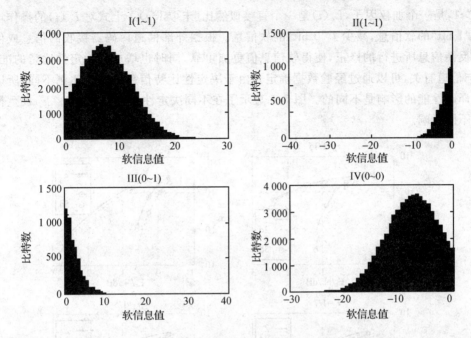

图 7.5 Turbo 译码过程中的 4 种类型软信息统计直方图

的序列是图像/视频信号时,则大部分的冗余信息都可以从重建图像/视频信号中得到。

下面分析在不改变 Turbo 内部并联译码器结构的条件下,如何通过外信息修正来提高 Turbo 译码性能。

Turbo 译码器中的信道软信息值 CSV(Channel Soft information Value)可由下式决定,即

$$\Lambda(d_t) = L(d_t) + L_s + L_e(d_t) \tag{7.3.1}$$

其中,d_t 是接收的信息比特,L_s 是一个由信道特性决定的常量,$L_e(d_t)$ 是由 MAP 译码器接收的比特流计算而得的,以上的变量都是 log 似然比域内的。为了在不改变 Turbo 内部并联译码器结构的条件下提高 Turbo 译码的性能,一个自然的方式就是利用外信息 $L_e(d_i)$。$L_e(d_i)$ 是传向另一个 MAP 译码器的软信息,在改变这个外部软信息时,外信息的修正不能在译码比特 d_t 的判决中起到过于决定性的作用;特别是那些远离门限的软信息在作硬判决时不应该被修正的外信息所改变(它们本身是正确的),而那些靠近门限的软信息应该通过外信息的修正改变硬判决(它们本身是错误的)。

假设 N 个译码比特中有 M 个是可被信源译码器接收译码的,表示为 $\{b_i\}, i=1,2,\cdots,M$,对外信息作如下的修正:

$$l_e(i) = \begin{cases} l_e(i) \cdot l & (b_i = 1) \\ l_e(i)/t & (b_i = 0) \end{cases} \tag{7.3.2}$$

其中,$t>1$,是一个加权因子,$L_e(i)$是一个直接似然比(未取 log)。上式对 $L_e(i)$ 的操作增加了外来的"1 bit"的软信息,减少了"0 bit"的软信息。根据外部信道译码器接收的信息或信源解码器的反馈信息所进行的修正,使得软信息值更加可靠,同时也增加了确定性比特的准确度。t 的值与信道有关,可以通过经验数据确定。由于决定性比特信息所占的比例不同,所以权重操作对译码性能的影响是不同的。图 7.6 显示了在不同决定性比特占有率 r_d 下,权重操作对译码的不同影响。

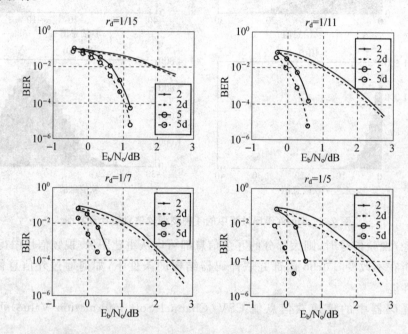

图 7.6　在不同决定性比特占有率 r_d 下,权重操作对译码的不同影响

图 7.6 中,r_d 为决定性比特在传输比特流中所占有的比率,图例中数字指迭代次数,数字后面跟着"d"时,表示译码时利用了决定性比特的反馈。由图 7.6 可知,在决定性比特的帮助下,Turbo 译码性能有显著的提高,并且这种提高随着决定比特占有率的增加而增大。例如,在决定性比特占有率为 1/5 时,经过 5 次迭代,误码率(BER)降低了近两个量级,而两个 MAP 译码器并没作任何改动。

2. 基于 LDPC 码的信源反馈联合译码

Turbo 与 LDPC 在译码信息传递上有相似的地方,Turbo 码是在两个并联的 MAP 译码器之间传递译码软信息,而 LDPC 的 BP 译码算法则是在校验比特与信息比特间传递译码的软信息,如式(7.3.3)~式(7.3.5)所示。

$$L(r_{ji}) = 2\operatorname{artanh}\left[\prod_{i' \in N(j)\setminus i} \tanh\left(\frac{1}{2}L(q_{i'j})\right)\right] \tag{7.3.3}$$

第7章 信源信道联合编码在图像通信中的应用

$$L(q_{ij}) = L(c_i) + \sum_{j' \in M(i) \backslash j} L(r_{j'i}) \tag{7.3.4}$$

$$L(Q_i) = L(c_i) + \sum_{j \in M(i)} L(r_{ji}) \tag{7.3.5}$$

$L(r_{ij})$ 和 $L(q_{ij})$ 表示校验比特与信息比特间传递的软信息,$N(j)$ 表示与第 j 个校验节点相关的所有变量节点的集合,$N(j) \backslash i$ 表示在上述集合 $N(j)$ 中去掉第 i 个变量节点;$M(i)$ 表示与第 i 个变量节点相关的所有校验节点的集合,$M(i) \backslash j$ 表示在上述集合 $M(i)$ 中去掉第 j 个校验节点。与 Turbo 码类似,可以通过修正这两个软信息为 LDPC 译码加入额外信息,提高译码的纠错性能。

LDPC 的 BP 译码算法本身也具有如下特性(与 7.3.3 小节提到的 Turbo 码特性相似):可靠性强的比特(也就是译码正确的比特)软信息值较大,远离门限(同 7.3.3 小节,门限=0);而比特错误大多发生在靠近门限的地方。如果知道了一个比特是正确的,那么就加大其软信息,从而保证下一次迭代中不会把已正确译码的比特判决错误。同理,对于出错的比特就适当减少其软信息,使得下一次迭代译码中出错比特可以被正确译码。下面介绍一种基于 JPEG2000 和 LDPC 的信源反馈译码算法。

在 JPEG2000 中,原图像被分为互不重叠、大小一致的矩形块,每一个矩形块为一个 tile。在有多个分量的图像中,每个分量又分为多个矩形块 tile - component。小波变换就是在每个 tile - component 上进行的,根据不同的小波变换级数产生了具有不同分辨率的子带。小波子带结果又被划分成很多几何结构的码块,其中最小的码块称为一个编码块。很多编码块组合起来就形成了分割后的子带。然后量化每个编码块的小波变换系数,量化后的系数形成一系列的二进制序列,再以从最重要比特到最不重要比特的顺序填充到比特层中,二进制序列就成为了比特平面。每一个比特平面有三个编码过程,JPEG2000 编码输出的码流就是通过不同编码块的不同编码过程形成的。JPEG2000 提供了很多容错技术,包括算术编码开关 RESTART 和 ERTERM。RESTART 使得算术编码器在每个编码过程开始时重新启动,每个编码过程具有一个独立的算术编码字分区。当 ERTERM 开关启动时,信源译码器可以监测算术编码器产生的独立码字是否有效。如果两种模式开关在 JPEG2000 码流产生时都是开启的,译码器就可以检测到在一个给定的编码过程中是否存在出错的码字。当确定编码过程有错误时,就把当前编码块中的当前编码过程和此后的编码过程全部丢弃。然后译码器从下一个编码块的第一个编码过程开始译码。这样,比特错误就不会在编码块中不断扩散。

在每个编码块译码时,提取编码过程在 RESTART 和 ERTERM 模式开启时产生的检错信息并将其反馈给 LDPC 译码器,通过利用信源译码反馈的检错信息,LDPC 软译码器增加正确译码过程中的比特权重,减少存在错误的译码过程中的比特权重,较显著地提高了迭代译码的速度。基于 JPEG2000 和 LDPC 的信源反馈联合译码算法描述如图 7.7 所示。

一幅图像通过 JPEG2000 编码后,编码码流被分为一个个信道信息码字,然后信道信息码字被映射为信道符号 $x_i = (-1)^{c_i}$。信息通过噪声信道后把随机错误引入到信道符号中。设 n

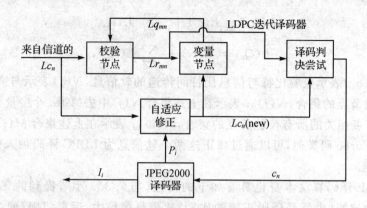

图 7.7 基于 JPEG2000 和 LDPC 信源反馈联合译码框图

为 AWGN，则收到的信道传输后码字为 $y_i = x_i + n$。当错误检测模式开关开启时，在 LDPC 译码器和积算法的第 i 次迭代完成后，JPEG2000 译码器接收到 LDPC 的试译码结果 c_n，JPEG2000 根据这个结果译出有效的编码过程，并把有效结果反馈回 LDPC 译码器，然后利用修正过的软信息在正确的译码过程中进行下一次的迭代译码，迭代过程如下：

$$L(c_i) = \begin{cases} L(c_i) - a & (L(Q_i) < 0) \\ L(c_i) + a & (L(Q_i) \geqslant 0) \end{cases} \qquad (7.3.6)$$

在式(7.3.6)中，a 是一个较大的权重系数，由于 LDPC 译码算法的特点，这个系数的选择需要大量的数据试验，在前人经验的基础上，通常选择 a 为固定值 5。如果信道条件未知或者信道变化，则 a 的值需要与衰落系数和信噪比关联而重新确定。另外，值得注意的是 JPEG2000 中编码必须要分离处理。在所有编码块的软信息都修正后，下一帧的信道迭代译码开始。迭代译码会在某个条件满足时停止，这样就完成了数据流的整个连续译码过程。

7.4 信源信道联合编码的新发展

由前几节的叙述可知，在联合编码的系统中，信道编码利用了信源编码模块传递的 SSI，信道译码利用了信源编码模块传递的 SPI 和信源解码模块传递的 SAI，而信源解码又利用了信道译码模块传递的 DRI。从网络分层的角度讲，联合编码系统通过不同模块之间相互传递信息来使系统达到最优，实质上可以延伸为网络的跨层优化设计。

7.4.1 网络跨层优化设计基本原理

从信息的网络传输角度看，除了提高物理层信息发送与接收能力外，合理地配置网络资源，高效地利用通信网络的带宽和充分利用节点对数据的处理能力，是网络技术发展的主要趋势。这就意味着不能再沿用传统的传输网络的参考模型，需要在不同的层之间消除不必要的信息重复处理,同时共享某些共同信息或参数,从而优化系统的设计,提升系统的整体性能。于是,层间信息共享和跨层设计就成为网络信息论研究的重要方向。

关于网络跨层优化设计,可以利用图 7.8 形象地表示出来。

在网络跨层设计中,每一个下层模块对其上层模块而言不再是一个黑盒子,它可以提供一定的系统设计参数和传输数据特征,上层模块可以利用系统设计参数和传输数据特征适当调整相应的模块参数,更好地与下层模块组合在一起,优化系统的整体性能。对下层而言,当传输的数据需要经过不同类型的网络时,数据网络的上层模块可能需要进行一定的参数调整,网络的下层模块需要根据网络上层的信息作出适当的调整,如调整低层速率控制与传输模式,以匹配网络的特征变化。因此,跨层设计的基本理念就是通过两层或两层以上模块的联合设计,利用类似于数据处理总线模式相互交换信息,相互匹配,实现网络处理系统的性能提升。

根据层间的组合方式,图 7.9 给出了几种可能的跨层设计方案。

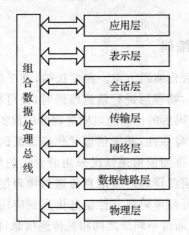

图 7.8　网络优化的跨层设计模式示意图

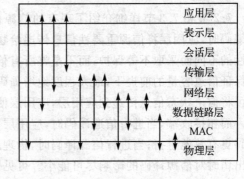

图 7.9　可能的跨层优化方案

跨层优化设计所要考虑的信息主要分为以下 4 类:

① 信道状态信息(CSI),包括时域频域内的信道冲激响应估计、位置信息、信号强度、噪声强度和噪声类型等;

② QoS 相关的参数,包括时延、吞吐量和误比特率等;

③ 有效资源信息,包括用户容量、天线数目类型和电源水平等;

④ 每层提供给其他层的负载模式,包括数据负载信息、数据率信息、数据分段信息和包长度等。

应用层与网络层跨层设计的基本思想是根据应用层具体服务的目标要求,在网络层给出相应的优化策略,最大程度地去满足应用层提出的服务要求。一般地,通过调整网络层的设计,可以提高网络传输的效率或网络可靠性指标,同时可以拓宽服务类型,促进信息传输服务质量的提升。网络编码最初就是该跨层设计的一个典型例子。

网络层与物理层跨层设计的基本思想就是通过调整网络层的控制参数或控制策略，充分利用物理层的基本特征，提高系统传输效率或在满足同样服务质量的前提条件下有效地降低系统的传输功率。自组织网络中的节能路由算法就是该跨层设计的一个例子。

MAC与物理层的跨层设计在无线蜂窝通信和无线局域网中已得到广泛的应用。其基本思想是为了适应物理层的传输特征，通过控制多用户传输信号的接入方法以提高系统的传输效率。无线局域网中动态资源分配就是MAC层与物理层跨层设计的一个例子。

物理层、数据链路层、应用层联合优化主要是针对不同业务的QoS需求，将应用层、物理层，甚至其他各层的参数都考虑进来联合优化设计。本章前几节讲到的信源信道联合编译码可看做是该跨层优化设计的一个应用。信源信道联合编译码的跨层思想主要体现在：通过应用层信源重要性信息和物理层信道状态信息的传递，实现联合编码；通过物理层信道译码可靠度信息和应用层信源译码后验信息的传递，实现联合译码。对于前者，联合编码实现不等错误保护是一个重要研究内容。

7.4.2 基于跨层优化设计的信源信道联合编码

7.2节和7.3节详细介绍了现有的信源信道联合编码方案。在发送端，基于信源优化信道编码时，应用层将信源重要性信息传递给物理层，物理层进行信道编码时，便可根据信源重要性的不同而采取不等保护，而不是将所有信源编码后的比特施以同等程度的保护，这样便可在保证信道容量的前提下，最大程度地增强码流的鲁棒性；基于信道优化信源编码时，物理层亦可将信道状态信息传递到应用层，应用层便可根据当前信道情况采用最合适的信源编码方法。而在接收端，当进行信道译码时，应用层可将信源译码后验信息传递到物理层，使得信道译码更有效地进行；当进行信源译码时，物理层又可将译码可靠性信息传递到应用层，使得比特出错时对信源译码的影响尽可能小。可见，正是通过不同层之间相互传递信息，信源信道联合编译码才得以实现，因而系统整体性能有了显著提高。

然而，目前这些信源信道联合编译码方案中，联合编码主要是将应用层视频压缩中的数据分组技术和分层编码技术与物理层的前向纠错技术结合起来，实现空域上的不等保护，但是它们都忽略了时间域上的不等保护，没有充分挖掘出信源信道联合编码这种跨层方案的最大潜能。因此，在应用层上探讨如何充分利用编码后的不同帧之间的强依赖性，实现视频序列在时间域上的不等保护，对进一步提高视频序列的重构质量具有深远的意义。

在译码端，传统的思路只使用物理层的信道编码技术进行纠错，而由于实现检错功能要比纠错所需要的开销小得多，所以借助于数据链路层的检错码，部分纠错功能由信源译码器来完成，必将大大减少由信道编码带来的巨大开销，将无线链路从繁重的负担中释放出来。需要指出的是，很多跨层的方案使用物理层联合优化方案，但它提供的是基于IP网络中的解决方案。目前国内外出现的都是尚未经过简化的系统结构，完全脱离现存系统，所以很难在实际中应用。欧洲的PHOENIX项目是一个应用层、物理层在自组织网络中比较成熟的联合信源信道编译码方案。特别需要指出的是，本章提到的 LDPC 码是联合信源信道编码方案中信道编码优秀的候选码字之一，在未来的通信系统中有着广泛的应用前景。

7.5 小　　结

　　图像传输对通信系统有更高的要求，采用传统的分离编码方案已经不能取得令人满意的效果，因此，信源信道联合编译码成为图像通信中的一个研究热点。本章 7.1 节主要分析了传统分离编码的优点与缺陷，引出了信源信道联合编码的必要性和优势。7.2 节分别介绍了数字系统、混合的数字-模拟系统和近似模拟系统下的信源信道联合编码技术。7.3 节主要讨论了融合 HMM 的信源信道联合编译码和基于信源反馈信息的信源信道联合编译码。信源信道联合编码可看做是物理层、数据链路层、应用层联合优化的一个应用。为此 7.4 节先介绍了跨层优化的基本原理，然后从跨层的角度分析了现有的联合编译码方法存在的不足，即只是在空域上实现了不等保护，而忽略了时间域上的不等保护，且信息的传递也基本局限在了物理层和应用层之间，没能充分发挥数据链路层的作用。这些新的思想可用来改进和修正现有的联合编译码技术。相信随着跨层设计的深入研究，信源信道联合编译码技术一定会有更新的突破，图像通信也会迎来一个快速发展的好时期。

习题七

1. 设通过一个二进制对称信道传输高斯随机过程观测值。信道每秒接收 100 000 bit，其原始误比特概率为 1/10；并且信道传输"0"是免费的，而传输"1"需花费 10^{-6} 美元。现以 R 样点/s 的速率进行采样（样本是均值为 0、方差为 1 的高斯随机变量），并在传输前进行编码。假设可容忍的平均均方误差至多为 δ，在信道上平均每天最多能花费 B 美元。问下面三组 (B,δ,R) 中哪一组在理论上是可实现的？

B	δ	R
864	0.1	12 500
2 592	0.2	150 000
4 320	0.001	11 000

2. 如果将高斯信源的输出通过高斯信道传输，则有时不需要任何编码，就可实现信源信道编码定理所给出的结论。为明确说明，参看题图 7.1。图中 U 是均值为 0、方差为 σ_U^2 的高斯随机变量，它通过一个放大器被乘以一个常数 λ；然后再加上一个均值为 0、方差为 σ_z^2 并与 U 相互独立的高斯随机变量 Z，最后的结果通过一个衰减器被乘以常数 μ。信道的输入 X 必须满足 $E(X^2) \leqslant \beta$。

证明:存在失真度 δ 和常数 λ、μ,使得 $R(\delta)=C(\beta)$,且 $E[(U-V)^2]=\delta$。其中 $R(\delta)$ 是信源率失真函数,$C(\beta)$ 是信道的容量代价函数。证明不等式 $k/n \leqslant C(\beta)/R(\delta)$ 可在 $k=n=1$ 时取等号。

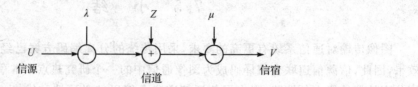

题图 7.1 习题 2 用图

3. 视频传输时应用层可用更高速率的编码方案以提高质量。现假设业务是实时的。对于网络层决定的容量分配,如果传输速率高,链路上就会出现拥塞,而拥塞会造成时延,许多分组将不能按时到达译码器,导致通信质量变差。能反映这些效果的一个简单失真模型是

$$\text{Dist}(R) = D_0 + \frac{\theta}{R-R_0} + \kappa e^{-(C-R)T/L}$$

其中,等号右端前两项对应于应用层信源编码引起的失真,最后一项对应于分组时延引起的失真。令 $D_0=0.38$、$R_0=18.3$ kbit/s,$\theta=2\,537$,比例因子 $\kappa=1$,有效分组长度 $L=3\,040$ bit,播放的截止期限 $T=350$ ms。计算:

(1) 如果链路容量 C 分别以概率 0.5、0.25 和 0.25 取值于 45 kbit/s、24 kbit/s 和 60 kbit/s,计算能使平均失真 $\text{Dist}(R)$ 最小的最优速率 R。假设应用层和网络层之间完全合作,即应用层总知道当前网络层设置的容量 C。

(2) 假定没有跨层优化,应用层总以固定的速率 $R=22$ kbit/s 编码。对于(1)中给出的容量分布,计算平均失真 $\text{Dist}(R)$。

(3) 比较(1)和(2),算出无跨层优化时失真度增加的百分数。

4. 能否构造一种信源编码方案,在信源解码的同时亦能纠错?若能,请举例。

5. 能否将信源信道联合编码的思想应用到分布式信源编码 DSC 系统中?若能,请设计出一种可行的方案。

6. 跨层设计技术对网络信息论的发展有什么影响?通信网络的分层理论是否需要重新制定?跨层设计是要打散现在的通信网络的分层规则,还是对现在的分层规则进行重新修订与补充?给出你的观点。

参考文献

[1] 樊平毅. 网络信息论. 北京:清华大学出版社,2009.

[2] Shannon C E. A mathematical theory of communication. Bell Syst. Tech. J,1948,27:379-423,623-656.

[3] Shannon C E. Coding theorems for a discrete source with a fidelity criterion. IRE Nat. Conv. Rec,1959,4:

142-163.
- [4] 卢小娜. 信源信道联合编码技术研究及其在图像通信中的应用. 北京:北京航空航天大学, 2007.
- [5] 高洁. 联合译码技术研究及其在图像通信中的应用. 北京:北京航空航天大学, 2007.
- [6] 刘军清, 孙军, 古继兴. 基于矢量量化和可变长编码的联合信源信道编码. 上海交通大学学报, 2003, 8.
- [7] Cheung G, Zakhor A. Bit allocation for joint source/channel coding of scalable video. IEEE Trans. On Image Processing, 2000, v9(3):340-356.
- [8] 顾炜. 综合信源编码和信道编码的图像传输技术研究. 上海:复旦大学, 2001.
- [9] 李天昊. 基于联合信源信道编码的图像传输研究. 上海:上海交通大学, 2002.
- [10] Mittal U, Phamdo N. Hybrid digital-analog (hda) joint source-channel codes for broadcasting and robust communications. IEEE Trans. On Information Theory, 2002, v48(5):1082-1102.
- [11] Ruf M J, Hagenauer J. Source-Controlled Channel Decoding in image transmission. First International Workshop on Wireless Image/Video Communications, 1996:14-19.
- [12] Miller D J, M Park. A sequence-based, approximate MMSE decoder for source coding over noisy channels using discrete hidden Markov models. IEEE Trans. On Communications, 1998, v46(2):222-231.
- [13] J Garcia-Frias, J Villasenor. Simplified methods for combining hidden Markov models and turbo codes. IEEE VTS 50th Vehicular Technology Conference, 1999, v3:1580-1584.
- [14] Kliewer J, Gortz N, Mertins A. On iterative source-channel image decoding with Markov random field source models. IEEE International Conference on Acoustics, Speech, and Signal Processing, 2004, v4:iv-661-iv-664.
- [15] Garcia-Frias J. Decoding of Low-Density Parity-Check Codes Over Finite-State Binary Markov Channels. IEEE Trans. On Communications, 2004, v52(11):1840-1843.
- [16] Alajaji F I, Phamdo N C, Fuja T E. Channel codes that exploit the residual redundancy in CELP-encoded speech. IEEE Trans. On Speech and Audio Processing, 1996, v4(5):325-336.
- [17] Hu R Y, Viswanathan R, Li J. A New Coding Scheme for the Noisy-Channel Slepian-Wolf Problem: Separate Design and Joint Decoding. IEEE Global Telecommunications Conference, 2004, v1:51-55.
- [18] Peng Z, Huang Y, Costello D J. Turbo codes for image transmission-a joint channel and source decoding approach. IEEE Journal on Selected Areas in Communications, 2000, v18(6):868-879.
- [19] Wu Zhenyu, Bilgin A, Marcellin M W. An Efficient Joint Source-Channel Rate Allocation Scheme for JPEG2000 Codestreams. Proceedings of Data Compression Conference, 2003:113-122.
- [20] Pan X, Cuhadar A, Banihashemi A H. Combined Source and Channel Coding With JPEG2000 and Rate-Compatible Low-Density Parity-Check Codes. IEEE Trans. On Signal Processing, 2006, v54(3):1160-1164.
- [21] Kozintsev Igor V. Signal Processing for Joint Source-Channel Coding of Digital Images. Illinois in America:University of Illinois at Urbana-Champaign, 2000.

第 8 章　网络流媒体

科学家不是依赖于个人的思想，而是综合了几千人的智慧。

——欧内斯特·卢瑟福

网络的宽带化使人们在宽阔的信息高速公路上可以更流畅地进行交流，使网络上的信息不再只是文本、图像，还增加了视频和语音等更丰富、更直观的多媒体信息。

尽管网络宽带化进一步扩展，但是面对有限的带宽和拥挤的拨号网络，实现网络的视频、音频、动画传输最好的解决方案就是流式媒体的传输方式。通过流式传输，即使在网络非常拥挤或拨号连接很差的情况下，也能给用户提供较为清晰、连续的影音，实现网上动画、视音频等多媒体文件的实时播放。

8.1　网络流媒体概述

在网络上传播视、音频等多媒体信息主要有下载和流式（streaming）两种传输方案。下载传输技术就是把整个音、视频文件先下载到客户机的本地存储器上，然后再进行顺序播放。这通常需要较大的存储空间，同时也需花费较长的时间来下载，用户也必须忍受因下载造成的播放延时，而且数据完全存入用户的硬盘存储器中，其他用户可以很容易地进行复制和未授权的传播，非常不利于知识产权的保护。流式传输技术就是针对以上不足而产生和发展起来的一种网络多媒体传输技术。采用流式传输，用户可以"边下载边播放"，而不必等到整个文件全部下载完毕才可进行观看。当多媒体信息在客户机上播放时，剩余部分将从服务器内继续下载。流式传输大大缩短了启动延时，同时也降低了对缓存容量的要求。

如果将文件传输看做是一次接水的过程，过去的传输方式就像是对用户作了一个规定，必须等到一桶水接满才能使用它，这个等待的时间要受到水流量大小和桶大小的影响（见图 8.1）。而通过流媒体技术传输则是，打开水龙头，等一小会儿，水就源源不断地流出来，可以随接随用，因此，不管水流量的大小，也不管桶的大小，用户都可以随时用上水（见图 8.2）。

流媒体是流媒体技术的核心。所谓流媒体就是将普通的多媒体，如音频、视频、动画等，经过特殊编码，使其成为在网络中使用流式传输的连续时基媒体，适应在网络上边下载边播放的播放方式。通常压缩比比较高，文件比较小，播放效率比较高；同时，在编码时还要加入一些附加信息，如计时、压缩和版权信息等。

一般来说，流包含两种含义，广义上的流是使音频和视频形成稳定的连续的传输流和回放流的一系列技术、方法以及协议的总称，习惯上称之为流媒体系统；而狭义上的流是相对于传

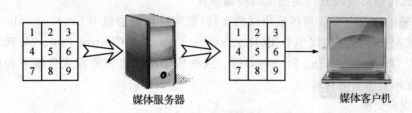

图 8.1　普通媒体传输方式

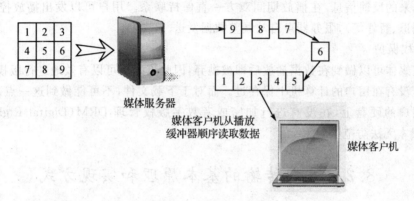

图 8.2　流媒体传输方式

统的下载—回放(download—playback)方式而言的一种媒体格式。应用流技术能从互联网上获取音频和视频等连续的多媒体文件,在用户端的计算机上创造一个缓冲区,于播放前预先下载一段资料作为缓冲,避免播放的中断,使得播放品质得以维持;同时,用户可以边接收边播放,使得延时大大减少。

流式传输定义很广泛,现在主要指通过网络传送媒体(如视频、音频)的技术总称。与单纯的下载方式相比,流式传输具有以下优点。

(1) 启动延时大幅度地缩短

用户不必等待所有内容都下载到硬盘上才开始浏览,通过带宽为 10 Mbit/s 的校园网络进行校园网媒体点播时,速度都相当快。一般来说,一个 45 min 的影片片段在 1 min 以内就显示在客户端上,而且在播放过程中一般不会出现断续的情况;另外,全屏播放对播放速度几乎无影响。但快进、快倒时需要时间等待。

(2) 对缓存容量的要求大大降低

流媒体运用了特殊的数据压缩解压缩技术(CODEC),与同样内容的声音文件(.wav)以及视频文件(.avi)相比,流媒体文件的大小只有它们的 5% 左右,且它采用的是"边传输、边播放、边丢弃"技术,流媒体数据包到达终端后经过播放器解码还原出视频信息后即丢弃,因此对缓存的要求大大降低。

(3) 流式传输的实现有特定的实时传输协议

流式传输的实现有一系列传输协议的支持,如实时传输协议 RTP(Real-time Transport Protocol)、实时传输控制协议 RTCP(Real-time Transport Control Protocol)和实时流协议 RTSP(Real-Time Streaming Protocol)等。这些传输协议也使得流式传输方式更加适合动画、视音频在网上的实时传输。

(4) 可双向交流

流媒体服务器与用户端流媒体播放器之间的交流是双向的。服务器在发送数据时还在接收用户发送来的反馈信息,在播放期间双方一直保持联系。用户可以发出播放控制请求(跳跃、快进、倒退、暂停等),服务器可自动调整数据发送。

(5) 版权保护

由于流媒体可以做到在数据播放后即被抛弃,因此流媒体可以有效地进行版权保护,因为流媒体根本没有在用户的计算机上保存过。而对于下载文件,不可能做到这一点。因为下载后文件在用户的硬盘上,在没有进行加密或者数字版权管理 DRM(Digital Right Management)前,根本无法防范盗版。

8.2 流式传输的基本原理和实现方式

8.2.1 流式传输的基本原理

流式传输的实现需要缓存。因为互联网的传输方式主要是以数据包为基础的异步传输,其设计之初主要是用来传输文本数据的,对于传输实时的音、视频源信息或存在的音、视频文件,必须将其分解为多个数据包进行传送。但是网络是时刻动态变化的,每个数据包在传输过程中所选择的路由又不尽相同,这就会造成多媒体数据包在到达客户端时的时间延迟不等,甚至出现先发后到的情况。为了弥补这些问题,保证客户端可以正确地接收多媒体数据,确保客户可以不间断地收看、收听多媒体片段,不出现因网络拥塞造成的播放停顿而导致播放质量下降,流媒体传输也需要建立缓存。通常高速缓存所需容量并不大,因为高速缓存使用环形链表结构来存储数据:通过丢弃已经播放的内容,流可以重新利用空出的高速缓存空间来缓存后续尚未播放的内容。

流式传输的实现需要合适的传输协议。由于 TCP 需要较多的开销,故不太适合传输实时数据。在流式传输的实现方案中,一般采用 HTTP/TCP 来传输控制信息,而用 RTP/UDP 来传输实时音视频数据。

流媒体的具体传输过程如下:

① 用户选择某一流媒体服务后,客户机的 Web 浏览器(Web Browser)与 Web 服务器(Web Server)之间使用 HTTP/TCP 交换控制信息,以便把需要传输的实时数据从原始信息

中检索出来。

② 客户机的 Web 浏览器启动流媒体播放器，使用 HTTP 从 Web 服务器检索相关的参数对流媒体播放器进行初始化，这些参数可能包括目录信息、流媒体数据的编码类型或与流媒体检索相关的服务器地址。

③ 利用从 Web 服务器检索出的服务器地址定位流媒体服务器。

④ 流媒体播放器与流媒体服务器之间交换传输所需要的实时控制协议。与 CD 播放机或录像机所提供的功能相似，实时流协议（RTSP）提供了操纵播放、快进、快退、暂停及录制等命令。流媒体服务器使用 RTP/UDP 协议将流媒体数据传输给客户机的流媒体播放器。

⑤ 流媒体数据到达客户端，播放器缓冲到达一定程度就可播放。

需要说明的是，在流式传输中，使用 RTP/UDP 和 RTSP/TCP 两种不同的通信协议与流媒体服务器建立联系，是为了能够把服务器的输出重定向到一个不同于运行流媒体播放程序所在客户机的目的地址。实现流式传输一般都需要专用服务器和播放器，其基本原理如图 8.3 所示。

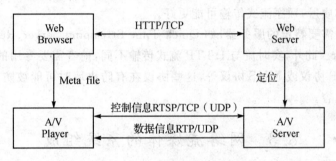

图 8.3　流式传输基本原理

8.2.2　流媒体传输的实现方式

实现流式传输有两种方式：实时流式传输（real-time streaming）和顺序流式传输（progressive streaming）。一般来说，如视频为实时广播，或使用流式传输媒体服务器，或应用如 RTSP 的实时协议，即为实时流式传输。如果使用 HTTP 服务器，文件即通过顺序流发送。采用哪种传输方法取决于用户的需求。当然，流式文件也支持在播放前完全下载到硬盘。

1. 顺序流式传输

顺序流式传输就是顺序下载，在下载文件的同时用户可观看在线媒体；在给定时刻，用户只能观看已下载的那部分，而不能跳到还未下载的前头部分，顺序流式传输在传输期间根据用户连接的速度作调整。由于标准的 HTTP 服务器可发送这种形式的文件，也不需要其他特殊协议，它经常被称做 HTTP 流式传输。顺序流式传输比较适合高质量的短片段，如片头、片尾和广告，由于该文件在播放前观看的部分是无损下载的，故这种方法保证了电影播放的最终质量。这意味着用户在观看前，必须经历延迟，对较慢的连接尤其如此。

对通过调制解调器发布短片段，顺序流式传输显得很实用，它允许用比调制解调器更高的数据速率创建视频片段。尽管有延迟，但毕竟可发布较高质量的视频片段。

顺序流式文件是放在标准 HTTP 或 FTP 服务器上的，易于管理，基本上与防火墙无关。顺序流式传输不适合长片段和有随机访问要求的视频，如讲座、演说与演示；它也不支持现场广播。严格地说，它是一种点播技术。

2. 实时流式传输

实时流式传输指保证媒体信号带宽与网络连接匹配，使媒体可被实时观看到。

实时流式传输总是实时传送，特别适合现场事件，也支持随机访问，用户可快进或后退以观看前面或后面的内容。理论上，实时流一经播放就不会停止，但实际上由于网络的情况不同，可能会发生周期暂停。

实时流式传输必须匹配连接带宽，当用户以调制解调器等低速连接设备连接时，由于带宽的不匹配，会导致出错丢失的信息被忽略掉，一旦网络拥挤或出现问题时，媒体质量将很差。因此如欲保证媒体质量，顺序流式传输可能更好。

实时流式传输需要特定的服务器，如 Quick Time Streaming Server、Real Server 与 Windows Media Server。此外，实时流与 HTTP 流式传输不同，前者需要专用的流媒体服务器与传输协议，如 RTSP 协议或 MMS 协议等，这些协议在有防火墙时可能被防火墙阻拦，导致用户不能看到实时内容。

8.3 网络流媒体的系统组成

网络流媒体系统由以下几个部分组成。

1. 编码工具

即用于创建、捕捉和编辑多媒体数据，形成流媒体格式，利用媒体采集设备进行流媒体的制作。它包括了一系列的工具，从独立的视频、声音、图片、文字组合到制作丰富的流媒体。这些工具产生的流媒体文件可以存储为固定的格式，供发布服务器使用。编码工具的核心部分是对音视频数据进行压缩。压缩的标准有 MPEG-4、H.263 和 H.264 等。

2. 流媒体数据

即媒体信息的载体。常用的流媒体数据格式有 .ASF、.RM 等。

3. 服务器

服务器不仅需要存放和控制流媒体的数据，而且服务器端软件应该具有强大的网络管理功能，支持广泛的媒体格式，支持最大量的互联网用户群与流媒体商业模式。面对越来越巨大的流应用需求，系统必须拥有良好的可伸缩性。随着业务的增加和用户的增多，系统可以灵活地增加现场直播流的数量，并通过增加带宽集群和接近最终用户端的边缘流媒体服务器的数量,以增加并发用户的数量,不断满足用户对系统的扩展要求。

4. 网　络

即适合多媒体传输协议甚至是实时传输协议的网络。流媒体技术是随着互联网络技术的发展而发展起来的,它在现有互联网络的基础上增加了多媒体服务平台。

5. 播放器

即供用户欣赏网上媒体的软件。流媒体系统支持实时音频和视频直播和点播,可以嵌入到流行的浏览器中,可播放多种流行的媒体格式,支持流媒体中的多种媒体形式,如文本、图片、Web 页面、音频和视频等集成表现形式。在带宽充裕时,流媒体播放器可以自动侦测视频服务器的连接状态,选用更适合的视频以获得更好的效果。目前应用最多的播放器有美国 Real Networks 公司的 Real Player、美国微软公司的 Media Player 和美国苹果公司的 QuickTime 三种产品。

6. 媒体内容自动索引检索系统

它主要负责对媒体源进行标记,捕捉音频和视频文件并建立索引,建立高分辨率媒体的低分辨率代理文件,从而可以用于检索、视频节目的审查、基于媒体片段的自动发布,形成一套强大的数字媒体管理发布应用系统。它主要包括索引和编码以及媒体分析软件两部分。

(1) 索引和编码

允许同时索引和编码,使用先进的技术实时处理视频信号,而且可以根据内容自动地建立一个视频数据库。

(2) 媒体分析软件

可以实时地根据屏幕的文本来识别。实时语音识别可以用来鉴别口述单词、说话者的名字和声音类型,而且还可以感知出屏幕图像的变化,并把收到的信息归类成一个视频数据库。媒体分析软件还可以感知到视觉内容的变化,可以智能化地把这些视频分解成片段并产生一系列可以浏览的关键帧图像,也可以从视频信号中识别出标题文字或是语音文本,同时可以识别出视频中的人像,就像识别屏幕上的文字、数字一样。通过声音识别,该软件可以将声音信号中的话语、说话者的姓名、声音类型转换成可编辑的文本。用户用这些信息索引还可以搜索想要的视频片段。使用一个标准的浏览器,用户可以像检索互联网其他信息一样来检索视频片段。

7. 媒体数字版权管理(DRM)系统

通过网络传播的数字化信息的传播特点决定了必须要有一种独特的技术,来加强保护这些数字化的音、视频节目内容的版权,该技术就是数字权限管理 DRM(Digital Right Management)技术。它是一种以安全方式进行媒体内容加密的端到端的解决方案,允许内容提供商在其发布的媒体或节目中,对指定的时间段、观看次数及其内容进行加密和保护。它主要包括服务器鉴别、多媒体内容保护和访问权限控制等,是流媒体运营商保护内容和依靠内容盈利的技术保障。

8.4 流式传输协议

互联网中的网页主要是通过 HTTP 或 FTP 等协议传输的,这些协议不适合多媒体数据在互联网上以流式传输。因此必须制定一些适合流式传输的特定协议,才能更好地发挥流媒体的作用,保证传输的 QoS。工程任务组(IETF)已经设计出几种支持流媒体传输的协议,主要有实时传输协议 RTP(Real-time Transport Protocol)、实时传输控制协议 RTCP(Real-time Transport Control Protocol)和实时流协议 RTSP(Real-Time Streaming Protocol)等。下面介绍几种主要的流媒体传输协议。

8.4.1 实时传输协议(RTP)

RTP 协议作为流媒体传输协议提供了实时端到端传送视频、音频数据流的方法。一般来说,使用 RTP 协议时,应用程序采用 UDP 作为下层传输协议。虽然 UDP 协议比 TCP 协议可靠性低,并且无法保证实时业务的 QoS,但是 UDP 协议的传输时延远低于 TCP 协议,并且能很好地保证数据传输的实时性。RTP 协议与底层传送网络所采用的物理介质无关,可以运行于多种网络之上;同时,RTP 协议也支持组播,这样可以大大节约网络带宽。

需要注意的是,RTP 本身并不能为按顺序传送数据包提供可靠的传送机制,也不提供流量控制或拥塞控制,它依靠 RTCP 提供这些服务。通常 RTP 算法并不作为一个独立的网络层来实现,而是作为应用程序代码的一部分。RTCP 和 RTP 一起提供流量控制和拥塞控制服务。当应用程序开始一个 RTP 会话时将使用两个端口:其中一个给 RTP,另一个给 RTCP。

以上内容是关于 RTP 协议的简单介绍。下面介绍 RTP 协议报文格式及 RTP 协议的特点。

1. RTP 协议报文格式

RTP 数据包的报文格式如表 8.1 所列。

表 8.1　RTP 报文格式

V(2)	P(1)	X(1)	CC(4)	M(1)	PT(7)	Sequence Number(16)
时间戳 Timestamp(32)							
同步源标识 SSRC(32)							
参考源标识 CSRC(32)							
负载数据…							

RTP 报文格式各个参数的意义如下。

① V(版本号):2 位,表示 RTP 协议的版本号,通信双方的版本要相同。

② P(间隙):1 位,设置为 1 时,表示数据分组包含一个或多个附加间隙位组,其不属于有效载荷。

③ X(扩展位):1 位,设置为 1 时,表示在固定头后面根据指定格式设置一个扩展头。

④ CC(CSRC Count):4 位,表示参考源标识(CSRC)在固定头后的数量。

⑤ M(标记):1 位,依赖于具体的应用程序。在视频服务程序中,它用于指明一个视频帧或者音频帧的边界。

⑥ PT(Payload Type):7 位,负载类型,表示 RTP 分组中有效负载的格式。RTP 可支持 128 种不同的有效载荷类型。对于声音流,这个域用来表示声音使用的编码类型,例如 PCM 等;对于视频流,有效载荷类型可以用来表示视频编码的类型,例如 MPEG-4、H.264 等。如果发送端在会话或者广播的中途决定改变编码方法,发送端可通过这个域来通知接收端。

⑦ Sequence Number(顺序编号):16 位,包含分组的序号。初始值是随机产生的,随后每发送一个,RTP 数据报序列号增加 1。接收端可以通过序列号来检测传输过程中的数据包丢失、损坏以及失序的情况。

⑧ Timestamp(时间戳):32 位,给出数据包中第一个字节的采样时间,但并不指定准确的时间间隔,而是取决于 RTP 帧的有效载荷类型。接收方可以利用时间戳来维持数据接收的实时性,实现数据流的同步和 RTP 数据包的重组,并按照正确的速率回放媒体流。

⑨ SSRC(同步源标识):32 位,指明同步源的标识符,这个值应该随机选择,以保证两个同步源在同一会话中有两个不同的值,防止数值上的冲突。如果在播放过程中一个源改变了地址,则 SSRC 应该选择一个新的值。

⑩ CSRC(参考源标识):32 位,提供正在混合的数据流的同步 ID,其作用仍是区分多个同时的数据流。

⑪ 负载数据:包含 RTP 报文携带的数据信息。其中,允许接收方检测不按顺序交付或数据丢失的"顺序编号(sequence number)"和允许接收方控制回放的"时间戳(timestamp)"是 RTP 数据包的两个关键特性。

2. RTP 协议的特点

(1) RTP 协议具有很大的灵活性

RTP 协议不具备传输层协议的完整功能,其本身也不提供任何机制来保证实时地传输数据,不支持资源预留,也不保证 QoS。RTP 分组不包括长度和分组边界的描述,而是依靠下层协议提供长度标志和长度限制。RTP 协议将部分传输层协议功能上移到应用层完成,从而简化了传输层处理,提高了效率。

(2) 数据流和控制流分离

RTP 协议的数据分组和控制分组使用相邻的不同端口,这样大大提高了协议的灵活性和处理的简便性。

(3) RTP 协议具有很大的扩展性和适用性

RTP 协议通常为一个具体的应用来提供服务,通过一个具体的应用进程来实现,而不作为 OSI 体系结构中单独的一层来实现。RTP 只提供协议框架,使用者可以根据具体要求对协议进行充分的扩展。

RTP 协议本身包括两部分:RTP 数据传输协议和 RTCP 传输控制协议。为了可靠、高效地传送实时数据,RTP 和 RTCP 必须配合使用。通常,RTCP 包的数量占所有传输量的 5%。RTCP 协议作为 RTP 协议的一个重要的控制补充协议,以它的反馈机制实现对流媒体服务的 QoS 控制,配合传输层协议,保证了流媒体的实时性特征,满足了在 IP 网上对 QoS 的需求。

8.4.2 实时传输控制协议(RTCP)

1. RTCP 简介

RTCP 是 RTP 的伴生协议,它提供数据传输过程中所需的控制功能。RTCP 允许发送方和接收方互相传输一系列报告,这些报告包含有关正在传输的数据以及网络性能的额外信息,RTCP 就是依靠这种成员之间周期性地传输控制分组来实现控制监测功能的。RTCP 报文也是封装在 UDP 中,以便于进行传输。发送时使用比它们所属的 RTP 流端口号大 1 的协议号,即选用 RTP 端口下一个奇数位的端口号。

在 RTP 会话期间,各参与者周期性地传送 RTCP 包。RTCP 包中含有已发送的数据包的数量、丢失的数据包的数量等统计资料。服务器可以利用这些信息动态地改变传输速率,甚至改变有效载荷类型。RTP 和 RTCP 配合使用,它们能以有效的反馈和最小的开销使传输效率最佳化,因而特别适合传送网上的实时数据。

2. RTCP 分组格式

RTCP 数据包是控制包,由固定头和可变长结构元素组成,以一个 32 位边界结束。RTCP 包可堆叠,不需要插入分割符即可将多个 RTCP 包连接起来形成一个 RTCP 组合包,以低层协议用单一包发送出去。由于需要低层协议提供整体长度来决定组合包的结尾,所以在组合包中没有单个 RTCP 包显式计数。RTCP 分组格式如表 8.2 所列。

表 8.2 RTCP 分组格式

Version	P	RC	Packet Type
0~1	2	3~7	8~15
Length(16~31)			

① Version:2 位,识别 RTCP 版本。RTP 数据包中的该值与 RTCP 数据包中的一样。当前规定值为 2。

② P:1 位,间隙。

③ RC：5 位，接收方报告计数。接收方报告块的编号包含在该数据包中。

④ Packet Type：8 位，包含常量 200，识别一个 RTCP 的发送端报告（SR）数据包。

⑤ Length：16 位，数据包的大小。包含固定头和任意间隙。

在 RTCP 通信控制中，RTCP 协议的功能是通过不同的 RTCP 数据包来实现的，主要有以下几种类型。

① SR：发送端报告，发送端是指发出 RTP 数据包的应用程序或者终端，发送端同时也可以是接收端。

② RR：接收端报告，接收端是指仅接收但不发送 RTP 数据包的应用程序或者终端。

③ SDES：源描述，主要功能是作为会话成员有关标识信息的载体，如用户名、邮件地址、电话号码等；此外，它还具有向会话成员传达会话控制信息的功能。

④ BYE：通知离开，主要功能是指示某一个或者某几个源不再有效，即通知会话中的其他成员自己将退出会话。

⑤ APP：由应用程序自己定义，解决了 RTCP 的扩展性问题，并且为协议的实现者提供了很大的灵活性。

利用上述 5 类 RTCP 控制报文，可以实现如下服务。

① 媒体同步：SR 报文包含有与 RTP 时间戳相对应的实时信息，信源处理器系统主要是利用 RTCP 的此项功能进行同步。

② 信源标识：在 RTP 数据包中，信源采用 32 位的 SSRC 进行标识，不是很直观。而 RTCP 的 SDES 包则可提供具有文本信息的多项标识。

③ 拥塞控制和 QoS 监控：这是 RTCP 的一个重要功能。发送方可根据 RR 报文调整数据实时传输方式，保证端系统正常接收；接收方可判断网络拥塞的范围是在本地、本地区还是全局，有的放矢地采取对策，网络管理员也可及时监视网络实时传输的性能。

8.4.3 实时流协议（RTSP）

实时流协议 RTSP 定义了一对多应用程序如何有效地通过 IP 网络传送多媒体数据。RTSP 在体系结构上位于 RTP 和 RTCP 之上，它使用 TCP 或 RTP 完成数据传输。RTSP 的一个主要功能是实现连续音、视频媒体流在服务器与客户端之间的连接与控制。特别是它可以完成一些特殊操作：实现客户端向服务器的媒体索取请求；可以在已建立的会话中增加接入的媒体。

RTSP 的主要思想是提供控制多种应用数据传送的功能，即提供一种选择传送通道的方法，例如 UDP、TCP、IP 多播，同时提供基于 RTP 传送机制的方法。RTSP 控制通过单独协议发送的流，与控制通道无关，例如 RTSP 控制可通过 TCP 连接，而数据流通过 UDP。RTSP 通过建立并控制一个或几个时间同步的连续流数据（其中可能包括控制流），能为服务器提供远程控制。另外，由于 RTSP 在语法和操作上与 HTTP 类似，RTSP 请求可由标准 HTTP 或

MIME 解析器解析,并且 RTSP 请求可被代理、转发与缓存处理。HTTP 与 RTSP 相比,HTTP 传送 HTML 超链接文档,而 RTSP 传送的是多媒体数据。HTTP 请求由客户机发出,服务器作出响应;而 RTSP 是双向的,即客户机和服务器都可以发出请求。

8.4.4 资源预留协议(RSVP)

资源预留协议 RSVP(Resource ReSerVation Protocol),是施乐公司、麻省理工学院和加州大学共同研制的,1997 年被批准为标准。它是非路由协议,与 IP 协议配合使用,属于 TCP/IP 协议栈中的传输层。RSVP 分组不携带任何应用数据,只是用来控制 IP 包的传输,它同路由协议协同工作,建立与路由协议计算出的路由等价的动态访问列表,帮助数据接收方沿数据传输路径向支持该协议的路由器预订必要的网络资源,确保端到端的传输带宽,尽量减少实时流媒体通信中的传输延迟和数据到达时间间隔的抖动,使得通过传输数据时能够获得特殊 QoS。RSVP 是一种用于互联网上质量整合服务的协议,通常 RSVP 请求将会引起每个节点数据路径上的资源预留。

1. RSVP 协议的基本机制

RSVP 协议属于网络控制协议,其组成元素有发送者、接收者和主机或路由器。发送者负责让接收者知道数据将要发送,以及需要什么样的 QoS;接收者负责发送一个通知到主机或路由器,这样它们就可以准备接收即将到来的数据;主机或路由器负责留出所有合适的资源。

RSVP 协议的两个重要概念是"流"与"预留"。流是从发送者到一个或多个接收者的连接特征,通过 IP 包中的"流标记"来认证。发送一个流前,发送者传输一个路径信息到目的接收方,这个信息包括源 IP 地址、目的 IP 地址和一个流规格。这个流规格是由流的速率和延迟组成的,这是流的 QoS 所需要的。接收者实现预留后,基于接收者的模式能够实现一种分布式解决方案。

RSVP 协议能够使应用传输数据流时获得 QoS,它位于 OSI 七层协议栈中的传输层。图 8.4 说明了 RSVP 的运行环境。

2. RSVP 数据流

在 RSVP 中,数据流是一系列信息,有着相同的源、目的(可有多个)和 QoS,QoS 要求通过网络以流说明的形式通信。流说明是主机用来请求特殊服务的数据结构,保证处理主机传输。RSVP 支持三种传输类型:最好性能(best – effort)、速率敏感(rate – sensitive)与延迟敏感(delay – sensitive)。最好性能传输为传统 IP 传输,应用包括文件传输(如邮件传输)、磁盘映像、交互登录和事务传输,支持最好性能传输的服务称为最好性能服务;速率敏感传输放弃及时性,而确保速率,RSVP 服务支持速率敏感传输,称为位速率保证服务;延迟敏感传输要求传输及时,并因而改变其速率,RSVP 服务支持延迟敏感传输,被称为控制延迟服务(非实时服务)与预报服务(实时服务)。

RSVP 数据流的基本特征是连接,数据包在其上流通。连接是具有相同单播或组播目的

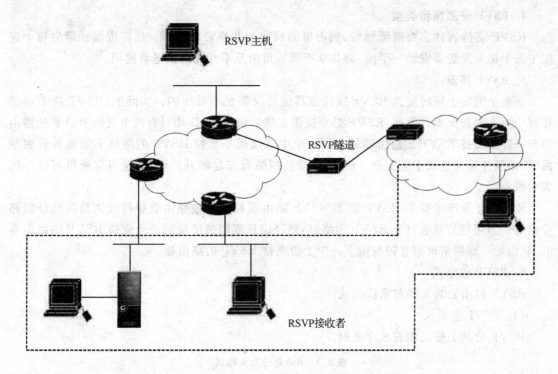

图 8.4　RSVP 主机信息通过数据流发送给接收者

的数据流，RSVP 分别处理每个连接。RSVP 支持单播和组播连接(这里连接是一些发送者与另一些接收者的会话)，而流总是从发送者开始的。特定连接的数据包被导向同一个 IP 目的地址或公开的目的端口。IP 目的地址可能是组播发送的组地址，也可能是单个接收者的单播地址。公开目的端口可用 UDP/TCP 目的端口段、其他传输协议等价段或某些应用的特定信息来定义。

RSVP 数据发布是通过组播或单播实现的。组播传输将某个发送者的每个数据包复制转发给多个目的。单播传输的特征是只有一个接收者。即使目的地址是单播，也可能有多个接收者，以公共端口区分。多个发送者也可能存在单播地址，在这种情况下，RSVP 可建立多对一传输的资源预留。每个 RSVP 发送者和接收者对应唯一的主机。然而，单个主机可包括多个发送者和接收者，以公共端口区分。

3. RSVP 服务质量(QoS)

在 RSVP 中，QoS 是流规范指定的属性，流规范用于决定参加实体(路由器、接收者和发送者)进行数据交换的方式。主机和路由器使用 RSVP 指定 QoS，其中主机代表应用数据流使用 RSVP 从网络申请 QoS 级别，而路由器使用 RSVP 发送 QoS 请求给数据流路径的其他路由器。这样，RSVP 就可维持路由器和主机状态来提供所请求的服务。

4. RSVP 资源预留类型

RSVP 支持两种主要资源预留：独占资源预留和共享资源预留。独占资源预留为每个连接中每个相关发送者安装一个流，而共享资源预留由互不相关的发送者使用。

5. RSVP 隧道

在整个网络上同时配置 RSVP 或任意其他协议都是不可能的。实际上，RSVP 决不可能在每个地方都被配置。因此，RSVP 必须提供正确协议操作，即使只有两个支持 RSVP 的路由器与一群不支持 RSVP 的路由器相连。一个中等规模不支持 RSVP 的网络不能执行资源预留，因而服务保证也就不能实现。然而，如果该网络有充足额外的容量，也可以提供可接受的实时服务。

RSVP 隧道技术要求 RSVP 和非 RSVP 路由器利用本地路由表中转发到目的地址的路径信息。当路径信息通过非 RSVP 网络时，路径信息复制携带最后一个支持 RSVP 的路由器的 IP 地址。预留请求信息转发给下一个上游支持 RSVP 的路由器。

6. RSVP 包格式

RSVP 包由公共头和对象段组成。

（1）RSVP 公共头

RSVP 公共头格式如表 8.3 所列。

表 8.3　RSVP 公共头格式

Version	Flag	Type	Checknum	Length	Send TTL	Message ID	MF	Fragment offset
4 位	4 位	8 位	16 位	16 位	8 位	32 位	1 位	24 位

Version（版本号）：4 位，表示协议版本号（当前版本为 1）。

Flag（标志）：4 位，当前没有定义标志段。

Type（类型）：8 位，有几种可能值。1 表示路径；2 表示资源预留请求；3 表示路径错误；4 表示资源预订请求错误；5 表示路径断开；6 表示资源预订断开；7 表示资源预订请求确认。

Checknum（校验和）：16 位，表示基于 RSVP 的消息内容的标准 TCP/UDP 校验和。

Length（长度）：16 位，表示 RSVP 包的字节长度，包括公共头和随后的可变长度对象。如设置了更多片段（MF）标志，或片段偏移为非零值，这就是较大消息当前片段长度。

Send TTL（发送 TTL）：8 位，表示消息发送的 IP 生存期。

Message ID（消息 ID）：32 位，提供下一 RSVP 跳/前一 RSVP 跳消息中所有片段共享标签。

MF（更多片段标志）：一个字节的最低位，其他 7 位用于预订。除消息的最后一个片段外，都将设置 MF。

Fragment offset（片段偏移）：24 位，表示消息中片段的字节偏移量。

(2) RSVP 对象段

RSVP 对象段如表 8.4 所列。

表 8.4 RSVP 对象段

Length	Class - num	C - Type	Object Contents
16 位	8 位	8 位	Variable

Length(长度):16 位,包含总对象长度,以字节计(必须是 4 的倍数,至少是 4)。

Class - num(分类号):表示对象类型,每个对象类型都有一个名称。RSVP 程序必须可识别分类。如果没有识别出对象分类号,分类号高位决定对节点采取什么行动。

C - Type(C -类型):在分类号中唯一。最大内容长度是 65 528 字节。分类号和 C - 类型段(与标志位一起)可用做定义每个对象唯一性的 16 位数。

Object Contents(对象内容):长度、分类号和 C -类型段指定对象内容的形式。

8.5 流媒体的网络播放技术

流媒体的基本网络播放技术主要有单播、组播、点播和广播 4 种,并可组合为点播单播、广播单播及广播组播等多种播放方式。此外,还有近年来兴起的智能流技术。本节讨论流媒体的播放技术。

1. 单 播

在客户端与媒体服务器之间需要建立一个单独的数据通道,从一台服务器送出的每个数据包只能传送给一个客户机,这种传送方式称为单播。每个用户必须分别对媒体服务器发送单独的查询,而媒体服务器必须向每个用户发送所申请的数据。当存在大量客户请求相同的服务时,将会对服务器造成沉重的负担,服务器响应则需要很长时间,甚至停止播放,严重影响播放质量。为保证服务,只有通过升级硬件的方式来保证一定的 QoS。

2. 组 播

利用 IP 组播技术可以构建一种具有组播能力的网络,组播网络允许路由器一次将数据包复制到多个通道上。流媒体的组播就是指通过启用组播网络传递内容流,网络中的所有客户端共享同一流。

3. 点 播

点播连接是客户端与服务器之间的主动连接。在点播连接中,用户通过选择内容项目来初始化客户端连接。用户可以开始、停止、后退、快进或暂停流。

点播功能的具体实现方式可以有很多种,针对实时媒体流的点播包括延时续播和存储点播两种方式,前一种是从服务器上的缓冲文件得到点播数据,后一种是将接收到的实时媒体流写成标准的媒体格式文件,然后对这些文件进行点播。后者能提供更长时间的服务,服务端退出后,仍能将存储的文件作为点播资源。

点播连接提供了对流量的最大控制,但在这种方式下,每个客户端各自连接服务器,因此也会出现网络带宽被大量占用和服务器负载过重的情况。

4. 广 播

广播是指用户被动接收流。在广播过程中,客户端接收流,但不能控制流。例如用户不能暂停、快进或后退该流。广播方式中数据包的单独一个备份将发送给网络上的所有用户,而不管用户是否需要。此种传输方式非常浪费网络带宽。

5. 点播单播

客户端连接到服务器以接收特定内容,而该内容也只传往一个客户端。用户可以控制流。

6. 广播单播

客户端通过发布点上的别名访问流。用户可单击 Web 网页上的链接或获得该别名的 URL,从而连接到流。每个连接到流的用户都有自己的连接和来自服务器的流。

7. 广播组播

被动的用户通过监视特定的 IP 地址接收组播 ASF 流(与以特定频率从收音机或电视台接收信号类似)。

8. 智能流技术

随着互联网的普及,互联网的接入方式也越来越多,例如普通的 56 kbit/s 调制解调器已经成为使用最为广泛的一种互联网接入方式;此外,ADSL、ISDN、Cable Modem 等宽带接入方式也越来越被广泛应用。但是这些接入方式因原理不同,具有不同的接入速度,而接入速度又直接影响到用户获得的多媒体信息的质量。如果采用恒定的速率,则窄带接入用户可能得不到质量高的信号,而宽带接入用户又造成资源的浪费。要解决这个问题,主要有两种方法。

一种解决方法是服务器减少发送给客户端的数据而阻止再缓冲,这种方法称为"视频流瘦化"。该方法的限制是 Real Video 文件为一种数据速率设计,结果可通过抽取内部帧扩展到更低速率,导致质量较低。离原始数据速率越远,质量越差。

另一种解决方法是根据不同连接速率创建多个文件,根据用户连接速率的不同传送相应文件。这种方法带来制作和管理上的困难,而且用户连接是动态变化的,服务器也无法实时协调。可以看到这两种方法都有其缺陷,为了克服这个问题,智能流技术应运而生了。

智能流技术通过两种途径克服带宽协调和媒体流瘦化。首先,确立一个编码框架,允许不同速率的多个媒体流同时编码,合并到同一个文件中;其次,采用一种复杂客户服务器机制自动探测带宽的变化。概括地说,智能流技术就是为解决由于接入方式的不同,每个用户的连接速率有很大差别,流媒体广播必须要能提供不同传输速率下的优化图像,以满足各种用户的需求而建立的一种流媒体播放技术。

智能流技术最早是由 Real Networks 公司提出的。为了满足客户要求,Real Networks 公司编码、记录不同速率下的媒体数据,并保存在单一文件中,此文件称为智能流文件,即创建可扩展流式文件。当客户端发出请求时,它将其带宽容量传给服务器,媒体服务器根据客户带宽将智能流文件的相应部分传送给用户,以此方式,用户可看到最可能的优质传输,制作人员只需要压缩一次,管理员也只需要维护单一文件,而媒体服务器根据所得带宽自动切换。智能流技术能够保证在很低的带宽下传输音、视频流,即使带宽降低,用户只会收到低质量的节目,流不会中断,也不需要进行缓冲以恢复带宽降低带来的损失。

8.6 流媒体的服务方式

流媒体主要有两种服务方式,一种是基于 C/S 模式,另一种是基于 P2P 模式。

8.6.1 C/S 模式概述

C/S(Client/Server)模式又称 C/S 结构,是软件系统体系结构的一种。C/S 模式可以简单地说是基于企业内部网络的应用系统模式。C/S 模式应用系统最大的好处是不依赖企业外网环境,即无论企业是否能够连上外网,都不受影响。它是较早出现的一种体系结构,其成熟度较高。C/S 模式中,服务器是数据或控制的中心,服务器上存有大多数客户机都需要的资源(数据或计算能力)。客户机是使用服务器上的数据资源和接受服务器控制的用户,客户机之间几乎没有交流,若有交流也是通过服务器间接进行的。C/S 模式是高度集中的,数据和控制的可靠性很容易通过服务器来得到保证。而且由于数据和控制流方向单一,也便于采用相应的安全措施,提高网络的安全性。在传统 C/S 模式的视频流媒体服务系统中,服务器 S 若要同时为 A、B、C 三个客户提供相同的媒体数据流,则服务器 S 要复制 3 份相同的数据发送,最极端的情况就是 A、B、C 处于同一个子网内,3 份数据的路由路径相同,这造成服务器和网络带宽的极大浪费。由于集中的管理模式,也使得服务器的建设需要较高的投资,并且这种模式也使服务器的负载变大,服务器的存储能力和处理能力以及所在网络的吞吐量成为了该模式性能的瓶颈。为了提升服务性能,可能需要进一步增加投资,也就造成了成本的提高。客户机上的数据、控制资源以及边缘网络带宽都不能被充分利用。

8.6.2 P2P 模式概述

P2P 是 Peer to Peer 的缩写,即对等计算,通常称之为 P2P 协议。但是事实上 P2P 并不是一种网络协议,没有必须要遵守的接口规则,而是一种网络应用模式。互联网系统的计算模式正从 C/S 向 P2P 转变。对等计算的核心思想是所有参与系统的节点处于完全对等的地位,没有客户端和服务器之分,也可以说每个节点既是客户端,又是服务器端;既向别人提供服务,也从别人那里获得服务、享受服务。实际上,对等计算的概念很早就有人提出来,互联网最基本的协议 TCP/IP 并没有客户机和服务器的概念,所有的设备都是通信期间平等的一端。由于受早期计算机性能、资源等因素的限制,随着互联网规模的迅速扩大,大多数刚连接到互联网上的普通用户并没有能力提供网络服务,从而网络上逐步形成了以少数服务器为中心的 C/S 模式。这样一来,P2P 模式就没有受到广泛重视,产业界和理论研究界都普遍认为在大多数情况下,还是 C/S 模式更为合理。

然而,随着 PC 技术和互联网的发展,PC 的能力变得越来越强,接入带宽也逐渐提高,如何有效地利用所有节点搭建更好的分布式系统,自然而然地成为人们关注的问题。Napster 推出后,迅速普及,成为对等计算的一个重要实例。此后,越来越多的 P2P 软件发布和流行,一步步验证了对等计算思想的成功。P2P 应用的带宽已经超过万维网,成为占用互联网带宽最多的部分,其代表性应用的用户数量往往能达到数千万之多。P2P 发展之势愈演愈烈,并成为业界持续关注与探讨的热点。

P2P 技术主要指由硬件形成网络连接后的信息控制技术,主要代表形式是在应用层上基于 P2P 网络协议的客户端软件。IBM 为 P2P 下了如下定义:P2P 系统由若干互联协作的计算机构成,且至少具有如下特征之一:系统依存于边缘化(非中央式服务器)设备的主动协作,每个成员直接从其他成员而不是从服务器的参与中受益;系统中成员同时扮演服务器与客户机的角色;系统应用的用户能够意识到彼此的存在,构成一个虚拟或实际的群体。

8.6.3 P2P 模式与 C/S 模式的比较

P2P 模式相对于传统的 C/S 模式,有很明显的优势。

1. 资源利用率高

在 P2P 网络上,闲散资源有机会得到利用,所有节点的资源总和构成了整个网络的资源,整个网络可以被用做具有海量存储能力和巨大计算处理能力的超级计算机。C/S 模式下,客户端大量的闲置资源无法被利用。

2. 可靠性高

随着节点的增加,C/S 模式下服务器的负载就越来越重,形成了系统的瓶颈,一旦服务器崩溃,整个网络也随之瘫痪。而在 P2P 网络中,每个对等点都是一个活动的参与者,每个对等点都向网络贡献一些资源,如存储空间、CPU 周期等。所以,对等点越多,网络的性能越好,网络随着规模的增大而愈发稳固。

3. 基于内容的寻址方式处于一个更高的语义层次

因为用户在搜索时只需指定具有实际意义的信息标识而不是物理地址,每个标识对应包含这类信息的节点的集合。这将创造一个更加精炼的信息仓库和一个更加统一的资源标识方法。

4. 成本降低

信息在网络设备间直接流动,高速及时,降低了中转服务成本。

5. 信息发布灵活

C/S 模式下的互联网是完全依赖于中心点——服务器的，没有服务器，网络就没有任何意义。而 P2P 网络中，即使只有一个对等点存在，网络也是活动的，节点所有者可以随意地将自己的信息发布到网络上。

尽管如此，P2P 也有不足之处。首先 P2P 不易于管理。这使得 P2P 网络中数据的安全性难以保证。对于 C/S 网络，只需在中心点进行管理即可；另外，对等点可以随意地加入或退出网络，这会造成网络带宽和信息存在的不稳定。

P2P 模式与 C/S 模式的性能比较如表 8.5 所列。

表 8.5 P2P 和 C/S 性能比较

性能 模式	数据互动性	数据及时性	网络流量分布	安全性	可管理性	网络利用率	成本
P2P	好	好	平衡	中	低	高	低
C/S	中	中	不平衡	好	高	低	高

两种模式各有优劣，一者并不能完全代替另一者达到应用上的所有需求。

在大规模网络用户需要流媒体服务的情况下，视频流媒体的主流还是以多个服务器来存取和发布视频给用户使用，这种方式的视频流媒体无论是在服务器的硬件消费上还是在网络资源的利用上都是极其昂贵的。现在可利用 P2P 技术来实现流媒体服务。在 P2P 网络中，每个节点同时具有客户机和服务器功能，每个节点将接收的内容缓存并提供给其他请求节点，这充分挖掘了互联网上被忽视的客户机资源，在利用率、扩展性、容错等方面具有巨大潜力。把 P2P 引入视频流媒体服务，使服务分散化，减轻服务器负载并支持更大范围流媒体发布，具有广泛的应用前景。

现在流媒体应用系统有很多的研究方向，因为新的技术需要从各个方面加以扩展和深化。就目前的两大研究方向而言，基于 P2P 的改进型系统虽然实用，但可控性比较低；专业的 C/S 模式的流媒体服务架构易于实现，但缺乏通用性，可扩展性也比较差。因此构建一套通用的流媒体综合业务服务系统将是流媒体技术发展的主流方向。

8.7 P2P 流媒体网络电视

P2P 流媒体网络电视是 P2P 内容共享技术应用的一个热门话题，现在已有很多此类型网络电视。本节选取了其中使用比较有代表性的 3 种协议（PPlive、PPstream、QQlive），分析主要的协议特征并总结了 P2P 流媒体协议框架。

PPlive、PPstream 和 QQlive 这 3 种 P2P 流媒体软件直播过程大致相似，都经历了软件升级以及频道列表、控制与数据报文的传输等过程，但在频道获取方式以及数据报文和控制报文的特征方面表现出一定差异。P2P 流媒体为了适应本身流媒体的传输,报文也具有自己的特点。TCP 协议稳定性较好,但开销比较大,在 P2P 流媒体传输协议中应用较少。相比之下,UDP 报文是更好的选择。

8.7.1 PPlive 协议

PPlive 是全球最大的 P2P 网络电视平台,以 P2P 网络电视软件(PPlive)和网站(www.pplive.com)为主要平台载体。点播的流程如图 8.5 所示。PPlive 启动后首先通过一个 TCP 连接到服务器地址 update.pplive.com,其次采用 HTTP 方式请求 GET/update/update.ini,如果存在新版本,就进行软件升级。接着 PPlive 通过一个 TCP 报文连接到 list.PPlive.com,分别发送 HTTP 请求,获取屏幕四周的 URL 连接,包括频道、节目、广告等。最后 PPlive 将以一个 xml(Extensible Markup Language)文件储存所有的频道节目,此文件中储存了节目名称、服务器 IP、节目质量、对等节点数量和修改日期等诸多关键信息。

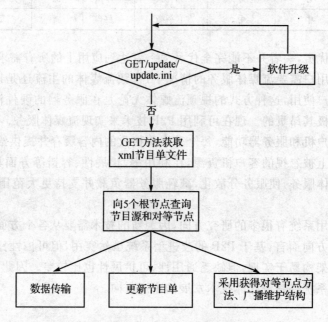

图 8.5　PPlive 点播流程

节目开始播放后,PPlive 采用 UDP 和 TCP 两种报文进行控制,以 UDP 报文为主。其所有 UDP 控制报文的前 6 个字节关键字为 0x E9 03 xx xx 98 AB。第 3、4 字节是控制位。PPlive 采用 TCP 和 UDP 两种方式进行对等节点的获得和维护,并采用 UDP 和 TCP 报文进行数据传送。客户端发送长度为 1 149 字节的 UDP 节目报文,另一端会返回带有特征的 UDP 报文进行确认。TCP 报文长度大于 1 500 字节。报文数据域的前 8 个字节为 0x E9 03 xx xx 98 AB 01 02,而 xx xx 为可变控制字节。

8.7.2 PPstream 协议

　　PPstream 是全球第一家集 P2P 直播点播于一身的网络电视软件。PPstream 协议主要通过传送 TCP 报文来实现，UDP 报文只用于初始根节点的查询。点播过程如图 8.6 所示。

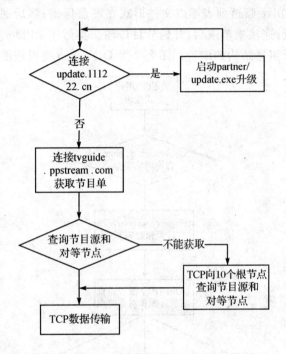

图 8.6　PPstream 点播流程

　　PPstream 启动后首先连接到 update.111222.cn，获取当前新版本号，如果存在新版本，将启动目录下 partner/update.exe 文件自动升级。接下来通过一个 TCP 连接到 tvguide.PPstream.com，然后通过 HTTP 协议获取频道列表，PPstream 频道列表不以文件形式在硬盘上保留。

　　PPstream 采用 TCP 和 UDP 两种报文进行控制，采用 UDP 报文向 10 个根节点查询节目源和对等节点，查询不成功时将采用 TCP 方式连接根节点。PPstream 保持 50 个以下的连接节点、100 个以上的备用连接。

　　PPstream 采用 TCP 报文进行节目传送，每次发送端先发送几个长度大于 1 400 字节的数据报文，接着发送一个长度为 975 字节的数据报文；接收端相应返回相同数量的确认报文，其中最后一个确认报文长度为 79 字节。前 4 个字节 0x 11 00 00 00 内容固定不变。

8.7.3 QQlive 协议

QQlive 需要通过 QQ 用户名和密码登录,升级版本由服务器检查。QQlive 的登录访问端口为 TCP443 端口,如果 TCP443 端口不通,则不能登录 QQlive。登录成功后,QQlive 首先向 qqlivehabit.qq.com 查询判断客户机所属网络类型,通过 HTTP 连接到固定服务器地址;接着获取频道列表,QQlive 频道列表不以文件形式在硬盘保留;然后通过查询 tvloginxy.qq.com 获得给出的根节点,连接根节点后,开始节目传输。类似于 PPlive,QQlive 定时发送长度为 164 字节的报文进行组播结构的维护。图 8.7 为 QQlive 点播流程图。

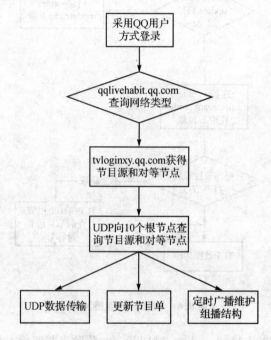

图 8.7 QQlive 点播流程图

QQlive 控制报文分为 4 种 UDP 报文,其首字节为 0x FE xx 00 00、0x FE xx 01 01、0x FE xx 02 02、0x FE xx 03 03。QQlive 采用 UDP 报文进行节目传送,发送端发送长度为 1 114 字节的数据报文,接收端返回长度为 81 字节的确认报文。常用端口号为 13 000 左右,端口号不确定。其数据报文前 4 个字节 0x FE xx 04 04 内容固定不变,并且 data[1]==data[4]。

8.7.4 P2P 流媒体协议框架

分析 8.7.1 小节~8.7.3 小节内容可知,3 种软件在对等节点获得、控制报文和数据报文传输上都表现出了各自的特征,UDP 和 TCP 两种方式都有采用。表 8.6 是对 3 种软件的总体特征的比较。

第8章 网络流媒体

表8.6　3种P2P流媒体软件特征表

类　别	PPlive	PPstream	QQlive
节点获得报文特征	UDP明文对等节点地址 IP地址＋UDP端口＋TCP端口	非明文地址	非明文地址
数据报文特征值	UDP报文 0x E9 03 xx xx 98 AB 01 02 TCP包无明显特征值	TCP报文,无明显特征值	UDP报文 0x FE xx 04 04
常用端口特征	随机端口,不确定	随机端口,不确定	UDP端口13000左右
控制报文特征值	UDP报文 0x E9 03 xx xx 98 AB TCP报文 0x E9 03	返回TCP报文同步数据包 0x 11 00 00 00	UDP报文 0x FE xx 00 00 0x FE xx 01 01 0x FE xx 02 02 0x FE xx 03 03
选择监控特征值	0x E9 03	0x 11 00 00 00	0x FE xx 04 04

　　P2P流媒体在整个通信的过程中采用了3种基本协议TCP/UDP/HTTP,协议框架主要由升级信息、频道获取、节点获取、信令交互和数据传输5个部分组成。

　　① 升级信息:P2P流媒体客户端首先通过DNS(Domain Name System)查询固定的服务器地址,然后以HTTP报文形式向服务器请求最新版本信息,最后激活自身的升级程序。这一部分属于不加密的明文过程,特征固定明显。

　　② 频道获取:P2P流媒体客户端以HTTP报文形式获取整个节目频道、广告、信息等其他的Web页面,此过程会伴随大量的HTTP报文交互。这一部分也属于不加密明文过程,但由于和其他Web浏览行为非常类似,除服务器地址相对固定外,很难进行行为的区分,特征不明显。

　　③ 节点获取:这部分是P2P流媒体软件获取整个P2P拓扑结构部分,在P2P流媒体组播中起了重要作用,过程复杂。一般的传输方式考虑到性能和效率的因素以UDP方式为主,也会有TCP方式。在报文结构中也分为明文结构和非明文结构。对于明文地址的报文可以采用回溯法来确定报文类型,即先寻找到数据传输的对等节点的IP地址,再抛去根节点,然后从节点的IP地址查找所有报文内容,可进一步判断是否属于此类报文。这类报文数量较多,在流数据传输过程中也要继续维持,贯穿始终,但特征不固定。

　　④ 信令交互:这部分是P2P流媒体的信令交互控制部分,控制报文包括了对等节点的握手过程、数据传输的同步控制和视频音频的协商等报文,这类报文数量庞大。不同的P2P流媒体客户端采取不同的控制行为,但通常会保持大量对等节点的连接。采用UDP报文控制在数据域中有明确标记,结构清楚,特征明显。采用TCP报文控制,则特征一般不明显。为防

止抖动异步等情况,P2P流媒体的传输特别需要同步机制和报文确认,因此每隔一定时间会有确认和协商报文的出现,这类报文是P2P流媒体传输的主要构成报文,是监测的重点。

⑤ 数据传输:P2P流媒体的超级节点会保持10~20个活跃节点,进行主要的媒体数据传输。数据的传输以块进行,一个块包含3~5个报文,TCP和UDP形式都有可能。与控制报文相似,TCP形式的数据传输完全没有特征,而UDP形式通常特征明显。这类报文是监控的另一大重点。表8.7为3种P2P流媒体软件协议框架。

表 8.7 3 种 P2P 流媒体软件协议框架

类　别	PPlive	PPstream	QQlive
升级信息	HTTP 请求 GET/update/update.ini	检查启动 partner/update.exe	443 端口验证 QQ 登录,通过服务器检查升级
频道获取	向服务器查询获取节目单,以文件形式保存	向服务器查询获取节目单,不以文件形式保存	向服务器查询获取节目单,不以文件形式保存
节点获取	UDP 明文对等节点地址:IP 地址+UPD 端口+TCP 端口	非明文地址	非明文地址
数据报文特征值	UDP 报文有固定特征值,TCP 包无明显特征值	TCP 报文无明显特征值	UDP 报文有固定特征值
控制报文特征值	UDP 报文有固定特征值	TCP 报文同步数据包有固定特征值	UDP 报文有固定特征值

8.8　流媒体的应用

流媒体应用可以根据传输模式、实时性、交互性粗略地分为多种类型。传输模式主要是指流媒体传输是点到点还是点到多点的方式。点到点的模式一般用单播传输来实现。点到多点的模式一般采用组播传输来实现;在网络不支持组播的时候,也可以用多个单播传输来实现。实时性是指视频内容源是否实时产生、采集和播放,实时内容主要包括实况内容,视频会议节目内容等;而非实时内容指预先制作并存储好的媒体内容。交互性是指应用是否需要交互,即流媒体的传输是单向的还是双向的。当前流媒体的应用主要涉及以下几个方面:远程教育、宽带网视频点播、互联网直播和视频会议。

1. 远程教育

在远程教学过程中,最基本的要求是将信息从教师端传递到远程的学生端,需要传递的信息可能是多元化的,其中包括各种类型的数据,如视频、音频、文本和图片等。将这些资料从一端传递到另一端是远程教学需要解决的问题,而如何将这些信息资料有效地组合起来以达到更好的教学效果,更是我们应该思考的重要方面。

就目前来讲,能够在互联网上进行多媒体交互教学的技术多为流媒体,像 Real System、Flash、Shock Wave 等技术就经常应用到网络教学中。远程教育是对传统教育模式的一次革命。它能够集教学和管理于一体,突破了传统"面授"的局限,为学习者在空间和时间上都提供了便利。图 8.8 为远程教育示意图。

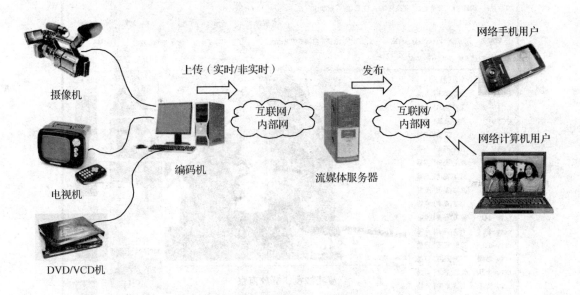

图 8.8　远程教育示意图

使用流媒体中的视频点播(VOD)技术,还可以达到因材施教、交互式的教学目的。学生可以通过网络共享自己的学习经验和成果。大型企业可以利用基于流技术的远程教育系统对员工进行培训。随着网络及流媒体技术的发展,越来越多的远程教育网站开始采用流媒体作为主要的网络教学方式。

2. 宽带网视频点播

流媒体具有的优点使它得到了广泛的应用,它的应用也使得其优点更加突出。在流媒体技术出现之前,视频点播(VOD)要求服务器不仅有大量的存储系统,同时还要负荷大量的数据传输,导致服务器无法支持大规模的点播。同时由于局域网中的视频点播覆盖范围小,所以用户也无法通过互联网等网络媒介收听或观看局域网内的节目。流媒体技术的出现,使视频点播可以舍弃局域网而使用互联网。因为流媒体经过了特殊的压缩编码,使它很适合在互联网上传输。客户端采用浏览器方式进行点播,基本无须维护。通过集群技术,可支持大规模的并发点播请求。

就当前而言,很多大型的新闻娱乐媒体都在互联网上提供基于流技术的音视频节目,如国外的 CNN、CBS 以及我国的 CCTV、BTV 等,有人将这种互联网上的节目播放称为 webcast。图 8.9 为 CCTV 网站的视频点播栏目。

图 8.9 CCTV 网站的视频点播栏目

3. 互联网直播

从互联网上直接收看体育赛事、重大庆典和商贸展览成为很多网民的愿望,很多厂商则希望借助网上直播的形式,将自己的产品和活动进行广泛的宣传。这都促成了互联网直播的形成。网络带宽问题一直困扰着互联网直播的发展,随着流媒体技术的出现和不断改进,目前互联网直播已经能够提供较满意的音、视频效果了。流媒体实现了在低带宽的环境下提供高质量影音的功能,流媒体的多址广播技术可以大大减少服务器端的负荷,同时最大限度地节省了带宽。无论从技术上还是从市场上考虑,互联网直播都是流媒体众多应用中最成熟的一个。已经有很多公司提供网上直播服务,很多体育比赛项目也提供网上现场直播。图 8.10 为 CCTV 网站的高清直播栏目。

图 8.10　CCTV 网站的高清直播栏目

4. 视频会议

视频会议是流媒体的一个商业用途，通过流媒体还可以进行点对点的通信，最常见的例子就是可视电话。只要有一台已经接入互联网的计算机和一个摄像头，就可以与世界上任何地点的人进行音视频的通信。此外，大型企业可以利用基于流技术的视频会议系统来组织跨地区的会议和讨论，从而节省大量的开支。一个实际的例子是美国第二大证券交易商从 1998 年开始，采用 Starlight Network 公司提供的流技术方案，为其分布在全球 500 多个城市和地区的分公司经纪人和投资咨询员实时地提供财经新闻到桌面，使他们的客户获取更多的投资利润。

8.9　小　结

网络流媒体技术是网络技术与流式传输方式共同结合的产物，因其独特的优势越来越受到人们的欢迎。本章先介绍了网络流媒体技术的概念，然后讲述了流式传输的基本原理和实现方式，并详细介绍了几种流式传输协议。8.6 节介绍了流媒体的两种服务方式——C/S 和 P2P，并对比了各自的优缺点。8.7 节讨论了当前使用最多的 P2P 流媒体网络电视的 3 种协议——PPlive、PPstream 和 QQlive。8.8 节介绍了流媒体的应用。相信 3G 时代的到来会使流媒体技术得到更加飞速的发展。

习题八

1. 流式传输的两种方法是什么？有什么不同？
2. 分析 RTP/RTCP 协议，了解在缺省情况下 MPEG 视频流所对应的格式文件和轮廓文件的有关规定。根据 RTP 报文头中的哪一部分信息可以确定该报文是否包含帧的起始点？是否包含 I 帧的起始点？你还可以从报文头中了解到哪些有关视频码流的信息？
3. 设视频和音频经 MPEG 压缩后速率分别为 2.5 Mbit/s 和 256 kbit/s，将它们转换成 TS 流，视频和音频流分别增加 7% 和 20% 的包头开销。若它们经 RTP/UDP/IP 传输，试计算最终所需要的最小信道带宽。
4. 考虑 RSVP 中的预留合并。假设到达某一单个发送端和 2^n 个接收端时经过的路径为一条深度为 n 的二进制树，且每个节点有一个路由器，那么接收端产生的预留请求消息总数是多少？
5. 讨论 RSVP 是否提供了一种可扩展的方法来与一个由给定电视节目的广播构成的会话建立连接。
6. 一个平均码率为 10^{-4} 的信道中，假设数据包只要出现错误就被丢弃，如果使丢包率不大于 10^{-1}，求最大包长为多少？
7. 什么是智能流技术？为什么要使用智能流技术？
8. P2P 模式与传统的 C/S 模式相比有什么优势？
9. 针对目前 P2P 流媒体网络电视的 3 种主流协议的特点，你认为制约网络电视提供高质量视音频的主要因素是什么？如何解决这些问题？
10. 通过对 P2P 的学习，想一想 P4P 是个怎样的概念（可以参阅其他资料或上网）。
11. 除了本章 8.8 节所列的流媒体的应用方式外，还有其他的应用方式吗？请举例说明。

参考文献

[1] 吴国勇.网络视频——流媒体技术与应用.北京:北京邮电大学出版社,2001.
[2] 廖勇.流媒体技术入门与提高.北京:国防工业出版社,2006.
[3] 胡泽,赵新梅.流媒体技术与应用.北京:中国广播电视出版社,2006.
[4] 何小海,腾奇志,等.图像通信.西安:西安电子科技大学出版社,2005.
[5] 秦延东.流媒体网络的研究和设计.峨眉山:西南交通大学,2008.
[6] 周磊.流媒体点播和转播在 P2P 和 C/S 模式下关键技术的设计与实现.成都:电子科技大学,2008.
[7] 张新斌.流媒体技术在网络教学中的应用.济南:山东大学,2008.
[8] 周丽娟.P2P 流媒体识别方法的研究.武汉:华中科技大学,2008.
[9] 霍龙社.互联网流媒体传输关键技术研究.北京:中国科学院计算机技术研究所,2006.
[10] 高奎.实时流媒体系统若干关键技术的研究.北京:中国科学院研究生院,2005.

[11] 罗治国. 流媒体内容分发网络的研究. 北京:中国科学院计算技术研究所,2004.

[12] 龚海刚,刘明,毛莺池. P2P流媒体关键技术的研究进展. 计算机研究与发展,2005,42(12):2033-2040.

[13] 王一. P2P流媒体监控平台的设计与实现. 上海:上海交通大学,2008.

[14] Sun Y S,Tsou F M,Chen M C,et al. A TCP-friendly congestion control scheme for real-time packet video using prediction. IEEE Global Telecommunications Conference,1999,v3:1818-1822.

[15] Karagiannis T,Broido A,Faloutsos M. Transport Layer Identification of P2P Traffic. Proc. of ACM SIGCOMM IMC,2004:121-134.

[16] Stoica I,Morris R,Karger D,et al. Chord:A scalable peer-to-peer lookup service for internet. Computer Communication Review,2001,v31(4):149-160.

第 9 章　数字电视

在新方法没有成功之前,别人总会说那是异想天开。

——马克·吐温

当今时代被誉为信息时代,科技飞速发展;与此同时,广播电视领域也在发生一场深刻的变革,电视的数字化和网络化集中体现了这场革命的深刻内涵。科学技术的巨大进步、用户对高品质视听生活的不断追求推动着模拟电视的数字化进程,模拟电视向数字电视转变已是大势所趋。数字电视代表着现代电视技术的发展方向,正日益成为现代电视系统的主流。

9.1　数字电视概述

数字电视严格来说就是从信源开始,将图像画面的每一个像素、伴音的每一个音节数字化,经过高效的信源编码和前向纠错、交织与调制等,以非常高的比特率发射、传输和接收的系统工程。

数字电视采用数字摄像机、数字录像机等数字设备完成节目的制作、编辑和存储,电视台发射传输和电视接收机接收到的信号均为数字信号,电视接收机内部则采用数字信号处理技术来实现多种新功能。其真正意义在于,数字电视广播系统将成为一个数字信号传输平台,不仅使整个广播电视节目制作和传输质量得到显著改善,信道利用率大大提高,还提供其他增值业务,如数据广播、电视购物、电子商务、软件下载和视频点播等,使传统的广播电视媒体从形态、内容到服务方式发生革命性的改变,为"三网融合"提供技术上的可能性。

数字电视具有以下特点和先进性:

① 信号稳定可靠,抗干扰能力强,收视质量高,非常适合远距离传输。易于实现信号的存储,且存储时间与信号的特性无关。

② 采用数据压缩技术,传输信道带宽远小于模拟电视,降低信号发射、传输成本。

③ 具有开放性和兼容性,可实现时分多路复用。

④ 可以合理利用各种类型的频谱资源。就地面广播而言,数字电视可以启用模拟电视的禁用频道,而且能采用单频率网络技术。

⑤ 易实现加密/解密和加扰/解扰,便于专业应用(包括军用)及数据广播业务的应用。

⑥ 改变了收看电视节目的形式,由被动收看到主动地准交互(本地交互)、交互地收看。

一个完整的数字电视系统主要由信源编解码、节目流与传输流多路复用/解复用、信道传输(包括有线传输、卫星传输和地面传输)、信道编解码、信号调制解调等设备组成,如图 9.1

所示。

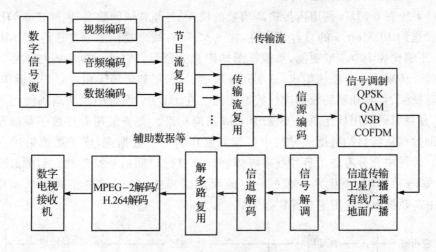

图 9.1 数字电视系统结构

其中信源编码包括视频编码、音频编码和数据编码。复用和传送是指将数字化的数据流分割成许多可识别的信息包,并将视频、音频和辅助数据流包复用成单一的数据流再传送。在接收端可采用数字电视接收显示一体机(集数字机顶盒与电视接收机的功能于一体),它应具备解调、解码、显示等重要功能,能将经 MPEG-2 或 H.264 压缩编码后的码流解码还原为数字视频、音频信号,并利用显示设备进行电光转换,从而重现数字演播室传送来的图像与伴音节目;也可采用数字电视接收机+数字机顶盒(STB)的方式来实现节目接收,其中数字机顶盒应具有解调、解码等功能,最后由接收机还原出原始图像与伴音节目。

9.2 数字电视传输标准

目前,国际上数字电视广播传输标准主要有:美国的高级电视业务顾问委员会 ATSC(Advanced Television Systems Committee);欧洲的数字视频广播 DVB(Digital Video Broadcasting),包括 DVB-T、DVB-C、DVB-S 和 DVB-H;日本的综合业务数字广播 ISDB-T(Integrated Services Digital Broadcasting-Terrestrial)和中国的地面数字电视多媒体广播 DTMB(Digital Terrestrial Television Multimedia Broadcasting)。其中 ATSC、DVB-T、ISDB-T 和 DTMB 主要适用于地面广播传输;DVB-C 适用于有线广播;DVB-S 适用于卫星广播;DVB-H 建立在 DVB-T 的标准上,适用于移动终端在微功耗条件下接收数字电视广播。

9.2.1 ATSC 标准

ATSC 标准最初的设计目标是用于室外固定接收的地面广播和有线分配系统,不支持便携和移动接收,室内接收效果也不好。

  ATSC 系统在 6 MHz 信道内传输高质量的视频、音频和辅助数据,能够在 6 MHz 地面广播频道中发送约 19 Mbit/s 的总容量信息,在 6 MHz 有线电视信道中发送约 38 Mbit/s 的总容量信息,压缩比为 50∶1 或更高,系统框图如图 9.2 所示。它由信源编码与压缩、业务复用与传送、射频/传输 3 个子系统组成,分别同压缩层、传送层和传输层相对应。信源编码和压缩分别用于对视频、音频和辅助数据进行数据压缩。在 HDTV 系统中视频编码使用 MPEG-2 视频码流,音频编码采用杜比 AC-3 数字音频压缩标准。业务复用和传送子系统是将视频、音频和辅助数据从各自的数据流分组中打包并复用为单一数据流,该子系统采用 MPEG-2 传送码流。传送中充分考虑了各种数字媒体和计算机接口间的互操作性。射频/传输子系统完成信道编码和调制,提供两种模式——地面广播模式(8-VSB)和高数据率模式(16-VSB),其中高数据率模式用于有线广播方式。

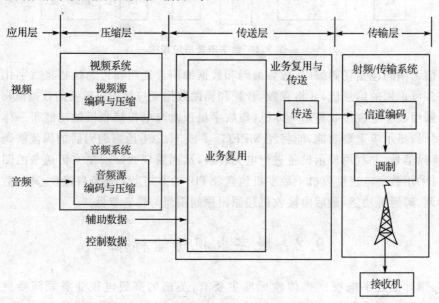

图 9.2 ATSC 地面数字电视广播系统

  本小节介绍地面广播 8-VSB 模式在 6 MHz 带宽内的工作原理,其信道编码与调制系统如图 9.3 所示。

1. 数据随机化

  数据随机化也就是数据加扰。它使用一个伪随机二进制序列(PRBS)与输入码流相异或,对输入的码流进行随机化处理。伪随机序列发生器由 8 抽头 16 bit 移位寄存器组成,如图 9.4 所示,其生成多项式 $G(x)=x^{16}+x^{13}+x^{12}+x^{11}+x^7+x^6+x^3+x+1$。

  随机化时有两个规定,一个是确定伪随机序列发生器的初始化值,另一个是确定每当何时

第 9 章 数字电视

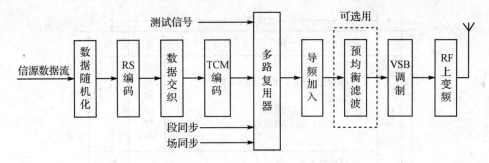

图 9.3 ATSC 信道编码与调制框图

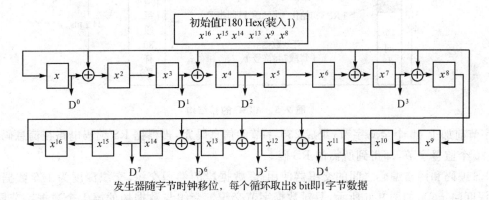

发生器随字节时钟移位,每个循环取出 8 bit 即 1 字节数据

图 9.4 伪随机序列发生器

初始化一次。标准中规定,初始化时 x^{16}、x^{15}、x^{14}、x^{13}、x^9 和 x^8 各寄存器置"1",其余置"0",也即初始化值为 F180Hex。接着发生器按照字节时钟周期进行移位,每次移位取出 8 bit,该 8 bit 随机序列组成 1 字节和输入的 TS 信息字节进行异或操作。如图 9.5 所示的 ATSC 帧结构图,在一帧两场的每场内第二数据段起始处的段同步期内实施初始化。

在帧结构安排中,将 188 字节中的每一字节分成 4 个 2 bit 的符号,共有 752 个符号。其第一个同步字节(4 个符号)不扰码,进行扰码的是随后的 748 个符号。另外,在随机化后的 RS 编码中对每 187 字节(同步字节除外)附加上 20 个误码纠错(前向误码校正,FEC)字节,形成(207,187,$t=10$)的 RS 码,并将组成的 852 个符号称为一个数据段,由 313 段组成一场,两场组成一帧,每场的第 1 段为专用的段同步数据。

接收端的信道解码器,有着与信道编码器内相同的 PRBS 发生器,并同样地在对应时间上按规定的初始化值实现初始化,然后与相应的解码字节进行异或运算完成去扰。

2. RS 编码和数据交织

ATSC 采用 RS(207,187,$t=10$)编码,监督码元数为 $2t=20$ 字节,其纠错能力为一段码长 207 字节内的 10 字节,它是 RS(255,235)的截短码。实施截短的 RS(207,187)编码时,在

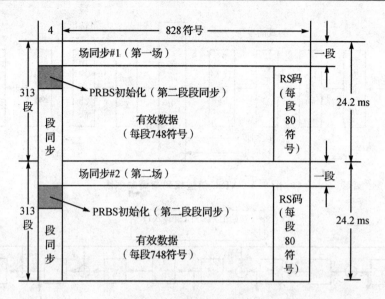

图 9.5 ATSC 的帧结构

187 字节前加上 48 个全 0 字节,组成 235 字节的信息码元,再根据 RS 编码电路在信息码元后生成 20 个监督字节,即得到所需的 RS 码。

RS 编码和网格编码之间的交织器使用 52 数据段的卷积交织,交织深度为 1/6 数据场的交织深度(4 ms),如图 9.6 所示,只对数据字节交织。交织与数据场的第 1 个数据字节同步,每个数据段 RS 编码后的 207 字节数据参与交织。

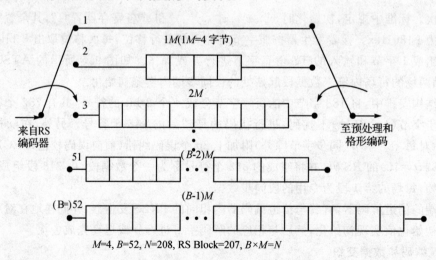

图 9.6 ATSC 卷积交织器

3. TCM 编码和交织器

ATSC 系统中的内编码是将卷积编码与调制技术结合在一起的网格编码调制（TCM）。TCM 编码器由预编码器、网格编码器和 8 电平符号映射器 3 部分组成，如图 9.7 所示。

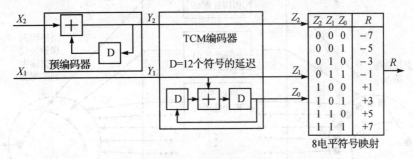

图 9.7　ATSC 网格编码器工作原理

输入 X_2 和 X_1 是数据交织器串行数据流输出，经串/并转换后的两路并行数据流，每对 X_2、X_1 代表一个符号，有 4 种状态。由梳状滤波器构成的预编码器的作用是减弱与 NTSC 信号之间的同频干扰，Y_2 直接通过网格编码器后标记为 Z_2，Y_1 经过编码效率为 1/2 的卷积编码后输出 $Z_1 Z_0$ 比特对，形成 4 个电平状态的符号集合（00,01,10,11），电平正负由 Z_2 值确定，映射关系如图 9.7 中符号映射关系表格所示。

由此可见，原来 X_2、X_1 的电平状态经 TCM 编码后变成了 $Z_2 Z_1 Z_0$ 的 8 电平状态，对载波采用平衡调幅方式时，如果是 X_2、X_1 原来的 4 电平，已调制载波可有 ± 1、± 3、± 5 和 ± 7 共 8 种不同的振荡波。因此，TCM 编码后只是使一定幅度调制载波幅度分级数目加倍，极差减半，并不影响已调载波的信息速率和所需的信道带宽。虽然极差缩小后，已调波幅度易受杂波干扰而造成接收端解码误差的可能性加大，但在接收端的 TCM 解码中，依靠 TCM 编码具有加强纠错能力的特性，总效果是使解码差错降低。

网格编码器有助于抗随机干扰，但抵抗脉冲干扰和突发误码的性能并不好。为了改善这方面的性能，ATSC 系统采用 12 个同样的网格编码器并行工作，组成网格编码交织器，如图 9.8 所示。它采用段内符号交织，每段由 828 个符号组成，其中的（0,12,24,36,…）符号作为第 1 组,（1,13,25,37,…）符号作为第 2 组,（2,14,26,38,…）符号作为第 3 组，以此类推，共 12 组符号分别网格编码，与图中延时单元都是 12 个符号相对应，每个网格编码使用的数据正好错开。

4. 段同步和场同步的加入

图 9.3 表明，网格编码之后是多路复用框图，在这里加入段同步和场同步（参见图 9.5）。每一数据段前加入段同步后的数据段如图 9.9 所示。由图可见，"数据＋FEC"期间是有 8 种可能电平（± 1、± 3、± 5 和 ± 7）的 828 个符号，而段同步为具有二电平值为 $+5$、-5、-5 和 $+5$ 的 4 个符号，在每个段周期（77.3 μm）内发生一次。若以"1"表示"$+5$"，"0"表示"-5"，则段

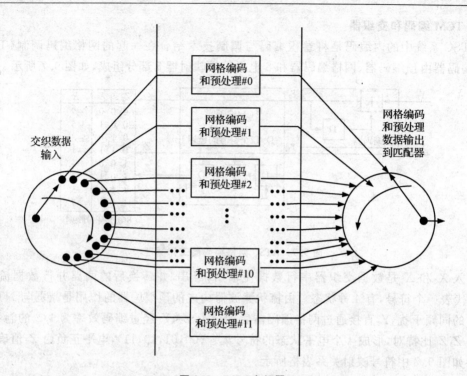

图 9.8 TCM 交织器

同步的模式可标志为 1001。不同于数据,段同步的 4 个符号没有经过 RS 编码和 TCM 编码,也没有交织。另需指出,图 9.9 中的电平值是未加入导频(导频电平=1.25)的值,在后级加入导频后,所有数值将升高 1.25。

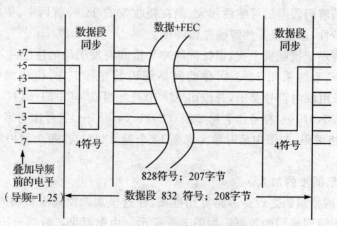

图 9.9 段同步加入数据段

第 9 章 数字电视

在每帧的两场前各加入一个场同步段(包含 828 个符号),符号安排如图 9.10 所示。分成 7 个部分。场同步的前面 4 部分由一个 511 符号(PN511)和 3 个 63 符号(PN63)的二电平 (±5)伪随机序列组成;第 5 部分为 24 符号的 VSB 调制模式标志;第 6 部分为 92 个保留符号;第 7 部分的 12 符号在 TCM 编码采用预编码滤波器场合下,是重复上一场第 313 数据段内最后 12 个净荷数据,供接收端梳状滤波器使用,以正确进行 TCM 解码。目前,一般是采用预编码滤波器的。

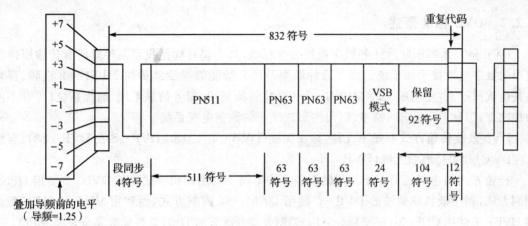

图 9.10 场同步数据的加入

5. 导频的加入

ATSC 中高频调制采用 8VSB 即 8 电平残留边带调幅方式,它不同于 NTSC 中高频调制的 VSB 残留边带调幅方式。后者的 6 MHz 载波已调波带宽内载波本身是不抑制的,载频位置距频道下端 1.25 MHz;而 ATSC 的 8VSB 中载波本身是抑制的,载频位置距频道下端 0.31 MHz,如图 9.11 所示。频带的上、下端下降边沿各占 0.31 MHz,有效带宽仅 5.38 MHz,对应的符号率为 10.76 M 符号/秒。图 9.11 中 R 为滚降系数。

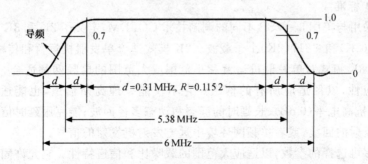

图 9.11 8VSB 已调波的频带图

接收端若收不到载波信息将无法进行解调;发送端对此的做法是在多路复用器后的导频加入级加入一个小幅度同相位(即正值)的导频信息,实际是在复用数据中加上 1.25 的小值直流电平(参见图 9.9、图 9.10)。数据对载波进行调制时,该直流电平使已调波内出现一个小值、高稳定和高精确的载波信号,称为导频信号。其功率比数字数据平均功率低 11.3 dB。

接收机中,由 FPLL(频率和相位锁定环路)实现载波恢复。工作时利用导频载波作为锁相环路内鉴相电路的基准信号,可提供出 ±100 kHz 的牵引范围,锁相环路带宽窄于 2 kHz。

9.2.2 DVB 标准概述

DVB 是一系列国际承认的数字电视公开标准,其主要目标是找到某种对所有传输媒体都适用的数字电视技术和系统。因此设计原则是使系统能够灵活地传送 MPEG-2 视频、音频和其他数据信息,使用统一的 MPEG-2 传送比特流复用、服务信息系统、加扰系统(可有不同的加密方式)和 RS 前向纠错系统,最终形成统一的数字电视系统。

DVB 系统传输方式有如下几种:地面无线(DVB-T)、卫星(DVB-S 及 DVB-S2)、有线(DVB-C)和手持地面无线(DVB-H)。

传输方式的主要区别在于使用的调制方式不同。利用高频率载波的 DVB-S 使用 QPSK 调制方式,利用低频率载波的 DVB-C 使用 QAM-64 调制方式,而利用 VHF 及 UHF 载波的 DVB-T 使用 COFDM(正交频分复用)调制方式。所有的 DVB 系列标准完全兼容 MPEG-2 标准。除音频与视频传输外,DVB 还定义了带回传通道(DVB-RC)的数据通信标准(DVB-DA-TA)。它支持几种介质,包括 DECT、GSM、PSTN/ISDN 等;也支持一些协议,包括 DVB-IPI(Internet Protocol Independent)和 DVB-NPI(Network Protocol Independent)。同时,为了保证信道的安全性,DVB 使用了信道加密与描述技术。条件接收系统(DVB-CA)定义了通用加扰算法(DVB-CSA)和获取加扰内容的通用接口(DVB-CI)。DVB 系统提供商根据这些标准开发各自的条件接收系统。DVB 系统传送被称为 SI(DVB-SI)的描述信息,它们描述了不同的基础流如何组成节目,并提供了对电子节目指南的描述。

1. DVB-T 标准

DVB-T 采用与美国 8-VSB 不同的调制技术 COFDM,定义了 2K 和 8K 两种运营模式,分别使用 1 705(2K)和 6 817(8K)个子载波。2K 模式适合单发射机运营和传输距离有限的小范围单频网,而 8K 模式对单发射机运营和小范围或大范围的单频网都适合。系统设计本质上具有内在适应性,以便适应所有的信道。它不仅能处理高斯信道,也能适应 Rayleigh 和 Ricean 信道,抵抗高电平(0 dB)、长延时的静态和动态多径回波;能克服延时信号的干扰,包括地势或建筑物反射的回波,或者单频网环境中远方发射机发射的信号。

系统有许多可选择的参数,以适应大范围的载噪比和信道特性。它允许固定、便携或者移动接收,相应的有用比特码率要折中;允许不同级别的 QAM 调制和不同内码率,以实现比特率和保护强度的折中;也允许两个等级的信道编码和调制,包括均匀和多分辨率星座图。在这种情况下,系统方框图要包括图 9.12 虚线中的分离器。该分离器将进入的传输码流分隔成两个独立的 MPEG 传输流,分别对应高等级和低等级系统。这两个比特流被映射和调制模块映射成信号星座图,对应不同的输入数据。为保证这样的等级系统发射的信号能被简单的接收机接收,等级机制被限定在使用等级信道编码和调制,而不使用等级信源编码的条件下。节目可以看成是一个低比特率、高保护方式和高数据率、低保护方式的"同播"。每种情况下,接收机只需一个完成相反操作的装置:内码解交织、内码解码、外码解交织、外码解码和解复用。接收机中的一个附加需求是解调器/解映射能从发送端映射的数据中产生一个数据流。

DVB-T 发射系统为设备中的一个功能模块,它完成从 MPEG-2 传输复用输出到地面信道的基带 TV 信号的转换。如图 9.12 所示,DVB-T 发射系统主要包括信道编码、信道调制、导频及传输参数信令(TPS)插入 3 部分。

① 信道编码包括数据加扰、外编码、外交织、内编码和内交织。

② 信道调制包括星座映射和 OFDM 调制,其中星座映射支持 QPSK、16QAM、64QAM,映射方式还分为均匀和非均匀两种。一般采用快速傅里叶反变换(IFFT)实现 OFDM 调制,根据实现 OFDM 时用的 IFFT 点数可将 DVB-T 系统的工作模式分为 2K 模式和 8K 模式。

③ 导频及 TPS 插入。在 OFDM 符号中插入参考信号,包括连续导频、离散导频和 TPS。导频有助于接收机的载波同步和信道状态估计,TPS 给接收机提供系统模式和参数。

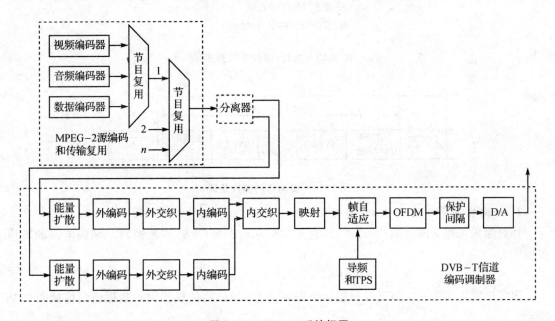

图 9.12　DVB-T 系统框图

(1) 信道编码

1) 传输复用自适应及能量扩散随机化

MPEG-2 传送复用器后，DVB 系统的输入码流是 188 字节的 TS 分组包，每 8 个 TS 分组包形成 1 个 TS 大分组包，再对输入码流进行随机化处理。加扰器工作原理如图 9.13 所示，使用伪随机序列实现，由 15 个移位寄存器构成，生成多项式为 $G(x)=1+x^{14}+x^{15}$，每隔一个 TS 大包初始化一次。为了检测 TS 大包的开始位置，将 TS 大包中的第 1 个 TS 包的同步字节取反为 0xB8，随机序列发生器从取反的同步字节开始作用，经过 $8\times188-1=1\,503$ 字节后，重新初始化，其余 7 个 TS 包的同步字节虽然参与计算，但输出仍为 0x47，具体实现时使用使能信号控制这些同步字节不被加扰。传输包的加扰处理如图 9.14 所示。

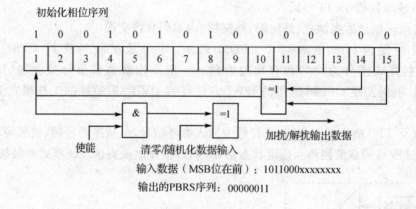

图 9.13　加扰/解扰器示意图

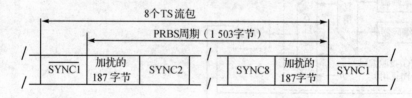

图 9.14　传输包的加扰处理

2) 外编码(RS 码)和外交织(时间交织)

外码编码采用 RS(204,188,$t=8$)，它是 RS(255,239,$t=8$) 的截短码。编码电路的本原多项式为

$$G(x) = x^8 + x^4 + x^3 + x^2 + 1$$

固定长度的 188 字节 MPEG 传输流数据帧经 RS 编码后的误码保护数据包结构如图 9.15 所示。

DVB 采用内码与外码相结合的级联编码方案，其外码为 RS 码，内码为卷积码。为了防

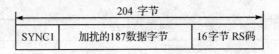

图 9.15 RS(204,188)误码保护包

止长串的突发错误,在两层纠错编码之间增加了数据交织,它通过改变信号传输顺序,使得连续误码分散到多组 RS 码中,因而落在每组 RS 码中的误码数量将大为减少,只要不超过 RS 码的纠错范围,就能将其纠正过来。

DVB 系统在 RS 编码之后设置了一个 $I=12$、$M=17$ 的卷积交织器(外交织),交织深度为 $I \times M = 204$。交织的数据字节应由纠错包构成,用取反或未取反的 MPEG-2 同步字节隔开(保持 204 字节的周期)。交织器由 $I=12$ 个分支构成,由输入开关循环地连接到输入字节流。每个分支 j 应为一个先入先出(FIFO)移位寄存器,其长度为 $j \times M$ 个单元。此处 $M=17=N/I$,$N=204$。FIFO 单元应包含一个字节,输入和输出开关应同步。为了同步,SYNC 字节和 $\overline{\text{SYNC}}$ 字节总要导入交织器的"0"分支(相当于无延时)。

解交织器在原理上与交织器相同,但分支标号相反(即 $j=0$ 对应于最大延时)。解交织器的同步可以通过将第 1 个识别出的同步(SYNC 或 $\overline{\text{SYNC}}$)字节导入"0"分支来获得。

3) 内编码(1/2 主卷积码删余码)

DVB 系统使用删余卷积码作为内编码,这些删余码基于一个 64 状态、1/2 码率的母码。这允许在非分级和分级传输模式下针对一个给定的服务或数据率选择最适当的差错保护等级。母码的生成多项式为 X 输出 $G_1=171$Oct(Oct 表示八进制计数),Y 输出 $G_2=133$Oct。内编码结构如图 9.16 所示。码的删余模式见表 9.1。

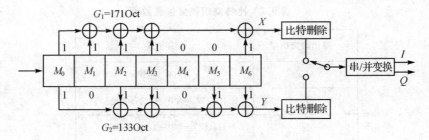

图 9.16 (2,1,7)收缩卷积码的产生

表 9.1 DVB 收缩卷积码

编码效率	1/2	2/3	3/4	5/6	7/8
收缩类型	X: 1 Y: 1	X: 10 Y: 11	X: 101 Y: 110	X: 10101 Y: 11010	X: 1000101 Y: 1111010

续表 9.1

编码效率	1/2	2/3	3/4	5/6	7/8
DVB-T 传输序列	X_1Y_1	$X_1Y_1Y_2X_3Y_3Y_4$	$X_1Y_1Y_2X_3$	$X_1Y_1Y_2X_3Y_4X_5$	$X_1Y_1Y_2Y_3Y_4X_5Y_6X_7$
DVB-S 传输序列	$I=X_1$ $Q=Y_1$	$I=X_1Y_2Y_3$ $Q=Y_1X_3Y_4$	$I=X_1Y_2$ $Q=Y_1X_3$	$I=X_1Y_2Y_4$ $Q=Y_1X_3X_5$	$I=X_1Y_2Y_4Y_6$ $Q=Y_1Y_3X_5X_7$

注:1 代表传输比特,0 代表不传输比特。

4) 内交织

内交织包含比特交织和随后的符号交织,它们都是基于块处理的。先进行比特交织。内编码删余后的比特流进入比特交织器,根据不同的星座分成 v 个子流送入移位寄存器组中 v 路比特交织器。此处,对于 QPSK 有 $v=2$,对于 16QAM 有 $v=4$,对于 64QAM 有 $v=6$。在非分级模式下,单输入流解复用成 v 个子流。在分级模式下,高优先级码流解复用成 2 个子流,低优先级码流解复用成 $v-2$ 个子流。这应用于均匀和非均匀的 QAM 模式下。

比特交织仅作用于有用数据。对每个交织器来说交织块的大小是一样的,但各自的交织序列不同。比特交织块的大小为 126 bit。因此,在 2K 模式下,对每一个 OFDM 符号的有用数据,这种块交织处理将重复整 12 次;在 8K 模式下是 48 次。

对每个比特交织器,输入比特向量定义为 $\boldsymbol{B}(e)=(b_{e,0},b_{e,1},\cdots,b_{e,125})$ $(e=1,2,\cdots,v-1)$,输出向量 $\boldsymbol{A}(e)=(a_{e,0},a_{e,1},\cdots,a_{e,125})$ 定义为 $a_{e,w}=b_{e,H_e(W)}$ $(W=0,1,2,\cdots,125)$。

此处 $H_e(W)$ 是置换函数,每个交织器各不相同,其定义如表 9.2 所列。

表 9.2 比特交织器置换函数

一路比特交织器	交织方案
I_0	$H_0(W)=W$
I_1	$H_1(W)=(W+63)\mod 126$
I_2	$H_2(W)=(W+105)\mod 126$
I_3	$H_3(W)=(W+42)\mod 126$
I_4	$H_4(W)=(W+21)\mod 126$
I_5	$H_5(W)=(W+84)\mod 126$

v 个比特交织器的输出组合构成 1 个 v 比特的数据符号,这样数据符号的每个比特恰好来自于 1 个交织器。因此,比特交织器的输出是一个 v 比特的码字 y',其最高有效位是 I_0 的

输出,即
$$y'_w = (a_{0,w}, a_{1,w}, \cdots, a_{v-1,w})$$

然后对码字进行符号交织(频率交织)。符号交织的目的是将 v 比特的码字映射到每个 OFDM 符号的 1 512(2K 模式)或 6 048(8K 模式)个有效载波上。符号交织器作用于大小为 1 512(2K 模式)或 6 048(8K 模式)个数据符号的块。

(2) 信道调制

1) 映射和星座图

C-OFDM 调制中,由每个 v 比特的符号对每个载波进行相应的调制,$v=2$ 时为 QPSK 调制,$v=4$ 时为 16QAM 调制。为形成相应的调制信号,使 v 比特映射成相应的调制信号星座图,如图 9.17 所示。

2) OFDM 调制

OFDM 符号由等间隔的正交载波组成,每个子载波单元的幅度和相位如以上部分所述的映射过程随符号而变化。如图 9.18 所示,对各个载波进行调制时,调制符号周期 T_s 的倒数即符号率等于载频间隔或是其整数倍分之一,就能保证各载频已调波之间的正交性。

为了抗多径干扰,每个 OFDM 调制信号必须加保护间隔,保护间隔长度一般大于传输多径信号的传播延时。填充保护间隔可采用不同的方法,第一种是零值填充(zero-pad-ding)的保护间隔,简称为 Z-OFDM;第二种则是被广泛应用的循环前缀填充(cyclic-pre-fix)的保护间隔,简称为 C-OFDM。

C-OFDM 适应于多径接收,因为每路载波的调制符号数据率大为降低后,符号周期显著增大,多径信号的延时时间(几十微秒之内)相对于符号周期只占很小的比例,接收端接收时反而可能是多径信号能量与主信号能量被相加起来应用,使有害的多径变为有利的所需信号。

如果 8 MHz 射频带宽内安置 2 000 个载波,则相应的频率间隔 Δf 约为 4 kHz。这时,最大多普勒频移 f_{Dm} 与 Δf 之比约为 $\varepsilon=2.75\%$。理论和实验证明,这样的相对频移不会破坏多载波系统载波间的正交性,接收端能正确解调高速移动中接收到的信号。已经证明,移动接收时要确保载波的正交性,$\varepsilon=f_{Dm}/\Delta f$ 的比值不能超出 6.25%。因此,如果采用 8K 模式而 Δf 约为 1 kHz,则 f_{Dm} 须小于 62.5 Hz,这时车速 V_{max} 限制为 135 km/h。或者,若容许 240 km/h,则电视频道应为 VHF 波段的第 12 频道。

由此可见,从适应于高速移动接收看,采用 2K 模式的 C-OFDM 优于 8K 模式;而从实施单频网 SFN(Single-Frequency-Network)来看,8K 模式优于 2K 模式。

由于多径信号可辅助直达信号加以应用,因此 C-OFDM 适合于在地面上组成单频网(同频网),在第一发射机天线覆盖区域的邻近边缘地带,由第二、第三……发射机用同一载波进行接力广播以扩大覆盖区;如此推广开去,可做到用同一频率在很大区域甚至整个国家内广播同一数字电视节目,如图 9.19 所示。

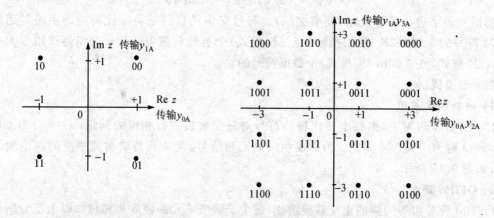

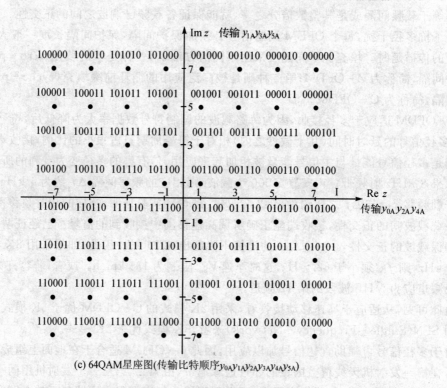

图 9.17 三种模式的映射和星座图

第9章 数字电视

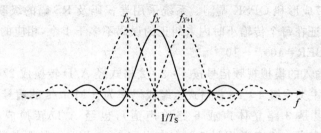

图 9.18 OFDM 已调波的频谱

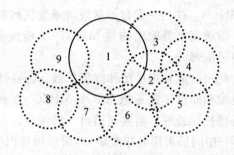

图 9.19 C-OFDM 调制组成单频网示意图

2. DVB-S 标准

DVB-S 标准提供了完整的适用于卫星传输的数字电视系统规范,选定 ISO/IEC MPEG-2 标准作为音频及视频的编码压缩方式,对信源编码进行了统一,随后把 MPEG-2 码流打包形成传输流(TS),进行多个传输流复用,然后进行信道编码和数字调制,最后通过卫星传输。可以用 MPEG-2/DVB-S 标准来传送电视图像、电视伴音、广播电台声音和数据业务。DVB-S 标准可使用多种卫星广播系统,转发器的频率为 26~72 MHz。

DVB-S 系统的原理框图如图 9.20 所示。

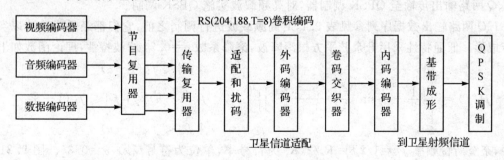

图 9.20 DVB-S 系统框图

DVB-S 系统对码流作了以下处理:传输复用的适配和能量扩散随机化、外码编码、卷积交织、内码编码、基带成形和 QPSK 调制。系统采用卷积码及 RS 码的级联,提供准确无误码的差错控制目标,保证在每个传输小时内未纠正的误码不多于 1 个,相应的在 MPEG-2 解复用输入处的误码率 BER=$10^{-10}\sim 10^{-11}$。

  视频编码器把输入的模拟视频信号按 4∶2∶2 格式经 A/D 转换成 270 Mbit/s 的数字信号,按 MPEG-2 中主类主级 4∶2∶0 格式压缩成码率为 5 Mbit/s 的信号。输入到音频编码器的模拟音频(可以是 3 路立体声或 6 路单声道),也经 A/D 转换成数字音频,压缩成 2.256 kbit/s 的数字信号。业务数据包括图文电视和 19.2 kbit/s 的服务数据,在数据编码器中编码。视频编码器、音频编码器和数据编码器输出的 3 路信号经节目复用器复用后,输出复用传送包,信息率是 6.11 Mbit/s。这是一套包括常规清晰度视频数据、6 路单声道音频、图文电视和服务信息的信息率。传送复用器输出的是 MPEG-2 传送复用包,经过信源编码和复用数据码流输出至卫星信道适配部分。

  卫星信道适配部分的功能可分成复用适配和能量扩散、前向纠错编码(FEC)、基带成形和 QPSK 调制几部分。复用适配和能量扩散是把每 8 个 MPEG-2 传送复用包合为一个超帧,将传送复用包中的数据进行随机化处理。前向纠错由 3 层组成。与 DVB-T 基本相同,外层采用 RS(204,188,t=8)编码;中间层采用卷积交织;内层采用卷积编码,先生成 1/2 码率的卷积码,再按不同的删除格式按需要删除成码率为 2/3、3/4、5/6、7/8 的收缩卷积码。前向纠错编码输出的是一连串的窄脉冲,基带成形电路对这种窄脉冲加工,使其适合在卫星信道中传输。这种加工采用快速傅里叶变换对窄脉冲进行平方根升余弦滚降滤波,滚降系数 $\alpha=0.350$。基带成形后的信号对 70 MHz 的中频信号 QPSK 调制,调制后的中频信号经上变频器变换成地面站的上行工作频率,再由高功率放大器放大后,经天线发向卫星。

  图 9.20 中,从最左边开始一直到内码编码器,DVB-S 系统与 DVB-T 系统基本相同,都是经过编码、复用、能量随机化、外码 RS(204,188,t=8)编码、卷积交织及内码卷积编码,只是后面的调制过程不同。对于 DVB-S 系统,是将图 9.16((2,1,7)收缩卷积码的产生)中产生的 I、Q 两路输出传输至 QPSK 调制器,对高频载波实施 QPSK 调制。

  I、Q 两路输出数据序列参见表 9.1,对高频载波进行调制之前,它们都经低通滤波以实现基带成形。低通特性采用升余弦平方根滚降波,滚降系数 $\alpha=0.35$ 滤波特性,理论函数如下:

$$H(f)=\begin{bmatrix} 1, & |f|<f_N(1-\alpha) \\ \left\{\frac{1}{2}+\frac{1}{2}\sin\frac{\pi}{f_N}\left[\frac{f_N-|f|}{\alpha}\right]\right\}^{1/2}, & f_N(1-\alpha)\leqslant|f|\leqslant f_N(1+\alpha) \\ 0, & |f|<f_N(1-\alpha) \end{bmatrix}$$

其中,奈奎斯特频率 $f_N=1/2T=R_s/2$(R_s 为符号率,单位为符号/秒),$\alpha=0.35$。图 9.21 是 QPSK 调制星座图,IQ=00 对应于 45°载波相位,IQ=10 对应于 135°,IQ=11 对应于 225°,IQ=01 对应于 315°。所以,使用的是格雷码 QPSK 调制,不是 DQPSK 调制。对于解调器中的 180°相位不确定性问题,通过鉴定字节交织帧中 MPEG-2 的同步字节予以识别和解决。

DVB－S 的特点在于卫星信道的带宽大(＞24 MHz),但转发器的辐射功率不高(十几瓦至一百多瓦),传输信道质量不够高(传输路径远,特别易受雨衰影响)。因此为保证接收可靠而采用了调制效率较低、抗干扰能力强的 QPSK 调制。根据具体的转发器功率、覆盖要求和信道质量,又可利用不同的内码编码率来适应特定的需求。例如,为确保良好的传输和接收,可选择 $\eta=1/2$ 或 $2/3$;若希望可用比特率高,则可选择 $\eta=3/4$ 或更大。总之,DVB－S 系统的参数选择在内码编码率上有大的灵活性,以适用于不同的卫星系统和业务要求。

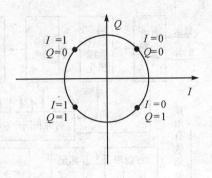

图 9.21　QPSK 调制星座图

3. DVB－C 标准

有线数字视频广播 DVB－C(Digital Video Broadcast－Cable)传输系统用于通过有线电视(ATV)系统传送多路数字电视节目,它可与卫星电视系统相适配。DVB－C 传输系统基于前向纠错码技术和 QAM 调制技术,可保证传输业务的可靠性。随着技术的进步,可进一步发展。DVB－C 系统设计的性能指标保证在传输信道的误码率为 10^{-4} 的情况下,将误码率降低到 10^{-11} 的水平,即达到准无失真的水平。DVB－C 传输系统具有如下几个主要特点:

① 可与多种节目源相适配。DVB－C 传输系统所传送的节目既可来源于从卫星系统接收的节目,也可来源于本地电视节目,以及其他外来节目。

② 既可用于 SDTV,又可用于 HDTV。因为 SDTV 和 HDTV 经压缩编码和复用后,都变成了二元比特流,只是比特率有所不用,对传输系统没有区别。

③ 凡符合 MPEG－2 编码和复用标准的数字电视业务都可进入 DVB－C 传输系统,因为传输系统的信道帧格式是与 MPEG－2 的 TS 包格式相匹配的。

④ 允许用户传送不同电视业务结构的节目,其中可包括多路不同的声音和数据业务,所有业务码流通过时分复用最终都在一路数字载波上传输。

基于 MPEG－2 标准的 DVB－C 以有线电视网作为传输介质,其核心技术是采用了 64QAM;有时也可以采用 16QAM、32QAM,或更高的 128QAM、256QAM。对于 QAM 调制,传输信息量越高,抗干扰能力越弱。一个 8 MHz 的 PAL 电视频道可供 8 套数字视频节目复用传输。这样用以往模拟广播用的一个频道可进行多个高品质电视节目的服务,同时与其他相关技术的结合,可以实现其他新业务,比如在 HFC 网中实现视频点播(VOD)业务。

DVB－C 系统涉及视音频数字化、MPEG－2 数据压缩编码,以及解压缩解码、多个 MPEG－2 数据流的复用和解复用、信道编解码、调制解调等技术,主要由数字前端、宽带传输网络、用户终端数字电视接收系统三大部分组成。由于宽带传输网的通用性,也可将 DVB－C 传输系统分为有线前端和综合解码接收机(IRD)两大部分。DVB－C 的传输原理如图 9.22 所示。

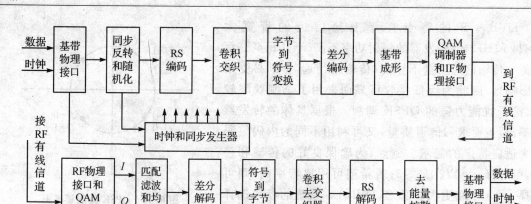

图 9.22　DVB-C 的传输原理图

各个模块的基本功能如下：

① 基带物理接口。该单元将数据结构与信号源格式匹配。帧结构应与包括同步字节的 MPEG-2 传送层一致。

② 同步反转和随机化。单元将依据 MPEG-2 帧结构转换同步字节，为了频谱成形，应对数据流随机化。

③ RS 编码器。对每一个已随机化的传送包，该单元使用截短的 RS 码编码，以产生一个误码保护包，这种编码也应在同步字节本身使用。

④ 卷积交织器。完成一个深度 $I=12$ 的误码保护包的卷积交织，同步字节的周期不变。

⑤ 字节到符号变换。该单元将交织器产生的字节变换成 QAM 符号。

⑥ 差分编码。为获得旋转不变的星座图，对每个符号的两个最高有效位(MSB)差分编码。

⑦ 基带成形。该单元将经过差分编码的 m bit 符号映射到 I 和 Q 信号，在 QAM 调制前，对 I 和 Q 信号进行余弦滚降平方根滤波。

⑧ QAM 调制器和 IF 物理接口。完成 QAM 调制，将已调信号连接到有线电视射频信道。

⑨ 综合解码接收机(IRD)。IRD 完成信号逆处理。

4．DVB-H 标准

手持式数字视频广播 DVB-H(Digital Video Broadcasting-Handheld)建立在 DVB 和 DVB-T 标准之上，是 DVB 组织为通过地面数字广播网络向便携/手持终端提供多媒体业务制定的传输标准。

(1) DVB-H 系统总体方案

DVB-H 系统必须具备较强的灵活性以适应不同带宽和信号传输的需要,还应具备良好的可扩展性以便升级;接收终端即手机采用电池供电,要求射频接收和信道解调、解码部分的功耗小于 100 mW;数据量庞大,必须具有较强的抗干扰能力以减少各种信号衰减的影响;接收端经常处于移动状态,传输系统必须保证在各种移动速率下数据信号的稳定接收。

网络层不在 DVB-H 标准范围内,标准只规定数据链路层和物理层。

数据链路层采用时间分片技术,用于降低手持终端的平均功耗,便于进行平稳、无缝的业务交换。采用多协议封装前向纠错技术,可以提高移动使用中的载噪比门限和多普勒性能,同时也能增强抗脉冲干扰的能力。

物理层在 DVB-T 的基础上进行补充,增加了 4K 模式和深度符号交织等内容,除原有 DVB-T 的技术特点外,在传输参数信令(TPS)比特中增加了 DVB-H 信令,用于提高业务发现速率。蜂窝标识在 TPS 中指示,用于支持移动接收时的快速信号扫描和频率变换。增加 4K 模式,可以折中移动接收特性和单频网蜂窝的规模,提高网络设计、规划的灵活性。2K 和 4K 模式进行深度符号交织,可以进一步提高在移动环境和脉冲噪声环境下系统的鲁棒性。

(2) 关键技术

为了克服 DVB-T 系统不适合移动终端接收数字视频广播的缺点,DVB-H 增加了新的技术模块,主要包括以下几种。

1) 时间分片

采用突发方式传送数据,每个突发时间片传送一个业务,在业务传送时间片内,该业务将单独占有全部数据带宽,并指出下一个相同业务时间片产生的时刻。手持终端能在指定的时刻接收选定的业务,在业务空闲时间作节能处理,从而降低总平均功耗。DVB-H 信号是由许多这样的时间片组成的。从接收机的角度,接收的业务数据不是传统恒定速率的连续方式,而是以离散方式间隔到达,称为突发传送。如果解码端要求数据速率较低但必须是恒定码率,则接收机可对接收的突发数据进行缓冲,然后生成速率不变的数据流。突发带宽为固定带宽的 10 倍左右。突发带宽为固定带宽的 2 倍时,功耗可省 50%,因此带宽为 10 倍时,功耗可省 90%。

2) 多协议封装-前向纠错

DVB-H 标准在数据链路层为 IP 数据包增加了 RS 纠错编码,作为 MPE 的前向纠错编码,校验信息将在指定的前向纠错段中传送,称为多协议封装-前向纠错(MPE-FEC)。

MPE-FEC 的目标是提高移动信道中的载噪比、多普勒性能以及抗脉冲干扰能力。

实验证明,即使在非常糟糕的接收环境中,适当使用 MPE-FEC 仍可准确无误地恢复出 IP 数据。MPE-FEC 的数据开销分配非常灵活,其他传输参数不变的情况下,若校验开销提高到 25%,则 MPE-FEC 能使手持终端达到和使用天线分集接收时相同的载噪比。DVB-H 采用基于 IP 的数据广播方式。

3) 4K 模式和深度符号交织

DVB-H 标准在 DVB-T 原有的 2K 和 8K 模式下增加了 4K 模式,通过协调移动接收性能和单频网规模进一步提高网络设计的灵活性;同时,为提高移动时 2K 和 4K 模式的抗脉冲干扰性能,DVB-H 标准特为两者引入了深度符号交织技术。在 DVB-T 系统中,2K 模式可比 8K 模式提供更好的移动接收性能,但是 2K 模式的符号周期和保护间隔非常短,使得 2K 模式仅适用于小型单频网。新增加的 4K 模式符号具有较长周期和保护间隔,能够建造中型单频网,更好地进行网络优化,提高频谱效率。虽然这种优化不如 8K 模式效率高,但是 4K 模式比 8K 模式的符号周期短,能够更频繁地进行信道估计,提供比 8K 更好的移动性能。

4) 传输参数信令

DVB-H 的传输参数信令(TPS)能为系统提供鲁棒性好、易访问的信令机制,使接收机更快地发现 DVB-H 业务信号。TPS 是具有良好鲁棒性的信号,即使在低载噪比的条件下,解调器仍能快速地将其锁定。DVB-H 用 2 个新的 TPS 比特来标识时间片,判断可选的 MPE-FEC 是否存在,用 DVB-T 中已存在的一些共享比特表示 4K 模式、符号交织深度和蜂窝标识。

9.2.3 ISDB-T 标准

日本的综合业务数字广播 ISDB-T(Integrated Services Digital Broadcasting-Terrestrial)标准与 DVB-T、ATSC 相比,移动接收灵活,且可以与地面数字声音播放系统兼容。

ISDB-T 传输信号由 13 个 OFDM 传输组成,可分层传输;规定了多种 OFDM 传输的数字调制方案,即 QPSK、DQPSK、16QAM、64QAM 和不同的内码编码率,如 1/2、2/3、3/4、5/6 或 7/8;保护间隔只能是 1/4、1/8、1/16 或 1/32 中的一种。各 OFDM 段可具有不同的参数,能满足综合业务接收机的需要,提供灵活多样的播放服务。在一个无线频道上对每个可多至三层的 OFDM 段组,用分段的方法单独规定包含一种调制和纠错的传输参数。在无线频道上 ISDB-T 具有以下特点:可高清播放,也可多频道标清播放,提供高级播放服务(如多媒体和交互式服务);在移动接收中能确保视、音频和数据的高质量传输;用分层方法在传输过程中组合固定和移动接收信号;具有很强的防止多路重影和传输衰落的能力;建立单频网,更有效地利用频率资源;与地面数字声音播放系统兼容。

OFDM 段具有频率域和时间域的帧结构,每段由 108 个载波和 204 个符号构成。载波调制方式分为两类:差分调制(DQPSK)和连续调制(QPSK、16QAM、64QAM)。每个 OFDM 段除了数据载波,还具有特别的符号与载波,如用于信道估计的离散导频,用于传送载波调制方案和内码编码率的传输与复用配置控制信号,用于频率同步的连续导频、辅助信道 1 与辅助信道 2 等。至于音频编码,ISDB-T 采用 MPEG-2(AAC)的压缩形式。

图 9.23 所示为 ISDB-T 的系统框图。ISDB-T 系统包括发送部分和接收部分,发送部分的输入是信源编码部分的输出,发送部分的输出是加给发射机输入端的中频调制信号,在发

射机内上变频成射频信号并经功放后去往馈线和天线。其中,TMCC为传输和复用配置控制信息。

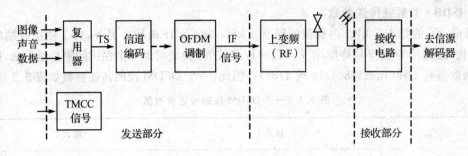

图 9.23　ISDB-T 的系统框图

1. ISDB-T 信号传送与接收特点

为了与地面电视广播的原频道规划(每频道 6 MHz)相适配,ISDB-T 中每个频道的传送带宽为 432 kHz×13+4 kHz=5.62 MHz 或 432 kHz×13+1 kHz=5.617 MHz。以 432 kHz 作为一段独立的 OFDM 频带。因此 6.62 MHz 内可包含 13 段 OFDM,每个 OFDM 段由数据段和导频信号组成,即 OFDM 段是在数据段中加入各种导频信号后于 432 kHz 带宽内传送的信息数据流。在 ISDB-T 中,根据 ISO/IEC 138181 标准实施传送信号的复用(与其他标准一致)。每个物理通道为一个基本传送流(TS 流),其中 13 个 OFDM 段可构成具有统一参数值的单一大块,也可分为具有不同参数值的几个块层,最多为 4 个。接收端接收时,可对 13 个 OFDM 段整体接收,也可部分接收,即只接收 13 个 OFDM 段里中央的一段 OFDM,如图 9.24 所示。

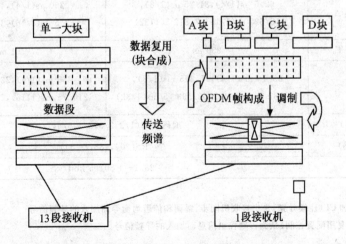

图 9.24　ISDB-T 的整体接收和部分接收框图

由图 9.24 可知，一个块层内包含的 OFDM 段的数目可多可少（<13），而部分接收时总是接收中央的一段，即接收一个物理通道（6 MHz）内基本 TS 流的一部分。

2. ISDB－T 系统传送参数

ISDB－T 的每 432 kHz 内载波间隔有 4 kHz 与 1 kHz 两种。另外，为了使接收端能够抗多径干扰，在每个有效符号持续期 T_u（T_u＝1/载波间隔）上增加一个保护间隔持续期 Δ，按规定 Δ/T_u 的取值有 4 种（1/4、1/8、1/16 或 1/32）。因此，一个 OFDM 段的传送参数如表 9.3 所列。

表 9.3 一个 OFDM 段的传送参数值

模式		模式 1		模式 2	
带宽/kHz		432		432	
载波间隔/kHz		4		1	
载波数目	总数	108	108	432	432
	数据数	96	96	384	384
	SP① 数	9	0	36	0
	CP① 数	2	7	8	28
	TMCC②	1	5	4	20
载波调制方式		16QAM 64QAM QPSK	DQPSK	16QAM 64QAM QPSK	DQPSK
符号数/帧		204			
保护间隔持续期 Δ		62.5 μs(1/4), 31.25 μs(1/8), 15.625 μs(1/16), 7.8125 μs(1/32)		250 μs(1/4), 125 μs(1/8), 62.5 μs(1/16), 31.25 μs(1/32)	
有效符号持续期 T_u		250 μs		1 ms	
帧持续期 T_F		63.75 ms(1/4), 57.375 ms(1/8), 54.1875 ms(1/16), 52.59375 ms(1/32)		255 ms(1/4), 229.5 ms(1/8), 216.75 ms(1/16), 210.375 ms(1/32)	
内编码（卷积码）		编码效率(1/2, 2/3, 3/4, 5/6, 7/8)			
外编码（RS 编码）		RS(204, 188, t＝8)			
码率		28.1～1801.5 kbit/s			

注：
① SP（离散导频）和 CP（连续导频）是供接收机同步、解调和信道均衡等而加入的导频信号；
② TMCC（传输和复用配置控制）是为传输控制信息而加入的导频信号。

整个 ISDB－T 物理通道 6 MHz 内的传送参数如表 9.4 所列。

第 9 章 数字电视

表 9.4 ISDB-T 传送参数值

ISDB-T 模式		模式 1	模式 2
OFDM 段数 N_s		13 段	
带宽		432 kHz$\times N_s$+4 kHz=5.62 MHz	432 kHz$\times N_s$+1 kHz=5.617 MHz
差动控制,部分段数		n_d	
同步调制,部分段数		$n_s(n_s+n_d=N_s)$	
载波间隔/kHz		4	1
载波数目	总数	$108\times N_s+1=1\,405$	$432\times N_s+1=5\,617$
	数据数	$96\times N_s=1\,248$	$384\times N_s=4\,992$
	SP	$9\times n_s$	$36\times n_s$
	CP①	$2\times n_s+7\times n_d+1$	$8\times n_s+28\times n_d+1$
	TMCC	$n_s+5\times n_d$	$4\times n_s+20\times n_d$
载波调制方式		QPSK,16QAM,64QAM,DQPSK	
符号数/帧		204	
有效符号持续期 T_u		250 μs	1 ms
保护间隔持续期 Δ		62.5 μs(1/4),31.25 μs(1/8),15.625 μs(1/16),7.8125(1/32)	250 μs(1/4),125 μs(1/8),62.5 μs(1/16),31.25 μs(1/32)
帧持续期 T_F		63.75 ms(1/4),57.375 ms(1/8),54.1875 ms(1/16),52.59375 ms(1/32)	255 ms(1/4),229.5 ms(1/8),216.75 ms(1/16),210.375 ms(1/32)
内编码(卷积码)		编码效率(1/2,2/3,3/4,5/6,7/8)	
外编码(RS 码)		RS(204,188,t=8)	

注:
① CP 数包括每个段内的 CP,再加上全带宽之后一个附加的 CP。
② 模式 1 和 2 的调制信号 (I,Q) 振幅分别为 $(-4/3,0)$ 和 $(+4/3,0)$。

表 9.4 中,差分调制段是指 DQPSK 调制的 OFDM 段,其余的调制方式均为同步调制段。

数字信号经信道编码后调制传输时,重要的参数之一是在给定的通道带宽内数据传输的总码率,其次是误码检纠错能力。显然,这两者间存在矛盾,设计者可根据不同的总码率和可靠性需求在各种调制方式、卷积编码率和保护间隔比等方面确定合适的参数值。

表 9.5 给出了 ISDB-T 中 1 段 OFDM 的码率(单位为 kbit/s),而括号内的数字是 13 段的总码率(单位为 Mbit/s)。

表 9.5 ISDB-T 的码率(1 段[①] 和 13 段[②])

载波调制方式	卷积码编码率	传送 TSP 数[③]（模式 1/2）	传送码率(k 比特/秒,M 比特/秒)			
			$\Delta/T_u=1/4$	$\Delta/T_u=1/8$	$\Delta/T_u=1/16$	$\Delta/T_u=1/32$
DQPSK QPSK	1/2	12/48(156/624)	283.1(3.680)	314.5(4.089)	333.0(4.329)	343.1(4.461)
	2/3	16/64(208/816)	377.4(4.907)	419.4(5.452)	444.0(5.773)	457.5(5.948)
	3/4	18/72(234/936)	424.6(5.520)	471.8(6.133)	499.5(6.494)	514.7(6.691)
	5/6	20/80(260/1 040)	471.8(6.133)	524.2(6.815)	555.1(7.216)	571.9(7.435)
	7/8	21/84(273/1 092)	495.4(6.440)	550.4(7.156)	582.8(7.577)	600.5(7.806)
16QAM	1/2	24/96(312/1 248)	566.2(7.360)	629.1(8.178)	666.1(8.659)	686.3(8.922)
	2/3	32/128(416/1 664)	754.9(9.814)	838.8(10.904)	888.1(11.546)	915.0(11.896)
	3/4	36/144(468/1 872)	849.3(11.041)	943.6(12.267)	999.1(12.989)	1 029.4(13.383)
	5/6	40/160(520/2 080)	943.6(12.267)	1 048.5(13.631)	1 110.2(14.132)	1 143.8(14.870)
	7/8	42/168(546/2 184)	990.8(12.881)	1 100.9(14.312)	1 165.7(15.154)	1 201.0(15.613)
64QAM	1/2	36/144(468/1 872)	849.3(11.041)	943.6(12.267)	999.1(12.989)	1 029.4(13.383)
	2/3	48/192(624/2 496)	1 132.4(14.721)	1 258.2(16.357)	1 332.2(17.319)	1 372.6(17.884)
	3/4	54/204(702/2 808)	1 273.9(16.561)	1 415.5(18.401)	1 498.7(19.484)	1 544.2(20.074)
	5/6	60/240(780/3 120)	1 415.5(18.401)	1 572.8(20.446)	1 665.3(21.649)	1 715.7(22.305)
	7/8	63/252(819/3 276)	1 486.3(19.321)	1 65104(21.468)	1 748.5(22.731)	1 801.5(23.420)

注：
① 1 段 OFDM 表示部分接收时对应的码率；
② 13 段 OFDM 表示整体的(最多分成 4 个块层)接收时对应的码率；
③ 传送 TSP 数表示每一帧内传送的 TSP(传送流包)数。

由表 9.5 可见,最大传送码率为 23.420 Mbit/s。作为对比,美国的 6 MHz、ATSC 制式中传送总码率为 21.52 Mbit/s。

3. ISDB-T 系统与 DVB-T 系统的比较

鉴于 ISDB-T 在 DVB-T 基础上发展而来,对两者作比较是有意义的,如表 9.6 所列。

表 9.6 ISDB-T 与 DVB-T 主要性能比较

类 别	ISDB-T	DVB-T
信源编码标准	MPEG-2	MPEG-2
系统复用标准	MPEG-2	MPEG-2
信道编码设计	相同的内、外交织器级联编码方案的设计思想；外码 RS(204,188)；内码均为删除卷积码(内码码率为 1/2,2/3,3/4,5/6,7/8；相同的本原多项式)	

续表 9.6

类 别	ISDB-T	DVB-T
移动接收	更优	可以
克服多径干扰措施	加保护间隔(更灵活)，频域交织克服信道衰落	加保护间隔，频域交织克服信道衰落
运行模式	3 种(载波数为 1 405、2 809、5 617)	2 种(2K、8K)
单频网及最大距离	可以，75 km	可以，67 km
信道带宽	6 MHz(整个信号分 13 个 OFDM 段)	8 MHz(整体 OFDM)
调制与星座分布	DQPSK、QPSK，均匀星座的 16QAM 和 64QAM；分段帧选择(相干或差分)调制方式和内码率，分级传输，多优先级地面广播	QPSK，均匀和非均匀星座的 16QAM、64QAM；分级调制和多级编码的分级传输，两个优先级地面广播
频谱使用率	灵活、高效；支持业务多样化	整个信号带宽设计不够灵活

9.2.4 中国数字电视地面传输标准

中国的数字电视地面多媒体广播 DTMB 采用的是中国自主研发的时域同步正交频分复用 TDS-OFDM(Time Domain Synchronous-OFDM)调制方式，由时域同步和频域数据两个传输模块组成。

DTMB 标准的主要技术特点如下：

① 时域同步的正交多载波技术。通过时域和频域混合处理实现了快速码字捕获和鲁棒的同步跟踪，同时支持时、频二维分割，方便省电、便携接收。

② 保护间隔的 PN 填充技术。采用基于 PN 序列扩频技术的同步传输并用做 OFDM 保护间隔的填充，克服了多径时延扩散信道中 OFDM 符号间的串扰，频谱利用率提高 10 ％ 左右。

③ TDS-OFDM 的帧头是一个带自身保护的结构独特的 PN 序列，高速移动适应能力和抗多径能力都非常强。在时域，还可以多级帧头联合处理，适应大范围覆盖造成的复杂干扰环境，提高了同步信号的坚韧性，可获得系统同步 20 dB 的保护增益。

④ 快速信道估计技术。针对现有地面数字电视传输标准信道估计迭代过程较长的缺点，采用新的 TDS-OFDM 信道估计技术，通过正交相关和傅里叶变换实现快速信道估计，提高了系统移动接收性能。时域的已知 PN 序列可精确测算出传输信道特性，在时域帧头的辅助下，频域帧体通过简单算法可以精确消除信道引入的干扰。

⑤ 基于 BCH 外码、交织、LDPC 内码的系统级联纠错技术，使系统 C/N 门限明显改善。

⑥ 与绝对时间同步的复帧结构，可方便自动唤醒功能设置，达到省电的目的，且支持便携接收；还特别有利于单频网同步发送信号的功能控制，使 DTMB 单频网同步设备容易实现。

⑦ 传输协议可以为每个长度为 500 μs 的信号帧设定独特地址的帧头，方便数据信息的识别和分离，融合多业务广播的技术基础。帧识别功能还将为"双向互动"系统提供同步体系。

⑧ 单、多载波融合。通过 TDS-OFDM 帧结构下的子载波参数选择，实现了多载波和单载波工作模式在系统帧结构、扰码纠错、系统时钟、时域交织、调制方式和信号带宽等模块的统一。在时域和频域相结合的处理方式基础上，单、多载波信号可以用统一的硬件处理。

DTMB 定义了系统发送端从输入数据码流到地面电视信道传输信号的转换。输入码流经扰码器、前向纠错编码、星座映射与交织后形成基本数据块，与系统信息组合后，经过帧体数据处理形成帧体。帧体与相应帧头复接为信号帧，根据帧地址组帧单元构建与绝对时间日、时、分、秒同步的复帧结构。经过后处理转换为基带输出信号，该信号经正交上变频转换为射频信号。DTMB 的发送端原理框图如图 9.25 所示。

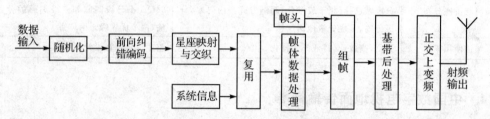

图 9.25 DTMB 发送端原理框图

1. DTMB 主要参数

DTMB 的主要参数如表 9.7 所列。

表 9.7 DTMB 的主要参数

名 称	定 义	说 明
数据		
数据格式	MPEG-2 接口	188 字节/包
载荷	4.8~32.4 Mbit/s	
纠错编码外码	BCH(762,752)	
纠错编码内码	LDPC(7 488,3 008/4 512/6 016)	
时域交织	卷积交织	模式1:深度=240 个符号 模式2:深度=720 个符号
频域交织	FFT 块内交织	Block size=3 780
TPS		
TPS 导频数量	36 个符号	72 bit
TPS 调制方式	4QAM	
载波方式	多载波/单载波	IDFT 系数:多载波取 3 780,单载波取 1
多载波参数		
子载波数量	3 780	3 744(FEC)+36(系统信息)

第9章 数字电视

续表9.7

名 称	定 义	说 明
信号帧体长度	500 μs	8 MHz 带宽系统
子载波间隔	2.0 kHz	8 MHz 带宽系统
保护间隔长度	420、595、945 个符号	信号帧体长度的 1/9、1/6、1/4
子载波调制	QPSK、16QAM 或 64QAM	也可以采用 4QAM-NR、32QAM
射频特性		
有效带宽	7.56 MHz	8 MHz 带宽系统
信道成形滤波器	升余弦滚降滤波器	滚降系数 $\alpha=0.05$

2. 随机化

数据的随机化与 DVB-T 基本相同,伪随机序列生成多项式为 $1+x^{14}+x^{15}$,初始相位为 100101010000000。需注意,扰码器对 DTMB 所有输入信号都加扰,而 DVB-T 对帧头不加扰。

3. 前向纠错编码

DTMB 系统的前向纠错编码由外码(BCH 码)和内码(LDPC 码)级联。

LDPC 码总体上拥有目前最好的编码效率和性能,但有限长度的 LDPC 在低误码率时存在误码平层。国标系统采用级联码的方式解决该问题。BCH 码在系统中起到两个重要作用:一是可降低误码平层,测试表明国标系统误码平层低于 10^{-12},完全满足 HDTV 的需求;二是可以完成速适配,使得每个信号帧中有整数个 MPEG 数据包。

前向纠错编码的外码为 BCH(762,752),是由 BCH(1 023,1 013)系统码缩短而成的。BCH(1 023,1 013)生成多项式为 $G_{BCH}(x)=1+x^3+x^{10}$。构建 BCH 码时,先在 752 bit 数据码前加入 261 bit 的 0 补足 1 013 bit,进行 BCH(1 023,1 013)编码得到 1 023 bit 码字,再删除前 261 bit 的 0,得到 762 bit 的 BCH 码。BCH(1 023,1 013)码可以纠正 1 bit 突发错误。

BCH 码编码器将编码生成的 10 bit 校验信息附到输入信息比特后输出到 LDPC 码编码器。图 9.26 为 BCH 编码器输出信号示意图。

752信息比特	10编码比特

图 9.26 BCH 编码器输出信号示意图

国际标准提供了 3 种不同码率的 LDPC 编码方式供选择:等效编码码率 $R=0.4$ 的 LDPC(7 493,3 048)码,$R=0.6$ 的 LDPC(7 493,4 572)码,$R=0.8$ 的 LDPC(7 493,6 096)码。

4. 星座图映射

国标系统支持 64QAM、32QAM、16QAM、4QAM 和 4QAM-NR 等调制方式。各种符号映射加入相应的功率归一化因子,使其平均功率趋同。

前向纠错码产生的比特流要产生均匀的 nQAM(n 为星座点数)符号(最先进入的 FEC 编码比特作为符号码字的 LSB)。64QAM 模式每个符号可传输 6 bit 数据,可以提供最高的频谱利用率,最高传输速率可达 32.4 Mbit/s,但 C/N 门限高。32QAM 可作为固定接入、固定广播等领域的应用。16QAM 是适应高效传输和高速移动的折中,在提供每个符号 4 bit 数据传输能力的同时,也可提供较高性能的移动特性,可作为大中城市中小范围(半径 20~50 km)移动覆盖使用。4QAM 提供了较高的抗干扰能力、灵敏度和移动特性。该模式的接收灵敏度高,可以支持几百 km/h 的高速移动,可作为大范围高接通率的覆盖使用。

下面通过 64QAM、32QAM、4QAM 和 4QAM-NR 对 DTMB 星座图映射进行说明。

(1) 64QAM 映射

每 6 bit 对应于 1 个星座符号。前向纠错编码输出的比特数据被拆分成 6 bit 一组符号($b_5 b_4 b_3 b_2 b_1 b_0$),星座点坐标对应的同相分量 $I=b_2 b_1 b_0$ 和正交分量 $Q=b_5 b_4 b_3$ 的取值为 -7、-5、-3、-1、1、3、5 和 7,其星座映射如图 9.27 所示。

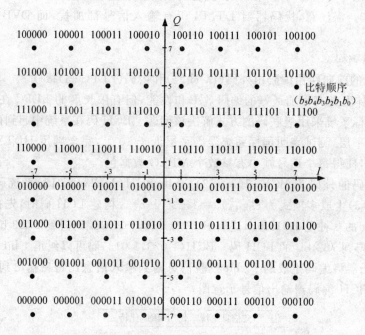

图 9.27 64QAM 映射

(2) 32QAM 映射

每 5 bit 对应于 1 个星座符号。前向纠错编码输出的比特数据拆分成 5 bit 一组的符号($b_4 b_3 b_2 b_1 b_0$)。同相分量 I 和正交分量 Q 的取值为 -7.5、-4.5、-1.5、1.5、4.5、7.5,如图 9.28 所示。

(3) 4QAM 映射

每 2 bit 对应于 1 个星座符号。前向纠错编码输出的比特数据被拆分成 2 bit 为一组的符号($b_1 b_0$),同相分量 $I=b_0$ 和正交分量 $Q=b_1$ 的取值为 −4.5 和 4.5,星座映射见图 9.29。

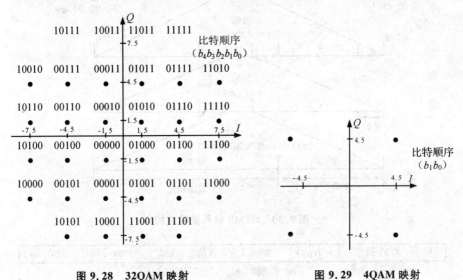

图 9.28 32QAM 映射   图 9.29 4QAM 映射

(4) 4QAM-NR 映射

在 4QAM 符号映射之前增加 NR 准正交编码映射,按照时域描述的交织方法对 FEC 编码后的数据信号进行基于比特的卷积交织,然后进行 1 个 8~16 bit 的 NR 准正交预映射,再把预映射后每 2 bit 按照 4QAM 调制映射到星座符号,直接与系统信息复接。NR 映射将每 8 个 FEC 编码比特映射为 16 bit,将这 16 bit 表示为 $x_0 x_1 x_2 x_3 x_4 x_5 x_6 x_7 y_0 y_1 y_2 y_3 y_4 y_5 y_6 y_7$。其中,$x_0 x_1 x_2 x_3 x_4 x_5 x_6 x_7$ 为信息比特;$y_0 y_1 y_2 y_3 y_4 y_5 y_6 y_7$ 为衍生比特。

5. 帧结构

DTMB 信号是由一系列帧结构组成复帧结构承载的,如图 9.30 所示。

(1) 信号帧

信号帧是系统帧结构的基本单元,1 个信号帧由帧头和帧体两部分时域信号组成。帧头和帧体信号的基带符号率相同(7.56 M/s 个样值)。帧头部分由 PN 序列构成,采用 I 路和 Q 路相同的 4QAM 调制。为适应不同的应用,定义了 3 种可选帧头模式及相应的信号帧结构,见图 9.30。3 种帧头模式所对应的信号帧的帧体长度和超帧的长度都保持不变。图 9.31(a) 的帧结构,每 225 个信号帧组成 1 个超帧((225×4 200×1/7.56)μs=125 ms);图 9.31(b) 的结构,每 216 个信号帧组成 1 个超帧((216×4 375×1/7.56)μs=125 ms);图 9.31(c) 的结构,每 200 个信号帧组成 1 个超帧((200×4 725×1/7.56)μs=125 ms)。

(2) 超 帧

超帧长 125 ms,8 个超帧长为 1 s,便于与定时系统校准时间。每秒有整数个 MPEG-2

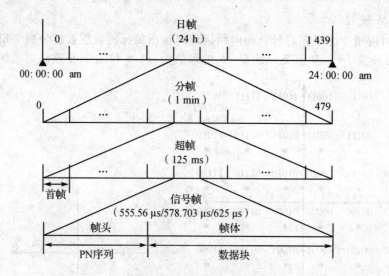

图 9.30 DTMB 信号复帧结构

| 帧头（420个符号）（55.6 μs） | 帧体（含系统信息和数据）（3 780个符号）（500 μs） |

(a) 采用帧头模式1的信号帧结构1

| 帧头（595个符号）（78.7 μs） | 帧体（含系统信息和数据）（3 780个符号）（500 μs） |

(b) 采用帧头模式2的信号帧结构2

| 帧头（945个符号）（125 μs） | 帧体（含系统信息和数据）（3 780个符号）（500 μs） |

(c) 采用帧头模式3的信号帧结构3

图 9.31 信号帧结构

TS 包。第 1 个信号帧头为超帧头。保护间隔长度不同，超帧包含的信号帧数也不同。

（3）分　帧

分帧由 480 个超帧组成，长度为 1 min。

（4）日　帧

日帧是国标最顶层帧结构，以一个公历自然日为周期进行重复。它由 1 440 个分帧组成，长 24 h，与北京时间自然日同步，每天重复 1 次。在北京时间 00：00：00 am 复位，开始 1 个新的日帧。

对于 $C=3\ 780$ 模式，1 个信号帧由 3 780 个子载波的帧体和保护间隔构成，如图 9.32 所示。3 780 个子载波中 3 744 个子载波传输载荷数据，36 个子载波传输 TPS 信号。TPS 信号传输发射端的各种载波方式、调制方式、纠错码率、交织和保护间隔长度等信息，在接收端通过对 TPS 信号的解调可以得到发射端信息，方便接收端自动适应发端的工作模式，实现自动接收。

图 9.32 信号帧结构

6. 帧头

作为基本传输单元的信号帧中的帧头,提供快速同步和高效信道估计与均衡的 PN 伪随机序列。为了对抗不同时延长度的多径干扰,DTMB 标准提供了 3 种不同长度的帧头模式,如表 9.8 所列。

表 9.8 帧头模式

帧头模式	帧头符号数	帧头长度/μs	信号帧长度/符号
模式 1(PN420)	420	55.56	4 200
模式 2(PN595)	595	78.7	4 375
模式 3(PN945)	945	125	4 725

帧头越长,越有利于抵抗长时延回波,但会降低系统的净荷数据率。较大范围的单频网可以选用较长的帧头模式。模式 1 可提供约 56 μs 的保护间隔,适合在城市环境下组建地区性的单频网;模式 3 可以提供高达 125 μs 的保护间隔,适合组建全省、全国性的大范围单频网。

(1) 帧头模式 1

帧头模式 1 采用的 PN 序列定义为循环扩展的 8 阶 m 序列,可由 1 个移位寄存器(LFSR)实现,经 "0" 到 +1 值及 "1" 到 -1 值的映射变换为非归零的二进制符号。

长度为 420 个符号的帧头信号(PN420),由 1 个前同步、1 个 PN255 序列和 1 个后同步构成。前同步和后同步定义为 PN255 序列的循环扩展,其中前同步长度为 82 个符号,后同步长度为 83 个符号,如图 9.33 所示。LFSR 的初始条件确定产生的 PN 序列的相位。1 个超帧中共有 255 个信号帧。超帧中各信号帧的帧头采用不同相位的 PN 信号作为帧识别符。

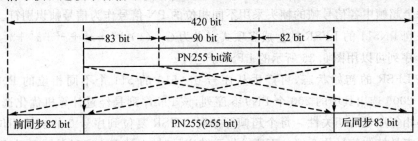

图 9.33 PN420 结构示意图

产生序列 PN255 的 LFSR 的生成多项式定义为 $G_{255}(x)=1+x+x^5+x^6+x^8$。

PN420 序列可以用图 9.34 所示的 LFSR 产生。

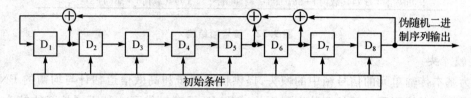

图 9.34 8 阶 m 序列生成结构

基于初始状态可产生序号为 0~254 的 255 个不同相位的 PN420 序列。GB 20600—2006 选用其中的 225 个 PN420 序列。该 PN 序列定义是经计算机优化选择得到的,以减小相邻序号的相关性。每个超帧开始时 LFSR 复位到序号 0 的初始相位。帧头信号的平均功率是帧体的 2 倍。不要求指示帧序号时,上述 PN 序列无需相位变化,使用序号 0 的 PN 初始相位。

(2) 帧头模式 2

帧头模式 2 采用 10 阶最大长度伪随机二进制序列截短而成,帧头信号长度为 595 个符号,是长度为 1 023 的 m 序列的前 595 个码片。

最大长度伪随机序列由 10 bit LFSR 产生,生成多项式为 $G_{1\,023}(x)=1+x^3+x^{10}$。初始相位为 0000000001,在每个信号帧开始时复位。由该生成多项式产生的伪随机序列的前 595 码片,经"0"到+1 值及"1"到-1 值的映射变换为非归零二进制符号。1 个超帧中有 216 个信号帧,各信号帧帧头采用相同的 PN 序列。帧头信号与帧体信号的平均功率相同。

(3) 帧头模式 3

帧头模式 3 采用的 PN 序列定义为循环扩展的 9 阶 m 序列,可由 1 个 LFSR 实现,经"0"到+1 值及"1"到-1 值映射变换为非归零的二进制符号。

长度为 945 个符号的帧头信号(PN945),由 1 个前同步、1 个 PN511 序列和 1 个后同步构成。前同步和后同步定义为 PN511 序列的循环扩展,前同步和后同步长度均为 217 个符号,如图 9.35 所示。LFSR 的初始条件确定所产生的 PN 序列的相位。在 1 个超帧中共有 200 个信号帧。每个超帧中各信号帧的帧头采用不同相位的 PN 信号作为信号帧识别符。

产生序列 PN511 的 LFSR 的生成多项式定义为 $G_{511}(x)=1+x^2+x^7+x^8+x^9$。

PN945 序列可以用图 9.36 所示的 LFSR 产生。

基于该 LFSR 的初始状态,可产生从序号 0~510 的 511 个不同相位的 PN945 序列,GB 20600—2006 选用其中的 200 个 PN945 序列,该 PN 序列是经过计算机优化选择得到的,以尽量减小相邻序号的相关性。每个超帧开始时,LFSR 复位到序号 0 的初始相位。帧头信号的平均功率是帧体信号的 2 倍。不要求指示帧序号时,上述 PN 序列无须实现相位变化,而使用序号 0 的 PN 初始相位。

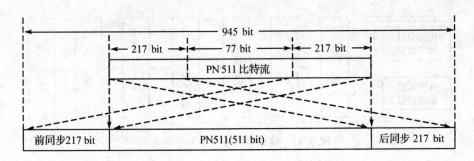

图 9.35　PN945 结构示意图

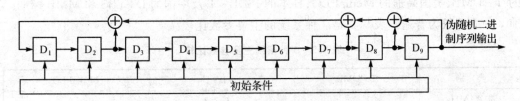

图 9.36　9 阶 m 序列生成结构

9.3　移动电视

随着通信和信息技术的迅猛发展,人类获取信息的发展趋势由固定走向移动,由语音走向多媒体。目前,能够在移动环境向大量观众提供多媒体内容的网络构架主要有 3 种：移动通信网络(2.5G/3G)；无线局域网(WLAN)；地面数字广播网络。此外,DVB 组织已经正式发布了为通过地面数字电视广播网络向便携/手持终端提供多媒体业务专门制定的 DVB-H 标准,使该领域的竞争更激烈。

移动电视是指发送端采用数字广播技术(主要指地面传输技术)播出,接收终端分两类,一类是安装在汽车、地铁、火车、轮渡、机场及其他各类公共场所的移动载体上的接收终端,另一类是手持接收设备(如手机、超便携 PC 等),满足移动人群收视需求的电视系统。

9.3.1　移动电视系统简介

1. 移动电视系统的组成

移动电视系统发射端的组成如图 9.37 所示。

从已经出现的移动电视服务来看,视频流的传送主要有两种：利用广播电视网络或蜂窝移动网络。仅依靠蜂窝网络传送电视节目存在弊端,特别是在高速运行状态下,由于传输模式上的技术局限性,蜂窝网络仅允许较低的多普勒频移。但是采用 DVB-H 等广播标准可以维持 200 km/h 或更高的传输速度。因此,在保证传输质量方面,基于地面数字广播网的移动电视

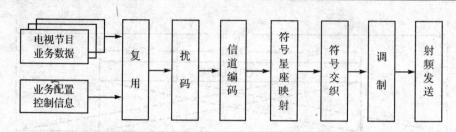

图 9.37　移动电视发送端系统组成

技术比蜂窝网络技术更具优势。目前全球主要的移动电视广播标准包括欧洲的 DVB-H、韩国的 T-DMB、美国高通的 MediaFLO、日本的 ISDB-T 及中国的 DTTBS 和 MMB 标准。其中前 3 种应用较为普遍。表 9.9 是 3 种系统的主要参数比较。

表 9.9　3 种系统主要参数比较

类　别	T-DMB	DVB-H	MediaFLO
带宽/MHz	1.536	5、6、7、8	5、6、7、8
视频压缩	H.264 视频编码	H.264 视频编码	H.264 视频编码
音频压缩	BSAC	MPEG-4 HE-AAC+	MPEG-4 HE-AAC+
图像格式	CIF(360×288)	QCIF(180×144) CIF(360×288)	QVGA(240×320) VGA(480×640)
信道外编码	RS 码(204,188,t=8)	RS 码(204,188,t=8)	RS 码
信道内编码	卷积码(1/2、2/3、3/4、4/5、4/7、4/9、3/8)	卷积码(1/2、2/3、3/4、5/6、7/8)	Turbo 码(1/2、1/3、2/3、1/5)
调制技术	COFDM	COFDM	COFDM
星座映射	DQPSK	QPSK、16/32/64QAM	QPSK、16QAM
子载波数目	1 536、768、384、192	2K、4K、8K	4K
导频方式	无	连续导频离散导频	TDM 导频离散导频

中国的地面数字标准 DTTBS 和移动数字电视传输行业标准 MMB 不仅瞄准固定终端，还瞄准移动设备。中国标准更接近日本的 ISDB-T，而非欧洲的 DVB-T。与韩国的 T-DMB 相比，中国标准所需带宽更宽，进行数据服务时更有优势，而且能提供更多的频道。

广播网络基本采用单向传输方式(DVB-H 例外,利用蜂窝网络回传),专门针对广播业务设计,虽然适合传输长时间的实时电视节目,但是很难实现交互业务(如用户认证、业务定制、节目互动)。因而将数字广播电视技术与移动网络整合,利用前者传送节目内容,利用后者的上行链路实现交互,将会是最有前途的发展方案。在 DVB-H、T-DMB、MediaFLO 和 ISDB-T 等几大标准派系中,比较成熟的是欧洲的 DVB-H 和韩国的 T-DMB。

2. 移动电视系统设计要考虑的问题

移动电视带来的商机吸引了众多多媒体播放设备厂商,其设计还面临以下挑战:

① 频谱分配。目前全球用于移动电视的频谱不统一,系统设计人员要面对不同的频谱提供不同的解决方案。

② 工作时间。用户希望移动电视的工作时间在3h以上,需降低系统功耗。

③ 移动性。为了实现小型化,便携式产品的设计应尽可能选择集成方案,并进行可靠性设计。

④ LCD屏幕。消费者希望选择大屏幕来观赏,但存在大屏幕和低功耗两方面折中的问题;还需要解决日光下LCD屏幕无法看清的问题。

3. 移动电视的业务管理

移动电视业务管理的国际标准主要有两类,基于OMA DRM 2.0的标准方案和基于CA(Conditional Access)的标准方案。基于OMA DRM 2.0方案的移动电视业务管理国际标准有ETSI组织制定的DVB CBMS 18Crypt Profile和OMA BCAST DRM Profile;基于CA方案的移动电视业务管理国际标准有ETSI组织制定的DVB CBMS Open Security Framework。

基于OMA DRM 2.0的业务管理方案利用OMA DRM方案完成加密授权和用户密钥管理。DVB CBMS Open Security Framework提供了一个开放的框架,可以在该框架中利用各种CA方案提供业务管理功能,但该标准没有给出具体使用何种CA方案。不同CA方案采用各自不同的认证加密、密钥管理及用户管理方案。

4. 移动电视的运营模式

移动电视业务的运营模式主要有3种:移动运营模式、广电运营模式和合作运营模式。

(1) 移动运营模式

以移动运营商为主的,利用移动运营商的蜂窝网络或者移动运营商可以控制的广播电视网络提供的,以广电企业作为内容提供商参与产业链运作的商业模式,简称移动模式。

移动模式的实现可以采取两种技术方式。第一种是移动运营商利用移动通信网自身的技术,采用流媒体技术作为下行向用户提供移动电视业务;第二种是移动运营商采用多媒体广播组播技术BCMCS(Broadcast and Multicast Service)。多媒体广播组播技术是3GPP R6中定义的多媒体广播组播功能,是通过对3G网络进行一定的改造而实现移动电视业务。

移动模式的优点有:① 利于新业务开发;② 移动运营商拥有大量的手机用户、完善的鉴权机制、即时准确的计费系统、客户服务系统以及规模庞大的营销渠道,可在短时间内将移动电视市场开发出来。

移动模式的缺点有:① 业务质量很难保证;② 占用宝贵的移动频率资源。

(2) 广电运营模式

广电运营商利用已有的数字广播电视网或新建网络向用户提供移动电视业务的运营

模式。

广电模式的技术基础是对数字广播电视网改造升级而成的针对手机终端的移动数字广播电视网,目前主要有地面数字多媒体广播(如 DVB-H、T-DMB、ISDB-T)和卫星数字多媒体广播(S-DMB)。该模式实现广播业务的能力较强,业务质量非常好,适合传输长时间的实时电视节目。但单向网络很难实现那些需要进行交互的业务(如 VOD、电子商务)。

广电模式的优点有:① 可构建面向移动设备的数字广播网络,向移动用户提供手机电视业务。② 拥有电视运营牌照、视频制作许可、广播频率等政策性优势,能够进行广播内容的制作、采编和频道的集成等。

广电模式的缺点有:① 互动能力弱,商业模式单一。② 用户认证问题无法解决。③ 存在计费和收费问题。④ 存在室内覆盖问题。

(3) 合作运营模式

合作运营模式是移动运营商与广播电视公司合作提供移动电视业务。移动运营商手里掌握着庞大的客户关系网络并具备直接与客户沟通的能力,而媒体和广播电视公司则拥有覆盖广泛的广播电视网并且有丰富的内容资源和制造能力,两者可以优势互补。

通过将广播技术与蜂窝移动通信技术相互结合实现业务的双向互动,即利用数字电视广播网络实现节目的下行传输,利用蜂窝移动通信网络实现点播信息的上行传输。合作模式如图 9.38 所示,广电网络主要包括内容管理、加密、广播。移动通信网络主要实现业务指南、用

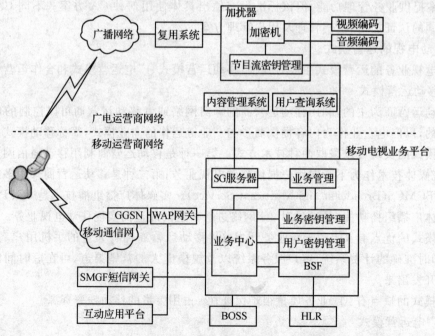

图 9.38 合作模式

户认证和鉴权、业务订购/退订、密钥管理与分发、计费、互动等功能。用户通过移动电视终端，使用移动通信网络向移动网络运营商发送移动电视业务请求，运营商进行鉴权。鉴权通过后，广电运营商允许用户接收信号，并通过移动网络运营商计费，完成移动电视业务。

合作模式的优点有：① 对于广电部门，利用移动网络与用户互动，可以提高节目内容的收视率。② 利用移动网络对客户身份认证和计费，管理精确，成本低，效率高。③ 移动运营商利用广电网络传送电视内容可节约资源。

合作模式的缺点是：为用户提供移动电视机相关服务需要动用广电网络和蜂窝网络两张网，两张网的协作和管理调度难度大，也导致了收益分配等问题。

9.3.2 移动电视标准

如今，有很多技术可提供移动电视服务。移动运营商、传统的电视广播公司和无线宽带运营商，设法完善自己的网络来提供移动电视及多媒体服务。移动运营商拥有大范围的网络，几乎横跨世界所有居住区。电视广播公司一直从事广播电视商业，把移动电视看成地面广播网络的扩展。于是，有许多移动电视，增强了已有的地面广播网，如 DVB-H 或 ISDB-T。有些运营商选择专门为移动电视铺设全新的地面或卫星网。宽带运营商也稳步增加基于 IPTV 的服务，利用相应的网络和技术来传输宽带互联网和移动电视。因此，可以看到有大量的技术用于移动电视。DVB-H 标准的详细内容已在 9.2.2 小节中介绍，这里不再重复。

1. 基于 DMB 的移动电视技术

数字多媒体广播 DMB(Digital Multimedia Broadcasting)是在数字音频广播 DAB(Digital Audio Broadcasting)的基础上发展起来的。DAB 是继调频和调幅广播之后的第三代广播，是将数字化了的音频信号进行各种编码、调制、传递等处理。由于数字信号只有"1"和"0"两种状态，传递媒介自身的特征，包括噪声、非线性失真等，均不能改变数字信号的品质，因而极大地改变了传统模拟系统的技术运作环境，提高了系统的整体技术性能指标。

(1) 卫星 DMB——S-DMB

S-DMB 业务是将数字视频或音频信息通过 DMB 卫星进行广播，由移动电话或其他专门终端实现移动接收，可在很宽广的地区充分满足在移动环境中视听广播电视的方案。

1) S-DMB 的网络构成

在技术方面，S-DMB 业务的实现并不复杂，具体的网络构成包括以下几个部分：节目供应商、卫星 DMB 广播中心、DMB 通信卫星、直放站接收终端以及各类接收设备等。

2) S-DMB 业务的特点

接收范围广，地面上的大部分地方都可以直接接收卫星信号；频道资源和业务内容丰富；适合移动状态下接收。卫星 DMB 克服了现有广播与电视空间上的局限，频宽可不受 ITU 功率的限制，提供大功率，可使小型便携式终端收到信号；接收终端多样化，适应消费者个性化的需求。

(2) 数字电视地面广播——T-DMB

韩国的T-DMB严格意义上仍算是欧洲的国际标准。该标准对欧洲的尤里卡147数字音频广播系统作了修改,以便向手机、PDA和便携电视等手持设备播送空中数字电视节目。

1) T-DMB的系统结构

T-DMB的系统结构如图9.39所示,视频业务的视频编码采用H.264,音频编码采用MPEG-4比特切片算术编码(BSAC),与视频内容有关的交互场景数据采用场景描述二进制格式(BIFS),多路复用采用MPEG-4 SL和MPEG-2 TS的组合,并有针对性地增加了RS编码和卷积交织作为附加信道保护措施,以流模式传输;音频业务采用DAB标准引用的MUSICAM编码,以音频帧流模式传输,数据业务一般采用数据包模式传输。

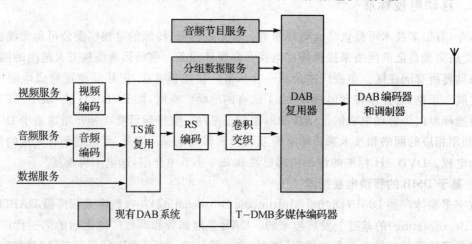

图9.39 T-DMB的系统结构

2) T-DMB传输系统的特性

由于采用了IDS-OFDM调制,故T-DMB传输系统不仅适用于传统的电视节目广播,也适用于提供其他多媒体信息服务。其特性如下:① 兼容性。目前有33个国家和地区选择DVB-T技术标准,T-DMB与DVB-T均采用OFDM调制,具有基本一致的有效信号带宽及频谱特性。② 高数据码率。在8 MHz电视频道中,最大净荷码率高达33 Mbit/s,能满足HDTV广播要求。③ 支持蜂窝单频网。邻近的电视台可以使用相同的频率广播相同的内容,可用低发射功率覆盖大范围。建网和运营成本低。④ 卓越的移动接收能力。简单天线可以收视,适于便携式接收机;采用TDS-OFDM调制,使人们在乘车时能得到即时可靠的多媒体信息服务。⑤ 快速同步。采用时域同步方案可以获得快速的同步时间,信道估计准确。

2. 基于MediaFLO的移动电视技术

尽管MediaFLO(Forward Link Only)系统是美国高通(Qualcomm)公司的专有技术标准,但高通公司已经郑重承诺将推动MediaFLO技术成为国际标准并对第三方公司开放。

(1) MediaFLO 主要技术特点

MediaFLO 系统主要包括两部分，FLO 媒体分发系统 MDS(Media Distribution System)和 FLO 空中接口 AI(Air Interface)技术。媒体分发系统是一个可管理的端到端系统，支持通过多个无线网络安全有效地分发节目和"准点播"式的短片分发方式，提高网络利用率，创造差异化服务。FLOAI 是专为手持移动终端设计的全新空中接口技术标准，提供更优的用户感受，能以比蜂窝网络低的单位比特成本发送高质量的多媒体业务。图 9.40 为由 MDS、FLO 网络和 3G 网络组成的跨越多个网络平台的一体化业务平台。其中，3G 网络向点播用户提供独特内容，FLO 网络向广播用户提供共享内容，两个网络采用同一用户终端。

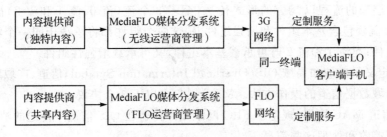

图 9.40　跨越多个网络平台的一体化业务模型

MDS 的革命性进步主要体现在：易用性、交互性、易管理性和多网络支持能力。

FLOAI 技术是一种专为无线用户使用移动多媒体业务而设计的全新空中接口技术。只发射前向链路(下行链路，downlink)信号，而不接收移动终端反向发回(上行链路，uplink)的信号。FLOAI 利用单频网广播技术，显著降低同时向众多用户传送节目内容的成本，这使其成为替代其他移动网络多播技术的更好方案。

MediaFLO 系统的主要特点有：① 接收器集成在手持移动终端中，功耗更低。② 独立的广播式网络，仅通过前向链路发射信号。蜂窝网络提供互动应用的反向链路。③ 基于单个频点可提供大量节目内容频道，系统拥有更高的吞吐量。④ 支持快速切换节目频道。⑤ 发射塔间距典型值为 50 km，大城市部署 2~3 个发射塔即可实现有效覆盖，成本低。⑥ 分层调制/信源编码。采用分层调制技术提供更高质量的服务，FLO 数据流被分成所有用户均可解码的"基本层"和只有收到较强信号的用户可以解码的"增强层"。基本层的帧率最小值是 15 帧/秒，增强层的帧率最大值是 30 帧/秒。

(2) MediaFLO 的关键技术

图 9.41 为 FLOAI 参考模型。上层相当于 OSI 七层协议中的第 3~7 层，第 2 层包括控制层、流层和 MAC (Medium Access Control)层，第 1 层对应物理层。FLOAI 只描述了 OSI 第 1、2 层的协议和业务模式，不包括上层。上层协议栈的功能包括多媒体内容

图 9.41　FLO 空口参考模型

压缩、多媒体内容访问控制和控制信息的内容格式化。为了支持多种业务和应用，允许自由设计上层。

FLO 网络利用控制层发布控制信息，指导 FLO 设备的操作进程。控制层负责三类控制信息的随时更新，即流程(flow)描述信息、射频信道信息和邻近服务列表信息。

流层的主要功能是将至多 3 个流程复用成一个组播逻辑信道 MLC(Multicast Logical Channel)和将一个 MLC 解复用成至多 3 个流程。从上层传输下来的数据承载于一个或多个流程上。一个流程可以只包含一个组件(称为基本组件，对应于分层调制中的基本层)，也可以包含两个组件(称为基本组件和增强性组件，分别对应于分层调制中的基本层和增强层)。在 MLC 中，从上层来的流程以"流"的形式传送，至多 3 个流(流 0、流 1 和流 2)被复用成一个 MLC。若一个流程包含基本组件和增强组件，则这两个组件都将承载于同一个流上。流 0 只能承载基本组件；而流 1 和流 2 既可承载基本组件，又可承载增强性组件。

MAC 层定义了广域和局域 OIS(Overhead Information Symbol)信道、广域和局域控制信道及广域和局域数据信道的操作方法。MAC 层包含以下 3 个协议。

① OIS 信道 MAC 协议：规定了 FLO 网络如何构造在 OIS 信道中传送的消息，以及 FLO 终端设备如何接收和处理这些消息。

② 数据信道 MAC 协议：规定了 FLO 网络如何构造面向广域和局域数据信道中承载数据业务传输所需的 MAC 包，以及终端设备如何接收和处理这些 MAC 包。

③ 控制信道 MAC 协议：规定了 FLO 网络如何构造面向广域和局域数据信道中 FLO 控制信息传输所需的 MAC 包，以及终端设备如何接收和处理这些 MAC 包。

MAC 层的主要功能包括控制访问物理层，将逻辑信道映射成物理信道，将逻辑信道复用在物理信道上传输，在移动终端上解复用逻辑信道及确保 QoS(Quality of Service)要求。

此外，MAC 层标准还定义了 MAC 层交织和解交织的操作方法、RS 码的编码方法，以及 RS 码块到物理层帧的映射顺序和映射方法。RS 码作为信道编码方案中的外码(内码是 Turbo 码)。

图 9.42 给出了 FLO 系统的物理层处理流程。物理层的基本传输单元是物理包 PLP (Physical Layer Packet)，物理包长度是 1 000 bit。一个物理包携带一个 MAC 包。一个物理包由一个 MAC 包(976 bit)、CRC(16 bit)和 8 个"0" bit 组成。PLP 经 Turbo 编码、比特交织、符号分组、子载波分配、加扰、符号映射、OFDM 调制、插入循环前缀 CP(Cyclic Prefix)、加窗成形，以及数/模转换、上变频后，发射出去。

图 9.43 展示了 FLO 系统的超帧结构。一个超帧时长为 1 s，共包含 1 200 个 OFDM 符号。超帧由时分复用 TDM(Time Division Multiplexing)导频、OIS 符号和 4 个帧组成，每帧包括广域数据和局域数据。其中时分复用的导频用于信道捕获(TDM1 和 TDM2)和小区标识(WIC 和 LIC、Wide - area 和 Local - area Identification Channel)，OIS 承载了各 MLC 在每帧中所处位置的信息。

第9章 数字电视

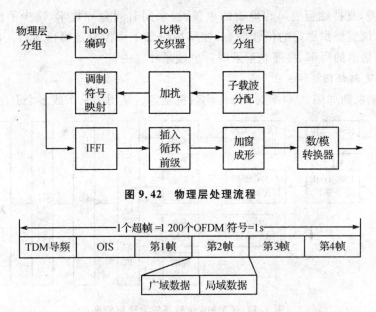

图9.42 物理层处理流程

图9.43 FLO系统的超帧结构

FLO系统物理层的主要技术特点描述如下：

① 信道编码方案。FLO使用了级联码、RS码和Turbo码。内码采用了CDMA2000 1x和1xEVDO系统中的并行级联Turbo码，码率包括1/5、1/3、1/2和2/3。

② 比特交织器。用块交织器把Turbo编码后的相邻比特交织到不同的星座映射符号中。

③ 采用多载波OFDM调制。OFDM子载波数为4 096个，其中96个作为保护子载波。

④ 分片结构。4 000个有效子载波被划分为8个等间隔的频率分片，每个分片有500个子载波。每个OFDM符号内，有1个分片(分片2或分片6)承载导频符号，用于信道估计；其他7个分片承载数据符号。

⑤ 星座映射：FLO系统支持QPSK、16QAM和分层调制3类映射模式。其中，分层调制采用均匀或非均匀的16QAM星座图，2 bit用于基本层，2 bit用于增强层。

3. 国内移动电视标准

我国已经制定了自己的数字移动多媒体广播标准，即以S-TiMi为核心的CMMB标准、T-MMB标准与DMB-TH标准。

(1) CMMB标准

CMMB信道传输部分的技术解决方案基于卫星与地面交互式多媒体结构S-TiMi(Satellite-Terrestrial interactive Multimedia infrastructure)技术。S-TiMi物理层的两个核心部分是：帧结构和复用。CMMB采用了RS外码和LDPC内码，OFDM调制及快速的同步技术，为手持终端提供视频、音频及数据传输服务。其工作在30～300 MHz，同时支持8 MHz

和 2 MHz 的带宽,支持结合卫星和地面的单频网;采用时间分片技术,减少手持终端的功耗;此外,采用逻辑信道提供更好的传输服务,帧结构包含 1 个控制逻辑信道,1~39 个业务逻辑信道,每个逻辑信道的码率、星座映射及时隙分配是独立的。

1) 系统发送端框图

系统发送端框图如图 9.44 所示,待传输信息是经过复用的一个或多个上层数据流。

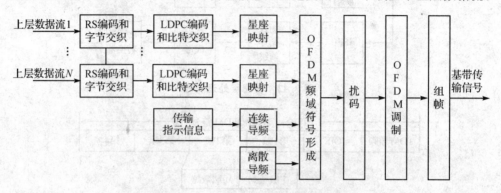

图 9.44 CMMB 传输系统发送端框图

2) 信道编码

CMMB 采用 RS+LDPC 级联码作为前向纠错码,其中外码 RS(240, K)(K 有 4 种取值: 240、224、192 和 176),由原始 RS(255, M)系统码截断获得。LDPC 码长 9 216 bit,提供两种码率: 1/2 码率(9 216, 4 608)、3/4 码率(9 216, 6 912)。

RS 码的每个码元取自 GF(256),其域生成多项式为 $p(x)=x^8+x^4+x^3+x^2+1$。截短码 RS(240, K)编码如下:在 K 位信息字节前添加 15 个 0 字节,然后经过 RS(255, M)系统码编码,编码完成后从码字中删除添加的字节,即得到 240 字节的截短码。

RS 码和 LDPC 码之间需加入字节交织,打散内码的突发错误。经 RS 编码和字节交织的传输数据按低位比特优先发送的原则将每字节映射为 8 位的比特流,送入 LDPC 编码器。LDPC 编码配置表如表 9.10 所列,CMMB 中 LDPC 码是校验位在前、信息位在后的系统码。

表 9.10 LDPC 编码配置表

码 率	信息比特长度 K/bit	码字长度 N/bit
1/2	4 608	9 216
3/4	6 912	9 216

LDPC 编码后的比特需要经过比特交织后再作星座映射,CMMB 中的比特交织采用块交织,采用行写、列读的方式。交织器的大小有两种选择:8 MHz 带宽下大小为 384×360,2 MHz 带宽下大小为 192×144。

3) 信道调制

CMMB 的星座映射采用了 BPSK、QPSK 以及 16QAM,同时采用了 OFDM 技术,其 OFDM 调制采用 CF-OFDM 的保护间隔填充技术,在 8 MHz 模式下有效子载波数为 3 076,总子载波数为 4 096;2 MHz 模式下的有效子载波数为 628,总子载波数为 1 024。有效子载波分派给数据子载波、离散导频和连续导频。CMMB 中 CP-OFDM 的 OFDM 数据体长度为 409.6 μs,循环前缀长度为 51.2 μs,OFDM 符号长度为 460.8 μs。

4) 帧结构

CMMB 采用了物理层的逻辑信道技术,物理层分为控制逻辑信道 CLCH(Control Logic Channel)和业务逻辑信道 SLCH(Service Logic Channel),分别承载系统控制信息和广播业务。物理层结构如图 9.45 所示,共 40 个时隙,除第 0 个时隙作为控制逻辑信道外,其他 39 个时隙可提供 1~39 个业务逻辑信道,每个业务逻辑信道占用整数个时隙,帧结构如图 9.46 所示。每个时隙持续 25 ms,由 1 个信标和 53 个 OFDM 符号组成。每个信标由 1 个发射机标识符(TxID)和 2 个同步符号组成,分别用于标识不同的发射机和同步。

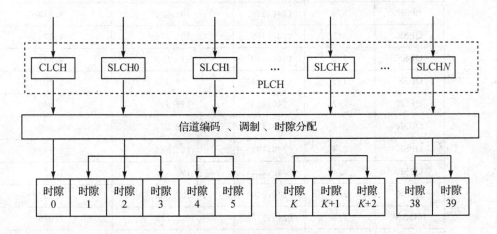

图 9.45 CMMB 物理层逻辑信道

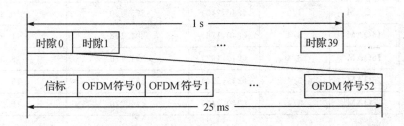

图 9.46 CMMB 基于时隙划分的帧结构

5) 系统传输速率

不同传输模式、码率和调制方式下，CMMB 支持的总净荷速率如表 9.11 所列。

表 9.11 CMMB 系统的传输数据率

带宽/MHz	信道配置			每时隙净荷/(kbit·s^{-1})	系统净荷/(Mbit·s^{-1})
	星座映射	LDPC 编码	RS 编码		
8	BPSK	1/2	(240,176)	50.688	2.046
	BPSK	1/2	(240,192)	55.296	2.226
	BPSK	1/2	(240,224)	64.512	2.585
	BPSK	1/2	(240,240)	69.120	2.764
	BPSK	3/4	(240,176)	76.032	3.034
	BPSK	3/4	(240,192)	82.944	3.304
	BPSK	3/4	(240,224)	96.768	3.843
	BPSK	3/4	(240,240)	103.680	4.113
	QPSK	1/2	(240,176)	101.376	4.023
	QPSK	1/2	(240,192)	110.592	4.382
	QPSK	1/2	(240,224)	129.024	5.101
	QPSK	1/2	(240,240)	138.240	5.460
	QPSK	3/4	(240,176)	152.064	6.000
	QPSK	3/4	(240,192)	165.888	6.539
	QPSK	3/4	(240,224)	193.536	7.617
	QPSK	3/4	(240,240)	207.360	8.156
	16QAM	1/2	(240,176)	202.752	7.976
	16QAM	1/2	(240,192)	221.184	8.695
	16QAM	1/2	(240,224)	258.048	10.133
	16QAM	1/2	(240,240)	276.480	10.852
	16QAM	3/4	(240,176)	304.128	11.930
	16QAM	3/4	(240,192)	331.776	13.008
	16QAM	3/4	(240,224)	387.072	15.165
	16QAM	3/4	(240,240)	414.720	16.243

第9章 数字电视

续表 9.11

带宽/MHz	信道配置			每时隙净荷/(kbit·s^{-1})	系统净荷/(Mbit·s^{-1})
	星座映射	LDPC 编码	RS 编码		
2	BPSK	1/2	(240,176)	10.14	0.409
	BPSK	1/2	(240,192)	11.06	0.445
	BPSK	1/2	(240,224)	12.90	0.517
	BPSK	1/2	(240,240)	13.82	0.553
	BPSK	3/4	(240,176)	15.21	0.607
	BPSK	3/4	(240,192)	16.59	0.661
	BPSK	3/4	(240,224)	19.35	0.768
	BPSK	3/4	(240,240)	20.74	0.823
	QPSK	1/2	(240,176)	20.28	0.805
	QPSK	1/2	(240,192)	22.12	0.877
	QPSK	1/2	(240,224)	25.80	1.020
	QPSK	1/2	(240,240)	27.65	1.092
	QPSK	3/4	(240,176)	30.41	1.200
	QPSK	3/4	(240,192)	33.18	1.308
	QPSK	3/4	(240,224)	38.71	1.524
	QPSK	3/4	(240,240)	41.47	1.631
	16QAM	1/2	(240,176)	40.55	1.595
	16QAM	1/2	(240,192)	44.24	1.739
	16QAM	1/2	(240,224)	51.61	2.027
	16QAM	1/2	(240,240)	55.30	2.171
	16QAM	3/4	(240,176)	60.83	2.386
	16QAM	3/4	(240,192)	66.36	2.602
	16QAM	3/4	(240,224)	77.41	3.033
	16QAM	3/4	(240,240)	82.94	3.248

(2) T-MMB 标准

T-MMB 采用了时域复用和信道复用技术。通过子信道复用控制,T-MMB 系统可以兼容 T-DMB、DAB 以及 DAB-IP。T-MMB 工作在 30~3 000 MHz 频段,支持 DQPSK、8DPSK 以及 16DPSK 调制,不需外码采用 LDPC 纠错码。

1) 系统发送端框图

T-MMB 采用了基于 DAB 帧结构,其传输系统发送端框图如图 9.47 所示。相比 DAB

传输系统发端框图,T-MMB兼容了DAB/DAB-IP/T-DMB,同时扩展和增强了快速信息子信道和符号产生器。CDMB只采用了DAB的流模式,而T-MMB同时支持DAB中的流模式和包模式。当T-MMB采用包模式时,对应的业务数据可采用IP格式。

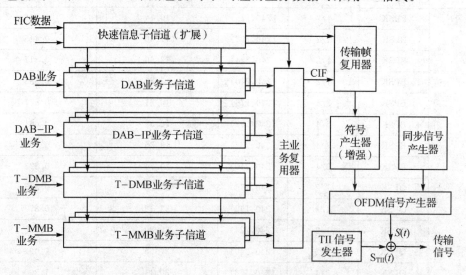

图 9.47　T-MMB 传输系统发送端框图

2) 信道编码

除了采用了高阶调制方式外,T-MMB还采用了准循环低密度奇偶校验(QC-LDPC)码,且不需级联外码。目前,T-MMB支持1/2和2/3两种码率的LDPC码,码长为4 608 bit。

3) 信道调制

支持DQPSK、8DPSK和16DAPSK,OFDM调制参数与DAB一致。

4) 帧结构

DAB中CU的大小固定为64 bit。T-MMB采用了DAB的帧结构,但由于采用高阶调制,CU的大小是32 $n$bit。n的取值有3种,即 $n=2$(DQPSK)、$n=3$(8DPSK)和 $n=4$(16DAPSK)。T-MMB系统帧结构如图9.48所示。

5) 系统传输速率

T-MMB系统信道带宽为1.536 MHz,实际占用带宽为1.712 MHz,最大净荷传输速率为3.072 Mbit/s,并能在高速移动环境下提供1.728 Mbit/s的速率。

(3) DMB-TH 标准

DMB-TH采用PN序列填充的时域同步正交频分复用(TDS-OFDM)多载波调制技术,将信号在时域和频域的传输结合起来,在频域传送有效载荷,在时域通过扩频技术传送控制信号以便进行同步、信道估计,实现快速码字捕获和鲁棒的同步跟踪性能。另外,DMB-

TH 能提供更高的数据传输带宽,实现更大的信号覆盖范围及更好地支持城域、省域单频网。

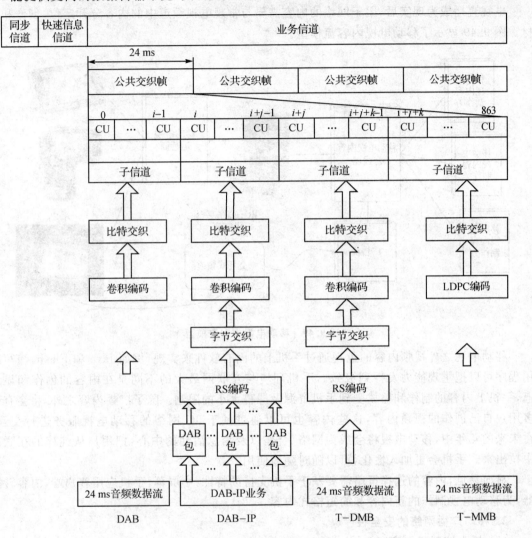

图 9.48 T-MMB 系统帧结构

9.3.3 移动电视的网络内容及广播网络的安全性

1. 移动电视的内容

移动电视的内容分为实时内容和非实时内容。实时内容主要有:针对手机终端的实时广播/组播,电视直播和移动专用频道,体育节目,重要事件(庆典、自然灾害),新闻,交通信息,网络摄像和多人游戏等。非实时内容主要有:视频点播(新闻、天气资讯、动画、股市等),音乐点播,网络广播(新闻、事件),网页浏览(资讯、购物)和视频游戏等。

电视直播成为现实后,用于网络的内容需要与常规电视频道中的内容分开定位、创作和取材。图 9.49 显示了移动电视内容流模型。

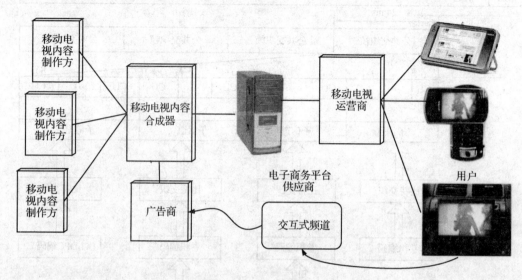

图 9.49 移动电视内容流模型

移动电视之外视频内容的重现通过手机上的固有软件来实现,例如 Java 和 Flash,编写应用程序可以把重现能力发挥到极致。手机环境与互联网最大的不同是在内容的创作和显示上,手机上内容的制作和播放受到手机资源及屏幕大小的限制。除了广播内容之外,将会有许多用户自己创作的视频内容,这些内容也可以通过基于 3G 网络的移动电视服务进行交互。在未来的几年中,移动电视将会成为网络、合作以及消息活动的中心,把用户从纯粹的互联网中拉出来。手机会更加人性化,可以随时随地使用。

显而易见,内容的选择策略需要基于手机支持的特性:小屏幕,手机应用客户端,内容转换器,为移动电视制作的新内容和简短格式内容。

2. 移动广播网络的安全性

(1) 接入控制和内容安全性

传统内容访问的方法是条件接入。不同于 DRM 提供的内容安全性,这种方式归到"传输系统安全"或者"广播安全"类别。在付费电视领域中广播安全非常普遍,运营商通过它允许或者拒绝用户对于特定频道或者节目的访问。然而,一旦同意访问,用户就可以存储和检索、转发、复制内容,或用于其他用途。一旦解密,广播层支持的接入安全将不能提供任何有用的机制来控制内容的使用。

(2) 移动电视的条件接入系统

在传统的付费电视系统中,条件接入(CA)或者加密技术通常是基于 DVB 通用加扰算法来提供的。DVB 标准并没有规定任何特殊的 CA 系统,但是规定了应用于 DVB 节目流的加密方式。此外,使用这一算法,不止一种加密技术(CA)可用于 DVB 流,因此能够支持任何加密类型的解码器解密。这个过程称为同密(simulcrypt),它对于采用共同的上行网络和卫星传输是非常有用的,即使地面网络可能来自不同的广播公司,并采用不同的加密方式。DVB 系统为加密系统提供一个开放的平台。

如图 9.50 所示为条件接入系统的模型。用于固定应用的 CA 系统通常是基于一种特定的算法和一套用于解密的密钥。密钥可以是对称的或者不对称的。一种通用的实现方案是对数据流使用加扰关键字(例如服务密钥)对称加密,这种情况下在发送端和接收端要同时使用加扰关键字。为了保证系统的安全性,防止黑客入侵,关键字 Sk 需要每隔 5~20 s 更换一次。通过发送授权控制消息 ECM(Entitlement Control Message)把关键字传送到接收端。ECM 包含当前的关键字,并且通过使用服务密钥(例如 Kw)作为 ECM 的加扰密钥来传送。服务密钥也要定期更换(例如每个月一次)。通过使用另外一个密钥——万能密钥 Mk(Master key),把服务密钥(Kw)的信息与其他的信息(如频道的权限等)提供给用户。Mk 由 CA 经销者提供给每个网络运营商,并且是网络特有的。携带定制信息和服务密钥的信息被称为授权管理消息 EMM(Entitlement Management Message)。因此,接收机的操作依赖于 ECM(携带节目信息和当前加扰密钥),每分钟接收 3~20 次(典型值)。EMM 的频率要低一些(10~20 min 一次),它携带着服务密钥和用户授权信息,但是需要发送给所有定制服务的用户。参数是系统专用的,将决定订制用户需要多长时间才有权得到新服务。

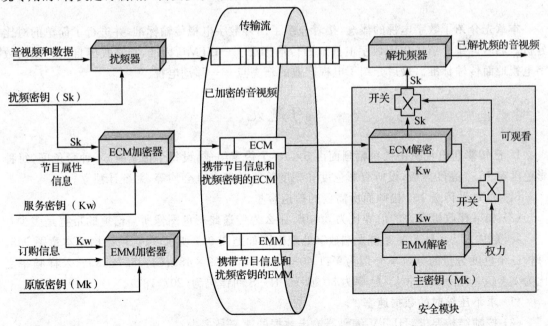

图 9.50 条件接入系统的模型

在传统的 CA 系统中,接收译码期望可以当成一种单一需求的操作来进行,比如,仅依靠传输流就可得到接收密钥。它不能通过(也没有这种设计)访问任何外来的资源来获得密钥,比如公钥基础设施 PKI(Public Key Infrastructure)。PKI 已经成为基于互联网的加密和认证系统的一个标准功能。

CA 系统向移动环境扩展所面临的挑战非常明显。首先,可用的带宽受限,以致既不能支持 ECM 和 EMM 高的服务量,也不能像手持设备一样节约处理能力。其次,手机接收不到信号或不在服务区是经常的,因此系统需足够强健以对抗信号的丢失。第三,由于手机作为个人通信设备,因此用户希望即时授权服务,例如视频点播。为了解决这些问题,大多数的 CA 经营者都推出了基于定制用户识别模块 SIM(Subscriber Identity Module)的 CA 系统。SIM 保留了密钥和服务授权信息,减少了在移动环境中运营 CA 系统的开销。在某些情况下,SIM (或者 3G 网络的 USIM)正好由独立于广播公司的运营商提供,CA 可以由多媒体卡 MMC (Multimedia Card)等存储模块来实现。通过将密钥和算法存储在 USIM 或者支持 CA 的 MMC 中,对于 CA 机制的调整是移动 CA 系统中采用的主要机制。手机 CA 系统充当传统付费电视网络 CA 系统的扩展角色,没有利用手机通信的任何功能,如接入 PKI。

作为通信工具,手机能够访问外部的服务器,这些属性被新技术 DRM(数字版权管理)应用于传输到移动终端的内容认证。

9.4 小 结

本章先介绍了数字电视的概念,接着介绍了国外数字电视传输标准,并进行了简单的对比分析。然后详细介绍了中国数字电视地面传输标准——DTMB 标准,它是我国自主研发的数字电视地面传输标准。最后介绍了电视产业的新亮点——移动电视。

习题九

1. 已知彩色电视机图像每幅画面由 5×10^5 个像素组成,设每个像素有 64 种彩色度,每种彩色度有 16 个亮度等级,设所有彩色度和亮度等级的组合机会均等,并统计独立。

(1) 求每秒传送 100 幅画面所需要的信道容量。

(2) 如果接收机容许的信噪比为 30 dB,那么为传送此彩色图像所需信道的带宽是多少?

2. 美国 ATSC HDTV 系统发端数字处理框图如题图 9.1 所示,数据帧结构见本章图 9.5。每帧三个色度分量的分辨率分别为 $Y: 1\ 408\times960$;$C_b: 352\times480$;$C_r: 352\times480$。采样频率之比为 $Y:C_b:C_r=8:1:1$。帧率为 30 帧/s。R-S 纠错码为 (207,187)。

(1) 求不压缩时的数据速率。

(2) 按帧结构要求,HDTV 编码器输出数据的速率是多少?

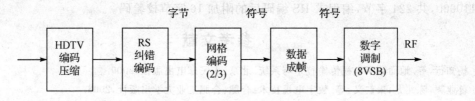

题图 9.1　习题 2 用图

(3) HDTV 编码器的压缩倍数是多少？

3. 8VSB 调制技术的实现原理框图如题图 9.2 所示，假设输入串行数据流速率为 10 Mbit/s。滚降系数 $\alpha=0.12$，求其频带利用率。

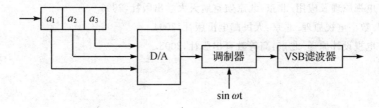

题图 9.2　习题 3 用图

4. DVB-T 采用与 ATSC 不同的调制技术 OFDM，一个 OFDM 系统中有 N 个子信道 C_i，且 $i\in[0,1,2,\cdots,N-1]$，相应的子载波为是 $S_i(t)$。信号码元的持续时间为 T。

(1) 保证 T 时段内各子载波之间严格正交，任意两个相邻子载波的频差 Δf 为多少？

(2) 取子载波频谱主瓣宽度作为其相应带宽，则子载波 $S_i(t)$ 的带宽 B_i 为多少？OFDM 调制信号带宽 B_{OFDM} 为多少？

(3) 设每个子信道传输的码元为 M 进制，保护间隔为 Δ，求 OFDM 系统的频带利用率。

5. 在有线电视系统中，频带 5~42 MHz 用于传送上行（用户到网络）信号，频带 550~750 MHz 用于传送下行（网络到用户）信号。

(1) 系统能提供多少个 2 MHz 上行信道？若利用 16 点 QAM 星座结构的调制方式，每信道可支持多高的比特率？

(2) 系统能提供多少个 6 MHz 上行信道？若利用 64 点或 256 点 QAM 的调制方式，每信道可支持多高的比特率？

6. DTMB 系统的净荷数据率与有效符号率、FEC 编码效率和调制效率有关。已知多载波模式（$C=3\,780$），信号帧结构见本章图 9.32。系统的传输符号率为 7.56 Mbit/s，PN 序列为 PN420，采用 64QAM 调制，FEC 码（7 488, 4 512）。求该系统的净荷数据率。

7. 在 CMMB 标准中，RS 纠错采用的是码长 240 字节，选择 $K=224$，生成多项式为 $G=79x^{16}+44x^{15}+81x^{14}+100x^{13}+49x^{12}+183x^{11}+56x^{10}+17x^9+232x^8+187x^7+126x^6+104x^5+31x^4+103x^3+52x^2+118x+1$，现给出一串二进制数据 11110000，11110000，…，

11110000，共224字节，编程求RS编码后的附加16字节校验码。

参考文献

[1] 杨知行,等.地面数字电视传输技术与系统.北京:人民邮电出版社,2009.

[2] 鲁业频,陈兆龙,朱仁义,等.数字电视技术.合肥:合肥工业大学出版社,2006.

[3] 姜秀华,张永辉,章文辉,等.数字电视原理与应用.北京:人民邮电出版社,2003.

[4] Kumar A.移动电视:DVB-H、DMB、3G系统和富媒体应用.刘荣科,孔亚萍,崔竞飞,译.北京:机械工业出版社,2009.

[5] 姜秀华,张永辉.数字电视广播原理与应用.北京:人民邮电出版社,2007.

[6] 惠新标,郑志航.数字电视技术基础.北京:电子工业出版社,2005.

[7] 杨建华.数字电视原理及应用.北京:北京航空航天大学出版社,2006.

[8] 余兆明,余智.数字电视原理.北京:人民邮电出版社,2004.

[9] 张晓林.数字电视设计原理.北京:高等教育出版社,2008.

缩略语表

3DTV	3D Television	三维电视
3DV	3D Video	三维视频
ACC	Accumulator	累加器
ADSL	Asymmetric Digital Subscriber Line	非对称数字用户线路
AIR	Auto Intra Refresh	自适应帧内更新
ALU	Arithmetic Logic Unit	算术逻辑单元
APC	Adaptive Predictor Combination	自适应预测器组合
ARAU	Auxiliary Register Arithmetic Unit	辅助寄存器运算单元
ARF	Adaptive Reference Filtering	自适应参考图像滤波
ARQ	Automatic Repeat Request	自动重复请求
ASF	Advanced Streaming Format	高级流格式
ASIC	Application Specific Integrated Circuit	特定用途集成电路
ATM	Asynchronous Transfer Mode	异步传输模式
ATSC	Advanced Television Systems Committee	高级电视业务顾问委员会
AVC	Advanced Video Coding	高级视频编码
AVO	Audio Visual Object	音、视频对象
AVS	Audio Video coding Standard	音、视频编码标准
AWGN	Additive White Gaussian Noise	加性高斯白噪声
BBGDS	Block-Based Gradient Descent Search	基于块的梯度下降搜索法
BCMCS	Broadcast and Multicast Service	多媒体广播组播技术
BER	Bit Error Rate	误码率
BFGS	Basic Fine Granularity Scalability	基本精细粒度可伸缩编码
BIFS	Binary Format for Scenes	场景描述二进制格式
BSAC	Bit-Slice Arithmetic Coding	比特时间片算术编码
CA	Conditional Access	有条件接收
CABAC	Context-based Adaptive Binary Arithmetic Coding	基于上下文的自适应二进制算术编码
CALIC	Context-based Adaptive Lossless Image Coding	基于上下文的自适应无损图像编码
CAVLC	Context-based Adaptive Variable Length Coding	基于上下文的自适应变长编码
CBR	Constant Bit Rate	恒定比特率

CCITT	International Consultative Committee on Telecommunications and Telegraphy	国际电报电话咨询委员会
CD	Compact Disc	光盘
DCELP	Codebook – Excited Linear Predictive	码本激励线性预测
CIE	Commission International de l'Eclairage	国际照明协会
CMMB	China Mobile Multimedia Broadcasting	中国移动数字多媒体广播
COVQ	Channel – Optimized Vector Quantization	信道最优的向量量化
CPU	Central Processing Unit	中央处理单元
CRC	Cyclic Redundancy Check	循环冗余校验
C/S	Client/Server	客户机/服务器
CSI	Channel State Information	信道状态信息
CSV	Channel Soft – Information Value	信道软信息值
DAB	Digital Audio Broadcasting	数字音频广播
DCM	Direct Current Marker	直流标志
DCT	Discrete Cosine Transform	离散余弦变换
DCVF	Disparity – Compensated View Filtering	视差补偿视点间滤波
DECT	Digital – Enhanced Cordless Telecommunications	数字增强无线电话系统
DFT	Discrete Fourier Transform	离散傅里叶变换
DMA	Direct Memory Access	直接存储器存取
DMB	Digital Multimedia Broadcasting	数字多媒体广播
DMB – TH	Digital Multimedia Broadcasting – TV/Handle	地面数字多媒体广播
DMS	Discrete Memoryless Source	离散无记忆信源
DP	Data Partitioning	数据分割
DRI	Decoder Reliability Information	译码可靠信息
DRM	Digital Rights Management	数字版权管理
DS	Diamond Search	菱形搜索法
DSP	Digital Signal Processing/ Digital Signal Processor	数字信号处理/数字信号处理器
DTMB	Digital Terrestrial Television Multimedia Broadcast	中国地面数字电视多媒体广播
DTTBS	Digital Television Terrestrial Broadcasting System	中国数字电视地面广播传输系统
DV	Disparity Vector	视差向量
DVB	Digital Video Broadcasting	数字视频广播
DVB – C	Digital Video Broadcast – Cable	有线数字视频广播

缩略语表

DVB – CA	Digital Video Broadcast – Conditional Access	条件接收数字视频广播
DVB – CI	Digital Video Broadcast – Currency Interface	数字视频广播通用接口
DVB – CSA	Digital Video Broadcast – Currency Scrambling Algorithm	数字视频广播通用加扰算法
DVB – H	Digital Video Broadcasting – Handheld	手持式数字视频广播
DVB – IPI	Digital Video Broadcast – Internet Protocol Independent	支持网际互联协议的数字视频广播
DVB – NPI	Digital Video Broadcast – Network Protocol Independent	支持网络协议的数字视频广播
DVB – RC	Digital Video Broadcast – Return Channel	具有回传信道的数字视频广播
DVB – S	Digital Video Broadcasting – Satellite	卫星数字视频广播
DVB – SI	Digital Video Broadcast – Service Information	数字视频广播服务信息
DVB – T	Digital Video Broadcasting Terrestrial	地面数字视频广播
DVC	Distributed Video Coding	分布式视频编码
DWT	Discrete Wavelet Transform	离散小波变换
EBCOT	Embedded Block Coding with Optimized Truncation	采用优化截取的嵌入式块编码
EDMA	Enhanced Direct Memory Access	扩展的直接存储器存取
EM	Expectation Maximization	期望最大化
EMM	Entitlement Management Message	授权管理消息
EZW	Embedded Zero – tree Wavelets	嵌入式零树小波算法
EREC	Error Resilient Entropy Coding	容错熵编码
FEC	Forward Error Correction	前向错误修正
FFT	Fast Fourier Transform	快速傅里叶变换
FGS	Fine Granularity Scalability	精细粒度可伸缩算法
FME	Fractional Motion Estimation	亚像素运动估计
FMO	Flexible Macroblock Ordering	灵活的宏块排列
FPGA	Field – Programmable Gate Array	现场可编程门阵列
FPLL	Frequency and Phase Lock Loop	频率和相位锁定环路
FS	Full Search	全搜索法
FSS	Four Step Search	四步搜索法
FTP	File Transfer Protocol	文件传输协议
FTV	Free Viewpoint Television	任意视点电视
FVV	Free Viewpoint Video	任意视点视频
GAP	Gradient – Adjusted Predictors	梯度校准预测器
GOB	Group Of Blocks	宏块组
GOP	Group Of Pictures	图像组

GOV	Group Of VOP	视频对象平面组
GPS	Global Position System	全球卫星定位系统
HDTV	High-Definition Television	高清晰度电视
HEC	Header Extension Code	头扩展码
HEXBS	Hexagon-Based Search	六边形搜索法
HMM	Hidden Markov Model	隐马尔科夫模型
HSP	Hexagon Shape Pattern	六边形模板
HTTP	Hyper Text Transfer Protocol	超文本传输协议
IDCT	Inverse Discrete Cosine Transform	反向离散余弦变换
IEC	International Electrotechnical Commission	国际电工委员会
IF	Intermediate Frequency	中频
IFS	Iterated Function System	迭代函数系统
IME	Integer Motion Estimation	整像素运动估计
IP	Internet Protocol	网际互联协议
IRD	Integrated Receiver Decoder	综合解码接收机
ISD	Independent Segment Decoding	独立分段解码
ISDB-T	Integrated Services Digital Broadcasting-Terrestrial	地面综合业务数字广播
ISDN	Integrated Services Digital Network	综合服务数字网
JBIG	Joint Bi-level Image expert Group	联合二值图像专家组
JMVM	Joint Multiview Video Model	联合多视点视频模型
JPEG	Joint Photographic Experts Group	联合图像专家组
JVT	Joint Video Team	联合视频组
LC	Layer Coding	分层编码
LCD	Liquid Crystal Display	液晶显示
LFSR	Linear Feedback Shift Register	线性反馈移位寄存器
LSP	Line Spectral Parameters	语音编码参数
LDPC	Low Density Parity Check	低密度奇偶校验码
MAC	Media Access Control	媒体接入控制
MAD	Mean Absolute Difference	平均绝对误差
MAM	Macroblock Allocation Map	宏块分配表
MAP	Maximum A-Posteriori	最大后验概率
MB	Macro Block	宏块
MBD	Minimum Block Distortion	最小块误差

缩略语表

MBM	Motion Boundary Marker	运动边界标志
MCTF	Motion-Compensated Temporal Filtering	运动补偿时间滤波
MDC	Multiple Description Coding	多描述编码
MDSQ	Multiple Description Scalar Quantization	多描述标量量化
MDTC	Multiple Description Transform Coding	多描述变换编码
MDVQ	Multiple Description Vector Quantization	多描述向量量化
MED	Median Edge Detection	中值边缘检测
MMB	Mobile Multimedia Broadcast	移动多媒体广播
MMS	Microsoft Media Service	微软媒体服务
MOS	Mean Opinion Score	平均意见分
MPEG	Moving Pictures Expert Group	运动图像专家组
MRF	Markov Random Field	马尔科夫随机场
MSE	Mean Square Error	均方误差
MV	Motion Vector	运动向量
MVC	Multiview Video Coding	多视点视频编解码
NAL	Network Abstraction Layer	网络提取层
NTSC	National Television System Committee	美国国家电视系统委员会
NTSS	Novel Three Step Search	新三步搜索法
OFDM	Orthogonal Frequency Division Multiplexing	正交频分复用
P2P	Peer to Peer	点对点
PAL	Phase Alternation Line	逐行倒相
PCCOVQ	Power Confined Channel-Optimized Vector Quantization	能量约束的信道优化向量量化
PCI	Peripheral Component Interconnection	外设组件互连
PCM	Pulse Code Modulation	脉冲编码调制
PFGS	Progressive Fine Granularity Scalability	渐进精细粒度可伸缩性编码
PLP	Physical Layer Packet	物理层数据包
PMP	Portable Media Player	可携式媒体播放器
POCS	Projection Onto Convex Sets	凸集投影空间插值
PRBS	Pseudo-Random Binary Sequence	伪随机二进制序列
PSNR	Peak Signal to Noise Ratio	峰值信噪比
PSTN	Public Switched Telephone Network	公共交换电话网
PT	Payload Type	负载类型
QAM	Quadrature Amplitude Modulation	正交幅度调制

QoS	Quality of Service	服务质量
QP	Quantization Parameter	量化参数
RAM	Random Access Memory	随机存储器
RBSP	Raw Byte Sequence Payloads	原始字节序列载荷
RCPC	Rate Compatible Punctured Convolutional code	速率兼容的收缩卷积码
RF	Radio Frequency	射频
ROM	Read – Only Memory	只读存储器
RPS	Reference Picture Select	参考帧选择
RSVP	Resource ReSerVation Protocol	资源预留协议
RTCP	Real – time Transport Control Protocol	实时传输控制协议
RTP	Real – time Transport Protocol	实时传送协议
RTSP	Real – Time Streaming Protocol	实时流传输协议
RTT	Round – Trip Time	环回时间
RVLC	Reversible Variable Length Coding	可逆变长编码
SAD	the Sum of Absolute Difference	绝对误差和
SAI	Source A – posteriori Information	信源后验信息
SBSD	Soft Bit Source Decoding	软比特信源译码
SCCD	Source Controlled Channel Decoding	信源残留冗余信道译码
S – DMB	Satellite Digital Multimedia Broadcast	卫星数字多媒体广播
SDTV	Standard – Definition Television	标准清晰度电视
SFN	Single Frequency Network	单频网
SECAM	SEquential Couleur Avec Memoire	顺序传送彩色与存储
SIF	Source Input Format	源输入格式
SIM	Subscriber Identity Module	用户识别模块
SMPTE	Society of Motion Picture and Television Engineers	美国电影电视工程师协会
SNR	Signal to Noise Ratio	信噪比
SoC	System on Chip	片上系统
SOVA	Soft Output Viterbi Algorithm	软输出维特比算法
SPIHT	Set Partitioning In Hierarchical Tree	分层树的集划分算法
SRAM	Static Random Access Memory	静态随机存储器
SSI	Source Significance Information	信源重要性信息
STB	Set Top Box	机顶盒
SVC	Scalable Video Coding	可伸缩视频编码

缩略语表

TCM	Trellis Coded Modulation	网格编码调制
TCP	Transmission Control Protocol	传输控制协议
TCQ	Trellis Coded Quantization	网格编码量化
TDL	Two-Dimensional Logarithmic	二维对数法
TDM	Time Division Multiplexing	时分复用
T-DMB	Terrestrial Digital Multimedia Broadcast	地面数字多媒体广播
T-MMB	Terrestrial Mobile Multimedia Broadcast	地面移动多媒体广播
TPS	Transmission Parameter Signaling	传输参数信令
TS	Transport Stream	传输流
TSS	Three Step Search	三步搜索法
UDP	User Datagram Protocol	用户数据报协议
UEP	Unequal Error Protection	不等错误保护
UHF	Ultra-High Frequency	超高频
USIM	Universal Subscriber Identity Module	全球用户身份模块
UVLC	Universal Variable Length Coding	通用变长编码
VBR	Variable Bit Rate	可变比特率
VCEG	Video Coding Expert Group	视频编码专家组
VCL	Video Coding Layer	视频编码层
VHF	Very-High Frequency	甚高频
VLC	Variable Length Coding	变长编码
VLSI	Very Large Scale Integrated Circuits	超大规模集成电路
VO	Video Object	视频对象
VOD	Video On Demand	视频点播
VOL	Video Object Layer	视频对象层
VOP	Video Object Plane	视频对象平面
VQ	Vector Quantization	向量量化
VQEG	Video Quality Experts Group	视频质量专家组
VS	Video Sequence	视频序列
VSP	View Synthesis Prediction	视点合成预测
WHT	Walsh-Hadamard Transform	沃尔什-哈达玛变换
WLAN	Wireless Local Area Network	无线局域网
WT	Wavelet Transform	小波变换